LE CANAL DE SUEZ

PAR

VOISIN BEY

INSPECTEUR GÉNÉRAL DES PONTS ET CHAUSSÉES EN RETRAITE
ANCIEN DIRECTEUR GÉNÉRAL DES TRAVAUX DE CONSTRUCTION DU CANAL

TOME QUATRIÈME

II

DESCRIPTION DES TRAVAUX DE PREMIER ÉTABLISSEMENT

PREMIÈRE PARTIE

PROJETS
DISPOSITIONS ADOPTÉES EN EXÉCUTION

PARIS
Vve CH. DUNOD, ÉDITEUR
49, Quai des Grands-Augustins, 49

1904

LE
CANAL DE SUEZ

TOME QUATRIÈME

LE
CANAL DE SUEZ

PAR

VOISIN BEY

INSPECTEUR GÉNÉRAL DES PONTS ET CHAUSSÉES EN RETRAITE
ANCIEN DIRECTEUR GÉNÉRAL DES TRAVAUX DE CONSTRUCTION DU CANAL

TOME QUATRIÈME

II

DESCRIPTION
DES TRAVAUX DE PREMIER ÉTABLISSEMENT

PREMIÈRE PARTIE

PROJETS
DISPOSITIONS ADOPTÉES EN EXÉCUTION

PARIS
Vve CH. DUNOD, ÉDITEUR
49, Quai des Grands-Augustins, 49

1904

LE CANAL DE SUEZ

DESCRIPTION
DES TRAVAUX DE PREMIER ÉTABLISSEMENT

PREMIÈRE PARTIE

PROJETS
DISPOSITIONS ADOPTÉES EN EXÉCUTION

AVANT-PROJET DE MM. LINANT BEY ET MOUGEL BEY
(20 MARS 1855)

Après un exposé historique de la question du canal des deux mers, tel à peu près qu'il est résumé dans le mémoire de M. de Lesseps, du 15 novembre 1854, sur le percement de l'Isthme de Suez, analysé précédemment[1], et qui leur paraissait justifier suffisamment les avantages du tracé direct, les auteurs de l'avant-projet en décrivaient les principales dispositions presque textuellement ainsi qu'il est exposé ci-après.

Avant de présenter cet exposé et pour la parfaite intelligence de toutes les descriptions qui vont suivre, notamment de celles relatives au Canal d'eau douce, nous croyons utile de compléter tout d'abord ici les renseignements sommaires contenus dans le mémoire de M. de Lesseps et dans les notes annexées concernant les anciens canaux de communication entre le Nil et la mer Rouge, par la description détaillée qu'avait donnée Linant Bey, à peu près comme suit, des vestiges de ces anciens canaux.

1. Voir à la page 4 de la Première Partie de l'*Historique administratif*, t. I.

RENSEIGNEMENTS SUR LES ANCIENS CANAUX DE COMMUNICATION ENTRE LE NIL ET LA MER ROUGE.

(PLANCHE XIV)

L'Ouady-Toumilat, ainsi que le montre le plan de l'Isthme, est la longue et étroite bande de terrains cultivés dépendant de la province de Cherkieh qui, à partir d'Abascé, à la lisière des terrains du delta, court de l'Ouest à l'Est à travers les hauts plateaux et les dunes du désert entre lesquels elle se trouve encaissée. L'Ouady-Toumilat proprement dite s'arrête à Ras-el-Ouady (Tête de la Vallée); mais les terrains bas se prolongent au delà, plus ou moins sinueux, jusqu'au lac Timsah qui forme en réalité l'extrémité de l'Ouady.

Naguère encore on voyait sur la lisière Nord de l'Ouady-Toumilat des vestiges d'un ancien canal de faibles dimensions venant de l'Ouest, vestiges, toutefois, qui n'étaient guère visibles que depuis les environs d'Abou-Ahmed jusqu'aux ruines de Tel-Retabé. Ce canal était comblé et ne servait que pour l'écoulement des eaux qui, pendant l'inondation, couvraient les terrains de l'Ouady. Auprès de Tel-Retabé, à l'endroit nommé Ras-el-Ouady (ou Gassassine), il rencontrait un autre canal beaucoup plus large, mais en partie également abandonné.

Ce second canal était le principal ancien canal, l'ancien canal des Ptolémées. C'était seulement à Tel-Abou-Soliman, à l'Ouest du village de Gawarni, que l'on commençait à constater l'existence de ses deux berges, distantes de 80 mètres. En deçà, dans l'Ouest, jusqu'au canal Abou-l'Ardar (l'ancienne branche Pélusiaque), on ne voyait plus aucuns vestiges des anciennes berges. De Tel-Abou-Soliman jusqu'au village de Gawarni, construit sur la berge même du canal, les berges étaient élevées; elles passaient au Sud du village et couraient dans les sables en traversant la digue d'Abascé construite par Mehemet-Ali à l'entrée de l'Ouady-Toumilat. Le canal longeait ensuite les dunes sises au sud de l'Ouady sous lesquelles il disparaissait. On ne perdait pourtant pas complètement ses traces, qui reparaissaient sous les grandes dunes d'Abou-Néchabé, et il se montrait ensuite à découvert jusqu'à Ras-el-Ouady. De là, le canal, toujours visible, mais assez sinueux, continuait sa course vers l'Est et allait passer au pied d'un large monticule de décombres, nommé Tel-Maskouta (Monticule de la Statue) : il y avait là, autrefois, une grande ville, et, dans les décombres, on voyait encore un monolythe en granit représentant un groupe composé de Rhamsès II et de deux de ses enfants. Dans cette partie, le canal était régulièrement tracé ; et il continuait ainsi, en passant par Makfar, jusqu'à Saba-Biars, où il déviait un peu vers le Sud-Est en laissant Bir-Abou-Ballah à l'Est ; ses berges, distantes de 30 mètres, restaient encore bien alignées sur une longueur d'environ 6 kilomètres, jusque vis-à-vis Cheik-Ennedek, où le canal avait sur sa berge un mur de soutènement en maçonnerie de briques. De ce point, une dérivation du canal, encore reconnaissable à une haute berge bien alignée, se dirigeait vers Cheik-Ennedek, allant jusqu'auprès d'un monticule de décombres où se voyaient quelques restes de fondations de constructions. Le canal tournait ensuite vers le Sud, toujours bien tracé, sans disparaître jamais entièrement sous les dunes. A 8 kilomètres environ de distance de la dérivation, il passait à environ 1.000 mètres dans l'Est d'un monticule plus élevé que les autres, connu depuis l'Expédition française de 1800 sous le nom de Sérapéum : à cet endroit, se trouvait encore une petite dérivation vers l'Est. Plus au Sud, le canal diminuait de dimension et de régularité et il allait finalement aboutir dans la partie Nord du bassin de l'Isthme (grand lac Amer). A cette jonction du canal et du bassin de l'Isthme on voyait les restes d'un grand établissement dont les murs existaient encore en partie et devant la porte duquel était un escalier conduisant au canal; cette construction était dans le genre de celles que l'on établissait naguère encore pour de grands magasins et que l'on appelle Chouneh.

Au commencement du petit lac Amer, à l'endroit nommé Kabret-el-Chôf, à une distance de 35 kilomètres de la Chouneh et à une distance de 22 kilomètres du port de Suez, un canal recommençait à paraître, mais avec une largeur moindre que celle du canal précédent et avec un tracé moins régulier. C'était bien probablement le canal creusé anciennement par les Arabes, au temps d'Amrou, pour aboutir au fond du nouveau golfe de la mer Rouge. Les vestiges qu'on en voyait arrivaient jusqu'auprès du monticule situé au nord de Suez, et où une partie des berges était constituée par des murs en maçonnerie.

Indépendamment des anciens canaux qui viennent d'être décrits, il existait encore un ancien canal (l'ancien canal de Trajan), nommé aujourd'hui le Khalig du Caire, qui traverse la ville. Ce canal a aujourd'hui sa prise d'eau en aval de l'aqueduc du Vieux-Caire; mais quelques vestiges d'anciennes berges semblent prouver que cette prise d'eau était, à l'origine, au sud du Vieux-Caire actuel. Ce canal, après avoir traversé la ville, était encore parfaitement visible avant que l'on eût creusé le Khalig Zaffranieh ainsi qu'un autre canal plus à l'Est continuant parallèlement celui du Caire. On en retrouvait d'ailleurs encore les berges en beaucoup d'endroits; on le reconnaissait notamment à Tel-el-Yehoudieh et jusque plus bas que Bulbeïs; il servait même encore aux irrigations dans plusieurs de ces parties. Au Nord de Bulbeïs, le Khalig Zaffranieh se dirigeait vers le N. N. O, tandis que des vestiges de l'ancien canal du Caire se continuaient encore très visiblement vers l'Est pour rejoindre l'ancien Canal des Ptolémées avec lequel il se confondait pour ne plus former désormais qu'un seul canal.

Aux renseignements qui précèdent sur les anciens canaux de communication entre le Nil et la mer Rouge, nous ajouterons, toujours d'après Linant Bey, quelques renseignements sur les canaux d'irrigation qui se trouvent mentionnés à l'avant-projet des ingénieurs du Vice-Roi ainsi que dans les comptes rendus, donnés plus loin, des nombreuses études qui ont été faites ensuite au sujet du Canal d'eau douce jusqu'à son exécution finale par le gouvernement égyptien.

Nous présenterons d'abord quelques généralités sur les canaux Séfi et les canaux non Séfi ou Nili :

Il paraît peu probable qu'avant Méhémet Ali des canaux aient été creusés pour procurer, pendant l'étiage du Nil, de l'eau aux terrains éloignés du cours du fleuve et pour faire, comme aujourd'hui, des cultures d'été : ce fut surtout lorsque l'on commença en grand la culture des cotons que l'on creusa les canaux Séfi ou d'été.

Ces canaux, ainsi nommés, parce qu'il conservent de l'eau courante du Nil pendant les sécheresses de l'été, ont leur prise d'eau creusée à environ 1 mètre en contre-bas des étiages moyens. Ils servent à arroser les cultures donnant de riches produits, comme le riz, le sésame, etc. et surtout les cotons : ceux-ci se sèment à la fin d'avril, pendant le mois de mai, et doivent être arrosés jusqu'à l'arrivée de la crue et de l'inondation, au commencement de juillet.

Les canaux Séfi principaux, ceux qui ont leur prise d'eau le plus au sud, c'est-à-dire dans la partie amont du fleuve, sont creusés à environ $8^{m},50$ en contre-bas du sol. Cette profondeur va constamment en diminuant à mesure qu'on s'éloigne du fleuve jusqu'à l'extrémité des canaux où les eaux pourraient arriver à affleurer les terrains et même à déborder.

Les autres canaux, qui n'ont d'eau que pendant les crues, et qui servent à inonder les terres, sont nommés Nili, parce qu'ils servent seulement pendant les crues du Nil ; ils sont creusés à leur prise d'eau, à 4 mètres en contre-bas du sol au maximum, et cette profondeur va en diminuant jusqu'à ce que l'on arrive au niveau des terres à arroser, là où le canal se perd. Il y a de ces canaux qui sont fort grands, qui traversent des provinces, et dont des dérivations à droite et à gauche servent aux inondations.

Les canaux Séfi ont toujours un grand parcours pour conduire leurs eaux jusqu'aux terres cultivées les plus au Nord, sur les limites des marais ou des terres incultes avoisinant les lacs qui bordent le littoral de tout le delta. La pente de ces canaux Séfi est moindre que celle des eaux du fleuve pendant l'étiage ; aussi les recettes d'eau par le moyen de ces canaux, malgré les dimensions de ceux-ci, sont-elles très faibles quand les étiages sont bas.

On conçoit que la pente des canaux Séfi soit moindre que celle du fleuve, puisque ces canaux ont pour but, non seulement de conduire l'eau dans les localités éloignées des bords du fleuve, mais surtout de permettre d'arroser le plus de terrains possible sans le secours de machines élévatoires, à l'aide de simples saignées dans les berges. Il est nécessaire d'ailleurs, au moyen de barrages établis sur le cours de ces canaux, d'élever les eaux sur toute la partie en amont des dits barrages. Naturellement, plus on s'éloigne de la prise d'eau, moins est grande la surélévation à donner aux eaux pour permettre l'arrosage des terrains traversés.

Voici maintenant les renseignements sur les canaux d'irrigation :

Entre le Caire et l'Ouady, c'est-à-dire dans la province de Calioubieh et dans la partie Sud de la province de Cherkieh, se trouvent trois canaux Séfi, savoir : le Bessoussieh, le Cherkaouieh et le Bahr-Moëze.

Le Bessoussieh, canal de faibles dimensions, a sa prise d'eau à peu de distance en aval de Kasr-el-Nil.

Le Cherkaouieh a sa prise d'eau en aval de Choubra; cette prise d'eau est parfaitement située, ne courant pas le risque, — du moins dans ses conditions actuelles, — d'être obstruée par des atterrissements. Le canal, malgré des dimensions moindres que celles de beaucoup d'autres canaux, débite un grand volume d'eau, et ce, par suite de sa pente assez forte résultant de ce qu'il se rend directement dans la partie basse des terrains, près du désert, où, comme on le sait, les terrains présentent toujours une notable dépression. Ce canal porte ses eaux, en se divisant d'abord en deux branches à Chibine-el-Canater, jusqu'au canal allant de Zagazig à l'Ouady dont il sera parlé ci-après; il arrose donc toute la province de Calioubieh et va alimenter le canal de l'Ouady ; puis, après avoir traversé ce canal, il va, plus au nord, jusqu'à Salahieh et aux marais avoisinant le lac Menzaleh.

Le Bahr-Moëze n'est pas un canal creusé de main d'homme : c'est un cours d'eau naturel, l'ancienne branche Tanitique du Nil. (La branche Pélusiaque, comme on l'a dit déjà, est plus à l'Est, dans l'ancien cours d'eau appelé aujourd'hui Abou l'Ardar). Ce cours d'eau était autrefois navigable toute l'année. Mais, depuis la construction en travers de son lit, à Zagazig, d'un barrage destiné à faire pénétrer ses eaux d'étiage dans le canal de l'Ouady, il s'est progressivement comblé et a fini par l'être à tel point que les eaux n'y ont plus pénétré pendant les étiages du Nil. Il a donc cessé d'être un canal Séfi.

Indépendamment des trois canaux séfi qui viennent d'être mentionnés, on doit citer encore le Canal de l'Ouady, dérivation du Bahr-Moëze, qui, pendant un certain nombre d'années, a pu être alimenté d'eaux d'étiage par le canal principal. Nous donnerons ici quelques détails sur l'origine de ce canal :

Anciennement, pendant les inondations, l'Ouady-Toumilat était entièrement couverte d'eau qui y arrivait en grande quantité par les canaux venant de la partie supérieure de la province de Cherkieh et par ceux de la province de Calioubieh. Lorsqu'il était nécessaire de faire écouler cette eau pour cultiver les terres, on ouvrait, à l'Est de Ras-el-Ouady, une digue qui la retenait, et, par cette ouverture, l'eau s'écoulait en grande partie dans les bas-fonds de la portion extrême de la vallée, notamment dans le lac Maxamah et jusque dans le lac Timsah[1]. Dans certains bas-fonds de la vallée, pourtant, l'eau formait des marais dont l'assèchement n'aurait pu être obtenu qu'au moyen de canaux d'écoulement coûteux. Méhémet-Ali, désirant faire jouir cette petite province de tous les avantages que sa position pouvait lui procurer, voulut qu'elle fût arrosée, non plus par suite d'une inondation nuisible, mais bien par des moyens offrant toute sécurité et pouvant procurer l'irrigation, non seulement pendant les crues du Nil, mais encore pendant les étiages. Dans ce but, il fit construire des digues pour empêcher les eaux d'écoulement de la province de Cherkieh d'arriver dans l'Ouady sans nécessité et, ensuite, pour les faire écouler par de nouveaux canaux dans le lac Menzaleh ; en même temps, il fit creuser un canal ayant sa prise d'eau, à Zagazig, sur le Bahr-Moëze (ancienne branche Tanitique) et construire en aval de cette prise d'eau, sur le Bahr-Moëze même, un barrage. Le Bahr-Moëze avait à cette époque de l'eau en abondance toute l'année ; en fermant le barrage, on élevait ses eaux et l'on pouvait ainsi les faire entrer dans le nouveau canal, qui fut appelé Canal de l'Ouady. Ce nouveau canal utilisait en partie les anciens canaux.

A partir du moment où, comme il est expliqué précédemment, le canal de l'Ouady a cessé complètement d'être alimenté d'eaux d'étiage par le Bahr-Moëze, et même pendant les périodes antérieures où il n'a pas été suffisamment alimenté, il a été pourvu à cette alimentation, plus ou moins régulièrement, par les eaux du Bessoussieh et du Cherkaouieh. Le canal de l'Ouady n'a donc pas cessé d'être un canal Séfi.

Description de l'avant-projet

NIVELLEMENT DE LA LIGNE DE PELUSE A SUEZ

Le nivellement de la ligne de Péluse à Suez, fait une première fois, en 1799, par les ingénieurs attachés à

1. Le lac Timsah s'est trouvé ainsi parfois rempli d'eau douce. Le fait s'est notamment produit en 1824 et en 1838.

l'Expédition Française, sous la direction de M. Lepère, avait fait ressortir une surélévation du niveau de la mer Rouge, à haute mer, à Suez, de $9^{m},91$ par rapport au niveau de la Méditerranée, à basse mer, à Peluse. Un pareil résultat, bien que conforme à la tradition et paraissant pouvoir être expliqué par des considérations géologiques, n'avait pourtant pas été accepté sans protestations [1]. Plus tard, des voyageurs étaient venus sur les lieux pour le vérifier. Dans une enquête devant le Comité du Parlement anglais, en 1834, le capitaine Chesney avait déclaré que le niveau des deux mers était parfaitement le même; en 1841, d'autres officiers anglais, en opérant avec le baromètre, et, ensuite, par le procédé d'ébullition de l'eau, n'avaient pu découvrir aucune différence sensible entre les niveaux des deux mers. Une grande incertitude régnait dans les esprits à ce sujet, lorsque, en 1847, la Société d'études à la tête de laquelle se trouvaient MM. les Ingénieurs Negrelli, Robert Stephenson et Talabot fit exécuter un travail complet de nivellement par M. Bourdaloue, ayant sous sa direction des opérateurs français très exercés et munis d'excellents instruments, et auquel S. A. le Vice-Roi avait prêté le concours d'une brigade d'ingénieurs égyptiens et d'un nombreux personnel placés sous les ordres de Linant Bey. Dans son rapport, publié en 1847, M. Talabot était entré dans tous les détails des opérations de nivellement et de vérification ainsi exécutées, et il s'était efforcé d'en justifier les résultats qui se traduisaient, en définitive, par une très faible différence de niveau entre les deux mers. Ces résultats étaient tellement contraires à ceux obtenus par Lepère que,

1. Lorsque le résultat du nivellement de Lepère fut connu de l'Europe savante, au commencement du XIXe siècle, il n'y eut que quelques esprits supérieurs, en très petit nombre, qui le révoquèrent en doute. Parmi les protestations, on peut citer celles de Laplace et Fourier. Ces illustres savants, en vertu de considérations purement théoriques sur l'équilibre des eaux à la surface du globe, n'acceptèrent pas la possibilité de l'énorme différence de niveau signalée.

sur les instances des savants français, le Consul général de France en Égypte sollicita et obtint du Vice-Roi qu'une nouvelle vérification fût faite par les soins de Linant Bey. Cette vérification eut lieu en 1853, et elle confirma l'exactitude des opérations de 1847 puisque la différence de niveau entre les repères des deux points extrêmes de la ligne fut retrouvée la même à $0^{m},18$ près.

On ne pouvait donc hésiter sur le choix à faire entre les nivellements de 1799 et ceux de 1847 et 1853. Ces derniers, en effet, avaient été faits dans les conditions les plus favorables et se vérifiaient, tandis qu'au contraire le nivellement de 1799 avait été exécuté au milieu des vicissitudes et des dangers de la guerre, dans un pays ennemi et sous un climat auquel les ingénieurs n'étaient pas habitués. M. Lepère avait, d'ailleurs, émis lui-même des doutes sur les résultats de son nivellement, puisque, dans son mémoire, il s'exprimait, à leur sujet, ainsi qu'il suit :

« Pressés par le temps, inquiétés par les démonstrations « hostiles des tribus arabes, obligés de suspendre à plu- « sieurs reprises l'opération, forcés d'exécuter au niveau « d'eau, une grande partie des nivellements, mis, enfin, « dans l'impossibilité de faire aucune vérification, il n'y a « rien d'étonnant à ce que les ingénieurs habiles qui fai- « saient ces opérations dans des circonstances si exception- « nelles soient arrivés à des résultats incertains. »

Les auteurs de l'avant-projet ont donc adopté les nivellements de 1847 et de 1853.

TRACÉ DU CANAL MARITIME

(PLANCHES III, X ET XI)

La configuration de l'Isthme commandait la direction générale du tracé à suivre pour l'assiette du Canal. En effet, entre le fond du golfe de Suez et le golfe de Péluse, dont la distance en ligne directe, du Sud au Nord, est d'environ

123 kilomètres[1], règne une grande dépression longitudinale du terrain, très accentuée surtout dans la traversée des lacs Amers et du lac Timsah. Le tableau du récent nivellement faisait voir que, sur toute la ligne, le terrain ne présentait que très peu de relief au-dessus du niveau de la mer, sauf en deux points, les seuils du Sérapéum et d'El-Guisr, où l'on trouvait des hauteurs de 15 à 16 mètres au-dessus de la côte de la Méditerranée, mais où il était possible de faire passer le tracé avec des tranchées de moindre profondeur. La nature avait donc pour ainsi dire préparé elle-même les lieux pour l'exécution facile et économique du canal direct entre les deux mers.

Le tracé proposé, à la suite d'une étude à grands traits, partait de la rade de Suez, se dirigeait à l'Est de la ville, en faisant une courbe pour aller regagner l'ancien canal qu'il laissait à l'Ouest, et suivait ensuite le thalweg de la vallée jusqu'à l'entrée dans les lacs Amers. Il traversait ces lacs dans toute leur longueur, en suivant leurs sinuosités, de manière à éviter les mouvements de terrain. En quittant les lacs, le tracé coupait le seuil du Sérapéum dans son point le plus bas, et il venait se jeter dans le lac Timsah, en laissant à l'est la hauteur du Cheik-Ennedek. Ce dernier lac devait servir à former un port intérieur pour le ravitaillement et les réparations des navires en même temps qu'il formerait la jonction entre le Canal Maritime et le Canal de communication avec le Nil. A la traversée du lac, le tracé était composé de plusieurs parties courbes afin d'éviter les dunes. A sa sortie, il allait trouver les moindres hauteurs du seuil d'El-Guisr, d'où il se dirigeait ensuite vers le lac Menzaleh qu'il traversait directement le long de la rive orientale jusqu'à Péluse, où il se prolongeait en mer jusqu'aux profondeurs de $7^{m},50$.

1. Suez est par 29° 58′ 37″ de latitude Nord, et Tineh (l'ancienne Péluse), par 31° 3′ 37″. La différence en latitude n'est donc que de 1° 5′. Les deux points sont d'ailleurs situés à très peu près sur le même méridien.

La longueur totale de ce tracé était d'environ 146 kilomètres.

PROFIL GÉOLOGIQUE

En attendant qu'il fût possible de procéder à de nombreux forages indispensables, sur le parcours du Canal projeté, les auteurs de l'avant-projet avaient cherché par des considérations sur les lois qui ont présidé, vers les premiers âges du monde, à la formation des terrains d'alluvion, à se rendre compte, *a priori*, de la nature du terrain que le Canal aurait à traverser. Ces considérations, longuement développées dans leur mémoire, les avaient amenés à formuler les conclusions suivantes[1] :

Le banc de sable qui sépare de la Mer Rouge le vaste bassin des lacs Amers, a été, sans aucun doute, un gué élevé par les lames de fond qui, dans les temps de tempête, remontent cette mer avec le courant des marées chargées de sable. Le gué qui répond aujourd'hui à Suez a été certainement formé de cette manière par les lames de fond.

Nous pouvons dire aussi que l'Isthme de Suez tout entier a été formé par les apports maritimes de la Méditerranée et de la mer Rouge. Nous croyons, qu'avant les temps historiques, les deux mers ont été en communication entre elles; que les détritus des chaînes de montagnes placées à droite et à gauche, entraînés par les eaux de pluie, ont rempli l'espace qui les sépare, et que, lorsque cet espace s'est élevé à une hauteur telle que les lames de fond ont pu l'atteindre, elles ont exercé leur action de telle sorte que, par la rencontre des lames des deux mers, il s'est formé un bourrelet qui n'est autre que le seuil d'El-Guisr. Après la formation de ce bourrelet, l'action combinée des lames de fond, tant d'un côté que de l'autre, et des alluvions des montagnes voisines a continué jusqu'à ce que l'Isthme fût à sec. Puis, le sol ainsi constitué a été couvert par les dunes qui se sont avancées du côté de Péluse, poussées par les vents du Nord, et, du côté de Suez, poussées par les vents et par les courants du Sud.

C'est dans cet état que l'Isthme se trouve aujourd'hui, et les forages que nous avons demandés prouveront si notre hypothèse est fondée ou non.

---

1. On verra plus loin, à la description du profil géologique de l'Isthme, donnée par la Commission internationale de 1856, que ces conclusions n'étaient pas tout à fait exactes.

En conséquence, les auteurs de l'Avant-projet regardèrent comme certain « que, sur toute la longueur du Canal, depuis la rade de Suez jusqu'à celle de Péluse, on n'aurait à excaver que dans des terres meubles qui seraient enlevées facilement à la main jusqu'à la ligne d'eau, et avec les dragues jusqu'au plafond du Canal ».

PROFIL EN LONG ET PROFILS EN TRAVERS DU CANAL. ECLUSES D'EXTRÉMITÉS

(PLANCHE XIII)[1]

Les dimensions du Canal avaient été déterminées par la pensée de créer une grande voie de navigation maritime ouverte aux bâtiments à voile et à vapeur d'un fort tonnage, par exemple, aux frégates à aubes et à hélice et aux navires de 1.000 à 1.500 tonneaux. On avait fixé, en conséquence, la largeur du Canal à la ligne d'eau à 100 mètres et son tirant d'eau minimum à $6^{m},50$ au-dessous des basses eaux de la Méditerranée. Toutefois, par économie, la largeur à la ligne d'eau avait été réduite à 65 mètres dans les parties du Canal où la côte du terrain atteignait 6 mètres[2].

---

1. Il n'y a pas une concordance complète entre les indications des dessins et la description des ouvrages donnée dans le mémoire des auteurs de l'avant-projet. Les deux natures de documents ne sont probablement pas exactement de la même date.

2. Au moment de la rédaction de l'avant-projet, on connaissait comme ouvrages analogues au canal projeté :

D'une part, dans le comté d'Inverness, au Nord de l'Ecosse (ancienne Calédonie), le Canal Calédonien, construit par le Gouvernement, commencé en 1804 et achevé en 1822, et faisant communiquer le canal avec la mer du Nord, par le golfe de Murray, avec l'Océan, par la baie d'Eil. Ce canal, qui était à point de partage, avait son bief supérieur à une hauteur moyenne de 22 mètres au-dessus du niveau de la mer; sa longueur totale était de 97.740 mètres, composée de 62.240 mètres de traversées de lacs et de 4 biefs d'une longueur ensemble de 35.500 mètres; sa largeur était de 15 mètres au plafond, et de 37 à 43 mètres à la ligne d'eau; la profondeur, de $6^{m},10$; les écluses, au nombre de 28 (14 sur chaque versant), y avaient été agrandies de façon à pouvoir recevoir des frégates de 44 canons; elles avaient $52^{m},40$ de longueur entre les buscs, 13 mètres de largeur et une profondeur de $6^{m},10$;

D'autre part, les canaux de grande navigation de la Hollande, savoir :

Le canal « Nordholland » ou Canal de la Hollande septentrionale, construit

Afin d'éviter les dégradations des berges, on avait donné aux talus une inclinaison de 2 mètres de base pour 1 mètre de hauteur; on avait, en outre, disposé, à 1 mètre au-dessous du niveau de l'eau, une banquette de 2 mètres de largeur, destinée, à la fois, à recevoir un enrochement de protection et à emmagasiner les éboulements qui pourraient se faire de la partie supérieure. Enfin, la largeur du chemin de halage avait été fixée à 4 mètres, ce qui était considéré comme bien suffisant pour le cas d'un canal maritime, où le remorquage à vapeur tenait une si grande place.

Le canal était terminé à chacune de ses extrémités par une écluse de 100 mètres de longueur, 21 mètres de largeur, et 6^{m},50 de profondeur d'eau minimum ; chaque écluse

---

de 1817 à 1824, pour la grande navigation d'Amsterdam au Nieuwe-Diep ou Helder (Mer du Nord). Ce canal, d'une longueur totale de 78.435 mètres, partagée en trois biefs, et comportant 4 écluses à double sas, avait une largeur de 40 mètres à la ligne d'eau, de 10 mètres au plafond, et une profondeur de 5^{m},70; le grand sas de deux des écluses avait une longueur de 119 mètres, une largeur de 15^{m},70 et une profondeur, sur le busc, de 6^{m},83; (les gros navires voulant passer par ce canal devaient réduire leur chargement de manière à n'avoir pas un tirant d'eau de plus de 5 mètres) ;

Et le canal de Voorne, coupant l'île de ce nom, construit de 1827 à 1831, pour la navigation de Rotterdam, par Hellevoetluis, à la Mer du Nord. Ce canal, d'une longueur de 9.831 mètres, terminé à ses deux extrémités par deux avant-ports de 290 et 445 mètres de longueur et par des écluses à sas de 72 mètres de longueur, de 14 mètres de largeur et 6^{m},10 de profondeur, avait été établi d'abord avec une largeur de 34 mètres à la ligne d'eau, et de 11 mètres au plafond et une profondeur d'eau de 5^{m},10; il avait été approfondi de 0^{m},30 en 1854, en sorte que sa profondeur était devenue de 5^{m},40, avec une largeur de 10 mètres au plafond. Le canal comportait d'ailleurs 4 gares d'évitement, espacées de 2 kilomètres, d'une longueur de 118 mètres et d'une largeur au plafond de 34 mètres. Pour les navires d'un fort tonnage, le niveau de l'eau pouvait être exhaussé de 1^{m},30, jusqu'au chemin de halage, au moyen de l'introduction de la marée ;

Enfin, pour la coupure de l'Isthme de Panama par un canal maritime, M. Garella avait proposé de donner à ce canal une largeur de 44 mètres à la ligne d'eau et une profondeur d'eau de 7 mètres.

Ainsi qu'il sera expliqué plus loin, les dimensions du canal de Suez ont été définitivement fixées pour l'exécution à 22 mètres de largeur au plafond, et 8 mètres de profondeur, conformément à un avis du Conseil supérieur des travaux de la Compagnie en date du mois d'août 1859.

Pendant la période qui s'est écoulée depuis lors, jusqu'à l'année de l'ouverture du Canal à la grande navigation (1869), trois nouveaux canaux maritimes ont été construits ou commencés en Hollande, savoir :

Le Canal de l'île de Zuid Beveland, construit par le Gouvernement, de 1862

faisant d'ailleurs partie d'un barrage éclusé de 100 mètres de longueur totale, placé immédiatement à l'origine des digues qui devaient former de chaque côté le chenal de communication du Canal avec la mer. Les deux ouvrages d'extrémités mettraient ainsi le Canal tout entier dans le cas d'un seul et immense bief recevant les eaux de la mer Rouge pendant les plus hautes marées et les emmagasinant successivement, à la fois pour augmenter le tirant d'eau dans le Canal et pour fournir des chasses dans chaque chenal lorsqu'elles seraient nécessaires. Les plus fortes marées de la mer Rouge étant de 2 mètres à 2^{m},50 au-dessus des basses eaux de la Méditerranée, on obtiendrait donc dans certains temps jusqu'à 9 mètres de hauteur d'eau dans le Canal : on pouvait compter, en moyenne, sur une surélévation

---

à 1866, et destiné à remplacer la navigation de l'Escaut Oriental, barré par une digue du chemin de fer de Zélande. Ce canal, d'une longueur de 7.750 mètres, avec deux avant-ports aux extrémités de 643 et 417 mètres de longueur, avait une largeur de 40 mètres à la ligne d'eau et de 10 mètres au plafond, comme les autres grands canaux déjà existants, et une profondeur de 6^{m},50. Il était terminé à chaque extrémité par deux écluses à sas accolés, une grande et une petite; le sas de la grande écluse avait 119 mètres de longueur, 16 mètres de largeur et une profondeur sur le busc de 6^{m},10;

Le Canal direct d'Amsterdam à la Mer du Nord, ouvert à travers l'Isthme connu sous le nom de Holland up Zyn Smalst, construit par une Compagnie, de 1865 à 1876, et exploité par l'État depuis l'année 1882. Ce canal avait une longueur totale de 29 kilomètres entre ses écluses d'extrémités, le mettant en communication, d'un côté, avec la Mer du Nord, de l'autre, avec le Zuiderzée. Sa largeur au plafond, qui était de 50 mètres au minimum, devant Amsterdam, diminuait graduellement ensuite jusqu'à 20 mètres, se conservait telle sur la plus grande partie de la longueur du canal et atteignait 32 mètres dans la région voisine des écluses de la Mer du Nord. Le plan de flottaison y était maintenu autant que possible, de manière à y assurer une profondeur de 7^{m},70. Il y avait à chaque extrémité deux écluses accolées, une grande et une petite; du côté de la Mer du Nord, la plus grande écluse avait une longueur de 120 mètres, et une largeur de 18 mètres. Mais ces dimensions, par suite de l'augmentation toujours croissante des navires, ont été reconnues insuffisantes, et l'on a construit plus tard, latéralement, une nouvelle écluse ayant 225 mètres de longueur, une largeur de 25 mètres, et ses buscs à 9^{m},50 en contre-bas de l'étiage du canal.

Enfin, le canal de l'île de Walcheren, construit de 1867 à 1873, et destiné à créer une nouvelle voie de navigation rendue nécessaire par suite du barrage du Sloe. Ce canal, d'une longueur d'environ 13 kilomètres, avait une largeur de 21 mètres au plafond, et de 50 mètres à la ligne d'eau, et une profondeur d'eau de 6^{m},45. Il était terminé à chacune de ses extrémités par une écluse à deux sas accolés : le grand sas avait une longueur de 130 mètres, une largeur de 20 mètres et une profondeur sur le busc de 6^{m},30.

de 1 mètre, ce qui donnerait habituellement dans le Canal un tirant d'eau minimum de 7^{m},50 à 8 mètres. Dans ces conditions, les vapeurs à hélice pourraient parcourir facilement le Canal sans que l'on eût à craindre les réactions sur le mouvement de l'hélice produites par une trop grande proximité du plafond.

Quant au volume d'eau emmagasiné pour des chasses, le Canal, dans toute sa longueur, y compris l'étendue des lacs Amers, formerait un immense réservoir plus élevé que le niveau de la Méditerranée de toute la hauteur des marées de la Mer Rouge et renfermant plus de 700 millions de mètres cubes d'eau.

Pour faciliter davantage l'entrée du flot montant dans le Canal, on avait projeté, à Suez, un second barrage éclusé, de 100 mètres également de longueur, établi dans l'emplacement du chenal du port actuel et relié au barrage du Canal par une digue insubmersible ; l'ensemble de ces ouvrages devait former ainsi, à travers les lagunes de Suez, un passage à pied sec pour la route du Caire à la Mecque.

Enfin, pour augmenter l'action des chasses du côté de Péluse, le barrage éclusé y était avancé à 200 mètres en mer ; et, intérieurement à ce barrage, des jetées d'un développement total de 6.200 mètres étaient disposées en courbes de manière à former un immense bassin de chasse.

PORT INTÉRIEUR (LAC TIMSAH)

Le lac Timsah, situé à peu près à égale distance des deux mers, et au débouché même de la vallée dite « Ouady-Toumilat », dans laquelle serait établi le canal de communication, devait former, ainsi qu'on l'a déjà dit, un port intérieur où viendrait aboutir toute la navigation, tant intérieure qu'extérieure. C'était donc sur ses bords qu'on projetait d'établir les magasins, écuries, ateliers de réparation, ainsi que 1.500 mètres de murs de quai pour l'amarrage des navires et l'embarquement des marchandises.

ENTRÉES DE SUEZ ET DE PÉLUSE

(PLANCHE VIII)

Les entrées du Canal, tant du côté de la Mer Rouge que du côté de la Méditerranée, devaient être disposées de manière que les bâtiments pussent aborder en toute saison et trouver, dans les mauvais temps, un abri sûr et efficace.

Dans ce but, à Suez, où la rade est abritée de tous les vents, excepté de ceux du Sud-Est, le chenal d'entrée dans la Mer Rouge était formé de deux jetées, poussées dans la rade jusqu'aux fonds de 7 mètres à $7^m,50$ en contre-bas des basses mers et atteignant ainsi une longueur d'environ 4.000 mètres, la jetée de l'Est dépassant l'autre de 150 mètres afin de procurer un abri complet.

Du côté de Péluse, les deux jetées devaient, pour atteindre la profondeur de $7^m,50$ à 8 mètres, avoir une longueur d'au moins 6.000 mètres. Et dans la crainte qu'un chenal ainsi formé ne présentât pas assez de sûreté pour l'abordage des navires — ce qui était une objection dont la valeur restait encore à vérifier — on proposait de créer, en avant des jetées, une rade d'abri au moyen d'un grand môle de 500 mètres de longueur, disposé de manière à servir de refuge aux navires dans les mauvais temps, et à leur permettre de prendre ensuite à leur convenance l'entrée du chenal.

Tous ces ouvrages devaient être exécutés en blocs naturels jetés à pierres perdues, à l'exception des musoirs qui seraient construits en maçonnerie hydraulique. A chacune des deux entrées, la jetée au vent avait 8 mètres de largeur à la partie supérieure arasée à $1^m,50$ au-dessus du niveau des basses mers ; elle était surmontée d'un parapet de 4 mètres d'épaisseur et de $3^m,50$ de hauteur ; et, sur son talus intérieur, était disposé un massif de béton descendant jusqu'à 3 mètres de profondeur au-dessous des basses eaux, pour permettre l'accostage des navires et former chemin de halage. Quant aux jetées sous le vent, elles ne devaient avoir que 6 mètres de largeur au niveau de la chaussée, et leur parapet 3 mètres d'épaisseur sur 2m,50 de hauteur.

On avait projeté, d'ailleurs, pour faciliter l'accès des entrées, la construction de deux phares : l'un sur la Méditerranée, à la pointe de Damiette, et l'autre, sur la Mer Rouge à Ras-Mohammed, et l'établissement de feux de ports à la tête des jetées au vent de Péluse et de Suez.

CANAL DE COMMUNICATION ET D'IRRIGATION — CULTURES

(PLANCHES III ET XIV)

Le Canal de communication destiné à relier l'intérieur de l'Égypte au Canal maritime, devait satisfaire aux trois conditions suivantes : présenter une assez grande section pour pouvoir admettre les barques et les bateaux à vapeur du Nil, et éviter ainsi la nécessité de transbordements ; avoir un débit suffisant pour permettre l'inondation de 40.000 hectares de terrains pendant l'hiver, et l'irrigation par simple arrosage de 24.000 hectares pendant l'été[1]. Enfin, avoir le niveau de ses eaux maintenu à la hauteur la plus favorable pour l'irrigation naturelle des immenses terrains de l'Isthme qui, faute d'eau, restaient stériles.

Pour satisfaire à ces conditions, voici quelles dispositions avaient été adoptées.

La prise d'eau du Canal était établie tout près du Caire,

1. La mesure de superficie, en Egypte, est le feddan, qui équivaut à 42 ares (on compte, en nombre rond, 2 feddans 1/2 pour 1 hectare).

L'inondation des terres doit être faite pendant cent jours au maximum, et, pour obtenir un bon lavage des terres et un apport suffisant de limon du fleuve, chaque feddan doit recevoir une quantité d'eau de 8.400 mètres cubes correspondant à 2 mètres cubes par mètre carré. Après deux ou trois grands lavages, les terres mises en culture n'ont plus besoin d'une quantité d'eau aussi considérable. (Au sujet des efflorescences salines qui se forment à la surface du sol du Delta, et qui exigent de puissants lavages par inondation, voir plus loin une note sur lesdites efflorescences qui figure au chapitre de la description du projet de la Commission internationale.)

un peu au-dessus de Boulak, à Kasr-el-Nil, où se trouvait l'embouchure de Khalig-Zaffranieh[1]. Le Canal empruntait d'abord le cours du Zaffranieh ; il s'en détachait vers Abou-Zabel, pour poursuivre ensuite à peu près parallèlement dans la direction de Bulbeïs, mais en se tenant plus à l'Est,

1. Les auteurs de l'avant-projet avaient été guidés dans le double choix de l'emplacement de la prise d'eau à Kasr-el-Nil et du tracé de la première partie du nouveau Canal jusqu'à l'Ouady par la disposition des lieux. telle qu'elle est décrite ci-dessous, et par les considérations qui accompagnent cette description :

Le canal Zaffranieh avait été recreusé par Méhémet-Ali, il y avait une douzaine d'années, pour en faire un canal Séfi (canal utilisable pendant l'étiage), destiné à l'arrosage des provinces de Calioubieh et de Cherkieh. Ce canal, qui avait sa prise d'eau entre Boulacq et le Vieux Caire, allait presque directement, en longeant la ville du Caire du côté du Nord, jusqu'auprès de la lisière du désert ; là, il rencontrait le Khalig du Caire, et les deux canaux réunis couraient vers le Nord, au milieu des terres cultivées, jusqu'aux environs de Tell-el-Yeuhoud, où une branche d'un autre canal, le Cherkaouieh, canal Séfi, ayant sa prise d'eau à environ 12 kilomètres en aval de celle du Khalig Zaffranieh, venait se réunir à eux : au delà, jusqu'à Bulbeïs, le Zaffranieh se confondait avec le Khalig Manieh, l'ancien canal de Trajan et d'Amrou.

Le recreusement séfi du Khalig Zaffranieh, n'ayant pu être terminé dans une campagne avant la crue du fleuve, Méhémet-Ali n'avait pas voulu qu'on y laissât entrer les eaux, par crainte que la partie creusée ne fût comblée par le limon du Nil ; on avait fait alors, pour l'arrosage des terres sur lesquelles le Zaffranieh devait conduire les eaux jusqu'à sa jonction avec le Cherkaouieh, deux autres canaux : l'un, qui fut le prolongement du Khalig du Caire jusqu'à Kafr-Hamza, pour la partie du terrain à l'Est, entre le désert et le Zaffranieh ; l'autre, qui fut le Boulakieh, pour la partie du terrain à l'Ouest, entre le Zaffranieh et le Nil. Au moyen de ces deux canaux, dont le premier courait parallèlement au Zaffranieh dans toute sa longueur, on n'avait plus eu besoin de celui-ci pour inonder les terres ; et comme, depuis lors, on ne l'avait plus creusé de nouveau, sa prise d'eau n'avait jamais été ouverte.

Le Khalig Zaffranieh n'avait donc jamais, jusqu'alors, donné de l'eau du Nil ; et, par conséquent, bien qu'il traversât partout, jusqu'à Abou-Zabel, des terrains cultivés, il n'était tributaire d'aucun pour les eaux. C'était là une des principales raisons qui avaient fait choisir cette première partie de son cours pour le Canal d'eau douce de la Compagnie de Suez. En utilisant ainsi d'ailleurs ce canal, déjà en grande partie creusé, on réalisait une très importante économie.

A une certaine distance au-delà d'Abou-Zabel, à Chibin-el-Canater, une partie des eaux du Cherkaouieh venait couler dans le Zaffranieh, et servait alors à l'arrosage des terrains traversés à partir de là par ce dernier canal. C'était là encore la raison pour laquelle, à partir d'Abou-Zabel, le tracé du Canal d'eau douce se détachait du Zaffranieh et était reporté dans l'Est, à la lisière du désert.

Les auteurs de l'avant-projet avaient estimé que toute autre solution que celle à laquelle ils s'étaient arrêtés, eût présenté de très grandes difficultés et eût été beaucoup plus coûteuse.

Dans le cas, par exemple, où l'on eût voulu faire les prises d'eau en aval de

en dehors des terrains cultivés, — ce qui devait permettre à la Compagnie de faire arroser les terrains riverains, alors incultes; — au-delà de Bulbeïs, le canal s'inclinait vers l'Est pour aller pénétrer dans la vallée Ouady-Toumilat, où il se maintenait constamment le plus haut possible; enfin, il allait déboucher dans la partie sud du lac Timsah[1]. Sa longueur totale était de 131.600 mètres.

Boulacq, il eût fallu traverser des terres cultivées pendant environ 20 kilomètres, couper les canaux d'arrosage existants, et rendre ainsi le nouveau canal tributaire de l'arrosage des terrains que les canaux coupés ne pourraient plus arroser sans des travaux d'art considérables.

On ne pouvait pas non plus établir la prise d'eau en amont de Kasr-el-Nil, — où se trouvait la prise d'eau du Zaffranieh, — ou en amont du Vieux Caire, car il faudrait alors traverser le rocher qui se trouve entre Eter-el-Nabé et le Caire, puis les hauteurs des décombres de l'ancienne Fostat, l'aqueduc conduisant les eaux à la citadelle, enfin les jardins situés au delà jusqu'à la porte de Bab-el-Bahr où l'on devrait forcément se jeter dans le Khalig Zaffranieh.

La seule prise d'eau à laquelle, à part celle du Zaffranieh, on aurait pu penser, était celle du Khalig du Caire; et, si le nouveau canal avait pu traverser la ville, c'eût été peut-être, malgré de graves inconvénients, la meilleure solution; mais le canal qui traverse le Caire était bordé de maisons, de mosquées, bâties tout à fait sur ses bords, ne laissant ni chemin, ni quai, et pas plus de 10 mètres en moyenne d'un côté à l'autre; d'ailleurs, ce canal n'était creusé qu'à environ 4 mètres au-dessus de l'étiage maximum, et les fondations des maisons et des mosquées descendaient à peine au niveau de l'étiage; en outre, il y avait sur le parcours du canal beaucoup de ponts sur quelques-uns desquels étaient des habitations; il faudrait donc, pour rendre le canal assez large et navigable, abattre sur tout son parcours à travers la ville les maisons et les monuments publics et faire de tous les ponts des ponts mobiles, ce qui serait une affaire colossale. On avait également à considérer que la prise d'eau du Khalig du Caire etait dans le petit bras du fleuve formé par l'île de Rhoda et en amont de l'île; que le régime du fleuve était tel que, dans quelques inondations, il se formait des atterrissements qui, pendant l'étiage, interceptaient entièrement le passage des eaux par ce petit bras ; enfin, que, pour assurer en tout temps l'écoulement des eaux dans le bras du fleuve, il faudrait faire des travaux très importants, lesquels, en raison des localités, ne pourraient même assurer le but à atteindre.

La prise d'eau du Khalig Zaffranieh était au contraire parfaitement située; le cours du fleuve y affluait directement; la profondeur d'eau y était grande; rien ne faisait présumer que le cours du Nil en cet endroit pût être changé; par suite de la disposition des lieux, on pouvait d'ailleurs facilement l'y maintenir, et le Gouvernement, qui avait là, jusqu'en aval de Boulacq, son port de commerce, avec ses établissements et les palais même, aurait certainement toujours soin de faire faire les travaux nécessaires pour conserver sur ce point le thalweg du fleuve.

C'était l'ensemble de toutes ces considérations qui avait décidé les auteurs de l'avant-projet à conserver l'ancienne prise d'eau du Khalig Zaffranieh pour la prise d'eau du Canal d'eau douce de la Compagnie.

1. D'après l'avant-projet primitif, tel qu'il est décrit ici, le Canal, à partir de

La largeur du Canal avait été fixée à 25 mètres, mesurée à la ligne d'eau, pendant la saison d'étiage, cette largeur étant suffisante pour le croisement facile de deux bateaux à vapeur; la hauteur d'eau dans le Canal pendant cette même saison d'étiage devant être de 2 mètres, et les talus de la cunette étant dressés à 3 de base pour 2 de hauteur, la largeur du Canal au plafond se trouvait ainsi être de 19 mètres.

Le plafond du Canal au départ se trouvait à la cote de l'étiage moyen du Nil, correspondant, en ce point du cours du fleuve, à peu près à la cote de 14 mètres au-dessus du niveau des basses-mers de la Méditerranée; enfin, la pente longitudinale du plafond dans chacun des cinq biefs, dont il est parlé ci-dessous, était de $0^m,03$ par kilomètre correspondant à une vitesse maximum de $0^m,65$ par seconde, limite au-delà de laquelle on aurait eu à craindre la destruction des berges.

La longueur totale du Canal était divisée en cinq biefs de la manière suivante : un barrage éclusé, avec portes dans les deux sens, était établi à la tête du Canal, pour le préserver des grandes crues du Nil, et pouvoir conserver ses eaux à l'époque de l'étiage du fleuve; puis, quatre écluses de hauteur de chute variable, d'après la disposition des terrains, étaient distribuées sur la première portion du Canal jusqu'à Ras-el-Ouady, formant ainsi quatre premiers biefs; enfin, la seconde portion du Canal formait un bief unique, qui s'étendait depuis Ras-el-Ouady jusqu'au débouché dans le lac Timsah, où était établie une double écluse rachetant une différence de niveau de 7 mètres. Les sas de ces diverses écluses avaient chacun 54 mètres de longueur et 12 mètres de largeur.

---

son arrivée à l'Ouady-Toumilat, — ainsi qu'en témoigne la première carte détaillée de l'Isthme dressée par Linant Bey, et publiée en 1855 par la Compagnie, — se tenait constamment sur la rive Sud de la vallée pour aller, comme il est dit, déboucher finalement dans la partie Sud du lac Timsah. On verra plus loin que, dans le courant de 1856, à la suite de nouvelles études sur le terrain, M. Linant Bey a finalement proposé, pour cette portion du Canal, un tracé par la rive Nord de l'Ouady, allant aboutir dans la région Nord du lac Timsah. Il n'a plus été question, depuis lors, que de cette solution.

La hauteur d'eau dans chacun des cinq biefs du Canal devait être, ainsi qu'on l'a dit déjà, de 2 mètres pendant la saison d'étiage; pendant les hautes eaux, on maintiendrait l'eau dans chaque bief, à la hauteur nécessaire, pour permettre l'arrosage des terres riveraines ; cette hauteur maximum des eaux était naturellement variable d'un bief à l'autre ; dans le dernier bief, notamment, elle différait peu de la hauteur correspondante à la saison d'étiage[1].

Dans les conditions où l'on proposait de l'établir, le Canal pourrait débiter en hautes eaux de 40 à 50 mètres cubes par seconde, soit environ 4 millions de mètres cubes par jour ; ce qui permettrait d'inonder, dans la période de 100 jours, 47.600 feddans pendant les premières années, et plus tard, des superficies notablement plus grandes. Pendant la saison d'étiage, il faudrait élever l'eau dans le Canal au moyen de pompes à vapeur; le volume total à fournir, par jour, serait de 1.200.000 mètres cubes pour l'arrosage proprement dit, plus 212.000 mètres cubes pour 40 éclusées et pour compenser les pertes par infiltration et évaporation (estimées à 15 0/0 du volume utile), soit un volume total de 1.412.000 mètres cubes à élever à une hauteur de 2 mètres, ce qui s'obtiendrait au moyen de pompes à vapeur présentant ensemble une force de 546 chevaux.

Mais il ne suffisait pas d'amener l'eau douce jusqu'au lac Timsah ; il fallait encore faire en sorte de pouvoir la fournir en abondance aux chantiers de travaux, dans toute la longueur du Canal Maritime.

A cet effet, d'un point en amont des écluses de débouché dans le lac du Canal principal que l'on vient de décrire, partaient, savoir :

Dans la direction de Suez et en contournant le grand bassin de l'Isthme, une rigole de 87 kilomètres de longueur,

1. Voir, ci-après, la description d'un nouveau tracé du Canal de communication définitivement proposé par Linant Bey à la suite de nouvelles études faites dans le courant de l'année 1856.

avec une pente de 0,04 par kilomètre et une hauteur d'eau constante de $1^m,50$. A l'arrivée à Suez, le niveau de l'eau dans cette rigole se trouverait à $3^m,52$ (7^m — $3^m,48$) au-dessus du niveau de la Méditerranée, ce qui placerait le plafond à $2^m,02$ au-dessus du même niveau, c'est-à-dire à peu près à la hauteur des hautes marées de la Mer Rouge, hauteur plus que suffisante pour mettre à l'abri de toute crainte d'infiltration d'eau salée dans le canal d'eau douce. Sur le premier tiers de sa longueur, la rigole aurait 20 mètres de largeur à la ligne d'eau; et, successivement, sur les deux autres tiers, 15 mètres et 10 mètres de largeur;

Et, dans la direction de Péluse, une conduite d'eau système Chameroy, d'une longueur totale de 80 kilomètres, destinée à être remplacée plus tard par une rigole à découvert, et dont les tuyaux serviraient alors à créer une distribution d'eau douce dans la ville qui devait s'élever au port de Timsah.

NOUVEAU TRACÉ DU CANAL DE COMMUNICATION D'APRÈS UNE ÉTUDE DE 1856.

Dans le courant de l'année 1856, pendant que la Commission internationale — ainsi qu'il est expliqué plus loin — s'occupait de l'examen de l'avant-projet des ingénieurs du Vice-Roi et de l'étude des bases d'un projet définitif, M. Linant Bey dressa, d'après les données générales de son avant-projet, un projet détaillé du Canal d'eau douce (Rapport de MM. Conrad et Linant Bey, du 1er janvier 1857).

Dans cette nouvelle étude, le tracé du canal jusqu'à Gawarni, à l'entrée de l'Ouady-Toumilat, était conservé.

Mais, à partir de Gawarni, deux tracés à suivre s'étaient présentés : l'un établi sur le côté Sud de l'Ouady (c'était le tracé de l'avant-projet); l'autre sur le côté Nord.

Le premier tracé pouvait, par suite de la hauteur du terrain, passer dans le désert, en laissant au Nord les terres cultivées de l'Ouady ainsi que les dunes qui les bordent;

mais ce tracé avait à traverser des dunes considérables et un terrain peu propre à l'agriculture; de plus, comme les dunes qui bordent partout la vallée du côté du Sud sont formées par les sables qu'apportent les vents du Sud, le Canal se trouverait promptement obstrué. D'autre part, si le tracé était établi au bas des dunes, dans les terres cultivées, en suivant le petit canal existant (vestiges de l'ancien canal de Ptolémée), il se trouverait passer par une cote trop basse, et il faudrait faire en remblai une grande partie du Canal, ce qui était toujours un inconvénient à éviter; si l'on se décidait à construire une écluse à Gawarni, pour, de ce point au lac Timsah, faire un autre bief plus bas que le précédent, on aurait l'inconvénient de ne plus pouvoir arroser, sans élever les eaux, toutes les terres qui se trouvent dans le haut de l'Ouady, depuis Gassassine jusqu'au lac Timsah; en outre, on arriverait ainsi sur ce dernier point avec une cote ne donnant pour la rigole de Suez qu'une différence de niveau de $6^m,23$, et, par conséquent, une pente trop faible.

L'autre tracé, traversant l'Ouady à Gawarni et passant à Abascé pour aller longer les terres cultivées, au nord de la vallée, jusqu'au lac Timsah, avait l'avantage de tenir le canal dans des terrains plus élevés, formés d'argile, de sable et de gravier et très favorables ainsi au creusement du canal; d'être à l'abri des ensablements et partout en déblai; de pouvoir maintenir partout les eaux assez hautes pour permettre de ne faire qu'un seul bief de Bulbeïs au lac Timsah, ce qui donnait entre ce dernier point et Suez une plus grande différence de niveau, et, par conséquent, une plus grande pente pour le canal de dérivation; enfin, ce tracé traversait les terrains qui, de Ras-el-Ouady jusqu'au lac Timsah, pouvaient être cultivés, les eaux du canal pouvant facilement les arroser, ce qui n'avait pas lieu avec l'autre tracé.

Tous ces avantages avaient conduit M. Linant Bey à adopter de préférence le tracé par le versant Nord de l'Ouady, et ce, d'accord avec M. Conrad, président de la Commission internationale, venu spécialement sur les lieux, sur l'invitation du Vice-Roi, pour coopérer à l'étude définitive du projet du Canal d'eau douce que devait exécuter directement le Gouvernement égyptien.

Les seuls inconvénients que présentait le nouveau tracé étaient les suivants :

1° On coupait l'Ouady ; mais c'était à l'emplacement même d'une digue, dite de l'Abascé, construite par Méhémet-Ali et séparant les terrains de l'Ouady de ceux du dehors ;

2° Les terrains de l'Ouady, d'une contenance d'environ 2.000 feddans, étaient arrosés, à la fois, par les eaux du canal longeant la partie Sud de la vallée sous les dunes, par les eaux d'écoulement de l'inondation du bassin en amont de la digue de l'Abascé et pénétrant dans l'Ouady par de petits déversoirs pratiqués dans cette digue, enfin par le canal de l'Ouady venant de Zagazig et passant au Nord de la vallée : ces eaux, à l'exception de celles du canal de l'Ouady qui servaient à arroser pendant l'étiage, n'arrivaient que pendant l'inondation. Il suffirait pour assurer le passage de ces eaux, indispensables aux arrosages des terrains de l'Ouady, et pour que le Canal d'eau douce ne fût pas tributaire, de pratiquer sous le canal deux syphons, ce qui était facile, puisque le canal serait entièrement en remblai.

Par la nouvelle combinaison adoptée, on n'avait, comme il est expliqué ci-dessus, du Nil au lac Timsah, que quatre biefs. Au lac Timsah, la chute était rachetée par trois écluses.

Chaque bief était limité par un sas éclusé pour le passage des bateaux, avec un barrage comprenant toute la section du Canal dans le bief, et laissant le plus de débouché possible pour les hautes eaux.

Le plafond du Canal avait dans chaque bief, comme à l'avant-projet, une pente de 3 centimètres par kilomètre.

Le nouveau profil en long du Canal présentait, en résumé,

les dispositions générales indiquées dans le tableau ci-dessous.

(Les cotes qui figurent à ce tableau sont rapportées à un plan supérieur passant à 30 mètres au-dessus du couronnement du quai de Suez. D'après les documents de l'époque, la cote du niveau moyen de la Méditerranée, par rapport à ce plan, était $32^{m},05$, ce qui correspondait à la cote 17.95 par rapport au plan de comparaison adopté plus tard, passant à 20 mètres au-dessous du quai de Suez.

Il y a lieu, d'ailleurs, de mentionner ici, au sujet de la cote du niveau moyen de la Méditerranée, par rapport au plan passant à 20 mètres au-dessous du quai de Suez, que le profil en long du Canal maritime, dressé en 1859, indiquait pour cette cote $17^{m},68$; qu'un nouveau nivellement général fait en 1864 a donné la cote 18,20; enfin, qu'à la suite de nouveaux nivellements faits de 1871 à 1876, on a définitivement adopté la cote 18,30.)

BIEFS		ÉCLUSES	
DÉSIGNATION	LONGUEUR	DÉSIGNATION	HAUTEUR DES MURS DE CHUTE
	Mètres		
1er Bief	23.500	Écluse de prise d'eau de Kasr-el-Nil..........	»
2e —	10.100	Écluse de Kafr-Hamza..	1.851
3e —	25.600	Écluse de Menayer.....	0.796
4e —	69.400	Écluse de Bulbeïs......	2.017
		Les trois écluses du lac Timsah.............	6.232
		»	10.896
Longueur totale.	128.600	Pente du plafond du canal (0,03 par kil.)....	3.858
Différence totale de niveau entre les seuils extrêmes...			14.754
Cote du seuil de l'écluse de prise d'eau			19.295
Cote du plafond du canal au débouché dans le lac Timsah.			34.049

(La cote du niveau moyen de la Méditerranée étant 32.049, la hauteur d'eau dans le canal de débouché sera de 2 mètres, comme dans le canal d'eau douce.)

Quant au profil transversal de la cunette, il présentait de son côté, dans chacun des biefs, la forme et les dimensions suivantes :

Largeur au plafond, 19 mètres; talus à 3 de base pour 2 de hauteur, se prolongeant jusqu'au terrain naturel ou tout au moins jusqu'à 1 mètre de hauteur au-dessus du niveau prévu des hautes eaux dans le bief; en étiage, hauteur d'eau dans le Canal, 2 mètres, et par conséquent, largeur à la ligne d'eau 25 mètres; chemin de halage de 10 mètres sur chaque rive, c'est-à-dire dépôt des terres en cavalier de chaque côté du canal, à 10 mètres de distance du sommet des talus de la cunette; hauteur des levées ou cavaliers de dépôt, 3 mètres.

FIXATION DES DUNES

Sur la presque totalité de son parcours, le Canal maritime n'aurait à traverser que des plaines formées de terrains sur lesquels le vent n'avait aucune prise, ou des dunes déjà parfaitement fixées par une végétation naturelle. Ce n'était que sur de faibles longueurs, aux abords du lac Timsah, qu'il devait rencontrer des dunes mobiles. Or, on avait constaté que ces dunes recélaient de l'humidité à une très petite profondeur; on pourrait donc y faire des semis avec aigrettes, et l'on estimait que ces semis devraient être entrepris sur une étendue de dunes d'environ 2.000 hectares.

Quant au Canal de communication, à partir de Ras-el-Ouady, il était tracé, ainsi qu'on l'a dit déjà, de manière à se maintenir le plus haut possible, et il évitait ainsi les dunes qui occupent toute la vallée et qui marchent constamment du Sud au Nord. Néanmoins ces dunes devraient être également fixées par des semis; leur surface pouvait être évaluée approximativement à 50.000 hectares.

LIEUX D'EXTRACTION OU DE PROVENANCE DES MATÉRIAUX

Les blocs d'enrochements et les moellons à employer aux jetées et aux ouvrages d'art des Canaux devaient être extraits des carrières de l'Attaka situées sur le bord de la rade de Suez, à une distance de 20 kilomètres du port ;

La pierre de taille proviendrait de carrières, déjà en exploitation, sises au niveau des hautes mers, dans tout le fond du golfe de Suez, et d'autres carrières situées au bord de la Mer Rouge, à une distance de 10 kilomètres environ de Suez;

Les briques seraient fabriquées dans l'Ouady-Toumilat, où se touvait une bonne terre argileuse et de grandes quantités de combustible ;

La chaux grasse se fabriquait à Suez, et l'on emploierait de la pouzzolane artificielle pour les travaux d'art du Canal de communication. Pour les maçonneries à la mer, la découverte faite à Suez d'anciennes constructions remontant à l'époque des Kalifes ou même des Ptolémées, et dont la maçonnerie d'une extrême dureté renfermait une chaux hydraulique naturelle, permettait d'espérer que des recherches feraient découvrir dans les montagnes de l'Attaka les couches qui avaient anciennement fourni cette excellente chaux hydraulique ;

Les bois de construction proviendraient de l'Anatolie et de la Caramanie; les bois de chêne et les planches de sapin seraient tirés de Trieste;

Enfin, les fers et les fontes seraient tirés d'Angleterre et de Russie.

AVANT-MÉTRÉ ET SÉRIE DES PRIX

On avait compté comme déblais à sec tous ceux à faire au-dessus du niveau de la Méditerranée et admis qu'un ouvrier fellah payé 0 fr. 90 ferait $1^{mc},50$ par jour.

On avait admis, d'un autre côté, que la totalité des déblais sous l'eau seraient faits, respectivement par moitié, avec des dragues à vapeur divisées en deux séries : la première, formée de dragues de la force de 20 chevaux fouillant jusqu'à 4 mètres de profondeur et pouvant extraire 500 mètres cubes par journée de travail de dix heures au prix de 0 fr. 75 le mètre cube, y compris le transport; la seconde, formée de dragues de la force de 35 chevaux, pouvant fouiller jusqu'à 7m,50 et capables d'extraire 750 mètres cubes par jour au prix de 1 franc le mètre cube. Le travail de dragage étant supposé réparti également entre les deux séries de dragues, le prix moyen serait de 0 fr. 875.

En faisant travailler les dragues jour et nuit et comptant sur 250 journées de travail dans l'année, chaque couple de dragues ferait annuellement 625.000 mètres cubes, en sorte que, pour faire le travail total en cinq ans, il faudrait approximativement 19 couples de dragues ; mais il serait sans doute possible, dans la plus grande partie de la longueur de l'Isthme, de creuser à la main jusqu'à 1 mètre au moins de profondeur en contre-bas du niveau de la Méditerranée, puisque le fond des lacs Amers restait à sec à une profondeur allant jusqu'à 8m,58 ; on devait donc penser qu'un chiffre de 15 couples de dragues serait suffisant pour la complète exécution des dragages dans un délai de 5 années.

On avait admis, enfin, que dans les travaux du Canal de communication, un ouvrier payé 0 fr. 75 ferait 2 mètres cubes de déblai par jour, et que, dans ceux de la rigole de Suez, un ouvrier payé 0 fr. 90 ferait 2mc,25.

Pour les barrages, on avait établi leur prix d'estimation en se basant sur le prix de revient du barrage du Nil.

ESTIMATION DES DÉPENSES

L'estimation générale des dépenses pouvait se résumer ainsi qu'il est indiqué dans le tableau ci-après :

DESIGNATION DES TRAVAUX	QUANTITÉS	PRIX DE L'UNITÉ	PRODUITS	DÉPENSES PAR ARTICLE
CANAL MARITIME ET PORTS				
Terrassements	mètres cubes	Francs	Francs	Francs
Déblais à sec.......	17.473.790	0 60	10.484.274	
Déblais sous l'eau..	57.205.342	0 875	50.054.674	
	74.679.132		60.538.948	
Frais divers et 10 0/0 pour frais d'outils......................			6.211.052	
				66.750.000
Jetées et ouvrages d'art des Ports				
2 barrages éclusés et 1 barrage-déversoir............	300ml	17.900	5.370.000	
PORT DE PÉLUSE				
Enrochements des jetées...........	2.000.000	15	30.000.000	
Enrochements des digues du bassin de retenue.......	900.000	15	13.500.000	
Enrochements des digues du môle d'abri............	250.000	15	3.750.000	
PORT DE TIMSAH				
Murs de quai.......	1.500ml	1.200	1.800.000	
PORT DE SUEZ				
Enrochements des jetées............	2.000.000	7	14.000.000	
				68.420.000
Enrochements des berges du Canal				
Enrochements à pierres perdues..	100.000ml	15	1.500.000	
				1.500.000
Travaux divers				
Phares et fanaux...	»	»	170.000	
Maisons, baraquements, hôpitaux, etc..............	»	»	1.000.000	
				1.170.000
Total pour le Canal maritime et les Ports.......				137.840.000

DÉSIGNATION DES TRAVAUX	QUANTITÉS	PRIX DE L'UNITÉ	PRODUITS	DÉPENSES PAR ARTICLE
			Report.......	137.840.000
CANAL DE COMMUNICATION				
Terrassements	mètres cubes.	Francs	Francs	
Déblais pour le canal principal.....	10.320.884	0.375	3.870.331	
Déblais pour la rigole de Suez..........	2.218.500	0.40	887.400	
	12.539.384		4.757.731	
Frais divers et 10 0/0 pour frais d'outils......................			492.269	
Total pour les terrassements...			5.250.000	
Ouvrages d'art				
Barrages éclusés avec ponts-levis..	6	300.000	1.800.000	
Pompes à vapeur, ensemble........	350ch	2.200	1.100.000	
Conduites d'eau....	80.000ml	8	640.000	8.790.000
TRAVAUX ACCESSOIRES				
Fixation des dunes.	24.000ha	66,80	1.603.200	
Mise en culture des terres...........	16.000ha	500	8.000.000	9.603.200
Total des dépenses prévues....................				156.233.200
Frais d'administration pendant la période de six années de la durée des travaux : 2 1/2 0/0 de la dépense totale.				3.905.830
Somme à valoir pour travaux imprévus...............				2.410.970
Estimation totale des dépenses pour travaux et frais d'administration......................				162.550.000

Les auteurs de l'avant-projet faisaient remarquer que le chiffre de 162 millions était un maximum ; qu'en effet, dans l'étude du projet définitif, ils seraient probablement amenés, vu l'objection faite par des ingénieurs très compétents, notamment par M. Renaud, Ingénieur en chef des Ports Maritimes, en France, contre l'emploi des chasses artificielles pour l'entretien des entrées des ports, à supprimer les ouvrages proposés, en vue exclusive des chasses, à l'avant-projet ; et que l'on pourrait réaliser encore une autre économie en renonçant à exécuter le môle d'abri projeté à Péluse, attendu qu'il existait beaucoup de ports d'un accès plus ou moins difficile auprès desquels ne se trouvaient pas de mouillages abrités.

Mais ils faisaient remarquer, en même temps, qu'au montant des dépenses d'exécution des travaux, il y avait lieu d'ajouter le montant des intérêts à payer aux actionnaires pour leurs versements successifs de fonds pendant la durée des travaux. Or, on prévoyait que ces travaux, devaient être répartis en six années de la manière suivante :

Première année. — Exécution du Canal de communication avec ses écluses, de la Rigole d'irrigation et de la Conduite d'eau; installation des chantiers d'exploitation des carrières et commande de tout le matériel de dragages; 20.000 ouvriers; dépense totale approximative, 12.000.000 fr.

Deuxième année. — Creusement du chenal de Suez et construction des jetées et du barrage éclusé; introduction de l'eau douce et dragages dans le bassin du lac Timsah; toutes les forces employées à ouvrir la communication entre Suez et le lac Timsah; commencement des travaux de fixation des dunes et de mise en culture des terres; 30.000 ouvriers; dépense approximative, 25.000.000 francs.

Troisième année. — Construction des jetées et du bassin de chasse de Péluse; ouverture de la communication entre le lac Timsah et la Méditerranée; continuation des travaux de semis et de cultures; 20.000 ouvriers; dépense, 30.000.000 francs.

Quatrième année. — Continuation des travaux de déblais à sec et de dragages, des jetées et des barrages éclusés; construction des quais du lac Timsah et du môle d'abri de Péluse; semis et cultures; 20.000 ouvriers; dépense, 33.000.000 francs.

Cinquième et sixième année. — Continuation et achèvement de tous les travaux; nombre moindre d'ouvriers, puisqu'il ne resterait principalement à faire que des dragages; dépense pour ces deux années, ci 62.000.000 francs.

D'après la répartition ci-dessus des versements à faire par les actionnaires, le montant total des intérêts à 5 0/0 à servir se calculait de la manière suivante :

	Francs		Francs
1re année,	12.000.000	pendant 6 ans...........	3.600.000
2e —	25.000.000	— 5 —	6.250.000
3e —	30.000.000	— 4 —	6.000.000
4e —	33.000.000	— 3 —	4.950.000
5e —	31.000.000	— 2 —	3.100.000
6e —	31.000.000	— 1 —	1.550.000
Total des intérêts à fournir aux actionnaires....			25.450.000
En ajoutant le montant des dépenses des travaux..................................			162.550.000
On arrivait à un total de.......................			188.000.000
On était donc fondé à évaluer le capital maximum nécessaire pour l'exécution de l'entreprise, au chiffre rond de.................			200.000.000

Et cette estimation devrait paraître d'autant plus large que l'on n'avait pas fait entrer en ligne de compte les divers revenus qu'on pourrait réaliser pendant l'exécution des travaux et qui ne laisseraient pas que d'être assez importants. Ainsi, le Canal de communication intérieure étant terminé pendant la première campagne, on aurait pendant cinq ans le transport de toutes les denrées produites par l'agriculture le long du canal. La seconde année, le canal allant jusqu'à Suez, on aurait pendant quatre ans les droits d'écluses et les bénéfices du transport, qui pouvaient être évalués à 1 million de francs en moyenne, chaque année. On aurait encore des bénéfices de culture qui augmenteraient tous les ans, et qui, de même, ne seraient pas moindres, année moyenne, de 1 million. Ce qui formerait déjà un revenu total de 8 millions. Enfin, pendant les deux dernières années, on pourrait donner passage, comme cela s'était fait au Canal Calédonien, à tous les navires de petit tonnage, à tous les bateaux à vapeur qui voudraient profiter de la coupure, et l'on obtiendrait encore de cette manière un produit de plusieurs millions. On aurait pu porter toutes ces sommes en déduction de l'estimation totale des dépenses, mais on avait préféré les laisser disponibles.

Évaluation des revenus

CANAL MARITIME

D'après les documents statistiques les plus récents et en tenant compte du développement du commerce maritime constaté depuis la publication de ces documents, on pouvait, dès 1851, et, à plus forte raison, en 1855, évaluer la totalité des échanges de l'Europe et de l'Amérique du Nord avec les contrées de l'Extrême-Orient, à 100 millions de livres sterling ou 2 milliards et demi de francs par année, ce qui, à raison d'une valeur moyenne des marchandises de 600 francs par tonne, représentait un mouvement total annuel de 6 millions de tonneaux.

Pour éviter tous mécomptes, on admettait que, sur ce transport total, la moitié seulement, ou 3 millions de tonneaux, prendraient la voie du Canal; on supposait, d'ailleurs, que la moitié de ces 3 millions s'arrêteraient au port intérieur.

On proposait de fixer le droit de passage par le Canal à 10 francs par tonne, chiffre représentant à peu près 2 0/0 de la valeur moyenne de la marchandise. Ce chiffre était loin d'être exagéré, car, en dehors des avantages généraux de l'économie de temps, qui serait, en moyenne, de deux mois sur cinq, il laissait encore bénéficier le commerce du surplus de l'économie de dépenses qui résulterait de l'abréviation de parcours, et que l'on pouvait évaluer à 16 francs environ par tonneau et par mille lieues de diminution dans les distances[1].

---

1. Voir, à l'*Historique administratif*, à la fin de l'analyse du mémoire de M. de Lesseps du 15 novembre 1854, les notes sur la comparaison des deux routes par Suez et par le Cap.

CANAL DE COMMUNICATION

On admettait que le Canal de communication transporterait au moins le quart du tonnage total des marchandises qui parcouraient le canal Mahmoudieh, ce qui présenterait un mouvement de 156.000 tonneaux. On proposait de faire payer un droit de 10 francs par tonneau, attendu que le transport par voie de terre du Caire à Suez, tel qu'il s'effectuait alors par chameaux, coûtait 27 fr. 50 et durait trois jours, tandis que le transport par barques se ferait en vingt-quatre heures, à raison de 12 fr. 50, de telle sorte qu'il resterait encore 5 francs de bénéfice par la voie du Canal, indépendamment de la réduction de deux jours dans la durée du transport.

CULTURES ET SEMIS

La mise en culture des terres pouvait être estimée devoir produire en moyenne un bénéfice de 100 francs par feddan ou 250 francs par hectare; on admettait, d'ailleurs, que la Compagnie ne mettrait en culture que 24.000 hectares.

Les semis sur les dunes pourraient fournir, au bout de vingt ans, un produit minimum de 100 francs par hectare; en faisant l'escompte de ce bénéfice pour avoir le revenu immédiat, il se réduisait à 41 fr. 50. On admettait que ces semis se feraient sur une superficie de dunes de 24.000 hectares.

REVENUS DIVERS

On ne citait que pour mémoire d'autres revenus qui ne manqueraient pas non plus d'être assez considérables, tels que : la fourniture de l'eau à la population de Suez et du port Timsah; la location des aiguades pour l'approvisionnement des navires; la location de tous les magasins et bâtiments qui auraient servi pour l'exécution du Canal; le remorquage des navires au moyen des bateaux qui auraient été achetés par la Compagnie pour le service des dragues et le transport des matériaux; la location de la pêche dans le Canal et le produit des usines à placer à la chute de chaque barrage éclusé.

En résumé, l'évaluation des revenus pouvait s'établir ainsi qu'il suit :

			Francs
Droits de passage sur le Canal maritime	3.000.000[tx]	à 10[f] »	30.000.000
Droits d'ancrage dans les Ports	1.500.000	à 1 »	1.500.000
Droits de passage sur le Canal de communication	156.000	à 10 »	1.560.000
Culture des terres	24.000[hect.]	à 250 »	6.000.000
Semis dans les dunes	24.000	à 41 50	996.000
Total général des produits annuels			40.056.000
A retrancher :			
2 0/0 pour frais d'entretien et 1 0/0 d'amortissement			1.201.680
Reste pour montant des bénéfices nets			38.854.320
Sur lesquels on avait à prélever :			
15 0/0 pour la part du gouvernement	5.828.148[f]		9.713.580
10 0/0 pour les membres fondateurs	3.885.432		
Solde restant pour les actionnaires			29.140.740

Ce solde représentait un dividende d'environ 10 0/0, en sus de l'intérêt à 5 0/0, pour un capital de 200 millions de francs.

Les auteurs de l'avant-projet avaient une telle conviction que leurs évaluations seraient rapidement dépassées qu'ils proposaient à la future Compagnie d'insérer dans ses statuts une clause par laquelle les tarifs seraient abaissés aussitôt que le dividende dépasserait 20 0/0, afin de faire participer le commerce du monde aux avantages de l'entreprise.

PROJET DE LA COMMISSION INTERNATIONALE[1]

(RAPPORT DE LA COMMISSION — DÉCEMBRE 1856)

Tracé du Canal maritime

EXAMEN ET REJET DES DIVERS PROJETS DE TRACÉ INDIRECT

(PLANCHE II)

D'après la configuration extérieure de l'Isthme, on reconnaissait à première vue, dit la Commission, que la direction du Canal des Deux Mers était marquée par la nature elle-même ; et, d'un autre côté, que la dépression formée par la vallée de l'Ouadée Toumilat permettait de relier non moins aisément la navigation intérieure de l'Égypte à la navigation maritime qui passerait sur sa frontière. La solution du problème ainsi considéré paraissait tellement simple que l'on devait s'étonner qu'en face d'indications si précises et si frappantes pour quiconque avait visité les localités, on se fût donné la peine de chercher une solution plus compliquée avant de s'assurer que celle-là fût impossible. Les motifs qui avaient détourné du tracé direct la plupart des ingénieurs qui, depuis un demi-siècle, s'étaient occupés de la question, devaient avoir été les suivants : l'influence de la tradition qui ne parlait guère que de tentatives faites pour unir le Nil à la mer Rouge; la connaissance incomplète des localités, qui faisait supposer que la baie de Péluse était absolument impraticable; enfin, en troisième lieu, l'intérêt mal entendu de l'Égypte, qu'on voulait doter d'un grand canal maritime intérieur, sans voir que ce canal lui serait bien plutôt nuisible qu'utile.

La Commission a cru devoir néanmoins examiner, au

---

1. Voir, à l'*Historique administratif*, au sujet de la composition de la Commission, de la mission qui lui avait été confiée, et de ses études du projet.

point de vue où elle se plaçait d'un canal de grande communication toujours libre et toujours ouvert, les trois tracés indirects successivement proposés depuis le commencement du siècle, par M. Lepère, par M. Paulin Talabot, et par MM. Al. et Em. Barrault, tracés traversant l'Égypte, pour aboutir à Alexandrie, en passant respectivement par le centre, par la tête et par la base du Delta.

PROJET LEPÈRE

Le canal devait se composer de trois parties principales : La première, qui n'était guère que « l'antique Canal des Rois », s'étendait de la mer Rouge au Nil ; elle avait son origine à Suez, traversait les lacs Amers, pénétrait dans l'Ouadée Toumilat, et débouchait dans la branche de Damiette, à Bubaste ; la seconde partie empruntait la branche du Nil et ses canaux ; enfin, la troisième partie se composait de l'ancien canal d'Alexandrie, rétabli, et suivant presque complètement la direction qui a été donnée plus tard au canal Mahmoudieh. Dans la première partie, le canal avait au moins quatre écluses à sas, de dimensions suffisantes pour recevoir pendant les grandes crues les bâtiments de mer tirant de 12 à 15 pieds. La dépense était évaluée à 30 millions de francs.

Mais la Commission faisait remarquer que M. Lepère, tout en proposant ce tracé indirect, qui lui semblait plus utile que tout autre à l'Égypte, avait exprimé en même temps le regret de ne pouvoir, vu la grande difficulté du maintien ou de l'établissement des entrées aux extrémités, adopter la solution plus simple consistant dans la coupure directe de l'Isthme entre Suez et Péluse ; non seulement cette solution était plus simple, mais elle avait encore à ses yeux le grand avantage de présenter une navigation constamment indépendante du Nil. C'eût été, dans la pensée de l'auteur du projet, un complément excellent du tracé indirect : la grande navigation aurait pu passer par ce canal; tandis que les navires marchands auraient pris l'autre voie. Bref, M. Lepère avait parfaitement reconnu lui-même que le tracé direct satisfaisait beaucoup mieux que l'autre aux conditions de la grande navigation entre la Méditerranée et la mer Rouge [1].

PROJET TALABOT

Le Canal partait de Suez, suivait l'Ouadée Toumilat, remontait jusque près du Caire où il franchissait le Nil en amont du barrage Saïdieh en cours de construction, et se dirigeait, de là, sur Alexandrie, où il venait déboucher dans le Port-Vieux. Sa longueur était de 100 lieues environ. Il avait 100 mètres de largeur et 8 mètres de profondeur. Il devait être alimenté par l'eau du Nil.

Dans ce projet, une des principales difficultés était la traversée d'un fleuve tel que le Nil, qui n'a pas moins de 1 kilomètre de largeur. Pour vaincre ce sérieux obstacle, M. Talabot laissait à choisir entre deux solutions : ou bien

---

1. Ainsi qu'on l'a dit déjà, M. Lepère croyait à une différence de 9^{m},91 entre le niveau des hautes mers de vive eau de la mer Rouge à Suez et le niveau de la basse mer de la Méditerranée à Tineh (Péluse). — Il n'en avait pas moins formulé l'opinion suivante sur le projet de Canal direct :

« Dans ce projet du Canal de Suez, nous avons expressément motivé le choix de l'ancienne direction par l'intérieur du Delta vers Alexandrie sur des considérations commerciales particulières à l'Egypte, et sur ce que la côte vers Péluse ne paraît pas permettre d'établissement maritime permanent. Néanmoins nous croyons devoir reconnaître que, abstraction faite de ces considérations, il serait encore facile (ce qui parut au contraire difficile et même dangereux avant l'invention des écluses), d'ouvrir une communication directe entre Suez, le lac Amer et le Ras-el-Moyeh, prolongée sur le bord oriental du lac Menzaleh jusqu'à la mer, vers Péluse.

« Nous pensons qu'un canal ouvert sur cette direction présenterait un avantage que n'aurait pas le canal intérieur. En effet, la navigation, qui pourrait y être constante, ne serait pas assujettie aux alternatives des crues et du décroissement du Nil. Il serait facile d'y entretenir une profondeur plus considérable que celle du premier canal au moyen d'un courant alimenté par l'immense réservoir des lacs Amers... J'ajouterai que, si je ne voyais quelques difficultés à recreuser et à entretenir à la profondeur convenable le chenal entre Suez et la rade, je proposerais d'établir à l'usage des corvettes et même des frégates, la communication directe des deux mers par l'Isthme, ce qui deviendrait le complément de cette grande et importante opération. »

la traversée en rivière, ou bien la traversée par un pont-canal. L'un et l'autre moyens paraissaient à la Commission offrir matière à de nombreuses objections.

La traversée en rivière supposait que l'on pourrait maintenir dans le lit du Nil une hauteur d'eau de 8 mètres au moyen du barrage Saïdieh. Mais, ici, trois difficultés se présentaient : d'abord, le lit du fleuve ne pouvait dans aucun cas être abaissé d'une manière permanente au-dessous du radier général du barrage, sur lequel il ne restait que 1m,80 d'eau à l'étiage ; il faudrait donc relever les eaux de 6m,20, et le barrage n'avait été construit qu'en vue d'une charge de 4m,50 ; en second lieu, en admettant que cet essai pût être fait et réussir, le niveau des eaux, par suite de la tension à 6m,20 au-dessus de l'étiage, se trouverait supérieur à celui des terrains cultivés des bords du Nil et provoquerait, en été, dans ces terrains, des infiltrations de bas en haut, qui ne tarderaient pas, comme le savent tous ceux qui habitent l'Égypte, à frapper le sol de stérilité en le couvrant d'efflorescences salines[1] ; en troisième lieu, enfin, les masses de sables charriées par le Nil tendraient inévitablement à se déposer en amont du barrage, où la vitesse, en dehors des temps de crues, serait moindre que dans les autres parties du fleuve ; on n'aurait

1. « Les eaux du Nil — fait remarquer la Commission, dans une partie de son rapport, — ont recouvert tout le sol du Delta, qu'elles baignent dans les grandes crues, d'une couche de limon dont l'épaisseur diminue, en général, à mesure que l'on s'éloigne du fleuve. Ce dépôt superficiel, qui forme le sol cultivable de l'Égypte, repose sur une couche épaisse de sable de mer encore imprégné de sel.

« Le lit du Nil, considéré comme une coupe générale dans le terrain, accuse partout cette division du sous-sol en deux couches distinctes. La ligne de démarcation forme un plan légèrement incliné vers la mer qui suit à peu près le plan d'eau à l'étiage. La filtration des eaux dans les sables de mer maintient dans le sous-sol une humidité permanente qui, en remontant à la surface à travers la couche de terre végétale, la couvre d'efflorescences salines. Cette tendance ascensionnelle des sels dont le sous-sol est imprégné est augmentée en été par les grandes chaleurs et par la tension des eaux au-dessus de l'étiage. Elle frapperait le sol de stérilité s'il n'était annuellement délavé par les eaux douces du Nil. Le délavage des terres est donc en Égypte la condition première de toute culture. De là, la nécessité de cette multitude de

d'autre moyen pour combattre cette tendance au relèvement du fond que de recourir à l'emploi de machines à draguer; mais sans compter la gène qui en résulterait pour la navigation, il paraissait difficile d'espérer que le travail régulier de ces machines, opposé aux arrivages des sables variant eux-mêmes comme le régime du fleuve, pût maintenir d'une manière permanente le fond du lit au niveau du plafond du canal.

On pouvait objecter encore que la traversée du fleuve par les navires de grandes dimensions qui fréquenteraient le Canal ne se ferait pas sans difficulté à l'époque des crues du fleuve où la vitesse est de $1^m,50$ par seconde. Enfin, on ne devait pas perdre de vue que le barrage Saïdieh n'était pas encore achevé, et que c'était une œuvre purement locale dont le fonctionnement ne devait être subordonné qu'aux seuls besoins du pays.

M. Talabot ne s'était pas, du reste, dissimulé les graves inconvénients de la traversée en rivière, puisqu'il avouait dans son mémoire « que le maintien de la profondeur du Canal sur ce point offrait des difficultés qui n'avaient jamais été surmontées ni même abordées ». L'auteur du projet semblait donc croire, comme la Commission, que la traversée en rivière était un moyen impraticable; et, par là même, on était autorisé à supposer qu'il inclinait davantage vers sa seconde idée, celle du pont-canal.

---

canaux qui sillonnent la Basse-Egypte en tous sens, pour porter sur tous les points l'eau, c'est-à-dire la végétation et la vie.

« Ces canaux servent à la fois à inonder les terres et à les dessécher après qu'elles ont été délavées. Couper la prise d'eau de ces canaux sur le fleuve ou en intercepter l'écoulement à la mer, seraient deux moyens également sûrs de rendre toute culture impossible dans la Basse-Egypte.

« Les canaux ouverts, en vue de l'inondation, dans la couche de terre végétale, — et qu'on appelle des canaux Nilis, — se maintiennent très bien. Mais ceux qui sont creusés dans la couche des sables de mer, pour les irrigations pendant l'étiage, — et qu'on appelle des canaux Séfis, — sont incessamment envahis par les sables des berges qu'entraînent les eaux d'infiltration; et ils se bouchent plus rapidement encore à la prise d'eau sur le fleuve. Un canal qui aurait 8 mètres de profondeur atteindrait nécessairement la couche de ces sables, et l'on aurait de graves difficultés à l'établir et à le conserver. »

Or, que devrait être un pont-canal dans les conditions où il serait établi?

Il devrait avoir au moins 1 kilomètre de longueur; une largeur de 38 mètres pour permettre le croisement des navires; enfin, une hauteur d'environ 30 mètres[1] au-dessus de l'étiage du Nil, ce qui correspondrait à une hauteur de 40 mètres au-dessus des niveaux de la mer Rouge et de la Méditerranée. En donnant 3 mètres de chute aux écluses, il faudrait donc 14 écluses sur chacun des versants du Canal. Si, pour abaisser le niveau du bief de partage, on établissait, ce qui serait du reste préférable, un canal latéral au Nil pour l'usage des barques naviguant sur le fleuve, le nombre des écluses pourrait être réduit à dix sur chaque versant; mais, d'un autre côté, on aurait à faire les frais d'établissement des écluses nécessaires au service de ce canal, sans compter les frais de l'alimentation. Quelque fût le système adopté, on aurait un ensemble d'ouvrages extrêmement dispendieux. Mais ce ne serait peut-être là que le moindre des inconvénients que présenterait l'emploi du pont-canal. Le groupement de plusieurs écluses aux extrémités de l'ouvrage serait une cause incontestable de retards dans les mouvements de la navigation; et, peut-être dans un avenir assez prochain, le Canal deviendrait-il insuffisant.

Une autre des principales difficultés du projet était l'alimentation du Canal.

Comme moyen d'y pourvoir, M. Talabot indiquait l'emploi de machines à vapeur à l'aide desquelles on élèverait l'eau du canal de Joseph, qui coule au pied de la chaîne Lybique, dans un bassin à établir dans une des gorges de cette chaîne et qui serait mis en communication avec le bief de partage.

---

1. 8 mètres pour la hauteur des crues; 12 mètres pour le passage des barques du Nil avec leurs mâts; 2 mètres d'épaisseur des voûtes, et 8 mètres de hauteur d'eau dans le Canal.

Il estimait à 300.000 mètres cubes le volume d'eau qui serait employé chaque jour pour franchir le pont-canal, et à 600 ou 800 chevaux la puissance des machines nécessaires pour élever ce volume à une hauteur de 12 mètres. Mais la Commission faisait remarquer que ce mode d'alimentation était inadmissible, parce que le canal de Joseph était à sec pendant une partie de l'année. Il faudrait nécessairement prendre l'eau directement dans le Nil. On ne pourrait alors songer à établir un réservoir dans la chaîne Lybique qui, dans cette partie, se trouvait à 20 kilomètres du fleuve, et l'on devrait faire faire, au bief de partage lui-même, l'office de réservoir en exhaussant son niveau de 2 mètres à $2^m,50$ et en donnant aux machines la puissance nécessaire pour alimenter le canal au fur et à mesure de la consommation. Or, en comptant sur un mouvement maximum de quatre navires par heure, et sur une hauteur d'élévation de l'eau de 16 mètres seulement, on trouvait qu'il faudrait employer des machines à vapeur de la force collective de 4.000 chevaux. La dépense d'entretien de ces machines n'équivaudrait-elle pas à une impossibilité?

Le mode d'alimentation du Canal par l'eau du Nil avait d'ailleurs le grave inconvénient d'y occasionner des dépôts de limon. En admettant que la proportion moyenne de limon tenu en suspension dans l'eau du Nil est de 0,004[1], on trouvait que les dépôts qui se formeraient dans les 392 kilomètres de canal seraient chaque année de 2.738.000 mètres cubes, dont l'extraction exigerait la présence permanente de 25 à 30 dragues et ne coûterait pas moins de 2 millions de francs.

Mais ce n'étaient pas là les seules objections que soulevait le projet de M. Talabot.

Son Canal serait ouvert sur une partie de son parcours dans les terrains d'alluvion de la vallée du Nil qui reposent

1. Cette proportion est de 0,008 pendant la crue et de 0,002 à l'étiage.

sur une couche générale d'un sable très fin située à peu près au niveau de l'étiage du fleuve[1]. Le creusement dans ce sable présenterait de très grandes difficultés. Si on voulait l'exécuter à bras d'hommes, par épuisements, le sable, entraîné par les eaux, tendrait constamment à combler les fouilles. On serait donc conduit à employer les machines à draguer ; mais alors il en résulterait une augmentation notable dans les prix des terrassements.

D'un autre côté, comme dans tous les canaux où l'on fait usage d'écluses, on ne pourrait éviter des chômages qui occasionneraient au commerce un énorme préjudice; de plus le halage ne serait facile que par les chevaux, et, en l'estimant à 3 centimes par tonne et par kilomètre, il représenterait pour le parcours entier du Canal une dépense de 12 francs par tonne, qui rendrait l'entreprise complètement improductive.

A un autre point de vue, le Canal passait au cœur de l'Égypte et il la partageait en deux grandes portions qu'il isolait l'une de l'autre, coupant tous les canaux d'irrigation et d'inondation qui sillonnent les riches provinces de Cherkieh et de Béhéré, et il affecterait ainsi de la manière la plus profonde le système hydraulique très complexe sur lequel repose la richesse agricole d'une partie de la Basse-Égypte. Ce serait-là assurément une cause de grandes difficultés et d'énormes charges pour la Compagnie concessionnaire.

Enfin, l'établissement d'un bon débouché du Canal dans le Port-Vieux d'Alexandrie présenterait de sérieuses difficultés et entraînerait à de grandes dépenses. En effet, l'accès de ce port, quand la mer est grosse, est interdit aux navires d'un tirant d'eau de plus de 6 mètres. Pour le rendre facile en tout temps, il faudrait élargir la grande passe en dérasant jusqu'à 10 mètres de profondeur les récifs dangereux qui la resserrent. De plus, la région où devait déboucher le Canal

1. Voir la note de la page 38.

était rocheuse et battue par la houle du Nord-Ouest. L'entrée ne serait donc accessible pour les grands navires qu'à la condition d'être portée en mer entre deux jetées jusqu'à la profondeur de 9 mètres et à 400 mètres du rivage; et le chenal lui-même serait à creuser dans la roche vive. De plus, comme ce chenal devait traverser un banc sous-marin de sables mobiles auxquels les tempêtes du Nord-Ouest et du Nord-Est impriment un mouvement de va-et-vient, il serait exposé aux envahissements de ces sables et il ne pourrait être maintenu qu'au moyen de dragages. Le Port-Vieux d'Alexandrie était donc loin de se prêter à un débouché économique et facile du Canal.

De toutes ces observations critiques, la Commission concluait que le tracé du Canal de Suez sur Alexandrie par le haut du Delta était inadmissible au point de vue technique. Elle faisait remarquer, en terminant, que M. Talabot avait bien pressenti lui même une partie des difficultés d'exécution de son projet et déclaré qu'il eût préféré faire déboucher le canal dans le golfe de Péluse, si l'établissement d'un port sur ce point ne lui eût semblé impossible; que cette dernière opinion n'était d'ailleurs appuyée d'aucun motif bien précis et paraissait avoir tenu uniquement à ce que l'auteur du projet n'avait pas connu l'état réel des choses dans la baie de Péluse.

PROJET BARRAULT[1]

Dans ce projet, le tracé suivait une direction intermédiaire entre le tracé direct de Suez à Péluse et le tracé indirect par le Caire et Alexandrie. Allant d'abord de Suez au lac Menzaleh, il traversait ce lac dans toute sa longueur du Sud-Est au Nord-Ouest, et, près d'atteindre la mer, il longeait parallèlement le rivage pendant 40 lieues pour venir, après

1. Ce projet a été décrit dans un article de la *Revue des Deux Mondes* du 1er janvier 1856.

avoir franchi le fleuve sur ses deux branches principales de Damiette et de Rosette, déboucher dans le Port-Neuf d'Alexandrie. Le Canal devait se composer de trois biefs : l'un, de Suez à la branche de Damiette; un second, de Damiette à Rosette ; le troisième, de Rosette à Alexandrie. L'eau dans ces trois biefs serait maintenue généralement à la même hauteur, à 1 mètre au-dessus du niveau de la Méditerranée, et le Canal, ayant une profondeur d'eau de $8^{m},50$, serait alimenté avec l'eau dérivée du Nil par un canal allant de Bubaste au lac Timsah, ainsi qu'avec l'eau que l'on tirerait directement des deux branches principales du fleuve et que l'on retiendrait au moyen de barrages.

Le tracé proposé traversait les deux branches du Nil sur des points où le thalweg du fleuve offre naturellement des profondeurs d'eau de 7 à 8 mètres, et il évitait l'obligation d'élever le plan d'eau du Canal bien au-dessus du niveau des deux mers qu'il devait mettre en communication. Mais il entraînait, pour les canaux d'alimentation et de décharge, une multitude de travaux accessoires qui, par la quantité et par la difficulté d'exécution, étaient l'équivalent des travaux gigantesques du projet Talabot. Il détruisait d'ailleurs de la manière la plus radicale l'admirable système hydraulique sur lequel reposait la prospérité de la Basse-Égypte. En effet : d'une part, le libre écoulement des eaux, après qu'elles ont débarrassé le terrain des efflorescences salines qui le rendent improductif, était la condition première de toute culture; tout terrain, en contre-bas du niveau de la mer, asséché par l'évaporation, était en Égypte, entièrement stérile, comme la plaine de Péluse et le lac Maréotis; l'élévation du plan d'eau du Canal au-dessus du niveau de la Méditerranée frapperait donc de stérilité une large zone de terrains cultivés ; d'autre part, en recevant toutes les eaux du Nil pour les déverser ensuite à la mer, le Canal assujettirait à des retenues artificielles les eaux d'un grand fleuve, dont le débit dans la saison des crues était seize fois plus grand que dans la saison d'étiage[1]. Comment admettre que d'étroites brèches pratiquées dans les berges pourraient suffire à l'écoulement des eaux, alors que, dans les grandes crues, ces eaux, qu'aucun obstacle n'arrêtait aujourd'hui, séjournaient dans les campagnes où elles causaient la ruine de la récolte et des pertes énormes? A chaque crue, ou bien les berges du Canal seraient emportées, ou bien la zone maritime resterait noyée à l'époque des semailles. La destruction

1. *Renseignements sur le régime du Nil données par la Commission internationale dans son rapport*

« Des cataractes à la mer, sur un parcours de 300 lieues, le Nil ne reçoit aucun affluent; son lit présente dès lors une largeur uniforme que l'on peut évaluer en moyenne à 1.200 mètres dans la Haute et la Moyenne-Egypte, et à 600 mètres dans la Basse-Egypte où il est divisé en deux branches. Il coule paisiblement et sans sinuosités du Sud au Nord, à travers une plaine unie recouverte de ses alluvions et légèrement inclinée vers la mer. La pente générale de cette plaine est de 1 mètre par kilomètre, des cataractes au Caire, et de 0m,50 seulement du Caire à la Méditerranée.

« Le Nil croît et décroît avec régularité et lenteur. Ses eaux, après s'être progressivement élevées de juin à septembre, s'abaissent graduellement d'octobre en mai. La hauteur de la crue, qui diminue naturellement à mesure qu'on descend le fleuve, varie d'une année à l'autre, mais dans des limites assez restreintes. La plus faible crue est environ les 2/3 de la plus forte.

« Cette espèce de marée annuelle, à laquelle le fleuve est assujetti, lui donne un régime périodique qui est résumé, pour le Caire, dans le tableau ci-après :

	NIVEAU AU-DESSUS DE LA MÉDITERRANÉE	VITESSE A LA SURFACE	DÉBIT	
			EN 24 HEURES	PAR SECONDE
	Mètres	Mètres	Mètres cubes	Mètres cubes
Régime minimum à l'étiage.	14	0,50	50.000.000	580
Régime maximum dans les grandes crues...........	22	1,60	800.000.000	9.260

Renseignements complémentaires sur le régime du Nil

Nous croyons utile de compléter les renseignements donnés sur le Nil par la Commission internationale, par les nouveaux renseignements ci-dessous extraits d'un important ouvrage de M. A. Chelu (ingénieur au service du Gouvernement égyptien) intitulé LE NIL, LE SOUDAN, L'EGYPTE, publié en 1891 :

LE NIL. — *Longueur développée du fleuve, de Khartoum à la mer*

		Kilom.
De Khartoum à Assouan..		1.796
D'Assouan à l'île de Rodah..................	941	1.204
De l'île de Rodah au Caire..................	4	
Du Caire au Barrage..........................	23	
Du Barrage à la mer..........................	236	
Longueur développée totale.................		3.000

périodique du Canal et la ruine permanente de l'agriculture dans la Basse-Égypte seraient donc les conséquences inévitables du tracé du Delta.

Le projet soulevait encore bien d'autres objections, parmi lesquelles les suivantes :

Le terrain spongieux et inconsistant qui forme la base du

Largeurs du fleuve entre Assouan et la mer

PERIODES	ENTRE Assouan et le Barrage	A BOULAQ	ENTRE LE BARRAGE ET LES EMBOUCHURES	
			Branche de Rosette	Branche de Damiette
	Mètres	Mètres	Mètres	Mètres
Maximum des crues..	2.000	630	900	500
Mi-crues.............	1.000	»	600	300
Etiages..............	450	450	450	200

Altitudes du plan d'eau moyen du fleuve au-dessus du niveau de la Méditerranée

		Mètres
A Khartoum		369,95
A Assouan.	En amont de la cataracte	94,26
	En aval —	89,16
A l'île de Rodah (16ᵉ pic de Meqyas)		17,95

Pentes du fleuve, par kilomètre

De Khartoum à Assouan.	En eaux moyennes	0,156
	Pendant l'inondation	0,100
D'Assouan au Caire....	Pente kilométrique	0,080
	En suivant les méandres du fleuve.	0,075

(La déclivité longitudinale du bassin de cette partie du fleuve est de 0,100. Transversalement, les dépôts d'alluvions ayant été plus considérables sur les bords immédiats du fleuve que sur les points plus éloignés de la vallée, les terres s'inclinent de chaque côté du fleuve, à partir des rives, les parties les plus élevées, désignées sous le nom de Sahel, dominant les plus basses de $0^m,50$ à $1^m,00$.)

Du Barrage à la mer : Pentes variant de $0^m,081$ à $0^m,093$.

Marche des crues du fleuve

C'est vers le 20 juin que se célèbre la fête du *Nokta* ou de *La Goutte*, qui marque le début de la crue, signalée au Caire par les eaux qui verdissent.

Le maximum a lieu vers le 20 septembre.

Le fleuve commence à décroître, ordinairement, dans la première semaine d'octobre.

Le débit total du fleuve, pendant les six mois de juillet à décembre, est environ cinq fois plus considérable que le débit pendant les six mois de janvier à juin.

Classification de la nature des crues

Les variations de la hauteur de l'eau dans le fleuve sont indiquées au Caire par le nilomètre ou Méqyas établi à la pointe Sud de l'île de Rodah en fac du Vieux-Caire.

Ce nilomètre, dont la construction remonte au 1ᵉʳ siècle de l'Hégire, con-

Delta rendrait bien difficile la construction des barrages sur les deux branches du fleuve ; les fluctuations du niveau du Nil et de la mer Rouge obligeraient à isoler le Canal, du fleuve et de la mer, par des écluses qui, outre qu'elles augmenteraient les frais de premier établissement, seraient une gêne permanente pour la navigation et assujettiraient le canal à des chômages ; il était très douteux que des dragages pussent maintenir d'une manière permanente, dans les deux

---

siste en une colonne de marbre blanc, élevée au centre d'un puits carré d'environ 4 mètres de largeur, et portant 16 divisions représentant des coudées ou pics, subdivisées chacune en 6 palmes de 4 kirats (doigts). La hauteur moyenne des divisions de cet ancien Méqyas, mesurées par les ingénieurs de l'Expédition française, est de 0m,541, variant entre 0m,535 et 0m,550. La base de la colonne correspondait, bien probablement, au fond du lit du fleuve.

Depuis l'Occupation française, une forte pièce de bois, portant 26 divisions représentant également des coudées ou pics, a été accolée à la colonne de marbre du Méqyas. Les 16 premières divisions et les divisions 23 à 26 ont chacune une hauteur de 0m,54 ; les 6 divisions intermédiaires n'ont qu'une hauteur moitié moindre, c'est-à-dire de 0m,27 seulement. C'est ce nouveau nilomètre qui indique les hauteurs des crues en pics ou coudées. Sa base ou son zéro est au même niveau que le zéro de la colonne de marbre.

Enfin, en 1866, on a adjoint à ce nilomètre une échelle métrique dont le zéro correspond au 6e pic de l'échelle précédente, lequel correspondait probablement alors au fond du lit. Les indications de cette échelle métrique donnent donc la hauteur de l'eau dans le fleuve, tout au moins au-dessus du fond qui existait en 1866.

La nature des crues peut se classer comme suit, d'après les indications du nilomètre de Rodah :

		Pics
Crues.	Mauvaises	17
	Passables	18
	Bonnes	22
	Très bonnes	22 1/2
	Inondations	24

La crue est dite soultani ou royale lorsqu'elle atteint son niveau moyen le plus favorable, soit 22 pics :

Hauteur des étiages : 5 pics 1/2 à 8 pics ; très exceptionnellement, 10 pics en 1879.

Hauteur des crues : 19 pics à 25 pics ; très exceptionnellement, crues moindres : 17 pics en 1877, 18 pics en 1888 ; crues plus fortes : 26 pics en 1874, et en 1878.

Débits du fleuve

Les débits indiqués ci-dessus par la Commission internationale varient, suivant les années, d'une manière assez notable.

C'est ainsi qu'à l'étiage de 1878, survenu après la crue extraordinairement mauvaise de 1877, le débit quotidien observé n'a été que d'environ 25 millions de mètres cubes ; et que, dans cette même année 1878, où la crue a dépassé légèrement le 26e pic, le débit s'est élevé à environ 860 millions de mètres cubes.

branches du Nil, sur toute leur largeur, une profondeur de 8 mètres ; le passage de l'une à l'autre écluse, à travers un fleuve qui, pendant les crues, avait une vitesse de 1 mètre par seconde, serait pour les grands navires une opération difficile, et entraînerait de fréquentes avaries ; enfin le grand développement du Canal et les six écluses dont il serait coupé élèveraient outre mesure le prix du halage.

En résumé, concluait la Commission, le Canal de Suez à Alexandrie par la base du Delta ne satisferait que très incomplètement aux besoins de la navigation de transit, et il exigerait des dépenses énormes de premier établissement et d'entretien. En admettant qu'on pût réussir à l'achever, il ne pourrait pas se conserver parce qu'il porterait en lui-même le germe de sa propre ruine, aussi bien que celle d'une partie de la Basse-Égypte.

TRACÉ PROPOSÉ PAR LA COMMISSION

(PLANCHES III, X ET XI)

Après avoir démontré que les divers tracés indirects proposés présenteraient, aussi bien que tous autres tracés qu'on pourrait imaginer dans le même ordre d'idées, de telles difficultés au double point de vue de la traversée du Nil et du système hydraulique et agricole de l'Égypte, qu'on devait considérer de pareils projets comme impraticables, la Commission faisait remarquer que le tracé direct présentait au contraire, avec une abréviation de parcours des deux tiers (147 kilomètres au lieu de 400 kilomètres) les plus grandes facilités d'exécution et la certitude d'une conservation facile.

Dans le projet de tracé direct de MM. Linant Bey et Mougel Bey, la direction générale du tracé se justifiait par la configuration naturelle des lieux ; on avait d'ailleurs, dans l'intérêt de la navigation, évité autant que possible les sinuosités et l'on n'avait admis que des courbes à grand rayon. La Commission proposait donc d'adopter ce tracé, avec une seule modification consistant à reporter l'embouchure du Canal dans la Méditerranée à 28 kilomètres et demi plus à l'Ouest, en un point de la côte où, d'après des sondages récents exécutés d'après ses instructions, on trouvait les profondeurs de 8 et de 10 mètres à 2.300 et 3.000 mètres de la plage, et où la côte étant notablement plus avancée au large que celle de la baie de Péluse, l'appareillage des navires se trouverait beaucoup plus facile par tous les vents du large. Cette modification avait bien pour résultat d'allonger le parcours du canal d'environ 7 kilomètres; mais cet inconvénient était racheté par les avantages de la nouvelle position du port d'embouchure et par l'économie, qui serait réalisée, de moitié environ dans l'ensemble des dépenses de cette partie spéciale des travaux.

Les détails du tracé définitivement adopté par la Commission étaient résumés dans le tableau ci-dessous :

TABLEAU DES ALIGNEMENTS, ANGLES, LIGNES DROITES ET COURBES DU CANAL MARITIME

(LE POINT DE DÉPART A SUEZ)

Nos des Piquets	INDICATIONS	LONGUEURS ENTRE LES ANGLES	LONGUEURS DES tangentes	LONGUEURS DES DROITES	LONGUEURS DES COURBES	RAYONS
	De la mer à la naissance de la première courbe.	3842,00	»	3242,30	»	»
		»	599,70	»	»	»
12	Angle I. 169° 28′ 00″.	»	»	»	1194,97	6500
		»	599,70	»	»	»
	2e alignt. — Du fond du golfe au petit bassin des	»	»	»	»	»
	lacs Amers	24147,70	»	20180,00	»	»
		»	3368,00	»	»	»
74	Angle II. 138° 01′ 00″.	»	»	»	6225,19	8500
		»	3368,00	»	»	»
	3e alignt. — Dans le petit bassin des lacs Amers.	8154,45	»	1491,45	»	»
		»	3295,00	»	»	»
94	Angle III. 147° 08′ 40″.	»	»	»	6018,04	10500
		»	3295,00	»	»	»
	4e alignt. — Fin du petit bassin des lacs Amers.	7430,00	»	2084,00	»	»
		»	2051,00	»	»	»
113	Angle IV. 152° 45′ 00″.	»	»	»	3804,82	8000
		»	2051,00	»	»	»
	5e alignt. — Grand bassin des lacs Amers	13044,35	»	8456,85	»	»
		»	2536,50	»	»	»
145	Angle V. 129° 04′ 20″.	»	»	»	4444,29	5000
		»	2536,50	»	»	»
	6e alignt. — Grand bassin des lacs Amers	10969,50	»	5049,00	»	»
		»	3384,00	»	»	»
	A reporter	67588,00	27084,40	40503,60	21687,31	»

Nos des Piquets	INDICATIONS	LONGUEURS ENTRE LES ANGLES	LONGUEURS DES tangentes	LONGUEURS DES DROITES	LONGUEURS DES COURBES	RAYONS
	Report	67588,00	27084,40	40503,60	21687,31	»
173	Angle VI. 148° 30′ 00″	» »	» 3384,00	» »	6597,36 »	12000 »
	7e alignt. — Seuil du Sérapéum	6379,50 »	» 2010,30	985,20 »	» »	» »
189	Angle VII. 164° 44′ 00″	» »	» 2010,30	» »	3996,81 »	15000 »
	8e alignt. — Cheik Ennedek	5790,30 »	» 1974,40	1805,60 »	» »	» »
203	Angle VIII. 157° 40′ 00″	» »	» 1974,40	» »	3697,91 »	10000 »
	9e alignt. — Lac Timsah	13320,35 »	» 2016,50	9329,45 »	» »	» »
237	Angle IX. 157° 12′ 08″	» »	» 2016,50	» »	3879,36 »	10000 »
	10e alignt. — Seuil d'El Ferdane	10848,70 »	» 2070,00	6762,20 »	» »	» »
264	Angle X. 156° 45′ 00″	» »	» 2070,00	» »	4057,07 »	10000 »
	11e alignt. — D'El Ferdane à la Méditerranée	44030,00[1]	»	41960,00[1]	»	»
	TOTAUX	147956,85	46610.80	101346,05	43915,82	»
	(Le 11e alignement passe à 28.500 m. à l'Ouest de Péluse.)					

1. Ainsi qu'on a été à même de le vérifier plus tard, la longueur de ce dernier alignement n'était pas exacte. L'erreur commise paraît avoir tenu aux deux causes suivantes :

D'une part, le lac Menzaleh étant impraticable sur la nouvelle ligne indiquée par la Commission, on dut se borner à rattacher au premier tracé de Péluse la position de la côte par une triangulation. Seulement, par suite sans doute d'un malentendu dans la transmission des instructions de la Commission, — et ce fut là la première cause d'erreur — on ne porta cette triangulation qu'à 18 kilomètres de Péluse au lieu de 28km,5 ; et c'est sur la carte ainsi dressée que l'on joignit le dernier sommet d'angle au nouveau point de la côte auquel on était arrivé ; la longueur du nouvel alignement, mesurée sur la carte même, fut alors trouvée, ainsi que l'indique le tableau, de 44km,030. En rétablissant le dernier alignement du tracé suivant la véritable direction indiquée par la Commission, on reconnaît, à l'aide de la carte qui fut dressée alors, que la longueur dudit alignement se serait trouvée être de 49 kilomètres au lieu de 44km,030. La longueur totale du tracé, mesurée d'angle en angle, eût été ainsi de 152.926m,85 ; et comme cette longueur, par la direction de Péluse correspondant à un angle X de 134° avec dernier alignement d'environ 42 kilomètres de longueur, était, en nombre rond, de 146 kilomètres, l'allongement du parcours se fût trouvé être, comme il est dit dans le rapport de la Commission, d'environ 7 kilomètres.

Mais, d'autre part, même après la rectification du tracé du dernier alignement, il subsistait encore une erreur de longueur résultant de ce que la côte, à partir d'Oum Fareg, vers l'Ouest, avait été mal rapportée. Ainsi, sur la carte d'alors, on trouve que la direction de la côte, à partir d'Oum-Fareg, fait, avec la direction du fort Tineh, un angle d'environ 137°, tandis que, d'après une carte exacte, l'angle mesuré est d'environ 157°. Bref, après rectification de la carte de la côte, on trouve que la longueur du dernier alignement était en

Profil géologique

Un des premiers soins de la Commission avait été de faire faire des forages sur toute la longueur du canal afin de bien connaître la nature du sol qu'il aurait à traverser. Ces forages ont été au nombre de 19. Les résultats détaillés en sont consignés sur le profil longitudinal du Canal (Planche XV).

La Commission résumait ainsi qu'il suit le résultat de ses explorations :

Le sol entier de l'Isthme de Suez appartenait à la formation tertiaire, comme la Basse et la Moyenne-Égypte et comme le grand plateau du désert Lybique. Le canal maritime, sur tout son parcours de 148 kilomètres, aurait à traverser deux espèces principales de terrains : d'abord des argiles, de Suez aux lacs Amers; puis des sables fixes, des lacs Amers à la Méditerranée. Quant aux sables mobiles, on n'avait pas à les redouter au point de vue de la conservation du canal, attendu que les observations faites sur les lieux avaient démontré que le sol entier de l'Isthme était parfaitement fixé, soit par le gravier qui le couvre, soit par la végétation.

Profil en long et Profils en travers du Canal[1]

(PLANCHES XV ET XVII)

QUESTION D'UN SYSTÈME DE CANAL A POINT DE PARTAGE

Deux combinaisons étaient possibles pour la construction du canal dans l'Isthme : ce canal pouvait être à point de partage et alimenté par les eaux du Nil, ou creusé de manière

réalité d'environ 53 kilomètres. C'est ce chiffre qui aurait dû figurer au tableau.

La longueur totale du tracé adopté par la Commission internationale, ladite longueur mesurée sur les lignes d'alignement joignant tous les sommets d'angles, devait donc être, en définitive, sauf erreurs dans le mesurage général des longueurs partielles, d'environ 157 kilomètres.

1. D'après les nivellements de l'Isthme et les observations de marées qui existaient au moment de ses études, la Commission internationale avait adopté pour les niveaux respectifs de la Mer Rouge et de la Méditerranée les cotes

à mettre directement les deux mers en communication, avec ou sans écluses de garde aux extrémités. Les auteurs de l'avant-projet avaient adopté cette dernière combinaison, mais sans faire connaître les motifs de leur préférence. La disposition des lieux se prêtant, aussi bien que possible, à l'ouverture d'un canal à point de partage, la Commission avait cru devoir examiner d'abord s'il ne conviendrait pas d'adopter cette combinaison de préférence à celle de l'avant-projet.

L'adoption du canal à point de partage ferait réaliser évidemment une économie notable sur les travaux de terrassements. Le cube des déblais serait, en effet, considérablement diminué; et, comme on aurait à creuser à de moindres profondeurs, on serait moins gêné par les eaux d'infiltrations. Toutefois l'économie sur les terrassements serait atténuée dans une assez large mesure par les dépenses qu'on aurait à faire pour endiguer le canal à travers le lac Menzaleh et au droit du bassin des lacs Amers, qu'il faudrait contourner, et par les frais d'établissement des écluses à construire forcément sur chaque versant, frais qui se trouveraient aggravés

---

figurant au tableau ci-dessous, rapportées à un plan passant à 20 mètres au-dessous de la tablette du quai de Suez, à l'angle de l'escalier.

	MER ROUGE	MÉDITERRANÉE
	Mètres	Mètres
Plus hautes mers connues	20,00	18,24
Hautes mers moyennes de vive eau	19,25	17,81
Niveau d'équilibre par un temps calme	18,45	17,59
Niveau moyen habituel	18,36	17,68
Basses mers moyennes de vive eau	17,65	17,37
Plus basses mers connues	16,76	17,14

On voit par les chiffres de ce tableau que, d'après les nivellements de l'Isthme et des observations de marées qui existaient au moment des études de la Commission internationale, le niveau moyen de la Méditerranée était supposé se trouver à $0^m,68$ au-dessous du niveau moyen de la Mer Rouge. On verra plus loin, à la description du profil en long du canal tel qu'il a été définitivement adopté, que, d'après un nivellement de vérification fait en 1864, la différence de niveau entre les deux mers (niveaux moyens) avait été trouvée être de 0,26 seulement, et que des observations ultérieures, faites de 1871 à 1876, ont montré finalement que le niveau moyen des deux mers est exactement le même à quelques centimètres près.

par la nécessité de placer ces ouvrages, — afin de permettre l'emploi, dans de bonnes conditions, des toueurs ou des remorqueurs pour le halage des navires, — à chaque extrémité du canal, au lieu de profiter de la configuration des lieux pour le choix du meilleur emplacement.

Tout compte fait, cependant, l'économie serait encore certainement en faveur du canal à point de partage; et, par conséquent, si l'on ne devait se décider que par des considérations de dépenses de premier établissement, ce serait ce système qu'il faudrait adopter. Mais il donnait lieu à plusieurs objections assez graves parmi lesquelles, les suivantes : d'une part, le canal devrait être alimenté avec les eaux du Nil qui y déposeraient annuellement une quantité de limon qu'on pouvait évaluer à 784.800 mètres cubes[1] et dont l'extraction donnerait lieu à une dépense d'au moins 1 million de francs et exigerait que l'on eût en permanence dans le canal de dix à douze machines à draguer[2]; d'autre part, dans la plus grande partie du canal, les digues devraient nécessairement être construites en sable, et elles n'offriraient pas dès lors toutes les garanties désirables, tout au moins jusqu'au moment où elles seraient rendues étanches par les dépôts de limon du Nil; enfin, et c'était là l'objection la plus grave, on serait constamment sous la menace d'une rupture de digue occasionnée par la malveillance ou par des accidents, avec tous les désastres qui en seraient la conséquence, et il

---

1. Quantité d'eau employée annuellement par la navigation, en admettant un

	Mètres cubes
mouv[t] de 6.000 navires dans chaque sens, et supposant aux écluses d'extrémités une chute de $2^m,50$: $2 \times 6.000 \times 100^m \times 21^m \times 2^m,50 =$	63.000.000
Pertes par évaporation, infiltrations et fausses manœuvres évaluées à 0,03 par mètre superficiel et par jour, la superficie totale du canal étant de 12.160.000 mètres cubes........................	133.000.000
Quantité d'eau du Nil à introduire annuellement dans le Canal.	196.000.000
Cube du dépôt annuel de limon .... $196.000.000 \times 0,004 =$	784.000

2. Ce devait être là, en effet, un surcroît de charges pour l'exploitation du canal. Car le relèvement du plan d'eau de $2^m,50$ n'aurait réduit que dans une mesure presque insignifiante les portions de canal particulièrement en butte à l'envahissement des sables voyageurs.

faudrait organiser un important service de surveillance qui, bien que très onéreux, resterait pourtant peu efficace, vu l'absence de toute population intéressée à porter énergiquement secours en cas de danger. C'était donc avec raison, concluait la Commission, que les auteurs de l'avant-projet n'avaient pas adopté la combinaison du canal à point de partage.

QUESTION DES ÉCLUSES AUX EXTRÉMITÉS DU CANAL ET TRAVERSÉE DES LACS AMERS

Du moment qu'il était démontré que le canal direct devait être alimenté par l'eau de mer, deux systèmes se présentaient : ou bien le canal pouvait avoir des écluses à ses extrémités, à Suez et à Péluse, ainsi que le proposaient les auteurs de l'avant-projet ; ou bien, il pouvait être laissé en libre communication avec les deux mers. Chacun de ces deux systèmes avait des avantages et des inconvénients qu'il importait de bien apprécier pour pouvoir prendre une décision en parfaite connaissance de cause.

Les écluses, disait-on, auraient cette utilité, qui serait considérable, de diminuer la dépense et de rendre l'exécution plus rapide et l'entretien plus facile ; en permettant, en effet, de surélever le niveau de 1 mètre à $1^{m},50$, elles éviteraient 17 millions de mètres cubes de déblais ; en outre, elles empêcheraient l'ensablement et l'envasement du canal, soit par Suez, soit par Péluse ; enfin en interceptant toute communication, elles laisseraient dans le parcours entier un calme perpétuel que ne troubleraient ni les courants, ni les marées, et elles donneraient ainsi la plus parfaite sécurité.

Mais, suivant la Commission, ces avantages étaient plus apparents que réels.

En premier lieu, il résultait de calculs qu'elle avait faits sur la loi du mouvement des eaux dans le canal, que la ligne d'eau n'y saurait être sensiblement surélevée si le canal était interrompu par la nappe d'eau des lacs Amers; et qu'elle ne pourrait l'être que de 0m,64 si le canal était continu d'une mer à l'autre. Dans le premier cas, qui était celui de l'avant-projet, l'économie que l'on se promettait serait insignifiante; dans le second, elle n'atteindrait pas 4 millions de francs, et elle serait annulée par le prix des terrassements à exécuter à travers les lacs. Il n'y aurait donc, en réalité, aucune compensation à la dépense de construction des écluses. Cette compensation était d'autant moins possible que, pour prévenir des chômages trop faciles à prévoir, il faudrait au moins deux écluses accolées à Suez, et autant à Péluse, et qu'on allait même jusqu'à en proposer quatre, deux grandes et deux petites, pour être sûr que la navigation ne serait jamais interrompue. Il importait de ne pas perdre de vue, d'ailleurs, qu'il serait bien difficile de conserver la surélévation de 0m,64 pour un usage constant, attendu que l'on devait prévoir qu'il y aurait, par les vents favorables, une grande affluence d'arrivages de navires soit à Suez, soit à Péluse, d'où résulteraient des manœuvres multipliées d'écluses, qui diminueraient la surélévation obtenue jusqu'à la faire évanouir pendant les mortes-eaux. De telle sorte, en définitive, qu'il serait prudent de creuser le canal dans le système des écluses tout autant que s'il n'y en avait pas.

D'un autre côté, les envasements et les ensablements dont on comptait garantir le canal par des portes qu'on fermerait à volonté n'étaient pas redoutables à beaucoup près autant qu'on le supposait. D'abord la mer Rouge ne pouvait charrier qu'une très petite quantité de sable et elle ne transporterait jamais de vase; ses eaux étaient constamment limpides sur rade, et la tenue des ancres y attestait que le fond n'était pas remué d'une manière sensible dans les gros temps ; la configuration générale des plages et des bancs était invariable par suite de la faiblesse de la lame et des courants ; il n'y avait donc rien à craindre de la mer

Rouge ; les sables mis et tenus en suspension par les grosses vagues se déposeraient dans le chenal ; et, s'ils étaient roulés sur le fond par les courants résultant de l'appel des lacs Amers, ils n'iraient certainement pas au-delà du port de Suez; il paraissait donc superflu de leur fermer l'accès du canal par des écluses. Il n'en serait guère autrement du côté de la Méditerranée. Bien qu'il y eût dans cette mer beaucoup de vase amenée par le Nil, cette vase n'entrerait probablement pas dans le canal, attendu que, sauf dans les cas exceptionnels de tempêtes du N. O., le courant y porterait toujours de la mer Rouge à la Méditerranée et tendrait dès lors à repousser les eaux troubles ; quant aux sables qui voyageaient le long de la côte sous la double action de la houle et du courant, la petite quantité qui pourrait pénétrer entre les jetées trouvant là du repos, se déposerait dans l'avant-port sans atteindre certainement jamais la tête du canal.

Ainsi donc, les écluses qui coûteraient fort cher, sans aucune compensation du côté des terrassements, seraient même sans objet comme protection contre l'envahissement du canal par les sables et vases de la mer. Elles restaient avec leurs inconvénients ordinaires, qui étaient d'être gênantes à l'entrée et à la sortie et de retarder toujours la marche des navires, soit par la longueur des manœuvres, soit par les chômages qu'exigeaient les réparations. On ne pourrait les admettre pour un grand canal maritime, où afflueraient des milliers de navires, que si l'on prouvait qu'elles étaient absolument nécessaires.

La question des écluses revenait donc à savoir si le canal, sans être fermé, pourrait avoir toutes les garanties indispensables de conservation, et si le courant qui s'établirait d'une mer à l'autre n'aurait rien, même dans les cas exceptionnels, qui pût être destructeur pour les berges. Or la configuration même des lieux offrait un moyen simple et parfaitement efficace d'amortir et annuler tout effet fâcheux des eaux. Ce moyen consistait à utiliser les lacs Amers, situés à 20 kilomètres environ de Suez, comme un vaste réservoir régulateur. Les eaux de la mer Rouge pourraient y être amenées avec toutes les précautions convenables; et les lacs, une fois remplis sur une surface de 330 millions de mètres carrés, conserveraient un niveau constant et formeraient un modérateur suffisant des eaux. La vitesse du courant serait ainsi augmentée au Sud des lacs, pour la partie du canal creusée dans l'argile; et elle diminuerait au contraire, au Nord, pour la partie creusée dans les sables.

La Commission s'était donc arrêtée à la pensée d'un canal sans écluses, interrompu par la vaste nappe d'eau des lacs Amers.

Mais à ce système on avait fait diverses objections.

Les lacs Amers, disait-on, formeraient une espèce de mer intérieure, où les lames pourraient être très fortes et que les navires auraient la plus grande peine à traverser en mauvais temps. D'un autre côté, en laissant les lacs entièrement libres, on interrompait nécessairement le halage qui devait régner autant que possible sans discontinuité sur les berges du canal; ne valait-il pas mieux endiguer le canal à la traversée des lacs? Ce travail ne serait pas aussi coûteux qu'on pourrait le croire; en choisissant bien la déclivité, il n'y aurait que 4 ou 5 millions de remblais, et les carrières de l'Attaka et des bancs de Suez fourniraient les matériaux de revêtement. On exprimait encore des craintes sur la manière dont on pourrait remplir les lacs lorsqu'on voudrait y amener les eaux de la mer; on appréhendait que la vitesse des eaux ne détruisît le canal et occasionnât des éboulements capables de le combler; le canal, avec les dimensions qu'on lui donnait, n'avait pas la section d'équilibre des rivières, et l'on pouvait redouter qu'il ne prît les talus des cours d'eau naturels. Enfin, comme, en renonçant aux écluses, il fallait se prémunir contre l'action des courants entre la mer Rouge et les lacs Amers, et, pour cela, revêtir les talus dans cet intervalle par une maçonnerie à pierres sèches, on craignait cet empierrement pour le cuivre des navires.

A ces objections, voici ce que répondait la Commission :

On s'exagérait les dangers des tempêtes de la mer intérieure formée par les lacs Amers; les vagues, en effet, y seraient toujours faibles, puisque la profondeur manquant sur les bords, elles ne pourraient se développer; et, quant aux vents, leur régime serait à peu près le même que dans la rade de Suez, où ils n'étaient jamais bien redoutables. D'un autre côté, il était vrai que l'interruption du halage sur berge serait un inconvénient; mais on y suppléerait aisément par des toueurs qui présenteraient le double avantage d'une traction moins chère et d'un halage à point fixe. Quant à l'endiguement dans la traversée des lacs, ce n'étaient pas les considérations de dépenses, bien qu'elles eussent sans aucun doute leur importance, qui l'avaient fait repousser par la Commission. C'était parce que cet endiguement n'avait pas été jugé nécessaire ; et qu'en laissant au contraire les lacs entièrement libres, ils concourraient d'autant mieux à l'objet général auquel on les destinait, c'est-à-dire à l'annulation des courants de marée dans le canal des deux mers. En troisième lieu, on n'avait aucune difficulté sérieuse à redouter dans l'opération de remplissage des lacs Amers avec l'eau de la mer Rouge, attendu que le seuil de Suez[1], étant d'argile, formerait un solide batardeau naturel, qui permettrait de régler l'introduction des eaux à volonté ; on mettrait plusieurs mois, s'il le fallait, à remplir les lacs, pour peu que l'on craignît, en allant plus vite, d'endommager les berges ; et, en admettant même que le courant pût d'abord les corroder, on ne devait pas perdre de vue que les éboulements ne sauraient être considérables dans un sol argileux ; que ceux qui se produiraient ne feraient

1. Ce seuil a été désigné plus tard sous le nom de seuil de Chalouf.

qu'élargir le canal et que l'on s'en débarrasserait ensuite facilement par des dragages. Enfin, les objections faites au point de vue de la conservation du doublage des navires contre l'empierrement de protection des berges qui en auraient besoin dans la portion de canal comprise entre Suez et les lacs Amers paraissaient plus sérieuses ; mais précisément pour dissiper toutes appréhensions à ce sujet, la Commission proposait d'adopter un élargissement de 20 mètres dans toute cette portion de canal, qui aurait ainsi une largeur de 100 mètres, dans laquelle les navires pourraient se croiser très aisément sans aucune crainte de donner sur les talus.

La Commission restait donc persuadée, malgré les objections faites, que le système qu'elle proposait d'un canal sans écluses interrompu par la nappe d'eau des lacs Amers, système qui était assurément le plus simple, était en même temps le meilleur. Quelle que fût sa conviction, au sujet de l'inutilité d'endiguement à la traversée des lacs Amers, la Commission croyait prudent néanmoins de prévoir le cas, d'ailleurs très peu probable, où cet endiguement serait reconnu plus tard indispensable ; elle pensait donc que le canal devait être un peu reporté vers la partie orientale des lacs, de manière à ce qu'il fût facile, si l'avenir l'exigeait, de faire non pas deux digues, mais une seule, qui, naturellement, serait au vent pour protéger le canal contre les tempêtes d'O. et de N. O.

Sur la question de l'inutilité d'écluses aux extrémités du canal, la Commission complétait les arguments qu'elle avait déjà présentés à ce sujet, au point de vue spécial de la conservation des berges, par les nouvelles considérations suivantes :

Dans le système du canal sans écluses, qui semblait satisfaire à la fois aux exigences du présent sans compromettre l'avenir, tout dépendait de ce que serait le courant dans le parcours entier du canal. Si le courant qui devait entrer par la mer Rouge et se continuer jusqu'à Péluse avait dû être assez fort pour compromettre la conservation des berges et exiger qu'elles fussent empierrées dans tout leur développement, la Commission n'eût pas hésité à reconnaître la nécessité des écluses, seules capables de conjurer le danger; mais, selon elle, il n'en serait point ainsi. La connaissance des niveaux relatifs des deux mers et des fluctuations de ces niveaux sous l'influence des marées et des vents, lui avait permis, en effet, de déterminer le régime que prendraient les eaux dans le canal[1]; et elle avait trouvé que les plus grandes vitesses que pourraient prendre les eaux sur le fond, et qu'elles n'atteindraient que dans la circonstance fort rare d'une tempête du Sud coïncidant avec la plus grande marée d'équinoxe seraient les suivantes: Avec un canal continu d'une mer à l'autre, de $1^m,01$ par seconde; avec le canal interrompu dans la traversée des lacs Amers, de $1^m,16$ dans la section au Sud des lacs, où le sol était d'argile, et de $0^m,35$ seulement dans la section au Nord des lacs, où le sol était de sable. Dans la première combinaison, les berges seraient attaquées du seuil de Suez à la Méditerranée, sur un parcours de 140 kilomètres à travers les sables, et des écluses en tête du canal deviendraient indispensables. Mais, dans la seconde combinaison, celle que proposait la Commission, les berges ne pourraient être menacées qu'entre la mer Rouge et le seuil de Suez, dans les parties où l'argile ne serait pas compacte, et il suffirait, pour rendre les écluses inutiles, de protéger par des enrochements, ainsi que cela était projeté, les quelques points faibles qui se rencontreraient dans les vingt premiers kilomètres du canal.

En terminant, la Commission faisait remarquer que les auteurs de l'avant-projet avaient aussi laissé le canal sans endiguement dans la traversée des lacs Amers. Sans doute,

1. L'étude du régime des eaux dans le canal sans écluses avait été faite par l'un des membres de la Commission, M. Lieussou, ingénieur hydrographe de la marine française.

ce n'était pas par les mêmes motifs que la Commission, puisqu'ils fermaient le canal à Suez par un barrage éclusé ; mais, avec leur parfaite connaissance des lieux, ils avaient pensé, comme elle, que la traversée des lacs, laissée libre, n'aurait aucun inconvénient pour la navigation.

PROFONDEUR ET LARGEUR DU CANAL

Les auteurs de l'avant-projet avaient proposé de donner au canal une profondeur de 8 mètres, qu'ils obtenaient par l'excavation directe à 6^{m},50, et par la surélévation de niveau de 1^{m},50, qu'ils espéraient du jeu des écluses. Cette profondeur était suffisante pour les plus grands navires de commerce allant de l'Europe dans les mers de l'Inde, par exemple, pour les clippers de 3.000 tonneaux ; il serait toujours temps d'ailleurs de l'augmenter si le besoin, un jour, s'en faisait sentir. Par cette double considération, la Commission avait adopté sans hésitation la profondeur minimum de 8 mètres. Elle pensait d'ailleurs que l'on pourrait donner au plafond du canal une légère pente du Sud au Nord, puisque, d'après ses calculs, les lacs Amers devaient conserver leur niveau à 0^{m},28 au-dessous du niveau moyen de la mer Rouge et à 0^{m},40 au-dessus du niveau moyen de la Méditerranée.

Quant à la largeur du canal, la Commission avait pensé qu'elle devait être déterminée par la condition de se trouver suffisante non seulement pour laisser passer deux lignes de navires, mais encore pour laisser la place à une autre ligne de navires qui, pour un motif quelconque, viendraient à s'arrêter en chemin. En attribuant à chaque ligne de navires une largeur moyenne de 20 mètres, et ajoutant 20 mètres pour la facilité des mouvements, on arrivait à une largeur de 80 mètres à la ligne d'eau, correspondant à 44 mètres au plafond. Telle était la largeur que la Commission proposait d'adopter, sauf quelques gares d'évitement de distance en distance, pour la portion du canal s'étendant des lacs Amers à la Méditerranée. Sur la portion comprise entre les lacs Amers et Suez, le canal aurait, ainsi qu'on l'avait déjà expliqué précédemment, une largeur à la ligne d'eau de 100 mètres correspondant à 64 mètres au plafond.

D'après l'avant-projet, la largeur du canal à la ligne d'eau devait être uniformément de 100 mètres sur toute sa longueur. La réduction de 20 mètres adoptée par la Commission sur une longueur de 127 kilomètres du canal aurait cet important résultat, tout en laissant pour un long avenir une satisfaction suffisante aux exigences de la grande navigation, de produire une économie d'environ 20 millions de francs dans les dépenses.

Sauf cette modification, la Commission adoptait le profil de l'avant-projet.

Embouchures du Canal dans la Mer Rouge et la Méditerranée

PORT DE SUEZ[1]

(PLANCHES XVIII ET XX)

La position à l'E. de la rade et la direction N.E-S.O. donnée au chenal dans le golfe de Suez par les auteurs de l'avant-projet, présentaient l'avantage multiple de placer

---

1. *Description de la rade de Suez*

(Extrait du rapport de la Commission)

La rade de Suez est vaste et sûre. Elle peut contenir plus de 500 bâtiments de toute grandeur. Elle a de 5 à 13 mètres d'eau, sur un fond de vase molle d'une excellente tenue. Comme preuve de la bonté de son mouillage, on peut citer ce fait que la corvette anglaise la *Zenobia*, qui sert de magasin de charbon aux steamers de la Compagnie péninsulaire et orientale, y a stationné pendant trois ans sans que ses ancres aient bougé et sans que ses communications avec la terre aient été interrompues un seul jour. Il est péu de rades au monde qui présentent de telles conditions de sécurité. Deux passes profondes et saines, assez larges pour le louvoyage, s'ouvrent en mer de part et d'autre d'un banc de roche, par des profondeurs de 16 à 17 mètres, et elles permettent de prendre et de quitter le mouillage en tout temps. Au Sud-Ouest de ce banc, l'anse formée par la pointe de l'Attaka (Ras-el-Adabieh) offre un second mouillage d'une étendue égale et d'une sûreté comparable.

La rade de Suez a donc toutes les qualités désirables pour former la tête du canal des deux mers.

Le vent de N. N. O, qui y règne presque toujours et qui est le plus violent,

l'entrée du port dans une région de la rade accore et saine, d'abriter le chenal contre les vents du large, et de permettre l'entrée et la sortie des bâtiments à voiles par les vents dominants du N. N. O. Les dispositions générales de l'avant-projet étaient donc parfaitement justifiées et devaient être adoptées. Mais la Commission croyait utile d'apporter certaines modifications dans les dispositions de détail suivantes :

Le bassin de retenue imaginé pour faciliter l'introduction du flot dans le canal et pour donner au besoin des chasses dans l'avant-port était, ainsi qu'on l'avait déjà indiqué, complètement inutile.

L'endiguement du chenal entre Suez et l'accore du banc formant l'enceinte de la rade était une précaution peu justifiée ; la portion du chenal à ouvrir en mer était évidemment la seule qui dût être protégée par des jetées.

Les jetées de l'avant-port, projetées à 4.000 mètres de longueur, atteindraient la partie de la rade où venaient

---

n'est jamais dangereux. Quant à celui de S. S. E, venant du large, et qui pourrait seul amener une grosse mer sur rade, il est en général peu violent et ne persiste tout au plus que trois ou quatre jours ; les vagues qu'il soulève ne sont guère plus fortes, au mouillage, que celles produites par les vents violents de terre.

Les courants dans la baie sont faibles ; ils ne contournent point la rade ; ils portent alternativement au nord et au sud, et ils reversent au même instant sur tous les points. Quand le canal sera établi, le balancement des eaux de la rade et des lacs Amers accroîtra notablement la vitesse de ces courants aux abords du chenal.

La mer Rouge ne reçoit aucun cours d'eau ; les côtes, généralement formées de roches dures, résistent à l'action destructive des vagues. Les dépôts alluvionnaires qu'on y rencontre proviennent des débris de coquilles et de madrépores rejetés sur les rives, et des vases et des galets que les pluies d'orage, très rares, mais torrentielles sous ces climats, entraînent à la mer.

L'enceinte de la rade de Suez est formée par des plages de sable, dont la configuration et l'étendue paraissent immuables. Ces plages se prolongent sous l'eau jusqu'aux profondeurs de 4 à 5 mètres. Au delà, le fond est couvert d'une vase molle mélangée de débris de coquilles ; il ne paraît pas s'être exhaussé sensiblement depuis des siècles. La bonne tenue des ancres et la limpidité constante des eaux sur rade témoignent que le fond n'y est que peu ou point remué dans les gros temps.

Le niveau moyen habituel de la mer Rouge s'élève de $0^m,61$ par une tempête de la partie Sud et s'abaisse de $0^m,56$ par une tempête de la partie Nord. La marée monte et descend, de part et d'autre du niveau moyen, au maximum de $1^m,03$, et, en moyenne, de $0^m,80$ en vive-eau, et de $0^m,40$ en morte-eau.

mouiller les grands bateaux à vapeur, et auraient ainsi le grave inconvénient de couper en deux la meilleure partie de la rade et de créer un danger pour les navires qui s'y arrêteraient avant d'entrer dans le canal, surtout quand ils y arriveraient de nuit. Les officiers de marine membres de la Commission auraient désiré, eu égard aux conditions favorables de la rade, que l'on pût se passer des jetées, et qu'il n'y eût qu'un simple chenal creusé et entretenu à la drague jusqu'au mouillage; mais les autres membres de la Commission n'avaient pas cru possible de supprimer complètement les jetées. Ils pensaient, en effet, que la pente naturelle du fond près de la plage était une des conditions de sa stabilité, et que toute communication de 8 mètres de tirant d'eau ouverte à la drague entre le port de Suez et la rade provoquerait, en dedans de la zone sur laquelle brisait alors la mer, de grands mouvements de sable qui dévieraient le chenal à droite ou à gauche et rendraient, en dépit de curages incessants, cette communication intermittente et précaire; qu'on ne pouvait espérer de fixer ce chenal qu'en l'endiguant dans la zone des brisants et jusqu'au point où le fond n'était pas remué dans les tempêtes[1]. La Commission s'était donc arrêtée à un système mixte consistant à endiguer le chenal par des enrochemens jusqu'aux fonds de 6 mètres, et à le raccorder par une excavation de 200 mètres plus large avec la partie de la rade qui offrait naturellement 8 à 9 mètres d'eau : un pareil chenal, pensait-elle, se maintiendrait très probablement par la seule action des courants de marée, et très sûrement par quelques dragages. La jetée de l'Ouest du

1. A l'appui de cette opinion, on faisait remarquer que les effets indiqués se produisaient partout où le balancement des eaux de la mer et de lagunes s'établit à travers des plages, notamment aux graux du golfe de Lyon, aux boccas de la mer Adriatique et aux boghaz du golfe de Péluse; que toutes les fois qu'on a voulu assurer l'entrée des lagunes, il a fallu encaisser ces échancrures de la plage entre des jetées pour les fixer, et pour les approfondir par l'action des courants.

chenal endigué aurait 1.800 mètres de longueur; celle de l'Est, 2.000 mètres. Ces jetées seraient parallèles, et dirigées N. 30° E.-S. 30° O., de manière à permettre l'entrée et la sortie à la voile par les vents de Sud-Est et de Nord-Est qui régnaient presque exclusivement sur rade.

Les jetées seraient constituées, chacune, par un massif de base en blocs naturels surmonté d'un mur en maçonnerie de 4 mètres de hauteur, reposant sur une couche de béton de 1 mètre d'épaisseur encastrée dans les enrochements, et ayant son couronnement à $3^m,64$ au-dessus du niveau moyen habituel de la mer Rouge, ou, ce qui revient au même, à 2 mètres au-dessus du quai de Suez, c'est-à-dire au-dessus du niveau le plus élevé des eaux.

Le massif d'enrochements de la jetée de l'Ouest aurait à sa partie supérieure, une largeur de $9^m,80$, avec talus à 2 pour 1 du côté du large, et talus intérieur à 45°; le mur maçonné, une largeur à la base de $7^m,80$, laissant ainsi de chaque côté un empatement de 1 mètre, et une largeur au sommet de $6^m,80$, et il serait surmonté du côté du large d'un parapet de $0^m,80$ d'épaisseur et d'une hauteur égale.

Le massif d'enrochements de la jetée Est n'aurait à sa partie supérieure qu'une largeur de 7 mètres, avec talus à 45°; le mur maçonné, une largeur de 5 mètres à la base et de 4 mètres au sommet, sans parapet.

La jetée de l'Ouest serait terminée par un musoir de 25 mètres de longueur et de 12 mètres de largeur, et la jetée de l'Est, par un musoir de 20 mètres sur 10 mètres; Les deux musoirs seraient d'ailleurs relevés de 2 mètres au-dessus du terre-plein des jetées.

La largeur du chenal, restreinte à 100 mètres dans l'avant-projet, paraissait tout à fait insuffisante pour la facilité des mouvements d'entrée et de sortie des navires. La Commission proposait de donner au chenal endigué une largeur de 300 mètres; et à son prolongement, de la tête des jetées aux profondeurs de 9 mètres, une largeur de 500 mètres.

Enfin, dans les travaux à exécuter à Suez, la Commission croyait devoir comprendre la construction d'un arrière-bassin dont l'utilité se justifiait d'elle-même dans un port où devaient affluer des milliers de navires. On ménagerait donc, en avant du quai existant de Suez, un bassin de 200 mètres de largeur et garni, sur une première longueur de 800 mètres, de quais qui se développeraient plus tard au fur et à mesure des besoins.

PORT-SAID, SUR LA MÉDITERRANÉE[1]

(PLANCHES XIX ET XX)

Ainsi qu'il a été expliqué à l'occasion du tracé, la Commission avait choisi, pour l'emplacement du port d'entrée du canal sur la Méditerranée, un point de la côte situé à 28^{km},5 à l'Ouest de l'emplacement de Péluse adopté dans l'avant-

---

1. *Description du golfe de Péluse*

(Extrait du rapport de la Commission internationale)

(PLANCHE X)

Le golfe de Péluse s'étend de la pointe de Damiette, à l'ouest, au cap Casius, à l'Est. Il a 75 milles de longueur sur 14 milles de profondeur, et il fait face au N. N. E. Il peut être divisé en deux baies secondaires séparées par une partie un peu convexe qui avance dans la mer; la baie de l'Est est celle de Péluse proprement dite; la baie de l'Ouest est celle de Dibeh.

Dans tout le golfe, la plage est formée de sable fin sans aucune partie limoneuse. Elle se compose d'un étroit cordon littoral ou Lido, de 100 à 150 mètres de large environ, et qui n'a pas généralement plus de 1^{m},50 de hauteur au-dessus de la basse mer. Malgré son faible relief, le Lido n'est pas franchi par les vagues dans les temps ordinaires, parce que, dans ces parages, les vagues, aux abords du rivage, par suite de la faible déclivité de la partie de la plage qui s'étend sous la mer, atteignent tout au plus, même dans les gros temps, 2 mètres de hauteur. Le sable pur de la plage se prolonge sous la mer, sans aucun mélange, jusqu'aux profondeurs de 8 à 9 mètres. Ce n'est qu'au delà que commence la vase, et il faut aller jusqu'à 10 mètres pour trouver la vase pure, qui s'étend ensuite indéfiniment dans les grands fonds de la Méditerranée.

La pointe de Damiette s'atterrit, tandis que le cap Casius présente des traces évidentes d'érosion. La partie saillante du rivage entre les baies de Dibeh et de Péluse éprouve des érosions analogues; le cordon littoral est sur ce point très étroit, et il repose sur un dépôt de limon du Nil formé jadis dans le lac Menzaleh, ce qui prouverait qu'il a reculé. Quant au rivage de Péluse, il n'a certainement pas varié sensiblement depuis vingt siècles; les ruines de la ville sont aujourd'hui à la même distance de la mer qu'au temps de Strabon, et les dépôts limoneux du lac Menzaleh, desséchés sur ce point, n'en sont séparés que par un mince cordon de sable dont la largeur n'a pu s'accroître beaucoup, puisqu'elle ne dépasse pas 100 à 150 mètres. Le rivage du golfe de

projet, et qui, d'après la nouvelle carte hydrographique dressée par M. Larousse, formait une espèce de cap entre le fond du golfe et la pointe de Damiette, et où le fond de la mer à partir de la plage présentait la plus grande déclivité. A ce point de la côte, la ligne des fonds de 8 mètres se trouvait à 2.300 mètres seulement de distance de la plage, et les

---

Péluse n'a donc pas sensiblement varié de forme et de position depuis les temps historiques. Les atterrissements et les érosions qu'il éprouve sur quelques points sont dus à des causes locales dont l'effet séculaire est à peu près nul. Le cordon littoral qui le borde de Damiette au cap Casius peut être considéré dans son ensemble comme immuable.

Les vents sont très réguliers sur la côte d'Egypte. Les vents d'O. N. O. soufflent les deux tiers de l'année, et ils dominent principalement en hiver; ce sont ces vents qui amènent les tempêtes, d'ailleurs fort rares dans ces parages. Les vents de N. N. E. sont beaucoup moins fréquents et moins violents; cependant ils sont presque aussi redoutés dans le golfe de Péluse, parce qu'ils le battent en plein. Les vents d'Est sont rares et toujours faibles. Quant aux vents de Sud, ils sont rarement violents, et comme ce sont des vents de terre, ils ne sont pas dangereux. Dans les beaux temps, et principalement en été, les brises solaires s'établissent dans le golfe; elles soufflent Sud-Est et Nord-Est ou Sud-Ouest et Nord-Ouest, selon que le vent régnant tient de l'Est ou de l'Ouest. La permanence de ces brises alternatives de terre et de mer, qui soufflent du Nord pendant le jour et du Sud pendant la nuit, faciliterait les mouvements d'entrée et de sortie du Canal.

Les courants dans le golfe de Péluse n'ont qu'une faible intensité. Ils varient avec le vent et la houle. Quand la mer est calme et le vent très faible, le courant suit la direction de l'E. N. E. à l'O. S. O.; sa vitesse est de 2 milles par jour environ. Au Nord du golfe, il existe un autre courant plus sensible, d'après ce qu'on peut inférer de la route que doivent suivre les bâtiments qui se rendent d'Alexandrie sur les côtes de Syrie, et que la dérive porte au Sud, même quand il n'y a pas de vent du large. Le courant général de la Méditerranée, qui longe les côtes de gauche à droite en regardant la mer, n'entre pas dans le golfe de Péluse; il est dévié au large par le gisement de la côte vers Alexandrie et par les eaux douces qui sortent du Nil; il n'est sensible que près des caps avancés, où sa vitesse par seconde est de 2 à 4 décimètres au plus. Ainsi il n'y a dans le golfe de Péluse, quand le temps est beau, que des courants très faibles essentiellement irréguliers. Ils sont produits, soit par les remous du courant général qui passe au large, soit par le vent régnant, soit par les eaux douces qui sortent du lac Menzaleh. Quand la mer est grosse, et qu'elle est soulevée par les vents forts et persistants de la partie Nord, le courant porte toujours en côte à l'entrée du golfe. Il y accumule des masses d'eau, qui s'écoulent le long de la plage dans la direction du vent régnant. Ce courant littoral accidentel, qui charrie les sables que la vague a détachés du fond, porte donc tantôt à l'Ouest, et tantôt à l'Est, selon le vent, et par conséquent le plus souvent à l'Est.

Toute la partie Ouest du golfe de Péluse offre aux bâtiments un mouillage parfaitement sûr; ils y sont abrités par la pointe de Damiette contre les vents dominants du Nord-Ouest, et ils y trouvent un fond dont la tenue est partout excellente.

Le niveau moyen habituel de la Méditerranée dans le golfe de Péluse est à

fonds de 10 mètres à une distance d'environ 3.500 mètres[1]; tandis que, dans la baie de Péluse, il fallait s'avancer jusqu'à 7.500 mètres en mer pour trouver les fonds de 8 mètres. C'était là aussi que les atterrissements étaient le moins à craindre, comme le prouvaient des traces évidentes d'érosions sur la saillie de la plage. Là, également, non seulement la côte était plus accore et plus avancée au large, mais encore, par suite de la saillie de la pointe de Damiette, elle était moins exposée aux vents dominants que dans la baie de Péluse. Si l'on eût reporté le port plus au Nord-Ouest, dans la baie de Dibeh, sous la pointe de Damiette, les bâtiments n'auraient pu se relever par un vent de Nord-Est, et l'on eût, en outre, allongé encore le parcours du canal ; dans l'emplacement choisi, au contraire, l'appareillage serait facile par tous les vents, et un bâtiment

---

0m,68 au-dessous du niveau moyen habituel de la mer Rouge. (De nouveaux nivellements ont fait voir plus tard que cette donnée n'était pas tout à fait exacte). Ce niveau moyen s'élève de 0m,34 par une tempête de la partie Nord, et s'abaisse de 0m,32 par une tempête de la partie Sud. La marée monte et descend, au maximum de 0m,22 ; et, en moyenne, de 0m,09 dans les quadratures, et de 0m,18 dans les Syzygies.»

(Voir plus loin, dans une note insérée au chapitre concernant les modifications apportées en 1859 par le Conseil supérieur des travaux au projet de la Commission Internationale, les résultats de nouvelles observations hydrographiques faites pendant ladite année 1859.)

1. D'après la carte du golfe de Péluse figurant dans l'album de dessins annexé au rapport de la Commission Internationale, les distances des lignes des différents fonds à la terre se trouvaient être les suivantes :

	Distances
Fonds de 4 mètres	500 mètres.
— 5 —	1.150 —
— 6 —	1.750 —
— 7 —	1.950 —
— 8 —	2.250 —
— 9 —	2.600 —
— 10 — environ	3.500 -

Ces distances diffèrent peu de celles qui ont été constatées plus tard par un relevé hydrographique de la plage sous-marine en face et aux abords du futur port de Port-Saïd, fait en avril 1859, au moment même de l'inauguration de l'ouverture des travaux.

Comme on le verra plus loin, au chapitre concernant les modifications apportées en août 1859 par le Conseil supérieur des travaux au projet de la Commission Internationale, l'emplacement du port de Port-Saïd, par suite des indications fournies par le nouveau relevé hydrographique, a été reporté (dès le début des travaux en avril), à une distance d'environ 1.000 mètres dans l'Ouest du point qu'avait adopté la Commission Internationale.

surpris à cette hauteur par un vent violent du large pourrait toujours se relever et regagner la haute mer. Cet emplacement était donc évidemment le plus favorable sous tous les rapports.

La seule crainte qui pouvait rester sur la question de l'embouchure du canal à créer dans le golfe de Péluse était celle des atterrissements qui pourraient menacer la durée des travaux exécutés à la mer dans ces parages. Mais la Commission démontrait, en s'appuyant sur une étude attentive de la formation, du degré d'importance et de la marche des alluvions sur le littoral d'Égypte, que ces atterrissements seraient très peu considérables et n'étaient en conséquence nullement à redouter [1].

L'avant-projet plaçait un môle d'abri en avant des jetées à Péluse. La Commission pensait que l'on pouvait supprimer un pareil ouvrage, proposé par les auteurs de l'avant-projet eux-mêmes comme un surcroît de précautions, plutôt que comme une nécessité. A l'appui de son opinion, la Commission faisait valoir les considérations suivantes : Il n'était pas besoin dans ces parages, disait-elle, d'une rade couverte dans le genre de celle que le môle contribuerait à former, attendu que les vents étaient très réguliers sur la côte d'Égypte; que le mouillage dans la partie Ouest de la baie de Péluse était parfaitement sûr, ainsi que le prouvait la pratique des caboteurs ; enfin, que la tenue du fond était partout excellente ; en un mot, que toute la côte était à vrai dire une rade foraine avec un mouillage très sûr au large. Mais non seulement un brise-lames de 1.500 ou même de 1.600 mètres de long, à 1.000 mètres des jetées, serait peu utile; il aurait en outre deux inconvénients très graves, dont l'un était évident et dont l'autre était très probable. En premier lieu, une fois construit, cet ouvrage fixerait inva-

1. Nous reviendrons plus tard sur cette importante question pour dire, en citant les faits mêmes qui se sont produits, dans quelle limite se sont réalisées les tranquillisantes prévisions de la Commission.

riablement le port ; et si, plus tard, malgré le peu de probabilité de la formation de dépôts considérables de sable à l'enracinement des jetées, il devenait nécessaire pourtant de pousser celles-ci à une plus grande distance en mer pour maintenir l'entrée du port en dehors de la zone des sables, le brise-lames y serait un obstacle insurmontable ; il faudrait donc alors, pour conserver la profondeur d'eau à l'entrée du chenal, recourir au mode beaucoup moins sûr et plus coûteux des dragages ; en ajournant, au contraire, la construction du brise-lames, rien ne serait compromis, on serait toujours à temps de couvrir l'entrée du chenal par cet abri si l'expérience de plusieurs années venait à en démontrer la nécessité. En second lieu, on aurait à craindre que le courant littoral, en traversant la portion de rade abritée par le brise-lames, n'y déposât une partie des vases dont il est chargé dans les tempêtes et n'amenât ainsi l'atterrissement des abords du chenal formé par les jetées.

La Commission faisait donc déboucher le canal à Saïd, comme du côté de Suez, simplement par deux jetées parallèles sans aucun autre ouvrage. Seulement elle portait la largeur du chenal à 400 mètres au lieu de 100 mètres que proposait l'avant-projet, cette dernière dimension lui ayant paru tout à fait insuffisante pour un chenal qui devait être en même temps un port où des navires d'une longueur de 120 mètres eussent la possibilité de se mettre en travers, manœuvre quelquefois inévitable pour le mouillage.

La jetée de l'Ouest aurait 3.500 mètres de longueur pour atteindre les profondeurs de 10 mètres. Celle de l'Est ne serait poussée que jusqu'aux profondeurs de $8^{m},50$, et elle aurait ainsi une longueur de 2.500 mètres. Leur direction serait du S. O. 1/4 S. au N. E. 1/4 N. ; l'extrémité de la jetée de l'Ouest serait légèrement infléchie vers l'Est de manière à ce que la tangente des deux musoirs fût juste S. S. O. et N. N. E. et la distance entre ces deux musoirs de 1.000 mètres.

Par ces dispositions, on formait une rade couverte, ou

avant-port, de 40 hectares de superficie, parfaitement abritée des vents dominants du Nord-Ouest, et l'on avait un chenal orienté de manière à permettre l'entrée des navires en tout temps, ce qui était le point essentiel. Le chenal lui-même, sur une longueur de 1.700 mètres à partir de l'extrémité de la jetée de l'Est formerait une sorte d'arrière-rade, d'une superficie de 68 hectares, où les navires seraient à l'abri et dans le calme. Toutefois, eu égard à la possibilité de l'arrivée des navires par flottilles avec les vents favorables, et au nombreux matériel flottant qu'aurait à entretenir la Compagnie, l'avant-port et le chenal, quelque grands qu'ils fussent, pourraient ne pas suffire. La Commission avait donc reconnu la nécessité de créer un arrière-bassin pour le stationnement des navires, et elle obtenait ce résultat en élargissant le chenal, à l'origine des jetées, sur une longueur de 800 mètres, par des retraites de 200 mètres de chaque côté. L'arrière-bassin aurait ainsi une superficie de 64 hectares dont moitié en dehors du chenal proprement dit. Il ne serait d'abord revêtu de quais que sur la rive Ouest de manière à permettre de l'étendre indéfiniment vers l'Est, si, contrairement aux prévisions, cette extension devenait un jour nécessaire.

En totalité, le port Saïd aurait donc au moins une surface de 172 hectares.

Le canal viendrait déboucher dans le milieu de l'arrière-bassin avec une largeur de 100 mètres, qui se réduirait plus loin à 80 mètres, et le raccordement se ferait au moyen de courbes à grand rayon.

Quant aux dispositions de détail, elles seraient, — comme on va le voir, — à peu près les mêmes que celles de l'avant-projet.

Les jetées seraient constituées, chacune, par un massif en blocs naturels avec couronnement en maçonnerie au-dessus de l'eau.

Le massif d'enrochements de la jetée de l'Ouest aurait, à

la hauteur du niveau moyen de la mer, une largeur de 17^m,50 avec talus moyen de 3 pour 1 du côté du large et talus intérieur à 45°. Quant au couronnement et maçonnerie, il serait constitué par une plate-forme de 8 mètres de largeur et de 2^m,50 d'épaisseur établie en retraite de 1 mètre sur la crête du talus intérieur du massif d'enrochements, assise sur une couche de béton de 1 mètre d'épaisseur encastrée dans les enrochements, enfin, surmontée du côté du large par un parapet de 2 mètres d'épaisseur et de 3 mètres de hauteur ; le dessus de ce parapet se trouverait ainsi à 5^m,50 au-dessus du niveau moyen de la mer.

La jetée serait terminée par un musoir de 50 mètres de longueur sur 20 mètres de largeur. Ces dimensions avaient paru nécessaires en raison de la grande distance à laquelle l'extrémité de la jetée se trouverait de la terre, ce qui obligerait à avoir sur le musoir un assez grand établissement pour le phare et le gardien du feu, pour les guetteurs, pour les pilotes, pour les pieux d'amarrage et pour toutes autres installations utiles aux navires entrant ou sortant. Ce musoir était d'ailleurs relevé de 4^m,50 au-dessus du niveau moyen pour être bien visible et se distinguer plus loin en mer.

La jetée de l'Est étant abritée par l'autre jetée des vents dominants et des grosses mers qu'ils soulèvent avait naturellement des dimensions moindres : le massif de base en enrochements naturels, arasé à la hauteur même du niveau moyen de la mer, n'aurait, en effet, qu'une largeur de 6^m,50 ; et, sur la couche de béton de 1 mètre d'épaisseur encastrée comme à l'autre jetée, dans les enrochements, serait simplement assis un mur en maçonnerie de 2^m,50 de hauteur et d'une largeur de 4^m,50 à sa base et de 4 mètres au sommet. Le musoir de la jetée n'aurait plus, de son côté, qu'une longueur de 20 mètres avec une largeur de 10 mètres.

Des pieux d'amarrage seraient établis de 100 mètres en 100 mètres sur chacune des jetées.

Enfin les murs de quai de l'arrière-bassin seraient constitués comme suit, savoir : un massif de base en blocs naturels de 4 mètres de hauteur et de 6 mètres de largeur à la partie supérieure, avec talus à 45° ; puis, reposant sur cette base en enrochements, un massif en béton de 4 mètres de hauteur et 2m,50 d'épaisseur encaissé entre deux files de pieux et de palplanches jointives et s'élevant jusqu'au niveau de la mer ; enfin, au dessus, un mur en maçonnerie de 2 mètres de hauteur avec une épaisseur moyenne de 1 mètre.

Les terre-pleins de ces quais devaient d'ailleurs avoir une largeur de 50 mètres.

La Commission n'hésitait pas à croire que les travaux du port Saïd, dans les conditions où elle proposait de les établir, seraient parfaitement stables et ne courraient aucun risque.

L'entrée, poussée jusqu'à la zone des vases, serait, selon toute apparence, à l'abri de l'envahissement des sables. Le peu qui en pénétrerait par les plus gros temps serait très aisément enlevé par les dragages. Quant à la vase, elle ne serait pas à redouter, les eaux troubles de la Méditerranée qui tendraient à pénétrer dans le chenal devant être incessamment repoussées par le courant permanent qui viendrait de la mer Rouge.

Mais on pourrait craindre que les sables mis en mouvement le long de la plage par la houle et les courants du littoral, en s'accumulant à l'extérieur des jetées, ne finissent par gagner de proche en proche leur extrémité. Or la Commission avait déjà démontré que la quantité de sable voyageant sur le littoral était très faible, en sorte qu'il se passerait certainement un temps très long, des siècles peut-être, avant que les sables accumulés derrière la jetée de l'Ouest pussent parvenir jusqu'à la distance de 3.500 mètres en avant de la plage et vinssent produire, à la tête de cette jetée, des atterrissements qu'il faudrait combattre. A un autre point de vue, la Commission citait l'exemple des jetées de Malamocco (lagunes de Venise), pour prouver qu'une pareille éventualité n'avait rien de redoutable ; en admettant que l'accumulation des sables derrière la jetée fût plus considérable qu'on ne le prévoyait, on en combattrait les effets à peu de frais, soit par des dragages, soit par un prolongement progressif des jetées, l'expérience devant indiquer celui des deux systèmes qu'il serait préférable d'adopter.

Port intérieur de Timsah

Le lac Timsah présentait une surface de 2.000 hectares environ où la nature offrait toutes facilités pour construire un port qui se trouverait à égale distance à peu près des deux extrémités du canal ; le fond du lac était de 4 à 5 mètres au-dessous du niveau moyen de la Méditerranée ; enfin les eaux du Nil y arrivaient, durant les grandes crues, par la vallée de l'Ouadée Toumilat. Cette heureuse disposition des lieux imposait en quelque sorte la destination à donner au lac Timsah. Ce devait être à la fois un port intérieur pour le ravitaillement et la réparation des navires faisant la grande navigation. et le point de jonction où la navigation fluviale et purement locale viendrait se relier à celle des mers de l'Inde et de la Chine.

Dans la pensée de la Commission, le port intérieur de Timsah était appelé à prendre par la suite un immense développement. Pour le début, elle proposait d'y construire 1.000 mètres de quais pour les opérations de chargement et de déchargement et d'y creuser un bassin de 1.000 mètres de longueur sur 200 mètres de largeur. La construction la plus importante à y établir serait celle d'un bassin de radoub que la surélévation des eaux du canal de l'Ouadée permettrait de remplir et de vider par une simple manœuvre d'écluse, et dont la forme aurait au moins 120 mètres de longueur sur 25 mètres de largeur au minimum. Quant aux autres établissements qui pourraient être construits à Timsah ou ailleurs, sur le parcours du canal, tels que : ateliers de tout genre, magasins, docks, etc., la Commission laissait ces détails aux soins de la Compagnie qui serait la première intéressée à fonder ces établissements dès qu'ils seraient utiles et qu'ils présenteraient quelques chances de profits.

Ouvrages accessoires

ÉCLAIRAGE DES COTES DE LA MER ROUGE ET DE LA MÉDITERRANÉE

Ceux des membres de la Commission qui étaient allés en Égypte proposaient pour les entrées du canal un système d'éclairage peu différent de celui proposé par les auteurs de l'avant-projet. Ainsi, sur la mer Rouge, ils demandaient que l'entrée de la rade de Suez fût éclairée par un feu flottant et par un phare, que l'entrée du port le fût par un fanal, et que les récifs qui existent au pourtour de la rade fussent balisés ou signalés par des bouées ; sur la Méditerranée, que les abords de Port-Saïd fussent signalés par un phare d'atterrage établi à la pointe de Damiette, et que l'entrée du port fût éclairée par deux fanaux établis à la tête des jetées.

La Commission faisait remarquer que ces dispositions, très bonnes en elle-mêmes, pourraient suffire si l'on n'avait à considérer exclusivement que les entrées du canal ; mais qu'il était de la plus haute importance d'aviser en même temps à signaler les approches à de grandes distances de la nouvelle voie maritime.

En élargissant ainsi la question, la Commission n'avait pas en vue d'indiquer un à un les phares et fanaux qu'il conviendrait d'établir, mais seulement de poser les principes qui devaient servir de base à l'étude d'un projet d'ensemble pour l'éclairage nécessaire de la mer Rouge et des parages du golfe de Péluse.

On admettait généralement comme règle d'un bon éclairage des côtes, que les feux devaient être assez rapprochés pour qu'un navire au large pût toujours en apercevoir deux à la fois. Or, sur la côte africaine de la Méditerranée, il n'y avait que très peu de feux : ainsi de Tripoli jusqu'à Alexandrie, on n'en rencontrait pas un seul, et c'était là une des raisons pour lesquelles les navires s'éloignaient toujours de ces parages dangereux; à partir d'Alexandrie, il n'y avait pas non plus de feux jusqu'à Beyrouth, et c'était pour ce motif, que les navires évitaient ces atterrages. Quant à la mer Rouge, le dénûment était absolu : depuis l'île Perim, à l'entrée du golfe, jusqu'au fond, à Suez, il n'existait de feux d'aucune espèce.

Pour la sécurité de l'importante navigation appelée désormais à fréquenter les parages du golfe de Péluse, il ne suffirait donc pas d'établir un phare à la pointe de Damiette et à Port-Saïd ; il faudrait en outre, depuis la pointe du Marabout à Alexandrie, jusqu'à 20 lieues au moins à l'Est de Péluse, que la côte fût parfaitement éclairée par des phares à feux bien distincts et dont les tours seraient appelées à faire l'office d'amers pendant le jour. On ne pouvait trop multiplier les précautions pour une côte aussi basse que celle d'Égypte, sur laquelle on arrivait, même de jour, sans pouvoir encore la distinguer, et où les objets qu'on apercevait en atterrissant étaient principalement des bouquets d'arbres qui se confondaient aisément entre eux.

En ce qui regardait la mer Rouge, le phare de premier ordre que le Gouvernement Égyptien se proposait d'établir à Raz-Makab au Sud-Est de la rade de Suez, et les deux feux de port que la Compagnie établirait de son côté à l'extrémité et à l'origine des jetées du nouveau port, suffiraient pour la baie de Suez. Mais il y avait dans la mer Rouge, soit à l'entrée, soit à la bifurcation des deux golfes, des points qui devraient être nécessairement éclairés. Indépendamment de celui déjà mentionné de Raz-Mohammed à l'entrée du golfe de Suez proprement dit, la Commission signalait les autres points suivants : l'île Schadwan et l'île Jubal dont les mouillages étaient excellents ; Djeddah, qui, se trouvant à peu près au milieu du parcours et ayant un port très abrité, sinon très bon, pourrait être assez fréquemment un lieu de relâche ; enfin l'île Perim, à l'entrée même de la mer Rouge et du détroit de Bab-el-Mandeb. Mais, tout en signalant l'utilité de bien éclairer la mer Rouge, la Commission faisait remarquer que c'était bien moins en vue de la grande navigation à vapeur qui, depuis longues années, y était établie sans avoir jamais éprouvé le moindre sinistre; que c'était surtout afin d'assurer aux navires marchands d'un tonnage plus ou moins fort qui afflueraient dans cette mer une navigation facile et sans dangers, non seulement aux points extrêmes, mais encore dans la région intermédiaire et sur tous les points de la côte où il leur serait possible ou utile de s'arrêter.

BACS SUR LE CANAL

Bien que l'avant-projet n'eût pas fait mention des bacs à construire sur le canal, sans doute parce que ces ouvrages ne devaient exiger qu'une dépense insignifiante par rapport au reste de l'entreprise, la Commission, afin de ne rien omettre de ce qui pouvait être prévu, signalait la nécessité de l'établissement de quatre bacs, savoir : deux, pour les deux routes qui, vers le lac Menzaleh, conduisaient d'Égypte en Syrie; un bac au nord du golfe de Suez pour la route de la grande caravane de la Mecque ; enfin un quatrième bac dans les parages du lac Timsah où devait se créer et se développer un grand centre de population.

TÉLÉGRAPHE ÉLECTRIQUE

La Commission croyait devoir comprendre aussi dans l'estimation des dépenses l'établissement d'un télégraphe électrique qui, construit en même temps que le Canal et prêt à fonctionner à la même époque, pourrait rendre de grands services au commerce et à la navigation, indépendamment des services qu'il rendrait à l'administration même de la Compagnie. On pouvait être assuré d'avance que ce télégraphe aurait bientôt rendu ce qu'il aurait coûté de frais de premier établissement et ce qu'il coûterait de frais d'entretien.

Canal fluviatile de jonction et d'irrigation

Après avoir rappelé les dispositions de l'avant-projet, la Commission présentait les considérations suivantes[1] :

On pourrait penser à première vue, disait-elle, qu'il vaudrait mieux emprunter le canal de Zagazig allant directement de cette ville, l'ancienne Bubaste, à la tête de l'Ouadée. Le Canal de dérivation serait alors beaucoup plus simple. Pour en assurer l'alimentation en tout temps, on mettrait le plafond à 2 mètres au-dessous de l'étiage. Dans cette donnée, qui était celle de tous les canaux Séfis[2], on aurait simplement quelques précautions à prendre pour maintenir la section normale du canal et pour l'empêcher de s'obstruer à la prise d'eau dans le fleuve.

Mais les auteurs de l'avant-projet avaient repoussé cette solution en invoquant le témoignage des faits et leur longue expérience. Ils regardaient comme impossible de conserver en bon état un canal dont le plafond serait au-dessous de l'étiage, à moins de dépenses énormes ; et, même avec ces dépenses, ne serait-on pas assuré d'atteindre le but. Dans tous les canaux qu'on avait essayé de creuser au-dessous de l'étiage, et surtout sur les bords du désert, on rencontrait toujours, vers la hauteur de l'étiage, une couche de sables coulants. C'était une difficulté immense et une cause de frais dont il était difficile de se rendre compte. Sans même vouloir obtenir des profondeurs considérables, $0^m,50$ par exemple au-dessous de l'étiage, il fallait des curages annuels vraiment effrayants[3]. Aussi, Méhémet-Ali avait-il construit le

1. Pendant que la Commission Internationale s'occupait de l'examen de l'avant-projet, M. Linant Bey, comme on l'a vu précédemment, dressait un nouveau projet détaillé du Canal d'eau douce.

2. Ainsi qu'on l'a dit déjà dans une note précédente, on désigne sous le nom de canaux Séfis ceux dont le plafond est au-dessous du niveau des basses eaux du Nil.

3. Dans le Ghattat-Bey il fallait, chaque année, de 30 à 40.000 hommes pendant un mois pour nettoyer la prise d'eau ; il en fallait de 20 à 30.000 dans le

grand barrage du Nil dans cette supposition qu'il se relierait à des canaux placés à 2 mètres au-dessus de l'étiage. D'une manière générale, et sauf des cas très spéciaux, on avait renoncé désormais en Égypte aux canaux Séfis. Si le canal partant de Zagazig avait 2 mètres au-dessous de l'étiage, ce qui serait nécessaire avec un pareil tracé, le point de départ étant à 7 mètres environ au-dessus de Suez, le premier bief, de 34 kilomètres de longueur, serait encombré chaque année de 225.000 mètres cubes de sable qu'on ne pourrait enlever qu'en recourant à des dragages très coûteux et fort gênants pour la navigation.

Les auteurs de l'avant-projet objectaient encore qu'en mettant la prise d'eau à Zagazig, il faudrait approfondir beaucoup les écluses existantes, démolir sept ponts qui seraient sur le premier bief et qui, tous, avaient leur radier au niveau de l'étiage, élargir le canal actuel en même temps qu'on l'approfondirait de 2 mètres, construire dans le Nil, pour ramener les eaux dans le Bahr-Moëze, un épi qui serait exposé à de dangereux affouillements ; que, d'un autre côté, on pouvait aisément emprunter le cours du Khalig Zaffranieh, qui n'était pas employé à l'arrosage des terres dans toute la partie dont on se servirait ; tandis que, pour le canal de Zagazig, on rencontrerait la double difficulté d'avoir à traiter avec les riverains, d'abord pour les terrains qu'il faudrait leur prendre, ce qui donnerait lieu à de nombreuses contestations, aucune loi d'expropriation pour cause d'utilité publique n'existant en Egypte, ensuite pour les eaux d'arrosage qu'il faudrait leur assurer, ce qui diminuerait d'autant la quantité dont la Compagnie pourrait elle-même disposer pour ses propres besoins ; qu'en outre, la capitale de l'Égypte, le Caire, ville de 300.000 habitants, ne serait point en communication directe avec le Canal mari-

---

Chibin ; 15 à 20.000 pour le Cherkaouieh ; et l'on avait dû renoncer à curer le Bahr-Moëze.

time, cequi serait un très grand désavantage, non seulement pour le Caire, mais on pouvait dire pour le pays entier, puisque tous les produits qui arrivaient par le Nil, soit en amont, soit en aval, auraient à subir des retards ; qu'enfin, le Gouvernement Égyptien s'était chargé d'exécuter à forfait le Canal de jonction et d'irrigation d'après les évaluations de l'avant-projet, et qu'il était peu probable qu'à la place de ce projet il consentît à se charger d'un autre travail, qui sans aucun doute serait beaucoup plus coûteux.

Quelques-unes de ces considérations, la dernière surtout, avaient frappé la Commission, et elle s'en remettait, pour les dispositions définitives du Canal de jonction, aux ingénieurs qui seraient chargés de son exécution.

Avant-métré et série des prix

AVANT-MÉTRÉ

Les terrassements pour l'exécution du Canal maritime proprement dit (y compris l'établissement d'une gare de 500 mètres de longueur entre Port-Saïd et le port de Timsah) avaient été divisés en deux parties : la première, comprenant tous les déblais qu'on pourrait faire à la main ; la seconde, ceux qui devraient être exécutés à la drague. On s'était basé pour faire cette division sur les sondages exécutés dans l'Isthme, et l'on avait placé dans la seconde catégorie tous les terrains situés au-dessous des points où l'eau avait été rencontrée dans les divers sondages, bien qu'il fût probable qu'une certaine partie de ces terrains pourraient être excavés sans le secours de la drague. La cote moyenne de ces points ayant été trouvée de 3m,87 au-dessous de la ligne d'eau du canal, on avait adopté le chiffre rond de 4 mètres, pour la cote de la ligne séparative entre les déblais à faire à sec et les terrains à excaver à la drague.

Quant aux déblais à faire, soit pour l'établissement des jetées, soit pour les arrière-bassins, on avait cru devoir les faire figurer séparément parce qu'ils devaient être exécutés entièrement par des machines et dans des conditions différentes des dragages nécessaires pour le canal.

SÉRIE DES PRIX

Tous les prix de main-d'œuvre avaient été établis en prenant pour bases, d'une part le règlement du 20 juillet 1856 sur l'emploi des ouvriers fellahs (Voir le texte de ce règlement dans l'historique administratif), d'autre part les salaires courants des ouvriers d'art du pays. Or, d'après les actes de concession, les uns et les autres ouvriers devaient composer les quatre cinquièmes au moins de la totalité de ceux qui seraient employés aux travaux, et il était de toute probabilité qu'ils afflueraient en bien plus grand nombre encore sur les chantiers du Canal. On pouvait donc avoir toute confiance dans l'exactitude des prix adoptés, et, par conséquent, dans les chiffres du détail estimatif des dépenses.

En dehors de cette observation générale, la Commission faisait remarquer que, contrairement aux prévisions de l'avant-projet, le prix moyen des enrochements à exécuter à Port-Saïd avait dû être calculé d'après cette considération qu'il serait nécessaire de commencer les jetées de ce port avec des matériaux provenant des îles voisines et de la côte d'Asie, en attendant que la communication directe fût établie avec Suez et les carrières de l'Attaka, ce qui ne pourrait guère avoir lieu que vers la fin de la quatrième année; la Commission avait d'ailleurs admis que les matériaux de chacune des deux provenances entreraient pour moitié dans le cube total desdits enrochements.

Estimation des dépenses

L'estimation de la dépense des travaux, tels qu'ils étaient définitivement arrêtés par la Commission, se résumait par articles et par nature d'ouvrages, ainsi qu'il est indiqué dans le tableau ci-après :

DÉSIGNATION DES TRAVAUX	QUANTITÉS	PRIX DE L'UNITÉ	PRODUITS	DÉPENSES PAR ARTICLE
CANAL MARITIME ET PORTS				
Terrassements	Mètres cubes	Francs	Francs	Francs
Déblais à sec.......	46.000.000	0,67	30.820.000	
Déblais sous l'eau ..	50.177.926	1, »	50.177.926	
Dragages des ports..	8.300.000	1,25	10.375.000	
	104.477.926			91.372.926
Jetées et ouvrages d'art des ports.				
PORT SAÏD				
Enrochements en blocs perdus.....	834.696	14,40	12.019.622	
Maçonneries de couronnement des jetées............	»	» »	3.373.341	
Murs de quai.......	800 ml.	541,23	432.984	
PORT DE TIMSAH				
Murs de quai.......	1.000	464,12	464.120	
PORT DE SUEZ				
Enrochements en blocs perdus......	221.503 mc.	6,25	1.384.393	
Maçonneries de couronnement.......	»	» »	2.082.185	
Murs de quai.......	800 ml.	395,14	316.112	
				20.072.757
Enrochements des berges du Canal				
Enrochements à pierres perdues...	496.364 mc.	8 »	3.970.912	
				3.970.912
Travaux divers				
Embarcadère et port provisoire à Port-Saïd............	»	»	850.000	
Phares et fanaux...	»	»	235.000	
Matériel des carrières, outils, etc.	»	»	600.000	
Magasins, bâtiments, hôpitaux, etc.....	»	»	1.500.000	
Télégraphe électrique...........	»	»	150.000	
Bacs sur le canal...	»	»	100.000	
				3.435.000
Total des dépenses pour le Canal maritime et les ports. .				118.851.595

DÉSIGNATION DES TRAVAUX	QUANTITÉS	PRIX DE L'UNITÉ	PRODUITS	DÉPENSES PAR ARTICLE
			Francs	Francs
Report.......				118.851.595
CANAL DE COMMUNICATION				
Travaux à exécuter à forfait par le Gouvernement égyptien sur l'évaluation de l'avant-projet........................				9.000.000
TRAVAUX ACCESSOIRES				
Fixation des dunes......................			1.500.000	
Mise en culture des terres concédées......			8.000.000	
Matériel de touage à vapeur..............			3.000.000	
Bassin de radoub et atelier de réparation..			3.500.000	
				16.000.000
Total des dépenses prévues.......				143.851.595
Frais d'administration évalués à 2 1/2 0/0............				3.596.290
Somme à valoir : 10 0/0 environ de la dépense prévue....				14.552.115
Total estimatif de la dépense des travaux.......				162.000.000

La dépense des travaux étant estimée devoir s'élever au chiffre de 162 millions, il resterait donc encore pour atteindre le chiffre du capital social, fixé à 200 millions de francs, une somme de 38 millions destinée, d'une part, à servir, pendant l'exécution des travaux, les intérêts à 5 0/0 du capital versé; d'autre part, à former ultérieurement des établissements accessoires destinés à augmenter les bénéfices de la Compagnie. La Commission estimait d'ailleurs que le service des intérêts, déduction faite des revenus qu'on pouvait espérer pendant la durée des travaux, absorberait la moitié environ des 38 millions disponibles.

Évaluation des frais d'entretien

La Commission internationale n'aurait pas, disait-elle, regardé sa mission comme accomplie si elle n'eût pas recherché quels seraient approximativement les frais annuels d'entretien du Canal.

Elle estimait le montant de ces frais ainsi qu'il suit :

1° Entrées du Canal

	Francs
A Port-Saïd, 100.000^{mc} d'apports à enlever ; à Suez, 30.000^{mc}. Ensemble 130.000^{mc} de dragages à 1 franc................	130.000

2° Canal proprement dit

Sur le canal maritime de Nord-Holland, ayant 37^{m},67 de largeur avec une profondeur de 6 mètres et une longueur de 78^{km},5 et qui pouvait assez bien servir de terme de comparaison avec le Canal projeté, des observations, pendant une période de 14 ans, avaient fait ressortir le chiffre d'entretien annuel du Canal et de ses ouvrages d'art à 2^{f},50 par mètre courant. En admettant la proportionnalité entre les frais d'entretien et les sections, on trouvait pour le Canal de Suez, le chiffre de 7^{f},08, lequel, appliqué à une longueur de 147^{km},956 entre les racines des jetées de Port-Saïd et de Suez, représentait une dépense annuelle de ci..	1.047.528

3° Travaux d'art

Rechargements des jetées :	
A Port-Saïd, à raison de 1^{mc} par 5^{ml} de jetée : 1.200^{mc} à 10^{f},80..	12.960
A Suez, à raison de 1^{mc} par 10^{ml} de jetée : 380^{mc} à 6^{f},25...	2.375
Rejointoiements des maçonneries des jetées : 9.800^{ml} à 2^{f},50..	24.500
Entretien des murs de quai : 2.800^{ml} à 1 franc...........	2.800
Entretien des chaussées des quais et des ports : 12.600^{ml} à 3^{f},50..	44.100
Total pour les travaux d'art.......	86.735

4° Ouvrages divers

Canal de communication : 128.600^{ml} à 1 franc..........	128.600
Rigole d'irrigation : 87.000^{ml} à 0^{f},50...................	43.500
Phares et fanaux................................	8.800
Bassin de radoub et ateliers de construction............	16.000
Chantiers, magasins, hôpitaux, écuries, etc.............	25.000
Total pour les dépenses diverses........	221.900

5° Personnel

En prenant pour base d'évaluation ce qui se pratique au canal de Nord-Holland................................	84.335

RÉCAPITULATION

	Francs
Les deux entrées du Canal	130.000
Canal proprement dit	1.047.528
Travaux d'art	86.735
Ouvrages divers	221.900
Personnel	84.335
Estimation totale des dépenses annuelles d'entretien	1.570.498

Conclusion

La Commission terminait son rapport par la conclusion suivante :

Dans l'étude des conditions d'établissement du grand Canal maritime qui devait unir la Méditerranée à la mer Rouge, et donner passage au commerce du monde, deux fautes étaient à éviter : faire trop ou trop peu ; tenter une entreprise gigantesque ou se borner à des travaux insuffisants. Ces deux fautes eussent été à peu près aussi fâcheuses l'une que l'autre. On ne devait jamais perdre de vue ni les intérêts généraux de la civilisation que le projet devait immensément servir, ni les intérêts particuliers de la Compagnie qui serait chargée de l'exécution des travaux.

La Commission, après le plus mûr examen, pensait être restée dans la mesure convenable et n'avoir exagéré les choses ni dans un sens ni dans l'autre.

Un Canal de 30 lieues de long et de 80 à 100 mètres de large avec 8 mètres de profondeur, sans écluses à ses entrées, sans courants dangereux, avec des ports vastes et sûrs à ses deux extrémités, d'une conservation certaine et d'un entretien facile, s'ouvrant enfin sur deux mouillages d'une étendue indéfinie, un tel Canal lui paraissait satisfaire à tous les besoins actuels de la navigation et devoir satisfaire longtemps encore à tous les besoins de l'avenir ; avec les dispositions projetées, rien d'ailleurs ne s'opposerait à des développements nouveaux pour peu qu'on les jugeât nécessaires. D'un autre côté, les deux mers qu'unirait le Canal de Suez n'offraient point de dangers ni de difficultés que les marins eussent sérieusement à redouter.

La Commission était donc assurée, en ce qui concernait la navigation passant par le cap de Bonne-Espérance, qu'elle pourrait venir prendre, avec très grand avantage et pleine sécurité la voie nouvelle que lui offrirait le Canal de Suez.

Quant aux intérêts de la Compagnie, qu'elle devait sauvegarder avec une sollicitude égale, la Commission croyait ne les avoir pas non plus oubliés : d'une part, les travaux qu'elle proposait n'avaient rien qui sortît des données habituelles de l'art et de la science ; ils ne comportaient aucune éventualité redoutable, et ils pourraient être achevés en quelques années ; d'autre part, le montant des dépenses n'atteindrait certainement pas le chiffre de 200 millions, qu'une sage prévoyance assignait au capital social.

Le percement de l'Isthme de Suez était donc une œuvre beaucoup plus grande par son objet que par la dépense qu'elle exigerait. La Commission avait été d'autant plus heureuse de contribuer, dans la mesure où on le lui avait demandé, à la réalisation de cette œuvre de civilisation et d'humanité, que les faits les plus considérables et les plus frappants venaient chaque jour prouver de plus en plus clairement combien ladite œuvre était urgente au point de vue des relations internationales. En effet, des changements immenses se faisaient dans la marine par le progrès constant de la mécanique et des constructions. La vapeur tendait à y remplacer définitivement la voile. La transformation, déjà presque accomplie dans la marine militaire, ne pouvait tarder à s'accomplir de même, quoique plus lentement, dans la marine marchande. Or, pour la navigation à vapeur, la nouvelle voie offrait des avantages incalculables. Mais la navigation à voiles elle-même ne trouverait-elle pas un immense avantage à pouvoir abréger sa route de moitié, sauf à emprunter s'il le fallait le secours de remorqueurs qui ne lui manqueraient point au détroit de Gibraltar et à profiter des moussons favorables dans la mer des Indes?

L'ouverture du Canal de Suez était donc rendue nécessaire par le développement progressif des relations entre l'Europe et l'Asie. Le moment n'était pas loin où la marine commerciale, transformée pour ces longs voyages, réclamerait avec une énergie irrésistible la voie nouvelle qui devait lui être si aisée et si lucrative. Ce n'était pas le Canal de Suez qui pousserait à cette transformation ; ce serait au contraire la navigation à hélice qui exigerait le percement de l'Isthme. Il n'était pas possible qu'un obstacle aussi insignifiant que celui de ce sol tout uni, de 30 lieues à peine, s'opposât longtemps encore à un progrès aussi certain et aussi profitable.

La Commission ne pensait pas qu'il lui appartînt de juger quels étaient les motifs de diverse nature qui pouvaient retarder l'accomplissement d'une telle œuvre. Mais elle croyait n'être que l'écho de l'opinion universelle en disant que tout retard était fâcheux, du moment que l'on avait pu rendre une décision réfléchie en cette matière. Pour elle, son but avait été d'éclairer de son mieux les gouvernements et les peuples. Elle leur soumettait avec confiance les résultats définitifs de son examen, formulant le vœu que son travail pût hâter le moment où toutes les difficultés autres que celles qui provenaient de la nature même des choses, seraient aplanies et où le Bosphore artificiel de Suez pourrait être ouvert à la marine de toutes les nations.

PROJET DU CONSEIL SUPÉRIEUR DES TRAVAUX[1]

(1858-1859)

I. — Programme d'exécution des travaux du projet de la Commission internationale

(NOVEMBRE 1858)

Le Conseil supérieur des travaux, dès sa constitution, avait été chargé d'arrêter, en vue de la réalisation du projet de la Commission internationale, un programme d'exécution des travaux tel que, sans compromettre l'accomplissement définitif de l'œuvre tout entière, on obtînt le plus tôt possible des résultats productifs.

Le Conseil consacra à l'étude de ce programme plusieurs séances dans les derniers jours du mois de novembre 1858. Nous allons présenter une analyse de ses délibérations et faire connaître le programme dont il proposa l'adoption.

CANAL D'EAU DOUCE

Le Conseil fut informé par le Président de la Compagnie que l'engagement pris précédemment par le Gouvernement Égyptien d'exécuter à forfait le canal fluviatile de jonction et d'irrigation, d'après les évaluations de l'avant-projet, avait dû, depuis, être rompu d'un commun accord; et ce, à la fois, parce qu'on avait trouvé prématuré d'exécuter un travail qui faisait partie intégrante du percement de l'Isthme avant que l'accomplissement du travail entier fût complètement assuré; et parce qu'il importait de laisser à la Compagnie

1. Voir, au sujet de la constitution et des attributions du Conseil supérieur des travaux, à l'*Historique administratif* (t. Ier, p. 130). — On rappellera seulement ici que M. de Lesseps s'était réservé la présidence de ce Conseil.

future une entière liberté d'action pour adopter les dispositions qui lui paraîtraient les plus convenables au point de vue de la prise d'eau et des irrigations.

La question du Canal d'eau douce restait donc entière. Il y avait lieu de fixer pour ce Canal, à la fois les bases d'un projet normal devant satisfaire à toutes les éventualités, et celles d'un projet plus restreint qui serait exécuté tout d'abord en vue de pourvoir aux nécessités du présent ou d'un avenir de plusieurs années.

L'étendue totale des terres concédées à la Compagnie était de 133.000 hectares dont 63.000 hectares seulement au-dessous du niveau des inondations. Sur les 70.000 hectares non inondables, quelques portions pourraient peut-être, dans quelques circonstances particulières, être fertilisées par l'irrigation artificielle, mais on devait admettre que la presque totalité serait exclusivement utilisée par des semis analogues à ceux des Landes de Gascogne. Quant aux 63.000 hectares inondables et, à plus forte raison susceptibles d'irrigation, les eaux devraient y être portées, soit directement par le Canal d'eau douce, soit par des dérivations de ce Canal, soit par le prolongement de la branche pélusiaque de Salahieh. Ces dérivations et ce prolongement ne paraissaient pas devoir figurer dans les dépenses de premier établissement; on devait les faire rentrer dans les frais de culture des terrains concédés, soit que la Compagnie voulût ultérieurement les exploiter elle-même, soit qu'elle se décidât à les aliéner.

Le seul projet dont on eût à s'occuper était donc celui du Canal d'eau douce entre le Nil et le lac Timsah (avec la dérivation vers Suez).

La question ainsi posée, le Directeur général des travaux de la Compagnie, M. Mougel Bey, expliqua que, dans cette partie de l'Égypte, les terrains pouvaient être fertilisés, soit par l'irrigation, soit par l'inondation seulement; que, dans le premier cas, un volume d'eau de 50 mètres cubes par jour et par hectare devait en moyenne être considéré comme suffisant; et que l'on obtenait de bons résultats en recouvrant les terrains inondables d'une couche d'eau de $0^m,70$.

Après avoir entendu ces explications, le Conseil admit que le Canal définitif et ses dérivations auraient à pourvoir à l'arrosage de 44.000 hectares pendant les eaux basses; mais que, pendant un certain temps, il suffirait d'assurer l'irrigation de 22.000 hectares, en affectant d'ailleurs aux inondations tout le surplus des eaux qui pourraient être introduites dans le Canal pendant les crues du Nil.

La Commission internationale avait évité de se prononcer sur la question du système de prise d'eau à adopter parce que, au moment où elle avait eu à formuler son avis sur l'avant-projet des ingénieurs du Vice-Roi, le Gouvernement Égyptien devait exécuter à forfait le Canal d'eau douce. Cette combinaison étant abandonnée, le Conseil n'hésita pas à se prononcer contre le système de l'avant-projet consistant à porter les eaux dans le Canal par des machines élévatoires. Un volume d'eau qui, pendant l'étiage, atteindrait le chiffre de 28 mètres cubes environ par seconde pour le Canal définitif, et ne devrait pas être inférieur à 15 mètres cubes, même pour le Canal provisoire, lui semblait exclure d'une manière presque absolue l'emploi d'un pareil moyen, qui ne pourrait se justifier que dans l'hypothèse où l'introduction directe des eaux dans le Canal présenterait les plus grandes difficultés. Or, d'après les explications données par M. Mougel Bey, il n'en était point ainsi. Il existait, en effet, au-dessous du Caire, un Canal Séfi, le Cherkaouieh qui se maintenait bien et n'exigeait que des frais d'entretien assez modérés. En établissant la prise d'eau du Canal à peu de distance en amont, on était à peu près assuré de ne rencontrer que des difficultés ordinaires. Après un parcours de quelques kilomètres, on rejoindrait le Zaffranieh, canal dont le plafond était déjà à la hauteur de l'étiage et qu'on pourrait emprunter en lui donnant une largeur et une profondeur plus grandes. Cette solution paraissait devoir d'autant mieux être adoptée, qu'elle épargnait les difficultés qu'on rencontrerait en établissant la prise d'eau près du Caire, à travers des terrains précieux qu'il serait difficile d'exproprier ou d'acquérir à l'amiable. Enfin, pour justifier la préférence à donner au canal Séfi, on pouvait invoquer encore les indications de trois profils de fouilles faites récemment par M. Linant Bey sur la ligne du nouveau tracé indiqué, et qui donnaient lieu de penser que l'on ne rencontrerait pas, en creusant le Canal, les sables coulants dont primitivement on redoutait la présence.

Bref, pour l'ensemble des dispositions à adopter, le Conseil formula son avis de la manière suivante :

La prise d'eau du Canal serait faite près et en amont de celle du Cherkaouieh, à la cote de 9 mètres au-dessus du niveau de la Méditerranée (correspondant à $2^m,50$ au-dessous du plus bas étiage du Nil), sauf à relever un peu cette prise d'eau près du Nil, en élargissant le Canal de manière à ne pas modifier le volume d'eau qui y serait introduit ni la pente générale du plafond;

Le tracé serait dirigé de manière à rejoindre auprès de Mesteroud le canal Zaffranieh, à suivre ce canal le plus longtemps possible, enfin à traverser l'ouadée Toumilat pour se placer sur le versant nord jusqu'au désert;

Le plafond du Canal serait réglé suivant une pente de $0^m,045$ par kilomètre;

Il y aurait quatre écluses : l'une à la prise d'eau; les trois autres à peu près dans les emplacements indiqués par l'avant-projet en remontant à partir du lac Timsah[1];

Le Canal définitif aurait une largeur de 20 mètres au plafond et des talus à 1 1/2 de base pour 1 de hauteur, ce qui, pour une hauteur d'eau de $2^m,50$, donnerait une largeur à la ligne d'eau de $27^m,50$;

---

1. Le projet de canal qui fut dressé par les ingénieurs, en conformité des

Mais le Canal provisoire, dont on devait se contenter pour quelques années, n'aurait qu'une largeur de 10 mètres au plafond. Toutefois, les écluses seraient construites sur les dimensions de l'avant-projet, de manière à permettre aux bateaux à vapeur du Nil de se rendre dans le Canal maritime.

L'estimation des travaux, d'après les indications ci-dessus, fut établie ainsi qu'il suit :

CANAL PRINCIPAL DU CAIRE AU LAC TIMSAH

	Francs
1° A 20 m. de largeur au plafond :	
20.600.000 m. c. de déblais à 0 fr. 67 le m. c..	13.802.000
Barrage et écluse de prise d'eau............	500.000
3 écluses avec déversoirs et évacuateurs....	900.000
TOTAL..............	15.202.000
2° A 10 m. de largeur au plafond :	
14.200.000 m. c. de déblais à 0 fr. 67 le m. c..	9.514.000
Ouvrages d'art, comme ci-dessus...........	1.400.000
TOTAL..............	10.914.000

---

indications du Conseil supérieur des travaux, présentait dès lors les dispositions générales indiquées dans le tableau ci-dessous :

(On rappellera que les cotes sont rapportées à un plan supérieur passant à 30 mètres au-dessus du couronnement du quai de Suez.)

BIEFS		ÉCLUSES		PENTES DU CANAL ET HAUTEURS DES MURS DE CHUTE DES ÉCLUSES
DÉSIGNATION	LONGUEUR	DÉSIGNATION	EMPLACEMENTS	
	Kilomètres			
Nil............	»	Écluse de prise d'eau.	En amont de la prise d'eau du Cherkaouieh..........	»
1er Bief........	113.070	Pente de 0,045 par kilomètre............		5.088
		2e Écluse...........	Makfar............	1.150
2e Bief.........	13.100	Pente de 0.030 par kilomètre............		0.393
		Écluses de débouché.	Lac Timsah........	4.098
		(2 écluses séparées par un bief de 160 m.).		
Longueur totale.	126.170	Différence de niveau entre les points extrêmes............................		10.729
		Cote du seuil de l'écluse de prise d'eau..		23.320
	Cote du plafond du canal au débouché dans le lac Timsah (comme à l'avant-projet des ingénieurs du Vice-Roi)............................			34.040

RIGOLE DU LAC TIMSAH A SUEZ

	Francs
A 7 m. de largeur moyenne au plafond : 80 kilomètres de longueur à 86.000 francs le kilomètre, pour terrassements et travaux d'art	6.880.000

CANAL MARITIME

Le Directeur général des travaux, M. Mougel Bey, avant d'aborder l'exposé des vues de la Compagnie au sujet de l'exécution du Canal maritime, fit observer tout d'abord que, dans les prévisions du projet primitif, l'achèvement du Canal d'eau douce devait précéder la constitution même de la Compagnie, et rappela au Conseil que, dans une séance précédente, il avait été mis au courant des circonstances qui avaient empêché jusqu'alors l'exécution de ce canal. Si l'on voulait, concluait-il, que la communication entre les deux mers ne fût pas retardée d'une manière fâcheuse pour le commerce et pour les intérêts de la Compagnie, il importait de ne pas subordonner le commencement des travaux du Canal maritime à l'achèvement du Canal d'eau douce.

M. Mougel Bey exposa ensuite le programme que la Compagnie se proposait d'adopter pour la mise en train des travaux, programme pouvant se résumer comme suit :

Des chantiers seraient organisés à bref délai aux deux extrémités de la ligne.

A Port-Saïd, on installerait un appontement suivant l'alignement de la jetée destinée à former le côté ouest de l'arrière-bassin. Sur cet appontement, où viendraient accoster les bâtiments chargés de matériaux, on établirait des voies de fer pour transporter directement ceux-ci dans des magasins spéciaux.

Afin de pourvoir plus facilement à l'alimentation des ouvriers de Port-Saïd, on ouvrirait un canal avec une écluse en bois qui, faisant communiquer le Nil, au-dessus de Damiette, avec le lac Menzaleh, permettrait de faire arriver jusqu'aux chantiers des barques portant des vivres, de l'eau et même quelques matériaux.

Un phare fixe en fer, avec pieux à vis, et un feu mobile qui se déplacerait à mesure de l'avancement de la jetée permettraient aux bâtiments de se diriger avec sûreté. Dès que la jetée serait suffisamment avancée, elle formerait un commencement de port pour abriter le matériel flottant.

Les chalands d'un faible tirant d'eau pourraient se réfugier dans le lac Menzaleh où ils entreraient par le boghaz de Gemileh. Peut-être même pourrait-on fermer le boghaz et le rapprocher de l'extrémité du Canal.

Quant à la construction de la jetée, on commencerait par employer tous les matériaux qui pourraient être apportés des carrières du Mex, situées près d'Alexandrie. On examinerait d'ailleurs quelles ressources pourraient être tirées des îles de la Grèce; mais on devait compter surtout sur les matériaux qui seraient fournis par les carrières de l'Attaka, près de Suez, aussitôt qu'on aurait mis les deux extrémités en communication par un canal de petite dimension.

Du côté de Suez, on installerait à l'Attaka un grand chantier et tous les appareils nécessaires pour l'exploitation des carrières, le transport et l'embarquement des matériaux.

Enfin, l'exposé du programme indiquait les moyens qui seraient employés pour l'alimentation en eau douce de tous les chantiers.

La première question à résoudre par le Conseil, relativement aux phases d'exécution du Canal maritime était celle des moindres dimensions suivant lesquelles il conviendrait d'ouvrir tout d'abord un premier canal destiné à mettre promptement en communication les deux extrémités de la ligne et qui, seul, permettrait d'imprimer aux travaux une grande activité avec toute l'économie possible.

Le Conseil reconnut que ce canal, destiné à faire l'office de Canal de service, devrait satisfaire à la condition d'offrir un passage toujours facile pour des chalands de 6 mètres de largeur sans que le travail des dragues eut à souffrir d'interruption; que sur des chantiers où toutes les ressources de matériel et de personnel étaient, pour ainsi dire, à créer, il importerait de n'employer que les appareils usités (dragues) d'un entretien et d'une réparation faciles; enfin, que pour remplir ces conditions, il paraissait nécessaire de donner au Canal de service une largeur de 12 mètres au plafond, avec les talus adoptés dans le projet de la Commission internationale et une profondeur de 2^m,50.

Sur diverses questions soumises à son examen concernant les premières phases d'exécution, le Conseil émit les opinions suivantes :

Le lac Menzaleh, en raison de sa faible hauteur d'eau et de la difficulté qu'on éprouverait à y pénétrer par le boghaz de Gemileh, ne pourrait fournir aux bâtiments de mer un abri sur lequel on pût compter. D'un autre côté, il ne serait pas prudent de fermer ce boghaz pour essayer d'en rouvrir un autre plus rapproché de l'embouchure du Canal, parce qu'il pourrait résulter de ce déplacement une perturbation fâcheuse dans l'état de la plage qui était satisfaisant. Dès lors, on devait faire tous les efforts possibles pour créer, dans le plus bref délai, un abri suffisant dans l'emplacement même de Port-Saïd. En attendant, la rade foraine, dont la tenue était excellente, permettrait aux bâtiments qui viendraient apporter des matériaux de tenir la mer sans danger.

Il n'y avait pas de précaution spéciale à prendre pour le creusement du Canal dans la traversée du lac Menzaleh. Sans doute les infiltrations de l'eau du lac, dans les fouilles, pourraient entraîner des éboulements; mais ces infiltrations paraissaient peu à craindre, parce que le fond du lac était couvert d'une couche étanche de limon déposée par les eaux du Nil. Il n'y aurait donc pas utilité à maintenir une communication entre le lac et le Canal. Il paraissait même avantageux de les isoler pour mettre le Canal à l'abri des variations de niveau qui se produisaient dans le lac.

Après avoir arrêté les dimensions du premier Canal de communication à ouvrir entre les deux mers comme moyen d'assurer l'exécution prompte et économique des travaux, le Conseil examina la question de savoir comment les travaux devraient ensuite être dirigés pour obtenir le plus tôt possible un Canal praticable pour la navigation, et il reconnut :

Que ce premier Canal propre à la grande navigation devrait présenter une largeur de 44 mètres à la ligne d'eau, suffisante pour le croisement de deux navires de dimensions ordinaires ;

Que les talus devraient être réglés comme ceux du Canal définitif ;

Enfin, quant à la profondeur, qu'il n'y avait pas utilité à se prononcer immédiatement sur la convenance d'adopter celle de 6 mètres ou celle de 7 mètres, mais que l'on devrait faire une évaluation de la dépense dans les deux hypothèses, et cela, d'après les indications suivantes : 1° Pour la profondeur de 6 mètres : rien ne serait modifié au projet définitif en ce qui concernait l'entrée du Canal à Suez, si ce n'est que les dragages en avant des jetées seraient arrêtés à la profondeur de $6^m,50$; il ne serait rien changé non plus aux travaux projetés pour le lac Timsah ; les jetées de Port-Saïd seraient conduites, celle de l'ouest jusqu'aux fonds de $8^m,50$, celle de l'est jusqu'aux fonds de $6^m,50$; les terrassements et les dragages seraient évalués en supposant les déblais de toute nature portés en dehors de la ligne du Canal définitif ; 2° pour la profondeur de 7 mètres : l'évaluation serait faite d'après les mêmes bases ; seulement on supposerait les jetées de Port-Saïd prolongées jusqu'aux profondeurs de 9 mètres pour la première et de 7 mètres pour la seconde.

Le Conseil reconnut encore qu'il était très important d'avoir au lac Timsah, dès l'ouverture du Canal, des établissements pour le radoub et la réparation des navires.

Deux projets avec plans à l'appui [1] furent dressés, à la date du 1er décembre 1858, par les Ingénieurs des travaux (MM. Mougel Bey et Laroche), conformément aux indications du Conseil supérieur des travaux ; les prix d'application pour l'estimation des dépenses étaient les prix mêmes de la série adoptée par la Commission internationale.

PHASES D'EXÉCUTION

Le Conseil supérieur des travaux arrêta enfin le programme ou la succession des phases d'exécution des travaux ainsi qu'il suit :

Dans la première phase, comprenant les 2 premières années, on exécuterait les travaux suivants : ouverture du Canal d'eau douce à 10 mètres de largeur au plafond (17m,50 à la flottaison et 2m,50 de tirant d'eau) du Caire au lac Timsah, et du Canal maritime à 12 mètres au plafond (22m,50 à la flottaison et 2m,50 de tirant-d'eau) ; construction d'un embarcadère, d'un port provisoire et d'un phare à Port-Saïd; construction de magasins, hôpitaux, ateliers, maisons d'habitations ; achats de matériel de carrière.

La dépense totale de ces travaux, y compris somme à valoir de 20 0/0, frais d'administration évalués à 2 1/2 0/0 et intérêts compensés calculés sur 5 0/0, serait d'environ 33.300.000 francs.

La première année serait principalement consacrée à l'ouverture du Canal d'eau douce, et l'on pouvait espérer que la communication entre les deux mers par le Canal de 2m,50 de tirant d'eau serait établie dans le courant de la 2e année.

La deuxième phase, comprenait la durée des 3 premières années.

---

1. Les diverses pièces de ces projets à savoir : profils, devis et cahiers des charges, avant-métrés, séries de prix, détails estimatifs, état détaillé des phases d'exécution, servirent plus tard de base au marché qui fut passé avec M. Hardon, le 29 février 1860, pour l'exécution des travaux en régie intéressée.

Pendant la 3e année, on exécuterait les travaux suivants : ouverture du Canal maritime, à 20 mètres de largeur au plafond (44 mètres à la ligne d'eau et 6 mètres de tirant d'eau) ; construction des jetées du port de Suez ; construction d'une première longueur des jetées de Port-Saïd, dans les conditions indiquées plus haut ; mise en œuvre de 100.000 mètres cubes d'enrochements de berges ; achèvement de tous les travaux divers et accessoires, prévus au projet de la Commission internationale pour une somme totale d'environ 10 millions ; enfin, culture des terres jusqu'à concurrence d'une somme de 4 millions.

La dépense totale pour la deuxième phase serait en définitive de 103.200.000 francs.

Les cubes des déblais à faire à sec pendant les 3 années seraient de 14.200.000 mètres cubes pour le Canal d'eau douce et de 24.000.000 de mètres cubes pour le Canal maritime.

Or, eu égard au mode de travail usité dans le pays, on admettait que dans les travaux du Canal d'eau douce un homme pouvait faire 2 mètres cubes de déblai par jour, et 1m,60 dans les travaux du Canal maritime. D'après ces données et en calculant sur 300 jours de travail par an, on reconnaissait que pour faire le Canal d'eau douce en une année, il faudrait 24.000 ouvriers ; et que, pour faire les déblais à sec du Canal maritime dans les deux années suivantes, il faudrait 26.000 ouvriers. On devrait donc compter, en raison des autres travaux, sur un nombre total de 30.000 ouvriers par an pendant les 3 années de la deuxième phase d'exécution. Il y avait lieu d'espérer, d'ailleurs, qu'un grand nombre de bras pourraient être remplacés, même pour les déblais à sec, par des moyens mécaniques.

Les déblais sous l'eau formaient un cube de 18.000.000 de mètres cubes, et les dragages, un cube de 4.500.000 mètres cubes. Il était probable que les machines effectueraient ces cubes dans le délai assigné de 3 années.

La troisième phase comprenait la durée des 4 premières années.

Pendant la 4e année, on exécuterait les travaux suivants: ouverture d'une notable partie de la rigole d'eau douce vers Suez (de 11m,50 de largeur à la flottaison); approfondissement à 7 mètres du Canal maritime de 44 mètres de largeur à la flottaison (largeur au plafond de 16 mètres); prolongement des jetées de Port-Saïd; mise en œuvre d'un nouveau cube de 100.000 mètres d'enrochements de berges.

La dépense totale pour la troisième phase serait de 117.700.000 francs.

Les déblais à faire à sec pendant la 4e année étant peu considérables, il suffirait de 25.000 ouvriers.

La quatrième phase comprenait la durée des 5 premières années.

Pendant la cinquième année on exécuterait les travaux suivants : achèvement de la rigole vers Suez ; approfondissement à 8 mètres du Canal de 44 mètres de largeur à la flottaison (largeur de 12 mètres au plafond); nouveau prolongement des jetées de Port-Saïd.

La dépense totale pour la quatrième phase serait de 133.300.000 francs [1].

Il suffirait également de 25.000 ouvriers pour la 5e année.

La cinquième et dernière phase comprenait la durée des

1. Ce chiffre total de dépense se répartissait comme suit :

	Francs
Canal d'eau douce à 10m de largeur au plafond, du Caire au lac Timsah...	10.914.000
— à 7m — moye au plafond, du lac Timsah à Suez.	6.880.000
Canal maritime à 12m — au plafond et à 8m de tirant d'eau.....	72.151.500
Dépenses diverses, comme au projet de la Commission internationale.....	10.000.000
	99.945.500
Somme à valoir : 1/5........	20.000.000
	119.945.500
Frais d'administration : 2 1/2 0/0........	2.998.637
	122.944.137
Frais de culture........	4.000.000
	126.944.137
Intérêts compensés à 5 0/0........	6.347.206
Dépense totale........	133.291.343

En nombre rond : 133.300.000 francs.

6 années jugées nécessaires pour la complète exécution des travaux.

La 6e année serait consacrée à l'achèvement du projet de la Commission internationale estimé à 200 millions de francs, y compris les intérêts, les frais d'administration et les sommes à valoir pour l'imprévu.

25.000 hommes seraient encore suffisants pendant cette 6e année.

Avec l'abondance du matériel, et en tenant compte de l'expérience acquise, on devait compter pouvoir terminer complètement l'œuvre pendant le cours de cette sixième et dernière année.

II. — Modifications au Projet de la Commission internationale

AOÛT 1859

(PLANCHES XI, XV, XVII ET XIX)

Dans la séance du Conseil supérieur des travaux du 16-17 août 1859, le Président de la Compagnie exposa que les grandes dimensions attribuées au Canal dans le projet de la Commission internationale étaient l'un des arguments que les adversaires de l'entreprise invoquaient pour s'opposer à son exécution. Il invita en conséquence le Conseil à examiner si ces dimensions étaient, en effet, nécessaires pour remplir le but exclusivement commercial que la Compagnie devait se proposer, et si l'accomplissement de l'œuvre monumentale projetée par la Commission n'entraînerait pas à une dépense hors de proportion avec ce qu'exigeaient les besoins actuels du commerce et de la navigation et avec l'intérêt bien entendu des actionnaires de la Compagnie.

Après un examen approfondi de la question qui lui était soumise, le Conseil supérieur des travaux résuma son opinion de la manière suivante :

Au sujet de la profondeur du Canal :

Le Conseil émit l'avis que la profondeur de 8 mètres du projet de la Commission internationale ne semblait pas pouvoir être réduite sans inconvénient, eu égard au tirant d'eau des plus grands navires de commerce qui se rendaient alors de l'Europe dans les mers de l'Inde, et *vice versâ ;* qu'il y avait d'autant moins lieu de songer à réduire en exécution ladite profondeur de 8 mètres, que celle-ci pourrait se trouver accidentellement diminuée sur quelques points par des ensablements que l'entretien même le plus vigilant ne saurait prévenir d'une manière absolue.

Au sujet de la largeur du canal (Planche XVII) :

Après avoir rappelé que le projet de la Commission internationale avait fixé cette largeur à 80 mètres à la ligne d'eau pour permettre le croisement de deux lignes de navires même sur les points où, pour un motif quelconque, une troisième ligne de navires viendrait à stationner, le Conseil fit remarquer que les lacs amers, le lac Timsah, le lac Ballah, et au besoin, une gare intermédiaire, faciliteraient les manœuvres que pourraient nécessiter les circonstances tout à fait exceptionnelles prévues par la Commission ; que, toutefois, eu égard au nombre considérable des navires qui, à certaines époques de l'année, viendraient se présenter dans le canal, il ne serait pas prudent d'établir ce canal à une seule voie, même avec des gares d'évitement, attendu qu'une pareille solution ferait naître des inconvénients analogues à ceux qui avaient fait renoncer à ce système sur les chemins de fer même d'une fréquentation médiocre ; qu'enfin, en toute hypothèse, on ne devait pas se préoccuper des navires d'une dimension tout à fait exceptionnelle, attendu que des manœuvres exceptionnelles aussi permettraient toujours de faire passer ces navires d'une mer à l'autre. Par ces diverses considérations le Conseil fut d'avis d'adopter une largeur de 58 mètres à la ligne d'eau, dont 54 mètres pour le canal proprement dit et 4 mètres pour les deux banquettes, et une lageur de 22 mètres au plafond. Ces largeurs étaient suffisantes pour le croisement de deux navires de dimensions égales à celles des bâtiments à vapeur transatlantiques à roues (à aubes) alors en construction dans les ateliers des Messageries impériales, et devaient suffire à plus forte raison pour les bâtiments du service de la malle des Indes et pour les navires à hélice.

Le Conseil ajouta que rien ne lui faisait prévoir qu'il pût devenir indispensable, à bref délai, d'augmenter la section résultant des dimensions dont il proposait l'adoption ;

Et il conclut en conséquence, que c'était à établir un canal de cette section que paraissait devoir se borner l'emploi du capital à demander aux actionnaires de la Compagnie.

Après avoir arrêté les bases du projet réduit, le Conseil avait encore à établir une évaluation du chiffre de la dépense qu'exigerait la réalisation de ce projet.

Cette évaluation fut faite de la manière suivante :

Le Conseil prit pour point de départ le chiffre d'estimation des dépenses afférentes à la quatrième des cinq phases d'exécution dont le programme avait été arrêté par lui-même au mois de novembre de l'année précédente, cette phase comprenant notamment, ainsi qu'il est expliqué dans l'exposé dudit programme, savoir : l'exécution complète du Canal d'eau douce ; celle du Canal maritime avec 19 mètres de largeur au plafond, et 8 mètres de tirant d'eau ; enfin la construction des jetées et de tous les ouvrages aux deux extrémités du canal, jetées et ouvrages qui devaient dès lors être exécutés de manière à s'adapter au canal de 80 mètres de largeur projeté par la Commission internationale.

L'estimation de l'ensemble des travaux de cette quatrième phase s'élevait au chiffre total de 133.000.000 de francs.

Mais, conformément à des observations du Directeur général des travaux, ce chiffre de première estimation devait subir certaines réductions par les divers motifs ci-après :

1° Le cube total des terrassements du canal proprement dit qui figurait dans le devis primitif pour 96.177.926 mètres cubes devait, par suite d'erreurs importantes constatées ultérieurement dans les premiers calculs, être ramené au chiffre de 91.490.255 mètres cubes, d'où une différence en moins de 4.687.671 mètres cubes, lesquels, à raison de 0 fr. 80 le mètre cube, prix moyen, produisaient une diminution de dépense d'environ.................................. 3.700.000 fr.

2° Dans la baie de Péluse (Planches XI et XIX) de nouveaux relevés hydrographiques, — ainsi qu'il est expliqué plus loin, — avaient permis, sans sortir des limites indiquées par la Commission internationale, de placer les jetées de manière à réduire un peu leur longueur; mais, surtout, on devait considérer comme amplement suffisant de prolonger la jetée de l'ouest jusqu'aux profondeurs de 9 mètres, et la jetée de l'est jusqu'aux profondeurs de 8 mètres. Cette double modification aurait pour résultat définitif une diminution de 900 mètres sur la longueur de la jetée de l'ouest et une diminution de 300 mètres sur la jetée de l'est ; les longueurs des deux jetées devaient ainsi se trouver respectivement réduites à 2.600 et 2.200 mètres et ces réductions de la longueur primitive des jetées se traduiraient finalement par une économie totale dans les dépenses de ci....... 5.000.000 fr.

3° Le montant des dépenses diverses prévues dans l'avant-projet devait évidemment être réduit en même temps que l'on réduisait les dimensions du canal définitif ; en outre, une notable partie des ouvrages attribués aux dépenses diverses semblait devoir être imputée sur les revenus mensuels de l'exploitation ; bref, on aurait une évaluation encore très large en réduisant de moitié le chiffre des dépenses diverses, soit une économie de................ 5.000.000 fr.

4° Les enrochements prévus à la hauteur de la ligne d'eau dans le canal maritime pourraient être remplacés par des moyens de consolidation beaucoup plus économiques. Il y avait lieu de remarquer, d'ailleurs, que ces moyens de consolidation ayant pour objet de remédier à des dégradations qui étaient en rapport avec la fréquentation du canal, rentraient plus naturellement dans les dépenses d'entretien que dans celles de premier établissement; d'où, à déduire 3.000.000 fr.

5° Enfin, les intérêts à servir aux actionnaires jusqu'à l'achèvement des travaux avaient été calculés pour un trop grand nombre d'années, sur un capital trop fort, et sans tenir compte des intérêts que produiraient réellement les capitaux versés jusqu'à leur emploi. Il y avait encore de ce chef à déduire......................... 3.300.000 fr.

La somme totale à déduire s'élevait donc à 20 millions de francs.

De telle sorte que l'estimation des dépenses de la quatrième phase devait être réduite à ci.......................... 113.000.000 fr.

Le Conseil pensa que l'on pouvait adopter comme point

de départ le chiffre ainsi rectifié ; et il reconnut ensuite qu'il y avait lieu d'ajouter à ce chiffre, pour porter la largeur du Canal de 12 à 22 mètres au plafond, une somme de 11.000.000 francs. Le Conseil fut ainsi amené à fixer en définitive l'évaluation des dépenses de premier établissement qu'il faudrait imputer sur le capital social, au chiffre de ci : .... 124.000.000 francs.

Dans la même séance du 16-17 août 1859, le Conseil supérieur des travaux prit des résolutions sur les points suivants (Planches XI et XIX) :

Il sanctionna d'abord une décision remontant à la date de l'inauguration de l'ouverture des travaux à Port-Saïd (25 avril 1859), qui avait été prise sur les lieux mêmes, avec l'approbation du président, par le Directeur général des travaux à la suite de nouvelles études hydrographiques[1] et

---

1. *Nouvelles études hydrographiques de la baie de Péluse*

Les observations recueillies par M. Larousse dans la nouvelle reconnaissance hydrographique faite par lui en avril 1859, étaient venues confirmer et compléter les observations faites en 1855 par la Commission internationale et dont les résultats ont été décrits précédemment.

Nous croyons utile, en vue de donner une connaissance aussi complète que possible du régime de la baie de Péluse, de mentionner également, ici, au risque de doubles emplois, les résultats des nouvelles observations hydrographiques de 1859.

Vents. — Les vents, dans le golfe de Péluse, s'établissent, tantôt à l'Ouest, tantôt à l'Est. Les coups de vent viennent généralement de la partie ouest, depuis le Sud jusqu'au N. N. O. Les coups de vent du Sud, ou Khamsin, ne durent ordinairement que quelques heures et sont suivis de coups de vent de O. S. O. ou de O. N. O. Ces vents ne produisent, d'ailleurs, que peu de mer sur rade ; ils ne deviennent inquiétants que lorsqu'ils hâlent le Nord.

Les vents d'Ouest règnent pendant les mois d'été depuis juin jusqu'en octobre ; les vents d'Est dominent pendant le reste de l'année, sauf les vents de janvier et de février : ces derniers vents fraîchissent rarement et la mer qu'ils soulèvent n'est jamais inquiétante pour les bâtiments en rade. Les seuls vents à craindre sont donc les vents de N. O. qui finissent quelquefois par des tempêtes de la partie nord. Dans ce dernier cas, le vent entre rarement dans le golfe, mais la houle du large se fait sentir jusqu'au mouillage.

En temps ordinaire, les vents hâlent la terre le matin, et, le soir, tournent au Nord. Par les vents régnants d'Est, la brise s'élève généralement de l'E. N. E., le matin, et tourne au N. N. E. dans l'après-midi, en fraîchissant un peu. Par les vents d'Ouest, la brise s'élève, le matin, de l'O.-S.-O. à l'O. N. O. et tourne le soir au N. O. ou au N. N. O. Quand le beau temps s'établit par ces derniers vents, la mer est plus calme que par les vents d'Est.

Lorsque les vents changent dans ces parages, ils tournent généralement

conformément aux propositions de M. Larousse, d'après lesquelles le point définitivement choisi pour l'emplacement de Port-Saïd, sur la partie la plus saillante de la côte, où les grands fonds se rencontraient à la moindre distance du rivage, se trouvait situé à 1.000 mètres environ à l'Ouest de celui indiqué sur la carte générale du golfe de Péluse par la Commission internationale. Cette modification avait eu pour double but de réduire la longueur des jetées autant que le permettaient les circonstances locales, et de placer l'entrée du port en un point du rivage où le lido n'ayant que peu de largeur permettrait plus facilement et plus promptement d'établir une première communication entre la mer et le lac Menzaleh.

---

dans le sens des aiguilles d'une montre, c'est-à-dire que les vents d'Est passent à l'Ouest par le Sud, avec coup de Khamsin, tandis qu'au contraire les vents d'Ouest passent à l'Est par le Nord. Dans ce dernier cas le changement de vent est ordinairement accompagné d'un très beau temps.

Toutes les observations faites dans ces parages donnent comme vents les plus fréquents et les plus violents les vents d'O. N. O. Cette considération justifie pleinement la direction des jetées du S. O. 1/4 S. au N. E. 1/4 N., car elle permet à un bâtiment à voiles, pris par des vents d'O. N. O., d'arriver directement au fond du port.

Nature des fonds. — Mouillage. — Le fond de la mer, ainsi qu'il avait déjà été constaté en 1855, est formé de sable fin pur jusqu'aux profondeurs de 4 à 5 mètres; la vase commence alors à paraître et augmente de plus en plus jusqu'aux profondeurs d'environ 9 mètres où le fond est de vase pure.

(Il y a lieu de remarquer que ces renseignements sur la nature du fond de la mer aux différentes profondeurs ne sont pas tout à fait conformes à ceux donnés dans le rapport de la Commission internationale.)

Tout ce qui a été dit précédemment sur l'excellente tenue du fond s'est trouvé confirmé depuis par de nombreux exemples.

Le meilleur mouillage est par les fonds de 8^{m}.50 à 10 mètres; la mer ne fatigue pas les bâtiments car elle ne brise pas par ces profondeurs, et l'on est d'ailleurs beaucoup mieux protégé des vents du N. O. qu'on ne le serait plus au large.

Il se produit, lorsque la houle est un peu forte, un fait qui pourrait être attribué, à tort, aux courants. Ainsi qu'on l'a constaté, il n'existe dans ces parages d'autres courants que ceux produits par les vents régnants. Or, quand le vent souffle frais de la partie N. O., le bâtiment au mouillage se tient évité debout au vent; la houle formée au large n'entre pas directement dans le golfe abrité par la pointe de Damiette; mais, sous l'influence de la déclivité régulière des fonds, elle se propage en changeant peu à peu sa direction primitive de façon à rencontrer la côte sous un angle assez faible. Il en résulte que le bâtiment sur rade, évité debout au vent, ne se trouve pas évité debout à la lame qui vient le rencontrer un peu sur tribord. Le bâtiment, dans ces circonstances, peut rouler, mais il ne fatigue pas sur son ancre, comme cela

Il approuva en même temps une proposition de M. Mougel Bey consistant à reculer l'arrière-bassin de Port-Saïd en dedans du rivage de la mer au lieu de l'établir dans la mer même comme l'avait projeté la Commission internationale, cette modification devant réaliser le double avantage, d'une part, de permettre d'utiliser comme future amorce de la jetée de l'Ouest l'ouvrage qu'il était indispensable de construire tout d'abord pour préserver de l'envahissement des sables la première rigole de communication entre la mer et le lac Menzaleh ; d'autre part, d'éviter des enrochements dispendieux [1].

---

aurait lieu si la houle et le vent venaient complètement de la même direction. Le fait signalé est surtout sensible pour les bâtiments qui vont mouiller à l'abri de la pointe de Damiette par les gros temps de N. O., car, en cet endroit, la direction de la houle et celle du vent diffèrent encore davantage.

Considérations générales sur l'état de la côte. — Plusieurs branches du Nil débouchaient autrefois dans le golfe de Péluse; elles se sont toutes obstruées peu à peu et la branche de Damiette est aujourd'hui la dernière à l'Est. Les alluvions du Nil ainsi que les apports de la mer sous l'influence des gros vents de N. O. concourent à augmenter continuellement la pointe de Damiette, sans toutefois dépasser cette pointe qui tend à abriter de plus en plus la baie de Dibeh.

Le cordon littoral du golfe ne s'accroît d'aucun apport étranger. Il arrive parfois que les lames, en déferlant violemment près de la côte, rejettent à la plage les sables dont sont formées les barres près du rivage ; le cordon littoral paraît ainsi s'accroître jusqu'à ce qu'un autre gros temps vienne reprendre ce qui avait été apporté pour le transporter ailleurs.

En résumé, l'ensemble de la côte, de Péluse à la pointe de Damiette, présente l'aspect d'une stabilité générale ; un seul point paraît subir une altération sensible : c'est précisément la saillie située entre la baie de Péluse et celle de Dibeh.

Ce fait s'explique aisément par la prédominance des vents de N. O. qui tendent à aligner la côte dans cette direction. Le renflement de la côte accuse probablement l'existence d'une des anciennes embouchures du Nil; depuis que le fleuve ne communique plus avec cette bouche, la saillie tend à se ronger. Ce fait est parfaitement prouvé par le limon que l'on voit, dans cette partie, sur le bord de la mer, et qui n'est autre chose que le terrain du lac Menzaleh recouvert d'un cordon de sables que la vague a rejetés et qu'elle repousse peu à peu devant elle. Toutefois, cette marche est presque insensible et il faudrait un temps assez long pour que la mer gagnât visiblement.

La couche de limon sur laquelle repose le cordon littoral a environ $0^{m},80$ de profondeur. Au dessous, on retrouve le sable de mer.

1. Les considérations qui avaient été présentées par M. Mougel Bey devant le Conseil pour justifier sa proposition de reculer l'arrière-bassin en dedans du rivage sont exposées ci-dessous.

M. Mougel Bey décrivait d'abord, comme suit, les lieux sur l'emplacement desquels devaient être établis le port et la future ville de Port-Saïd :

Enfin, le Conseil eut à statuer sur le choix définitif du tracé du canal maritime.

Trois tracés étaient soumis à son examen (voir le plan général comparatif des divers tracés, Planche XI) savoir :

Le tracé du projet de la Commission internationale :

Un nouveau tracé, proposé par l'Entrepreneur général régisseur intéressé, lequel tracé, se pliant au moyen de courbes nombreuses aux ondulations du terrain telles qu'elles ressortaient d'un plan coté dressé au moyen de nouveaux nivellements exécutés par les soins dudit Entrepreneur, réduisait le cube des terrassements de 11.392.515 mètres cubes.

Et un tracé intermédiaire entre les deux précédents, proposé par le Directeur général des travaux (tracé peu différent de celui de l'Entrepreneur général), lequel, tout en réalisant une économie de 9.000.000 de mètres cubes environ sur le cube des terrassements du tracé de la Commission Internationale, supprimait une partie des courbes du tracé de

---

« Le cordon littoral, resserré entre la mer et le lac Menzaleh, ne présentait guère qu'une zone de 6 à 700 mètres de largeur à sec. Cette largeur augmentait d'ailleurs sensiblement lorsque les vents du Nord et du Nord-Est repoussaient les eaux du lac, mettant alors à découvert le limon qui en tapissait le fond près des bords ; elle diminuait, au contraire, lorsque les vents du Sud et du Sud-Ouest ramenaient les eaux sur les espaces laissés précédemment à découvert et les submergeaient de nouveau.

« L'aspect général du cordon littoral était le suivant :

« Du côté de la mer, la plage proprement dite, d'une largeur de 50 à 60 mètres, formée de sables et de débris de coquillages enlevés aux grands fonds de la mer pendant les gros temps ;

« En arrière, une ligne de dunes basses, plus ou moins couvertes et fixées par une végétation spontanée, et dont la formation était due à l'apport des sables de la plage balayés par les vents du large. Cette ligne de dunes basses n'était pas continue ; elle présentait, de distance en distance, des dépressions par lesquelles, pendant les tempêtes, les eaux de la mer franchissaient le lido et pénétraient dans le lac ;

« Derrière ces éminences sablonneuses s'étendait un sol légèrement incliné, formé de limon et de vase, couvert de végétation et ordinairement à l'abri des eaux du lac. Sur ce sol croissaient des plantes du genre Salsola et quelques autres végétaux habitués à vivre dans des terrains très salés ;

« On rencontrait ensuite une terre brune, complètement nue, quoique de nature identique à la précédente, mais que des immersions périodiques des eaux salées du lac rendaient impropre à l'existence de toute espèce de végétation. Le régime des eaux du lac, ainsi qu'il est dit précédemment, variait, en effet, en raison des vents; mais, de plus, son niveau éprouvait chaque année, à l'époque de la crue du Nil, un exhaussement graduel dû au déver-

l'Entrepreneur général et participait ainsi des avantages de l'un et de l'autre tracé.

Le Conseil, considérant que les parties courbes des berges devaient courir plus de risques d'être attaquées sous l'influence de l'oscillation du niveau des eaux qui résulterait tant du jeu des marées que de la marche des navires, et que les travaux défensifs nécessités par cette circonstance rendraient plus dispendieux l'entretien desdites berges, établit d'abord, en principe, que dans le choix du tracé du Canal, on ne devait pas se préoccuper trop exclusivement d'une question d'économie qui serait plus apparente que réelle; puis, le tracé intermédiaire lui ayant paru généralement conçu de manière à tenir compte de ce principe dans une juste mesure, il en proposa l'adoption avec un très petit nombre de modifications.

Les détails du tracé définitivement adopté par le Conseil supérieur des travaux sont résumés dans le tableau ci-après.

---

sement des eaux des canaux du delta situés à l'Est de la branche de Damiette. »

Après cette description des lieux, M. Mougel Bey justifiait sa proposition par les considérations suivantes :

« Le creusement du port à travers le cordon littoral et dans le lac présenterait le double avantage de faciliter grandement les travaux à tous les degrés d'avancement et de permettre de réaliser une très notable économie sur le cube des enrochements qui constituaient une des plus importantes dépenses de la construction du port ;

« En outre, avec le port extérieur de la Commission internationale, il faudrait, pour protéger contre l'envahissement des sables voyageurs de la plage la première rigole de communication qui devait être ouverte entre la mer et le lac, construire en mer, à partir du rivage, un ouvrage que l'on serait ensuite obligé de détruire pour qu'il ne formât pas écueil dans le port ;

« Avec le port intérieur, ce grave inconvénient était évité. L'ouvrage protecteur, en effet, se trouvait établi sur l'emplacement même de la jetée dans sa nouvelle position, constituant ainsi l'amorce de cette jetée et ayant, dès lors, un caractère définitif. On réaliserait donc ainsi tout à la fois, par l'ouverture de la rigole et la construction de l'ouvrage protecteur, le commencement du creusement du port et de la construction de la jetée de l'Ouest. Ce serait d'ailleurs l'appontement même ou débarcadère en charpente, que l'on reconnaissait nécessaire de construire dès le début pour faciliter les déchargements des navires, qui, consolidé par des enrochements et prolongé en tant que de besoin, servirait d'ouvrage protecteur de la rigole, en même temps, — ainsi que cela avait été précédemment prévu pour la position primitive de la jetée de l'Ouest, — qu'il formerait l'amorce de cette jetée dans sa nouvelle position. »

TABLEAU DES ALIGNEMENTS, ANGLES, LIGNES DROITES ET COURBES DU TRACÉ
APPROUVÉ PAR LE CONSEIL SUPÉRIEUR DES TRAVAUX

ÉLÉMENTS DU TRACÉ	LONGUEURS entre les angles	LONGUEURS des tangentes	LONGUEURS des droites	LONGUEURS des courbes	RAYONS
	Mètres	Mètres	Mètres	Mètres	Mètres
1er Alignement : de la mer Rouge à la naissance de la première courbe....	3.863,68	»	3.264,51	»	»
	»	599,17	»	»	»
Angle 1 = 169° 28′ ..	»	»	»	1.194,97	6.500
	»	599,17	»	»	»
2e Alignement....	9.511.68	»	8.855,78	»	»
	»	56,73	»	»	»
Angle 2 = 177° 50′ ..	»	»	»	113,45	3.000
	»	56,73	»	»	»
3e Alignement....	14.290,26	»	13.651,03	»	»
	»	582,50	»	»	»
Angle 3 = 147° 30′ ..	»	»	»	1.134,47	2.000
	»	582,50	»	»	»
4e Alignement....	5.602,14	»	4.230,44	»	»
	»	789,20	»	»	»
Angle 4 = 150° 30′ ..	»	»	»	1.544,64	3.000
	»	789,20	»	»	»
5e Alignement....	5.202,91	»	4.181,42	»	»
	»	232,29	»	»	»
Angle 5 = 166° 45′ ..	»	»	»	462,51	2.000
	»	232,29	»	»	»
6e Alignement....	3.567,11	»	2.747,15	»	»
	»	587,67	»	»	»
Angle 6 = 147° 15′ ..	»	»	»	1.143,19	2.000
	»	587,67	»	»	»
7e Alignement....	12.577,85	»	11.462,08	»	»
	»	528,10	»	»	»
Angle 7 = 150° 25′ ..	»	»	»	1.032,66	2.000
	»	528,10	»	»	»
8e Alignement....	11.412,07	»	10.348,07	»	»
	»	535,90	»	»	»
Angle 8 = 150° 0′ ...	»	»	»	1.047,20	2.000
	»	535,90	»	»	»
9e Alignement....	2.958,18	»	1.978,56	»	»
	»	443,72	»	»	»
Angle 9 = 149° 0′ ...	»	»	»	865,68	1.600
	»	443,72	»	»	»
10e Alignement...	1.236,82	»	218,64	»	»
	»	574,46	»	»	»
Angle 10 = 140° 30′..	»	»	»	1.103,05	1.600
	»	574,46	»	»	»
11e Alignement...	3.484,72	»	2.521,50	»	»
	»	388,76	»	»	»
Angle 11 = 158° 0′ ..	»	»	»	767,95	2.000
	»	388,76	»	»	»
12e Alignement...	3.492,27	»	2.863,43	»	»
	»	240,08	»	»	»
Angle 12 = 153° 0′ ..	»	»	»	471,18	1.000
	»	240,08	»	»	»
13e Alignement...	789,16	»	338,46	»	»
	»	210,62	»	»	»
A reporter	77.988,85	11.327,78	66.661,07	10.880,95	

ÉLÉMENTS DU TRACÉ	LONGUEURS entre les angles	LONGUEURS des tangentes	LONGUEURS des droites	LONGUEURS des courbes	RAYONS
	Mètres	Mètres	Mètres	Mètres	Mètres
Report.......	77.988,85	11.327,78	66.661,07	10.880,95	
Angle 13 = 150° 30'..	»	»	»	411,90	800
	»	210,62	»	»	»
14e Alignement...	565,06	»	77,03	»	»
	»	277,41	»	»	»
Angle 14 = 141° 45'..	»	»	»	534,07	800
	»	277,41	»	»	»
15e Alignement...	1.495,54	»	227,21	»	»
	»	990,92	»	»	»
Angle 15 = 122° 20'..	»	»	»	1.811,52	1.800
	»	990,92	»	»	»
16e Alignement...	4.903,72	»	3.691,10	»	»
	»	221,70	»	»	»
Angle 16 = 155° 0'..	»	»	»	436,28	1.000
	»	221,70	»	»	»
17e Alignement...	832,03	»	259,48	»	»
	»	350,85	»	»	»
Angle 17 = 141° 20'..	»	»	»	674,77	1.000
	»	350,85	»	»	»
18e Alignement...	3.553,48	»	3.121,17	»	»
	»	81,46	»	»	»
Angle 18 = 177° 40'..	»	»	»	162,90	4.000
	»	81,46	»	»	»
19e Alignement...	8.292,70	»	7.443,51	»	»
	»	767,73	»	»	»
Angle 19 = 138° 0'..	»	»	»	1.466,08	2.000
	»	767,73	»	»	»
20e Alignement...	4.425,99	»	3.235,08	»	»
	»	423,18	»	»	»
Angle 20 = 160° 0'..	»	»	»	837,76	2.400
	»	423,18	»	»	»
21e Alignement...	6.415,04	»	5.514,79	»	»
	»	477,07	»	»	»
Angle 21 = 153° 10'..	»	»	»	936,66	2.000
	»	477,07	»	»	»
22e Alignement...	2.228,80	»	1.688,84	»	»
	»	62,89	»	»	»
Angle 22 = 174° 0'..	»	»	»	125,66	1.200
	»	62,89	»	»	»
23e Alignement...	1.944,75	»	1.387,84	»	»
	»	494,02	»	»	»
Angle 23 = 152° 15'..	»	»	»	968,66	2.000
	»	494,02	»	»	»
24e Alignement...	1.805,21	»	803,25	»	»
	»	507,94	»	»	»
Angle 24 = 151° 30'..	»	»	»	994,84	2.000
	»	507,94	»	»	»
25e Alignement : de la naissance de la dernière courbe à la mer Méditerranée...............	35.570,52 [1]	»	35.062,58 [1]	»	»
TOTAUX......	150.021,69	20.848,74	129.172,95	20.242,05	

1. Par suite des motifs déjà expliqués à l'occasion du tableau des éléments du tracé adopté par la Commission internationale, ces deux longueurs, et par suite les totaux généraux correspondants, devraient être augmentés d'environ 9.000 mètres.

III. — Nouveau programme de la 1re phase d'exécution

(MAI 1860)

On a vu précédemment que, d'après le programme des cinq phases d'exécution du projet de la Commission internationale arrêté en novembre 1858 par le Conseil supérieur des travaux, les efforts de la compagnie pendant la 1re année devaient être principalement consacrés à l'ouverture du Canal d'eau douce.

Le Conseil, dans sa dernière séance tenue le 16 mai 1860, fut saisi de l'examen d'un rapport très circonstancié du Directeur général des travaux en date du 1er dudit mois faisant connaître la situation des travaux entrepris jusque-là dans l'Isthme. Ce rapport, qui avait été porté par le Président de la Compagnie à la connaissance des actionnaires à leur première réunion en assemblée générale du 15 du même mois, se terminait par les conclusions suivantes :

« Le but que l'on avait actuellement en vue étant de réunir par le moyen de la rigole de service la mer Méditerranée au port intérieur de Timsah, il convenait de procéder aux travaux suivants dont l'exécution était déjà commandée[1] :

« 1° Création des jetées d'une partie du bassin de Port-Saïd pour former sans délai un port extérieur et offrir un abri parfaitement sûr à tous les bâtiments ;

« 2° Approfondissement du lac Menzaleh et du lac Ballah au moyen des dragues : l'inspection du profil en long mon-

---

1. On verra plus loin, au chapitre concernant la construction du Canal provisoire d'eau douce de Zagazig à Ismaïlia, que le nouveau programme de la première phase d'exécution, qui mettait en première ligne la construction de la rigole maritime de Port-Saïd au lac Timsah, n'a pas été rigoureusement maintenu, la nécessité ayant été bientôt reconnue de poursuivre parallèlement la construction du Canal provisoire d'eau douce; de telle sorte, qu'en fait, l'eau douce est arrivée au lac Timsah à la fin de janvier 1862, alors que la rigole maritime n'a pu être terminée qu'en novembre de la même année.

trait à quel point ce travail serait rapide et peu dispendieux, puisque le terrain naturel était en moyenne à plus d'un mètre en contre-bas du niveau moyen de la Méditerranée, et qu'on arriverait ainsi jusqu'au pied du seuil d'El Ferdane ;

« 3° Ouverture d'une tranchée dans les seuils d'El-Ferdane et d'El-Guisr, sur une longueur de 15 kilomètres, jusqu'au grand bassin du lac Timsah : l'importance des travaux était telle, qu'avec les moyens dont on disposait, il ne faudrait pas moins d'une année pour les accomplir.

« Le travail de l'année suivante consisterait à continuer la rigole dans la partie sud de l'isthme, de Timsah à Suez, et à compléter ainsi la jonction des deux mers. La dépense présumée, d'après les devis, pour effectuer cette communication dans le délai de 18 mois, était évaluée à la somme de 13 millions. »

Avant d'exprimer son opinion motivée sur ces conclusions, le Conseil fit observer :

1° Qu'il serait indispensable d'être renseigné d'une manière complète sur la nature des terrains qu'on rencontrerait dans le percement du canal, et cela tant au point de vue de leur dureté et des moyens à employer pour opérer les déblais, que de leur perméabilité et de la quantité d'eau qu'ils pourraient consommer par absorption ; qu'à cet effet, il importait au plus haut degré d'effectuer tout d'abord à des distances suffisamment rapprochées des sondages qui seraient toujours conduits au moins jusqu'à la profondeur du plafond du canal définitif ;

2° Qu'il était également nécessaire de présenter un profil en long et des profils en travers de la rigole de service qui formerait la première phase des travaux et d'établir, par des calculs précis, que le débit de cette rigole serait suffisant pour conduire, avec une vitesse médiocre, dans un temps qui ne fût pas trop long, et pour maintenir, malgré l'évaporation et l'absorption, un tirant d'eau de 2^m, 50, tant dans la rigole même que dans le lac Timsah et dans les lacs Amers.

En ce qui concernait les travaux à faire pour établir promptement à Port-Saïd un abri sûr pour les bâtiments, et sous toute réserve des explications qui pourraient être formées par le Directeur général des travaux, le Conseil estimait :

Qu'on pourrait se borner à conduire la jetée de l'ouest jusqu'aux fonds de 3^{m},50 à 4 mètres, ouvrir derrière cette jetée une passe de 40 à 50 mètres bordée à l'est par un simple talus, puis, en arrière de cette passe et de la jetée, creuser le bassin définitif dans les limites d'étendue et de profondeur qui seraient jugées nécessaires pour satisfaire aux besoins à mesure qu'ils se feraient sentir ;

Que, dans tous les cas, avant de commencer la jetée de l'est, il conviendrait d'examiner si, pour économiser sur les dragages, et afin d'assurer plus de calme dans le bassin, il n'y aurait pas lieu de réduire sur une certaine étendue, à partir de leur origine, l'écartement des jetées fixé à 400 mètres dans l'avant-projet de la Commission internationale.

DISPOSITIONS DES TRAVAUX DE PREMIER ÉTABLISSEMENT ADOPTÉES EN EXÉCUTION

(1859-1869)

Les dispositions qui ont été finalement adoptées en exécution diffèrent très notablement de celles qui avaient été primitivement arrêtées, d'abord par la Commission Internationale, plus tard par le Conseil supérieur des travaux.

Nous passerons successivement en revue toutes les parties des projets primitifs en faisant connaître et en motivant au fur et à mesure les modifications qui y ont été apportées en exécution.

CANAL MARITIME

Avant de faire connaître les dispositions qui ont été finalement adoptées en exécution pour le Canal maritime, il est utile de rappeler tout d'abord celles auxquelles s'étaient respectivement arrêtés, en premier lieu, la Commission internationale, trois ans plus tard, le Conseil supérieur des travaux, les unes et les autres dispositions naturellement conçues en vue de répondre aux besoins, tels qu'ils étaient alors prévus, de la future navigation de transit.

On a vu précédemment, d'une part, que la Commission internationale (dans son rapport de décembre 1856) avait adopté pour le canal la profondeur de 8 mètres de l'avant-projet des ingénieurs du Vice-Roi « jugeant cette profondeur suffisante pour les plus grands navires de commerce allant de l'Europe dans les mers de l'Inde, par exemple pour les clippers de 3.000 tonneaux »; et, en ce qui était de la largeur à donner au canal, que la Commission avait pensé que cette largeur devait être déterminée par la condition de se trouver suffisante, non seulement pour laisser passer deux lignes de navires, mais encore pour laisser la place à une autre ligne de navires qui, pour un motif quelconque, viendrait à s'arrêter en chemin ; qu'en conséquence, attribuant à chaque ligne de navires une largeur moyenne de 20 mètres et ajoutant une largeur de 20 mètres pour la facilité des mouvements, elle avait, pour toute la partie du Canal comprise entre Port-Saïd et les lacs Amers, fixé la largeur à la ligne d'eau à 80 mètres, correspondant à 44 mètres au plafond.

On a vu, d'autre part, que le Conseil supérieur des travaux, appelé en août 1859 par le Président de la Compagnie à examiner si les grandes dimensions attribuées au Canal dans le projet de la Commission internationale étaient réellement nécessaires pour remplir le but exclusivement commercial que la Compagnie devait se proposer, avait été d'avis, au sujet de la largeur à donner au Canal, que l'on ne devait pas se préoccuper des navires d'une dimension tout à fait exceptionnelle, attendu que des manœuvres exceptionnelles aussi permettraient toujours de faire passer ces navires d'une mer à l'autre ; que le Conseil avait, en conséquence, proposé d'adopter une largeur de 58 mètres à la ligne d'eau, correspondant à une largeur de 22 mètres au plafond, « ces largeurs étant suffisantes pour le croisement de deux navires de dimensions égales à celles des bâtiments à vapeur à aubes alors en construction dans les ateliers des Messageries Impériales[1] et devant suffire à plus forte raison pour les bâtiments du service de la malle des Indes et pour les navires à hélice ».

---

1. L'un de ces bâtiments à vapeur à aubes, *l'Estramadure*, figure au *Répertoire général du Bureau « Veritas »* de 1870 (dont un résumé est donné plus loin) avec les mentions suivantes : navire en fer construit en 1860, de 2.132 tonneaux de tonnage brut et 1.279 tonneaux de tonnage net ; force de 500 chevaux ; longueur 96^{m},50 ; largeur, 11^{m},60.

Sur le profil de canal adopté par le Conseil et annexé à sa délibération, le navire est représenté comme ayant un tirant d'eau de 5^{m},10 et une largeur totale, y compris les aubes, de 18^{m},60, les aubes plongeant de 2^{m},50.

Nous avons rappelé ces précédents pour bien établir qu'à l'époque des études de la Commission internationale, en 1856, aussi bien que lors des études du projet d'exécution par le Conseil supérieur des travaux en 1859, on pensait que le Canal maritime n'aurait à livrer habituellement passage qu'à des navires ayant au plus les dimensions des plus grands navires de commerce alors existants, dont, à de rares exceptions près, aucun n'avait encore atteint la longueur de 120 mètres et dont la plus grande largeur ne dépassait pas 13 à 14 mètres.

On était bien loin alors, — on le voit, — de prévoir le grand développement que prendrait rapidement la navigation à vapeur à la suite de l'ouverture du Canal à la navigation, et les dimensions rapidement croissantes qui seraient données aux navires[1].

---

1. Nous croyons utile de consigner ici une série de renseignements permettant de se rendre compte de ce qu'étaient la situation de la flotte à vapeur de la marine marchande et le mouvement maritime entre l'Europe et l'Extrême-Orient, tant à l'époque de l'élaboration des projets qu'au moment même de l'ouverture du Canal à la navigation, puis quelques années après :

1° D'après un travail de statistique inséré en décembre 1855 par le Ministère du Commerce de France dans les *Annales du Commerce extérieur*, le mouvement de la navigation entre les différents pays d'Europe et les Grandes-Indes, en 1853, avait été de 4.200 navires transportant 2 millions de tonnes, soit environ 500 tonnes par navire.

2° La Chambre des Communes d'Angleterre, dans sa séance du 26 juin 1856, sanctionna la concession de la malle australienne à MM. Henderson et Cie.

Les steamers à hélice pour les voyages entre Suez et l'Australie devaient être d'une capacité de 2.200 à 2.500 tonneaux, avec une force de 500 à 530 chevaux et avoir un minimum de vitesse de marche de 10 milles et demi à l'heure. Le nouveau service devait être complètement installé le 1er janvier 1857.

Tous les navires de la flotte de la Compagnie concessionnaire ont été construits dans les conditions indiquées de force et de tonnage. Un seul, l'*Australian*, avait un tonnage brut de 2.761 tonneaux et une force de 700 chevaux; ses dimensions étaient les suivantes : longueur, 100^m^,60; largeur, 12^m^,83;

3° La flotte de la Compagnie Péninsulaire et Orientale, au 30 septembre 1856, se composait de 52 bâtiments, dont 45 à vapeur, le plus grand nombre à hélice.

Le tonnage total de la flotte était de 67.934 tonneaux, avec une force totale de 15.190 chevaux, ce qui correspondait, par navire, à un tonnage moyen d'environ 1.300 tonneaux et à une force de 292 chevaux. Le plus grand navire de la flotte était le *Simla*, d'un tonnage brut de 2.450 tonneaux et d'une force de 600 chevaux et ayant les dimensions suivantes : longueur, 100^m^,25; largeur 11^m^,50; tirant d'eau moyen, 6^m^,70;

4° On peut citer enfin, comme type des plus grands navires de cette époque,

I. — Tracé

(PLANCHES XI ET XII)

Nous avons rappelé ci-dessus, avec les considérations à l'appui basées sur les dimensions d'alors des plus grands navires du commerce, les décisions successivement prises, en premier lieu par la Commission internationale adoptant pour le Canal la profondeur de 8 mètres et une largeur de 80 mètres à la ligne d'eau, plus tard par le Conseil supérieur des travaux conservant la profondeur de 8 mètres mais réduisant à 58 mètres la largeur à la ligne d'eau.

Nous avons maintenant, en ce qui est du tracé même du Canal, à rappeler tout d'abord que la Commission internationale avait décidé d'adopter le tracé de l'avant-projet des ingénieurs du Vice-Roi, « tracé dont la direction générale se justifiait par la configuration naturelle des lieux et où, dans l'intérêt de la navigation, on avait évité autant que possible les sinuosités et où n'avaient été admises que des courbes à grand rayon »; mais, en même temps, et avant d'entrer dans les détails du tracé d'exécution finalement adopté par le Conseil supérieur des travaux, nous devons faire remarquer d'une manière générale que les vues mentionnées précédemment concernant les dimensions des navires auxquels le Canal aurait à livrer passage, telles que ces vues avaient cours au moment des études définitives

---

le navire en fer *Persia* (ligne Cunard) construit en 1856, d'un tonnage de 3.300 tonneaux, d'une force de 900 chevaux et ayant les dimensions suivantes : longueur, $114^{m},92$; largeur, $13^{m},77$;

5° En 1857, le mouvement maritime anglais passant par le cap de Bonne-Espérance avait été de 2.620 navires, avec un tonnage total (jauge légale) de 1.875.000 tonneaux, ce qui correspondait à un tonnage moyen d'environ 700 tonneaux par navire;

Au tonnage total ci-dessus, il y avait d'ailleurs lieu d'ajouter environ 200.000 tonneaux pour le trafic des grands steamers faisant le service entre Suez et l'Extrême-Orient;

6° D'après le *Premier répertoire général du Bureau « Veritas »*, publié le 1er mai 1870, le nombre total des navires à vapeur de la marine marchande

du Conseil, telles même, d'ailleurs, qu'elles avaient déjà été admises par la Commission internationale, permettent de s'expliquer comment, nonobstant les considérations qui avaient dicté la décision de la Commission, le Conseil supérieur des travaux n'a cru pouvoir finalement, sous la pression de circonstances qui vont être expliquées ci-après, adopter pour l'exécution un tracé ne remplissant que très

---

à cette époque, c'est-à-dire au moment de l'ouverture du Canal à la navigation, était de 4.072.

Sur ce nombre, il n'y avait que 218 navires d'un tonnage supérieur à 2.000 tonneaux.

Ces 218 navires se subdivisaient d'ailleurs conformément aux indications du tableau ci-dessous :

MODE DE propulsion	NOMBRES DE navires	TONNAGE MOYEN		FORCE EN CHEVAUX		DIMENSIONS DES NAVIRES			
						LONGUEUR		LARGEUR	
		brut	net	moyenne	maximum	moyenne	maximum	moyenne	maximum
Navires de 2.000 à 3.000 tonneaux (tonnage brut).									
		tonneaux	tonneaux	chevaux	chevaux	mètres	mètres	mètres	mètres
Aubes.....	13	2.561	1.628	»	»	91. »	113. »	12. »	13.40
Hélice.....	133	2.450	1.654	433	1.000	94.40	121.60	11.85	14.20
	146								
Navires de 3.000 à 4.000 tonneaux (tonnage brut).									
Aubes.....	26	3.242	2.093	»	»	89.50	111. »	12.45	14.30
Hélice.....	41	3.319	2.219	582	1.400	101.10	122. »	12.95	15.25
	67								
Navires de plus de 4.000 tonneaux (tonnage brut).									
Aubes.....	1	4.454	»	1.500	»	110.96	»	14.94	»
Hélice.....	3	4.250	»	»	»	101.46	»	13.51	»
Great Eastern...	1	18.916	13.344	2.600	»	207. »	»	25.20	»
	5								
Nombre total...	218								

Sur le nombre total de 217 navires d'un tonnage supérieur à 2.000 tonneaux bruts, non compris le *Great Eastern*, il y avait :

Au point de vue de la longueur :
- 161 navires d'une longueur de moins de 100 mètres ;
- 38 — — de 100 à 110 mètres ;
- 18 — — de plus de 110 mètres, jusqu'à 122 m.

Au point de vue de la largeur :
- 133 navires d'une largeur de moins de 12 mètres ;
- 59 — — de 12 à 13 mètres ;
- 18 — — de 13 à 14 mètres ;
- 7 — — de plus de 14 mètres jusqu'à 15m25.

7° Comparaison des nombres de navires à vapeur en 1870 et en 1875

imparfaitement les conditions du tracé magistral de la Commission.

La grande infériorité du tracé finalement adopté par le Conseil supérieur des travaux et qui a déterminé en grande partie l'assiette du tracé définitif d'exécution est principalement due à une cause primordiale que nous devons faire connaître tout d'abord et dont nous avons à apprécier l'influence avant d'entrer dans l'exposé justificatif de toutes les dispositions de détail du tracé d'exécution.

La première préoccupation de la Compagnie, dès quelle fut constituée après la souscription publique, fut de faire le choix d'un mode d'exécution des travaux. Or, ainsi que nous l'expliquons dans un autre chapitre, la Compagnie crut devoir s'arrêter à une combinaison consistant à confier l'exécution des travaux à un Régisseur intéressé. Nous mentionnerons seulement ici que les bases d'un traité provisoire à cet effet furent arrêtées d'un commun accord dans les premiers jours de 1859 entre la Compagnie et l'entrepreneur dont elle avait accepté les propositions; qu'après une année d'essai, un traité définitif intervint à la date du 29 février 1860; enfin, que l'une des principales clauses de l'un et de l'autre traité stipulait que le Régisseur intéressé aurait droit à 40 0/0 du montant des économies qu'il parviendrait à réaliser sur le montant des devis définitivement approuvés, « par simplification dans les travaux, réduction

---

(non compris le *Great Eastern*) : D'après les Répertoires généraux du Bureau-Véritas.

ANNÉES	NOMBRES TOTAUX de navires à vapeur	NOMBRES DE NAVIRES A VAPEUR D'UN TONNAGE BRUT DE PLUS DE 2.000t				
		navires de 2.000 à 3.000t	navires de 3.000 à 4.000t	navires de 4.000 à 5.000t	navires de 5.000 à 6.000t	nombres totaux
En 1870..........	4.071	146	67	4	»	217
En 1875..........	5.364	343	126	30	1	500

des cubes, diminution des dépenses à tous titres ». La chance la plus immédiate pour l'Entrepreneur-régisseur de tirer partie de cette clause était de chercher tout d'abord s'il ne lui serait pas possible, par une nouvelle étude détaillée du terrain, de modifier le tracé primitif de manière à obtenir des réductions sur les cubes des terrassements. Le Régisseur consacra à l'étude du nouveau tracé une partie de l'année d'essai stipulée par le traité provisoire de février 1859. Nous avons fait connaître précédemment, au chapitre de la *Description du projet du Conseil supérieur des travaux*, le résultat de cette étude. Le tracé qui fut alors proposé par l'Entrepreneur-régisseur est figuré sur le plan général comparatif des divers tracés (Planche XI). Au simple examen de ce plan, on voit aisément combien le dit tracé, par le grand nombre de ses sinuosités et par le faible rayon moyen des courbes, s'écartait des conditions que s'étaient imposées les auteurs de l'avant-projet et qui avaient reçu ensuite l'approbation de la Commission internationale. L'intérêt de la navigation avait cessé d'être le principal, pour ainsi dire, l'unique objectif. On voulait, avant tout, réaliser des économies sur les chiffres des premières estimations. Sans doute, le traité passé avec l'Entrepreneur-régisseur laissait à la Compagnie la faculté d'approuver ou de rejeter en dernier ressort les modifications que celui-ci croyait devoir proposer. Mais, si l'on se reporte au chapitre déjà mentionné de la description du projet du Conseil supérieur des travaux, on se rappellera qu'à l'époque où le tracé proposé par l'Entrepreneur-régisseur fut soumis à l'examen du Conseil, les difficultés suscitées à la Compagnie par ses puissants adversaires lui faisaient une loi presque impérieuse de chercher à apporter au projet « monumental » de la Commission internationale toutes modifications susceptibles d'en réduire les dépenses et de donner ainsi une plus grande sécurité aux intérêts engagés dans l'entreprise. Ces graves considérations durent évidemment peser d'un grand poids sur les résolutions du Conseil supérieur des travaux. Il ne lui était guère possible, en effet, dans les circonstances difficiles que traversait alors la Compagnie, de rejeter absolument un tracé, qui offrait les très séduisants avantages d'une diminution importante dans les dépenses et dans la durée d'exécution. Déjà, néanmoins, le Directeur général des travaux avait proposé, en vue des intérêts de la navigation, quelques améliorations au tracé proposé par l'Entrepreneur-régisseur. Le Conseil, à son tour, considérant, à un autre point de vue, que, « dans le choix du tracé du canal, on ne devait pas se préoccuper trop exclusivement d'une question d'économie, qui serait plus apparente que réelle, eu égard aux travaux défensifs que nécessiteraient les parties courbes des berges », avait amélioré encore sur quelques points le tracé modifié soumis à son examen. Mais, en définitive, le tracé finalement arrêté par le Conseil supérieur des travaux ne constitua qu'une amélioration relativement fort restreinte d'un premier tracé très sinueux et à courbes de petit rayon, c'est-à-dire d'un tracé laissant originairement beaucoup à désirer au point de vue des seuls intérêts de la navigation.

On trouvera plus loin[1] un état comparatif des deux tracés de la Commission internationale et du Conseil supérieur des travaux, au point de vue du nombre et des rayons des courbes que comporte respectivement chacun de ces deux tracés.

Le tracé arrêté en 1859 par le Conseil supérieur des travaux a naturellement déterminé l'assiette générale du tracé définitif d'exécution. Avant même que l'idée pût venir de faire au tracé primitif quelques rectifications partielles, ou que la nécessité se révélât d'y apporter certaines modifications, la question de l'assiette définitive du canal se trouvait déjà pour ainsi dire complètement engagée, tout au

1. A la fin du présent chapitre concernant le *Tracé*.

moins pour la première moitié du tracé comprise entre Port-Saïd et le lac Timsah, où, dès l'année 1860 et pendant les premiers mois de 1861, les travaux avaient été entrepris sur un très grand nombre de points en suivant strictement la ligne dudit tracé. On ne doit donc pas s'étonner si le tracé définitif d'exécution, enserré qu'il fût pendant toute la durée des travaux dans les principales lignes de son tracé d'origine, ne présente pas cet ensemble de grands alignements reliés par des courbes peu nombreuses à grand rayon, dont la réalisation eût été si désirable dans l'intérêt de la navigation, en même temps qu'elle était parfaitement possible, sans donner lieu, comme nous le montrerons plus loin, ni à des retards d'exécution ni à de sérieuses augmentations de dépense. Les difficultés de toute nature suscitées à la Compagnie, dès avant sa constitution régulière et pendant les débuts de ses opérations, par la politique hostile à la réalisation de l'œuvre projetée, en faisant peser sur ses résolutions relatives au choix du tracé définitif, la condition impérieuse de la plus stricte économie, sont la principale pour ne pas dire l'unique cause des imperfections de tracé que présentait le canal maritime, à l'époque de l'inauguration, au point de vue des facilités de la navigation. Hâtons-nous de mentionner que, depuis lors, il a été progressivement remédié dans une large mesure à ces imperfections de tracé, d'abord par d'importants élargissements et des rectifications sur place des courbes les plus prononcées ; puis, par un premier élargissement du canal, porté à une largeur de 37 mètres au plafond au lieu de 22 mètres (travail commencé en 1886 et terminé en 1898). Nous ferons remarquer enfin que les inconvénients résultant de l'imperfection du tracé auront à peu près complètement disparu lorsque le canal se trouvera à grande largeur sur toute sa longueur, conformément aux résolutions arrêtées par la Compagnie en 1885, en conformité de l'avis d'une nouvelle Commission internationale de 1884-1885.

Nous allons passer successivement en revue les diverses parties du canal, en décrivant au fur et à mesure les rectifications et modifications qui ont été apportées en cours d'exécution au tracé de 1859.

PARTIE DU CANAL DE PORT-SAID AU SEUIL D'EL GUISR

(TRAVERSÉE DU LAC MENZALEH ET DES LACS BALLAH)

De Port-Saïd à Kantara, c'est-à-dire la traversée du lac Menzaleh, le tracé de 1859 comportait un seul grand alignement droit, d'environ 42 kilomètres de longueur se raccordant avec la direction générale des bassins et du chenal de Port-Saïd par une courbe de 3.000 mètres de rayon et de 1.800 mètres de développement.

Il n'y avait évidemment rien à changer, en exécution, à cette partie du tracé.

Pour la portion de canal de Kantara au seuil d'El Guisr, comprenant la traversée des lacs Ballah, le plan général des divers tracés fait voir que le tracé du Conseil supérieur des travaux avait déjà réalisé une amélioration très notable sur le tracé proposé par l'Entrepreneur-régisseur. En exécution, le tracé adopté par le Conseil fut à son tour l'objet de quelques améliorations.

En premier lieu, lors du piquetage sur le terrain pour l'exécution, on fit au tracé en question les premières rectifications suivantes : on supprima l'angle 18, de 177°,40', situé dans le seuil d'El Guisr, qui n'avait eu d'autre but que de ne pas trop s'éloigner du tracé primitif, et que l'on n'avait vraiment aucun intérêt à conserver; cette suppression de l'angle 18 eut pour conséquence de déplacer un peu les angles suivants 19 et 20, qui sont devenus finalement les angles <u>XIV</u> et <u>XV</u> du tracé d'exécution.

Dans la région avoisinant Kantara, on supprima également l'angle 22 de 174°, où se trouvait une courbe de 1.200 mètres seulement de rayon, et l'on agrandit l'ouverture de l'angle 21 au moyen du changement de tracé figuré par l'alignement unique, joignant le sommet de l'angle 21 déplacé, devenu l'angle XVI du tracé d'exécution, au sommet de l'angle 23 provisoirement conservé.

Plus tard, en cours d'exécution, dans les derniers mois de l'année 1862, et bien qu'une première rigole fût déjà ouverte sur le tracé qui vient d'être indiqué, on se décida pourtant à faire l'abandon d'une partie de cette rigole et à sacrifier ainsi un certain cube de déblais déjà effectués, pour réaliser une nouvelle amélioration très importante, consistant dans le prolongement vers le sud, du grand alignement droit venant de Port-Saïd jusqu'à la rencontre de cette ligne prolongée avec l'alignement rectifié dont il est parlé ci-dessus. On supprimait ainsi au droit même de Kantara, l'angle 24 du tracé de 1859, et l'on substituait en même temps à l'angle 23 du même tracé un angle plus grand devenant l'angle XVI du tracé d'exécution. Par suite de cette rectification, la longueur du grand alignement de Port-Saïd s'est trouvée augmentée d'environ $5^{km},5$, et portée ainsi à $47^{km},5$.

Il est à regretter qu'en même temps que l'on se décidait à faire la rectification partielle dont il vient d'être parlé, on ait reculé devant l'idée de faire un plus grand sacrifice de déblais déjà exécutés pour réaliser une amélioration plus complète de cette partie du tracé, consistant à prolonger encore le grand alignement de Port-Saïd en ligne droite jusqu'à la rencontre avec le prolongement de l'alignement joignant les sommets des angles XIV et XV du tracé d'exécution. On eût supprimé ainsi l'angle XV dudit tracé. Cet angle étant très ouvert, on jugea que l'amélioration du tracé devant résulter de sa suppression ne justifierait pas suffisamment l'abandon de la rigole déjà exécutée.

Mais ce qui est surtout regrettable, c'est qu'à l'époque où une moins grande préoccupation des idées exclusives d'économie, jointe d'ailleurs à une connaissance plus parfaite des lieux, permettait de chercher à réaliser des améliorations dans le dernier tracé adopté, il n'était plus guère possible, malheureusement, de songer à autre chose qu'à quelques rectifications partielles ; la question se trouvait, en effet, déjà trop sérieusement engagée par un commencement d'exécution sur un grand nombre de points dudit tracé entre Port-Saïd et le lac Timsah pour permettre une amélioration complète et radicale qui eût consisté à rapprocher le plus possible le tracé d'exécution des grandes lignes du tracé approuvé par la Commission internationale. Si l'on jette les yeux sur une carte topographique de l'Isthme, on se rend compte aisément que dans toute la région comprise entre le cordon littoral et le seuil d'El Guisr, les terrains présentent sensiblement les mêmes reliefs sur une très grande étendue en largeur de chaque côté du Canal, en sorte qu'il était en réalité à peu près indifférent d'adopter dans ladite région telle ou telle direction pour le tracé. En présence de la disposition si favorable des lieux, qui laissait le champ absolument libre pour la direction d'un seul grand alignement, il est difficile de s'expliquer comment, pour cette partie du Canal, les considérations d'économie ont pu se trouver réellement assez prédominantes pour faire adopter un tracé sinueux. En s'attachant trop rigoureusement à suivre toutes les dépressions du sol l'Entrepreneur-régisseur, en étudiant son tracé (devenu, après amélioration, le tracé du Conseil supérieur des travaux) n'avait probablement pas assez tenu compte de ce fait que l'augmentation de cube due à l'allongement de parcours du tracé pouvait compenser en grande partie les économies résultant d'une moindre section transversale. Si, lors des études détaillées qui furent faites sur le terrain en 1859 pour le choix définitif d'un tracé, on eût calculé bien exactement le cube total des déblais à exécuter sur la portion de Canal considérée, dans la combinaison d'un tracé en ligne droite concurremment avec celle du tracé sinueux, on eût très probablement reconnu que si le tracé en ligne droite présentait une certaine augmentation de cube, cette augmentation était pourtant trop peu importante pour qu'il n'y eût pas un véritable avantage, en définitive, à sacrifier la considération de la faible économie de dépense qui pouvait militer en faveur de l'adoption du tracé sinueux, à la considération bien autrement importante de la grande supériorité du tracé rectiligne au point de vue des intérêts de la navigation. En résumé, quelle que fût la direction suivant laquelle on aurait cru préférable de traverser le seuil d'El Guisr — et nous nous occuperons tout à l'heure de cette partie du tracé — les indications de la carte topographique de l'Isthme, confirmées par l'aspect de la disposition générale des lieux, prouvent qu'il eût été bien certainement possible, sans grande augmentation de dépense, d'adopter un seul grand alignement droit d'environ 65 kilomètres de longueur entre l'extrémité Nord de la portion de tracé à travers le seuil et le point choisi sur la côte pour l'emplacement de Port-Saïd, les deux alignements se raccordant par une courbe à grand rayon au droit d'El-Ferdane. Malheureusement l'étude comparative dont nous venons de parler n'avait pas été faite avant la mise en train des travaux, et ce n'était plus, quand ceux-ci se trouvaient en pleine exécution sur toute la ligne, et que la Compagnie, avec juste raison, avait hâte de pouvoir disposer d'une première rigole de navigation entre Port-Saïd et le seuil d'El Guisr, qu'on pouvait songer à l'entreprendre. Il fallut donc bien, en dernière analyse, se résigner à conserver le tracé sinueux qui est devenu le tracé définitif d'exécution.

TRAVERSÉE DU SEUIL D'EL GUISR [1]

(PLANCHE SPÉCIALE XXIII)

Le plan général comparatif des divers tracés (Planche XI) fait voir que, dans le tracé de l'avant-projet approuvé par

1. Nous croyons utile de mentionner ici que la qualification de Seuil est la traduction française du mot arabe Gisr (se prononçant Guisr) par lequel les

la Commission internationale, la traversée du seuil d'El Guisr avait lieu au moyen d'un seul alignement droit aboutissant par son extrémité sud dans les terrains de la région Est du lac Timsah où le tracé se développait alors suivant une courbe à grand rayon pour aller gagner le seuil du Sérapéum. Dans le tracé de 1859, on conserva à très peu près la même ligne pour la traversée de toute la région Nord du Seuil; mais comme, en même temps, on reconnut qu'il y aurait économie de cube à faire passer le canal dans le lac même, ce qui devait reporter la partie Sud du tracé beaucoup plus à l'Ouest, on eut recours à une double courbe en S pour obtenir ce changement de direction. C'est ainsi que le tracé de 1859 se trouva comporter dans la traversée du seuil d'El Guisr deux courbes en sens contraire, de chacune 1.000 mètres de rayon seulement, séparées par un alignement droit de 260 mètres, le tout formant un raccordement à double sinuosité de 1.370 mètres de longueur. Un pareil tracé à raison surtout du faible rayon des courbes, était évidemment très défectueux au point de vue de la navigation; d'autant plus défectueux que, dans l'emplacement même desdites courbes, le canal se trouvait très encaissé, en sorte que des navires cheminant en sens contraire dans le canal et devant se croiser à l'endroit des courbes (on croyait alors que les croisements seraient possibles dans le canal même de section réduite) ne pourraient s'apercevoir que quand ils seraient pour ainsi dire l'un sur l'autre. Mais, lorsque les très légitimes préoccupations à ce

---

gens du pays désignent le point le plus élevé d'un terrain. Par extension, la Compagnie a donné le nom de seuils à chacune des portions de terrain traversées par le tracé du canal où le sol présentait un relief prononcé au-dessus du niveau moyen de la mer, qui était très sensiblement le niveau moyen général des terrains de l'isthme sur le parcours du canal.

Au moment des études, le point formant le point culminant de l'isthme portait déjà le nom de El Gisr. Il n'existait d'ailleurs aucune autre désignation de point quelconque sur le plateau, car on se trouvait dans cette région en plein désert. C'est là sans doute ce qui explique l'adoption, malgré le pléonasme, du nom de Seuil d'El Guisr.

sujet commencèrent à se révéler, la question se trouvait déjà sérieusement engagée par la mise en train des travaux de déblais sur toute la longueur du seuil. En outre, pendant toute la durée de la première phase des travaux de cette partie du canal, comportant l'ouverture d'une rigole navigable de 8 mètres de largeur au plafond et de $1^{m},20$ de profondeur au-dessous du niveau de la Méditerranée, lesdits travaux furent exécutés exclusivement à l'aide d'ouvriers égyptiens se succédant mensuellement par contingents de 10 à 20.000 hommes. Ce n'était guère, au milieu de pareilles conditions de travail, et alors que toutes les circonstances commandaient d'activer l'achèvement de la rigole navigable entre Port-Saïd et le lac Timsah, qu'il était possible de songer à réaliser une amélioration de tracé. La rigole navigable à travers le seuil d'El Guisr fut donc ouverte, sans aucune modification, suivant le tracé sinueux de 1859; elle occupait la rive Est de la section définitive du canal maritime. Après l'achèvement de la rigole et la suppression des contingents, les travaux de déblai restant à exécuter dans le seuil furent donnés à l'entreprise (octobre 1863). La question de la rectification des courbes d'El Guisr ne tarda pas alors à être mise sérieusement à l'étude, et elle fut définitivement résolue en octobre 1864.

Deux solutions pouvaient être proposées pour la rectification : l'une consistant à supprimer absolument les deux courbes en prolongeant l'alignement de la grande tranchée du seuil jusque dans le lac Timsah et raccordant ensuite ce nouveau tracé avec l'alignement de la tranchée de Toussoum (sise au sud du lac) au moyen d'une courbe à grand rayon ; l'autre solution, consistant à conserver les deux alignements du tracé à rectifier en se contentant d'augmenter le plus possible le rayon des courbes de raccordement. La première solution, qui était un simple retour au tracé de 1856, pouvait seule donner une complète satisfaction aux intérêts de la navigation ; mais elle devait avoir pour conséquence de faire abandonner la totalité des déblais déjà exécutés sur une longueur de canal de plus de 3 kilomètres et dont l'importance était de 1.052.000 mètres cubes; conséquence d'autant plus grave que le cube total des déblais suivant la ligne directe était beaucoup plus considérable que celui correspondant à la simple rectification par adoucissement des courbes, et que ce second mode de rectification devait d'ailleurs permettre d'utiliser près des deux tiers des déblais déjà exécutés dans la longueur de canal correspondante. Ces considérations firent rejeter *à priori* l'idée d'une rectification par tracé direct pour s'en tenir uniquement au projet de rectification sur place par simple augmentation du rayon des courbes.

Quels nouveaux rayons convenait-il d'adopter?

Déjà, par suite de rectifications successives [1] le tracé de 1859 ne comportait plus, en dehors de la double sinuosité du seuil d'El Guisr, aucune courbe d'un rayon de moins de 2.000 mètres, minimum qui avait été jugé indispensable pour une bonne navigation dans un canal de 22 mètres de largeur seulement au plafond. Les Ingénieurs proposèrent donc de compléter l'amélioration du tracé de 1859

---

1. En 1860, lors du piquetage sur le terrain du tracé arrêté l'année précédente par le Conseil supérieur des travaux, on supprima, comme il a été expliqué précédemment (voir page 123), la courbe 22 qui n'avait que 1.200 mètres de rayon.

En 1862, on rectifia toute la portion du tracé de 1859 s'étendant du Seuil d'El Guisr aux lacs Amers et comprenant ainsi la traversée du lac Timsah et la traversée du seuil du Sérapéum, laquelle comportait huit courbes sur un parcours total de 15.237 mètres, en adoptant un nouveau tracé qui ne comportait plus que deux courbes, le tout conformément aux indications résumées ci-dessous (voir un peu plus loin pour plus amples détails).

TRACÉ DE 1859.			RECTIFICATION DE 1862
Traversée du lac Timsah			
Courbe n° 15.	Rayon ...	1.800 mètres.	Courbe n° IX ancien. Rayon.. 2.000 mètres.
Courbe n° 14.	— ...	800 —	
Traversée du seuil du Sérapéum			
Courbe n° 13.	Rayon.....	800 mètres.	Courbe n° VIII. Rayon ..... 2.000 mètres.
— n° 12.	—	1.000 —	
— n° 11.	—	2.000 —	
— n° 10.	—	1.600 —	
— n° 9.	—	1.600 —	
— n° 8.	—	2.000 —	

en adoptant le rayon minimum de 2.000 mètres pour chacune des deux courbes du seuil. La rectification projetée d'après cette donnée embrassait une longueur totale de 2.335 mètres, et elle présentait les principales particularités suivantes : le nouveau tracé comportait un cube total de déblais de 2.208.000 mètres cubes, y compris 434.000 mètres cubes représentant la portion utilisée des déblais déjà exécutés ; (Suivant le tracé qu'il s'agissait de rectifier, le cube total était de 2.143.000 mètres cubes; la différence entre les deux cubes totaux n'était donc que de 65.000 mètres cubes : en présence d'une aussi faible différence, on devait d'autant plus regretter que les idées exclusives d'économie qui dominaient au moment des études de 1859 eussent conduit alors à l'adoption de courbes d'un rayon tout à fait insuffisant) ; la tranchée déjà ouverte était conservée sur la moitié environ de la longueur du nouveau tracé; mais, sur la seconde moitié, le tracé avait dû s'écarter de la tranchée au point de la rendre complètement inutile, en sorte que les terrassements qui se trouveraient ainsi avoir été exécutés en pure perte formaient un cube de 262.000 mètres cubes, lequel, ajouté au cube précédemment mentionné de 65.000 mètres cubes produisait finalement un excédent total de 317.000 mètres cubes ; enfin, le supplément de dépense occasionné par l'exécution de la rectification projetée devait être de 522.000 francs, cette somme comprenant une indemnité de 16.000 francs à allouer à l'Entrepreneur pour une portion de 40.000 mètres cubes de déblais qu'il aurait à exécuter sur la rive Asie, alors que tous ses chantiers se trouvaient installés sur la rive opposée.

Il ne fut pas jugé, alors, que l'avantage qui devait résulter pour la navigation de la modification proposée fût en rapport avec la dépense qu'elle occassionnerait et avec les difficultés qu'on pouvait prévoir avec l'Entrepreneur, lequel ne s'étant engagé qu'à élargir et approfondir une tranchée déjà existante, exigerait certainement, pour un travail où les conditions d'exécution seraient toutes différentes, des prix plus élevés et des allongements de délai. Dans cette situation, le mieux parut être de s'écarter encore moins du tracé primitif que ne le faisait le projet, et de se borner à réaliser toute l'amélioration possible en conservant en totalité la rigole déjà exécutée dans la ligne même du canal. Finalement pour satisfaire à cette condition (V. Planche XXIII) on adopta un tracé consistant à porter à 2.000 mètres environ le rayon de la courbe sud et à conserver provisoirement telle quelle la courbe nord qui pourrait plus tard être améliorée au moyen d'un élargissement de la section transversale permettant d'élever le rayon de la courbe jusqu'à 1.500 mètres.

(Nous dirons ce qui a été fait, quant à l'élargissement de la courbe nord, lorsque nous en serons au chapitre intitulé « Améliorations de courbes ».)

Revenant maintenant sur l'ensemble du tracé de la première moitié du canal, de Port-Saïd au lac Timsah, nous dirons, comme complément de nos observations précédentes relatives à la partie de ce tracé aboutissant au pied Nord du seuil d'El Guisr, que si, lors des études du tracé définitif du canal, on avait eu, à la fois une connaissance plus parfaite du terrain, qui n'a été acquise que plus tard, l'expérience des conditions d'entretien et surtout d'exploitation d'un canal maritime comme celui qu'il s'agissait de créer, une juste prévision, enfin, des dimensions croissantes que devaient acquérir les navires appelés à fréquenter le canal, on n'eût certainement pas hésité, — conformément d'ailleurs au système général du tracé de la Commission internationale, — à adopter un grand alignement droit unique partant du point de la côte choisi pour l'emplacement de Port-Saïd et venant aboutir directement dans les grands fonds du lac Timsah. Par l'adoption d'un pareil tracé, il est vrai, la profondeur moyenne des tranchées à la traversée du seuil eût augmenté d'environ 1 mètre (la profondeur maximum restant d'ailleurs sensiblement la même sur les deux tracés) et le cube total des déblais se fût trouvé ainsi augmenté d'environ 1.300.000 mètres; mais, par contre, on eût réalisé un raccourcissement de parcours d'environ 1.600 mètres, en même temps que l'on se serait trouvé avoir créé un canal présentant les conditions les meilleures au double point de vue des facilités de la navigation et des dépenses annuelles d'entretien. L'hésitation n'eût certainement pas été possible.

TRAVERSÉE DU LAC TIMSAH

(PLANCHE SPÉCIALE XXIII)

Le plan général comparatif des divers tracés fait voir, en ce qui concerne la traversée du lac Timsah : d'une part, — ainsi qu'il a été expliqué déjà à l'occasion de la traversée du seuil d'El Guisr, — que, dans le tracé de l'avant-projet, (adopté par la Commission Internationale), le canal se développait par une courbe à très grand rayon dans les terrains sis à l'Est du lac; d'autre part, que le tracé d'exécution diffère très notablement du tracé de 1859, tous deux, d'ailleurs, passant dans le lac même et se trouvant ainsi fort éloignés l'un et l'autre du tracé de l'avant-projet.

Une première modification du tracé de 1859 fut décidée à la suite de nouvelles études faites, dans les derniers mois de l'année 1862, pour la rectification de toute la portion de Canal comprise entre le seuil d'El Guisr et les lacs Amers, embrassant ainsi à la fois la traversée du lac Timsah et la traversée du seuil du Sérapéum. Nous parlerons plus loin, avec détail, de cette seconde partie de la rectification. Nous nous contenterons de mentionner ici qu'elle comportait, en remplacement des sinuosités de la sortie du lac Timsah, un seul alignement droit se dirigeant vers l'Est de Toussoum, et que la traversée même du lac, qui, dans le tracé de 1859, comportait deux courbes, l'une, n° 15, de 1.800 mètres de rayon, l'autre n° 14, d'un rayon de 800 mètres, se faisait maintenant au moyen d'une courbe unique de 2.000 mètres de rayon, raccordant le nouvel alignement de Toussoum avec le dernier alignement du seuil d'El Guisr.

Dans les derniers mois de l'année 1864, aucun travail n'étant fait encore dans le lac Timsah, et le champ se trouvant ainsi parfaitement libre pour les améliorations, l'idée fut émise de rectifier la courbe dont il vient d'être parlé en la reportant plus à l'Est. Dans sa nouvelle position, le tracé traversait des fonds meilleurs ; il devrait être d'une exécution plus facile, présenter un raccourcissement de parcours qui réduirait d'autant les frais d'exploitation, procurer enfin une diminution notable dans le cube des terrassements. Un projet conforme de rectification de la courbe du tracé de 1862 fut produit par les Ingénieurs dans le courant de l'année 1866 et approuvé en septembre de la même année. La rectification proposée consistait à porter le rayon de la dite courbe de 2.000 à 4.000 mètres. Le nouveau tracé qui fut alors adopté est figuré en pointillé noir sur le plan général du tracé d'exécution (Planche XII).

Les travaux de creusement du Canal suivant ce nouveau tracé étaient en pleine voie d'exécution, et l'on avait déjà fait, sur tout le développement de la courbe, un cube très important de déblais, lorsque, dans les premiers mois de l'année 1869 (année vers la fin de laquelle devait avoir lieu l'inauguration de l'ouverture du Canal à la navigation) se formula, dans les Conseils de la Compagnie, une nouvelle manière de voir sur la question du choix du tracé à la traversée du lac Timsah. Nous entrerons à ce sujet dans quelques détails.

Dans la position qu'occupait le tracé rectifié de 1866, à la limite presque extrême de la région Est du lac, le canal, étant creusé à travers des terrains qui n'étaient couverts que de 2 à 3 mètres d'eau en moyenne et qui, même, émergeaient sur de très notables longueurs, se trouvait isolé pour ainsi dire du lac proprement dit, en ce sens qu'il était sans communication immédiate avec les grandes profondeurs sises dans la région Ouest et destinées à constituer le bassin de mouillage du port intérieur d'Ismaïlia ; en sorte que, pour établir cette communication indispensable, il était nécessaire de creuser un canal spécial bifurquant d'un point convenablement choisi du canal direct et se prolongeant jusqu'aux grandes profondeurs du lac[1]. Ce canal de communication entre le Canal maritime et le port d'Ismaïlia donnait bien satisfaction aux besoins du commerce maritime local qui pourrait se créer ; mais la position éloignée du canal direct n'en avait pas moins l'inconvénient de faire passer toute la navigation de transit absolument en dehors et à grande distance du port d'Ismaïlia, inconvénient qui paraissait alors d'autant plus grave que l'on se croyait fondé à penser que le port intérieur, avec sa vaste superficie de mouillage, si bien placé à égale distance des deux ports extrêmes, et en communication directe et facile avec toute l'Égypte par un canal navigable et par un chemin de fer, était appelé à un grand avenir.

Pour remédier à ces inconvénients, on proposa d'abandonner le tracé direct de 1866 et d'y substituer le nouveau tracé suivant :

---

1. Le lac Timsah présentait, en face de la ville d'Ismaïlia, à une distance moyenne de 300 mètres du quai projeté pour le futur port, une superficie de 900 mètres de longueur sur 700 mètres de largeur, soit de 63 hectares, avec une profondeur d'eau uniforme de $7^{m},20$.

Pour accéder à ce bassin naturel de mouillage à partir du Canal maritime (voir ci-après, page 136, la note sur la gare d'évitement du lac Timsah), il fallait un chenal de 2.100 mètres de longueur, auquel il eût suffi de donner d'abord une largeur de 44 mètres.

Si l'on voulait conserver provisoirement le susdit bassin avec sa profondeur naturelle, le chenal d'accès n'avait pas besoin d'être creusé à une profondeur plus grande, et le cube total des déblais à exécuter pour la création de ce chenal devait être alors de :

$$2.100 \times 44 \times 0,50 = 46.200 \text{ mètres cubes.}$$

Si l'on voulait, au contraire, porter immédiatement la profondeur du bassin de mouillage et du chenal d'accès à 8 mètres, le cube total des déblais eût été le suivant :

Bassin de mouillage, 630.000 × 0,80 =	504.000	mètres cubes.
Chenal d'accès, 2.100 × 44 × 1,30 =	120.120	—
CUBE TOTAL.......	624.120	—

Du côté du seuil d'El Guisr, le dernier alignement du seuil, à son entrée dans le lac Timsah, au lieu de se diriger en courbe vers l'Est, était fortement dévié vers l'Ouest de manière à aller gagner par un nouvel alignement les grands fonds du lac; le raccordement entre les deux directions se faisait à l'aide d'une courbe à laquelle la disposition des lieux ne permettait malheureusement pas de donner plus de 1.765 mètres de rayon. Du côté du seuil du Sérapéum, le grand alignement de Toussoum était prolongé dans le lac jusqu'à la rencontre de l'alignement précédent, rencontre qui avait lieu dans les fonds de $6^{m},50$ à 7 mètres. Le raccordement entre les deux alignements du lac se faisait au moyen d'un pan coupé de 700 mètres de longueur destiné à former la limite Est d'une gare naturelle où il y aurait peu de chose à faire pour obtenir la profondeur de 8 mètres, et qui se trouvait dores et déjà en communication avec les grands fonds de 7 mètres existant en face de la ville d'Ismaïlia. Ce pan coupé n'avait pas de courbe de raccordement avec l'alignement venant de Toussoum, avec lequel il faisait un angle de 160°; mais il se raccordait avec l'alignement venant du seuil d'El Guisr, avec lequel il faisait un angle de 109°, par une courbe de 300 mètres de rayon et d'environ 360 mètres de développement.

Le nouveau tracé donnait assurément toute satisfaction aux intérêts immédiats et futurs du port d'Ismaïlia, mais il avait à son tour un autre grave inconvénient, celui d'allonger le parcours du canal d'environ 1.200 mètres. Or, la navigation de transit devait fournir la presque totalité de la circulation dans le canal. On eût donc probablement reculé devant l'idée de lui imposer, en faveur de quelques navires, que l'on supposait destinés à s'arrêter dans le port d'Ismaïlia, la gêne des sinuosités brusques du nouveau tracé et l'allongement de la durée de la traversée, si des considérations d'économie et de rapidité d'exécution, devenues d'une extrême importance à une époque si rapprochée de la date fixée pour l'inauguration du Canal, n'étaient venues très naturellement peser sur le choix des résolutions définitives qu'avait à prendre la Compagnie.

L'économie de cube sur l'ensemble des dragages à effectuer dans le lac Timsah devait être, par l'adoption du nouveau tracé, d'environ 300.000 mètres[1]. En présence d'un pareil chiffre, et sous l'influence alors dominante de l'idée fixe d'un prompt achèvement du Canal, la Compagnie ne crut pas devoir hésiter ; et c'est ainsi que la traversée du lac Timsah s'est trouvée avoir finalement le cours sinueux que présente le tracé définitif d'exécution.

En fait, par suite de l'adoption du nouveau tracé, l'entrée directe dans le lac, en venant de Suez, c'est-à-dire en suivant du Sud au Nord le grand alignement de Toussoum était satisfaisante. Mais, par contre, l'entrée en courbe, en venant de Port-Saïd, c'est-à-dire en débouchant du seuil

1. Cette réduction de cube provenait, à la fois, d'une réduction sur le chiffre des déblais du canal proprement dit, et d'une réduction à peu près égale sur le chiffre des déblais nécessaires pour la création, reconnue indispensable, d'une gare d'évitement dans le canal Timsah.

Avec le tracé primitif de la grande courbe de l'Est, le meilleur emplacement pour cette gare avait paru être du kilomètre 77,1 au kilomètre 78,1, parce que, en arrière de la gare même, on trouvait dans le lac, les profondeurs naturelles de $6^m,20$ pouvant servir au mouillage de la majeure partie des navires.

La dite gare devait avoir une longueur moyenne de 1.000 mètres comprenant des pans coupés de 200 mètres à ses extrémités.

En lui donnant une largeur de 120 mètres, afin que les plus grands navires pussent y éviter, la profondeur moyenne des dragages se trouvait être de 3 mètres, et l'on aurait eu alors un cube total de déblais à exécuter de : $1.000 \times 120 \times 3 = 360.000$ mètres

Mais, si l'on se contentait d'une gare de 22 mètres de largeur, doublant simplement la largeur du canal, comme à Kantara, le cube total des déblais se réduisait dans la proportion suivante :

Creusement de la gare	$1.000 \times 22 \times 4 =$	88.000	mètres cubes.
Passes aux extrémités pour arriver au mouillage du lac, ensemble	$500 \times 22 \times 3 =$	33.000	—
CUBE TOTAL		121.000	—

Finalement, dans une convention du 26 novembre 1868 avec les Entrepreneurs chargés de l'exécution de la totalité des dragages, faisant suite à un 5e acte additionnel du 30 octobre précédent, il avait été arrêté que l'on donnerait à la gare d'évitement du lac Timsah, dont la longueur restait fixée à 1.000 mètres, une largeur telle que le cube total des déblais pour la création de cette gare, fût d'environ 150.000 mètres.

d'El Guisr, laissait beaucoup à désirer, en raison de l'insuffisance du rayon de la dite courbe; de plus, la nécessité pour les navires qui n'avaient pas à s'arrêter dans le port d'Ismaïlia de contourner l'espèce de cap formé par la courbe de raccordement des deux alignements du lac Timsah était une cause incontestable de ralentissement de marche, indépendamment du temps employé à l'excédent de parcours. La Compagnie devait certainement par la suite, comme elle l'a fait d'ailleurs, chercher à atténuer ces inconvénients par des améliorations successives consistant à élargir progressivement la section du Canal dans la courbe d'entrée et à reculer vers l'Est, également d'une manière progressive, la courbe de raccordement formant en partie, de ce côté, la limite de la gare du lac Timsah.

Nous terminerons par une dernière réflexion, complétant tout ce que nous avons dit précédemment au sujet du tracé du canal entre Port-Saïd et le lac Timsah. C'est qu'un tracé qui eût traversé le seuil dans une direction faisant déboucher le canal, en ligne droite, directement dans les grandes profondeurs du lac, eût été assurément, tout au moins au point de vue exclusif des intérêts de la navigation, bien préférable au tracé qui a été suivi en exécution; qu'un pareil tracé eût eu, en outre, l'inappréciable avantage de placer le débouché du Canal à proximité du plateau qui, à raison de son étendue, de son facile accès au Canal d'eau douce, et, surtout, de sa situation juste vis-à-vis des grandes profondeurs du lac, a été choisi pour l'emplacement de la ville d'Ismaïlia. Hâtons-nous d'ajouter que cette réflexion rétrospective n'est présentée qu'au point de vue absolu de l'art de l'ingénieur. Il était bien difficile, en effet, dans la question si complexe du choix des dispositions de détail du tracé du Canal maritime, de se rendre *à priori* un compte bien exact des avantages et des inconvénients respectifs qui pouvaient résulter de telle ou telle solution. Et, d'ailleurs, on a vu par les explications données précédemment combien les considérations d'économie, en pesant d'une manière tout à fait prépondérante, dès le début même et pendant tout le cours des travaux, sur les résolutions de la Compagnie, ont dû exiger le sacrifice d'autres intérêts dans cette question si importante du choix définitif du tracé d'exécution.

TRAVERSÉE DU SEUIL DU SÉRAPÉUM

C'est dans la partie du canal comprise entre le lac Timsah et les lacs Amers, formant la traversée du seuil du Sérapéum, que le tracé de 1859 présentait le plus de sinuosités. Sur un parcours total de 12.587 mètres, le dit tracé comportait six courbes, du numéro 13 au numéro 8, ayant respectivement des rayons de 800, 1.000, 2.000, 1.600, 1.600 et 2.000 mètres. Cette portion du tracé était donc une de celles qui réclamaient le plus impérieusement une amélioration. Aussi, dès la fin de 1861, avant qu'il fût encore question, dans les plans de campagne des travaux, d'entreprendre de ce côté les déblais du Canal maritime, avait-on déjà commencé à s'occuper, dans la portion de canal considérée, de l'étude de variantes du tracé de 1859.

Bien antérieurement à la date qui vient d'être indiquée, la Compagnie avait créé l'important campement de Toussoum, au sujet duquel on trouve dans le rapport du Président de la Compagnie à l'Assemblée générale des actionnaires du 15 mai 1860, les renseignements suivants :

« Au sud du bassin de Timsah, sur un plateau élevé au « pied duquel passe le tracé du Canal maritime en débou« chant dans le lac, sont situés le campement et les chan« tiers de Toussoum.

« Les environs de Toussoum abondent en matériaux : « pierres, chaux, plâtres, combustibles, etc. Des conditions « aussi favorables ont fait choisir, au commencement des « travaux, cette position comme centre de communication « et d'approvisionnement, pour tous les chantiers situés « entre Timsah, Port-Saïd, le Caire et Suez.

« Toussoum se compose de trente-trois constructions « en pisé faites dans les meilleures conditions pour hôpital, « ateliers, magasins, logements, boulangerie, étables, « forges, fours, puits, etc. »

Pendant toute la durée de la phase des premiers travaux d'installation dans l'intérieur de l'Isthme, le campement de Toussoum fut, en effet, le centre principal d'occupation des divers services de la Compagnie, chargé de pourvoir par ses ateliers, ses magasins, son service de santé, son personnel de travaux à tous les besoins des autres campements depuis El Ferdane jusqu'à Suez.

Le plan général comparatif des divers tracés (Planche XI) fait voir que ce campement, situé au droit de l'angle VIII du tracé d'exécution, à l'Ouest et tout près de ce tracé, se trouvait à 1 kilomètre environ de distance dans l'Est du tracé de la Commission internationale avec lequel vint ensuite se confondre, sur ce point, le tracé qui fut proposé plus tard par l'Entrepreneur-régisseur et approuvé ensuite par le Conseil supérieur des travaux. C'est que, en même temps que s'étaient faites les études de ce dernier tracé, il avait fallu s'installer; et c'était avant que l'on pût prévoir les résultats définitifs des dites études qu'avait été choisi le plateau de Toussoum pour l'établissement du campement central de toute cette région de l'Isthme. Au point de vue de la santé des travailleurs, à une époque où l'on ignorait encore les conditions sanitaires qui pourraient résulter des grands mouvements de terre que l'on avait à exécuter; au point de vue même de la sécurité du personnel, au milieu de ce désert fréquenté par des Arabes nomades, et à un moment où la Compagnie était en butte à d'ardentes hostilités, le choix d'un pareil emplacement devait paraître parfaitement justifié; mais il eut malheureusement ensuite, comme nous allons l'expliquer, une fâcheuse influence sur le choix définitif du tracé d'exécution.

Pendant que, dans les derniers mois de 1861, on se

préparait, ainsi que nous l'avons dit plus haut, à faire l'étude d'une rectification du tracé de la traversée du seuil du Sérapéum, comme le moment approchait où les travaux de creusement de cette partie du Canal pourraient être entrepris à leur tour, — et ce devait être immédiatement sur une grande échelle, — on eut à examiner en même temps la question de l'établissement du campement spécial nécessaire pour lesdits travaux. Or, dans l'établissement de tous les campements installés le long du Canal maritime pour les besoins des travaux, il a été de règle invariable, — sauf une seule exception, celle du campement de Kantara, — de placer lesdits campements sur la rive Ouest ou côté Afrique du Canal, une pareille disposition étant commandée par la nécessité d'avoir les campements en communication directe avec les centres d'approvisionnements et avec le canal d'eau douce et ses dérivations. Il va sans dire, d'ailleurs, que les campements ont toujours été rapprochés le plus possible du Canal. Le campement de Toussoum se trouvant, par rapport au tracé de 1859, et devant se trouver par rapport à tout tracé rectifié ayant la même direction générale que le tracé primitif, situé du côté Asie et à une assez grande distance du canal, ne pouvait être avantageusement utilisé pour le but spécial indiqué ci-dessus. On fit donc un projet d'établissement d'un nouveau campement sur des bases analogues à celles d'un campement très important alors en cours de construction au seuil d'El Guisr; la nouvelle installation projetée devait occasionner une dépense d'environ 200.000 francs. C'est alors que fut proposée par les Ingénieurs et immédiatement adoptée en principe par la Compagnie, puis étudiée en détail dans le courant de 1862, et, enfin, définitivement adoptée de fait par le piquetage sur le terrain pour exécution à la fin de ladite année, une autre solution consistant à donner au tracé rectifié, à partir du lac Timsah, une direction faisant passer ce tracé tout près et dans l'Est du campement de Toussoum, de manière à permettre d'utiliser ce campement, et de réaliser ainsi une grande économie de temps, de peines et d'argent.

Telle a été la cause déterminante, unique même, du coude brusque que présente au droit de Toussoum le tracé définitif d'exécution, coude d'autant plus fâcheux au point de vue de la navigation qu'il se trouve dans une tranchée profonde. L'inconvénient de ce coude encaissé eût été beaucoup moindre si l'on avait donné à la courbe de raccordement des deux grands alignements, au lieu du rayon de 2.000 mètres jugé alors suffisant dans les terrains de faible relief, un rayon de 3.000 à 4.000 mètres. Mais ce qui eût été bien préférable encore, lors des études de la rectification, c'eût été de se résigner à sacrifier complètement le campement de Toussoum, — qui n'a été utilisé plus tard, en réalité, que pendant une très courte période de la durée des travaux du seuil du Sérapéum, — et de maintenir le nouveau tracé, au droit de ce campement, à peu près dans la même région, sinon plus à l'Ouest encore, que les tracés de 1856 et de 1859. On eût probablement reconnu alors la possibilité, en ne reculant pas, au besoin, devant un certain excédent de déblais pour donner une satisfaction plus complète aux intérêts de la navigation, d'adopter pour toute la traversée du seuil du Sérapéum, un seul alignement droit partant des grandes profondeurs du lac Timsah pour aboutir à peu près au même point que le tracé actuel dans les lacs Amers. En outre de sa supériorité incontestable au point de vue de la navigation, tant à cause de l'absence de coudes qu'en raison de l'abréviation de parcours, cette solution aurait eu encore l'avantage de rapprocher beaucoup le Canal maritime du Canal d'eau douce, ce qui aurait eu pour double résultat, d'une part, de faciliter les approvisionnements généraux et l'alimentation en eau douce des chantiers pendant la durée des travaux; d'autre part, de réduire les dépenses ultérieures d'entretien, par suite de la réduction de largeur de la zone de terrain comprise entre les deux canaux, dont la surface dénudée, balayée par les vents de Khamsin, fournit les sables voyageurs qui vont tomber dans le Canal.

TRAVERSÉE DES LACS AMERS
QUESTION DES ÉCLUSES AUX EXTRÉMITÉS DU CANAL

La question du tracé du canal à la traversée des lacs Amers, question à laquelle se rattachait celle de la construction ou de l'absence d'écluses aux ports d'extrémités, bien qu'elle eût été l'objet d'une étude très approfondie et d'une décision fortement motivée de la part de la Commission internationale, n'en est pas moins restée pourtant, pendant toute la durée pour ainsi dire des travaux, une des plus constantes préoccupations de la Compagnie. Non pas que la solution proposée par la Commission internationale, consistant à réunir les deux mers par un véritable bosphore, c'est-à-dire par un canal sans écluses, et à faire passer ce canal, sans aucun endiguement, à travers le bassin même des lacs Amers, n'ait toujours paru à la Compagnie la solution la meilleure au double point de vue de l'économie des dépenses et de la rapidité d'exécution, et ce, indépendamment des considérations d'art au sujet desquelles la Compagnie ne croyait pouvoir mieux faire que de s'en rapporter à l'expérience des ingénieurs éminents de la Commission ; mais parce que d'autres ingénieurs, également très expérimentés, n'ont cessé de manifester pendant tout le cours des travaux les plus sérieuses appréhensions au sujet des inconvénients fort graves et presque irrémédiables qui leur paraissaient devoir résulter pour l'exploitation du Canal de l'adoption d'une pareille solution.

Cette question de la traversée des lacs Amers et des écluses d'extrémités, par les intéressantes controverses qu'elle a soulevées, mérite de fixer plus particulièrement l'attention des ingénieurs. Nous la traiterons donc ici avec quelque détail.

Comme point de départ de cette étude, on doit se reporter, tout d'abord, à l'exposé fait précédemment des considérations et motifs sur lesquels était basée la solution proposée par la Commission internationale[1].

Nous rappellerons simplement ici que la Commission. malgré les objections faites par quelques-uns de ses propres membres, persista à considérer la solution proposée par elle, d'un canal sans écluses interrompu par la nappe d'eau des lacs Amers, solution qui était assurément la plus simple, comme étant en même temps la meilleure que l'on pût adopter.

Le Conseil supérieur des travaux, dans son projet réduit du mois d'août 1859, n'eut garde de rien modifier à une solution qui avait l'avantage, prédominant à cette époque, d'être la plus économique[2].

Pendant les premières années des travaux, qui furent consacrées principalement aux installations dans l'Isthme, à la construction du Canal d'eau douce et au creusement d'une première rigole navigable entre Port-Saïd et le lac Timsah, on n'eut pas à se préoccuper de la question de la traversée des lacs Amers.

C'est dans les premiers mois de l'année 1862 que cette question fut remise de nouveau à l'étude pour ne plus cesser ensuite d'être l'objet, ainsi que nous allons l'expliquer, de vives et savantes controverses jusqu'à la fin pour ainsi dire des travaux.

Au commencement de cette année 1862, la Compagnie

1. Voir au chapitre contenant la description du projet de la Commission internationale, l'article intitulé *Question des écluses aux extrémités du canal et traversée des lacs Amers*, p. 54 et suivantes.

2. Il est utile de rappeler ici que le Conseil supérieur des travaux, qui avait été institué en novembre 1858, « pour examiner tous les projets de détail, les questions d'art et les marchés se rattachant à l'exécution des travaux », fut reconstitué en août 1861, à peu près avec les mêmes membres, sous le nouveau titre de *Commission consultative des travaux;* et que cette Commission a régulièrement fonctionné depuis lors, comme Conseil technique de la Compagnie, jusqu'à la fin des travaux.

avait pour objectif de terminer le plus promptement possible les travaux, alors en cours d'exécution, de la première phase de l'entreprise[1], d'achever notamment la rigole navigable destinée à établir une première communication entre les deux mers. Or, rien de bien précis n'avait été indiqué jusque-là, ni par les auteurs de l'avant-projet, ni par la Commission internationale, ni par le Conseil supérieur des travaux, sur la manière dont la rigole en question pourrait franchir la vaste dépression des lacs Amers. Ce point si important du problème de la première communication entre les deux mers ayant été alors l'objet d'une étude sérieuse au point de vue des conditions pratiques d'exécution, on fut amené à reconnaître que, dans la situation des choses, il n'existait aucun moyen, aucune combinaison de mode de travail, permettant de réaliser un prochain et rapide remplissage des lacs. C'est à cette occasion que, dans une séance de la Commission consultative des travaux du mois de mars 1862, il fut rappelé, pour la première fois, que la Commission internationale n'avait pas été unanime à proposer le tracé qui avait prévalu, et que la minorité avait émis l'avis qu'il vaudrait mieux contourner les lacs, soit à droite, soit à gauche, en conservant au canal sa section normale et en réduisant le déblai au strict nécessaire. Sans se prononcer sur le mérite de cette dernière combinaison, la Commission consultative pensa pourtant que cette combinaison ne devait pas être perdue de vue et qu'il y avait lieu de la signaler à l'attention des ingénieurs, en les invitant à examiner notamment « si ladite combinaison ne serait pas de nature à procurer une exécution plus prompte et plus rationnelle de la rigole qui devait assurer la communication des deux mers ».

Plus tard, en novembre 1863, la Commission consultative des travaux, à l'occasion de l'étude d'un nouveau tracé pour

1. Voir le programme du Conseil supérieur des travaux, p. 111.

la partie du Canal comprise entre les lacs Amers et Suez, fit la recommandation « de combiner le tracé de telle sorte qu'il y eût le moins possible de travail perdu si, plus tard, on était obligé de contourner les lacs pour établir un canal à l'abri de l'agitation que les vents pourraient produire ».

En avril 1864, M. Poirée, inspecteur général des Ponts-et-Chaussées en retraite, actionnaire du Canal, adressa au Président de la Compagnie un mémoire ayant pour but d'appeler l'attention du Conseil d'administration sur les inconvénients que lui paraissaient présenter plusieurs des dispositions adoptées par la Compagnie pour la solution de « l'important problème du percement de l'Isthme de Suez » ; le dit mémoire consistant en une note succinte d'observations sur le projet en cours d'exécution appuyée de calculs très détaillés sur les vitesses des courants dans le Canal. En ce qui concerne la question spéciale des écluses d'extrémités et de la traversée des lacs Amers, l'auteur du mémoire s'exprimait ainsi :

Après avoir consulté les calculs de la Commission internationale sur les vitesses du courant dans les trois hypothèses différentes où l'on pouvait concevoir le canal, il avait fait lui-même de nouveaux calculs qui l'avaient conduit aux résultats suivants :

1° *Canal divisé par les lacs Amers.* — Dans la section Sud, côté de la mer Rouge, la vitesse du flot atteindrait $2^m,66$ par seconde, en admettant que la marée ne dût pas se faire sentir à l'entrée des lacs, et elle pourrait s'élever à 3 mètres si la marée, comme cela était probable, avait encore une certaine action au débouché du canal dans les lacs[1]. Ces vitesses théoriques de $2^m,66$ ou de 3 mètres n'étaient d'ailleurs que des vitesses moyennes, car il ne s'agissait pas ici d'une rivière à régime permanent; elles seraient plus fortes à l'entrée du canal qu'à son extrémité et, de plus, elles seraient encore augmentées dans les concavités des parties courbes du canal. Les berges seraient donc violemment attaquées et la navigation serait dangereuse et pénible.

2° *Canal continu sans écluses aux extrémités.* — La vitesse du flot serait de $1^m,39$ et se réduirait à $1^m,28$ dans les vives eaux ordinaires.

---

1. On remarquera que ces vitesses sont beaucoup plus grandes que celles indiquées au rapport de la Commission internationale.

Ce serait encore trop pour la conservation des berges du canal et pour la sécurité de la navigation.

3° *Canal continu, avec portes d'èbe et de flot à Suez.* — Les plus forts courants de flot de la Méditerranée, avec coups de vents du Nord ne dépasseraient pas $0^{m},51$ et seraient à peine de $0^{m},25$ dans les temps ordinaires ; il ne seraient nuisibles ni aux berges ni aux navires, et le Canal maritime offrirait tous les avantages d'un canal presque horizontal.

Ces résultats prouvaient : d'une part, que les lacs Amers ne pouvaient servir de modérateur suffisant ; d'autre part, qu'un canal continu sans écluses aux extrémités aurait encore des courants trop forts ; enfin, qu'un canal continu avec écluses à sas à portes d'èbe et de flot placées en tête du canal à Suez, présenterait la meilleure disposition pour gouverner le régime des marées dans la traversée du canal, et offrirait, en outre, de grandes facilités pour l'exécution des travaux.

Le canal continu ne traverserait pas les lacs Amers ; il les contournerait dans la direction la meilleure sous le double point de vue de l'exposition et de l'économie des déblais. Les lacs, restant à sec, recevraient les eaux d'écoulement naturel ou d'épuisement provenant des fouilles du canal et des ouvrages d'art ; en sorte que, avec des batardeaux ou de simples terre-pleins établis en travers du canal, au fur et à mesure des besoins, on travaillerait à sec pour creuser la cunette, pour enlever les bancs de pierres à plâtre que l'on avait déjà rencontrés et que l'on rencontrerait peut-être encore sur d'autres points, et, enfin, pour perréyer les talus du canal.

Les deux écluses à établir à l'entrée du Canal de Suez auraient une largeur de débouché, ensemble, de 52 mètres, correspondant à la largeur moyenne du canal (d'après le nouveau profil indiqué dans la note) ; en sorte que l'on pourrait, pendant la plus grande partie du temps, laisser ouvertes les portes de ces écluses pour le libre passage des navires, comme dans le bosphore, mais avec la possibilité d'arrêter, au moment convenable, une communication des deux mers qui pourrait être dangereuse.

L'auteur du mémoire ne croyait pas que cette nouvelle solution, consistant à faire un véritable canal maritime, dut être plus coûteuse que le projet de bosphore en cours d'exécution, attendu que la dépense des ouvrages d'art serait plus que compensée par l'économie des terrassements. Elle éviterait les dangers d'un lac qui pourrait, aussi bien que le lac de Genève, avoir ses tempêtes ; et, en outre, elle conserverait la continuité du halage sur les deux rives.

Dans le mois de juin de la même année 1864, M. Cadiat, ingénieur de la Marine au service de la Compagnie, présenta à son tour un mémoire sur la question du régime des eaux dans le Canal. Pour établir ses calculs, M. Cadiat avait fait, lui aussi, un certain nombre d'hypothèses, et il avait adopté une nouvelle méthode d'évaluation. La conclusion de son mémoire, basée sur les résultats desdits calculs, était la suivante :

Dans la combinaison du canal interrompu par les lacs Amers, on pouvait presque affirmer que la plus grande vitesse du courant dans la branche Sud ne dépasserait jamais 1m,20 ou 1m,40 avec un canal de 22 mètres de largeur au plafond ; 0m,80 ou 0m,90 avec une largeur au plafond de 44 mètres[1].

Et si l'on considérait que ces plus grandes vitesses ne devaient se produire qu'aux embouchures, aux époques d'équinoxes avec grands coups de vent ; qu'elles ne devaient d'ailleurs durer qu'un temps très court, à la mer haute ou à la mer basse, pour diminuer ensuite rapidement en passant par zéro, on était amené à reconnaître que les courants seraient modérés dans le Canal et qu'il était bien peu probable qu'il devînt jamais nécessaire de recourir à des écluses pour le fermer du côté de Suez.

Les deux mémoires dont il vient d'être parlé ayant été renvoyés par le Président de la Compagnie à l'examen de la Commission consultative des travaux, la Commission, dans sa séance du 25 juin 1864, formula son avis de la manière suivante :

« Il convient, disait-elle, pour dissiper toutes les incer-« titudes et pour permettre de résoudre définitivement la « difficulté, — celle de savoir si, par suite des vitesses des « courants, il y aurait, ou non, nécessité de construire des « écluses à Suez, — de substituer aux hypothèses des faits « soigneusement observés sur place. La Commission pro-« posait donc l'organisation à Suez et à Port-Saïd d'un « service d'observations et d'expériences dont le programme « devrait être arrêté dans le plus bref délai possible. »

M. Chevallier, inspecteur général des Ponts et Chaussées, membre de la Commission, voulut bien se charger de

1. On remarquera que ces résultats diffèrent peu de ceux fournis par les calculs de la Commission internationale et sont, par conséquent, comme ceux-ci, fort en désaccord avec les chiffres correspondants du mémoire de M. Poirée.

préparer ce programme, dont il formula définitivement les bases dans un rapport du 3 août 1864 intitulé *Du mode d'exploitation du Canal de l'Isthme de Suez, avec ou sans écluses*.

Dans son rapport, M. Chevallier, après avoir fait ressortir la diversité des méthodes de calculs employées et des résultats obtenus successivement par MM. Lieussou, Poirée et Cadiat, discutait les dites méthodes par diverses considérations critiques appuyées de nombreux faits d'observations. Cette discussion peut être résumée de la manière suivante :

A un premier point de vue :

Pour pouvoir établir les formules qui avaient servi aux calculs, différentes hypothèses avaient été faites au sujet du mode de propagation de la marée : ainsi, on avait admis que la marée se transmettrait dans le canal avec une vitesse uniforme et toute son intensité ; or, en ce qui concerne la vitesse, on pouvait conclure de ce qui se passe en pleine mer et dans les lits suffisamment réguliers des fleuves, que la vitesse de propagation de la marée ne dépend que de la profondeur d'eau, en sorte qu'il était permis de croire que, dans le Canal de Suez, régulier en largeur et en profondeur, la vitesse de propagation serait, en effet, uniforme, et pouvait se déduire de la profondeur même du canal ; mais, au sujet de l'intensité, l'expérience montrait que, soit dans les mers libres, soit dans les rivières, les circonstances locales influaient beaucoup sur l'amplitude de la marée, et d'autant plus que cette amplitude était moindre. On avait admis encore que la surface de l'eau prendrait à chaque instant la pente uniforme qui convient au régime permanent d'un écoulement régulier ; mais l'observation montrait qu'en réalité les choses ne se passent pas ainsi ; qu'en effet, les eaux mises en mouvement par les impulsions successives de la marée montante continuent encore leur marche en avant quand déjà la marée descendante forme comme un appel en arrière ; qu'au renversement de la marée, les effets contraires se produisent ; et qu'il résulte de là de véritables oscillations des masses qui se traduisent dans certains cas par des phénomènes particuliers.

A l'appui de ces considérations critiques, M. Chevallier citait l'exemple de faits d'observations de la propagation des marées recueillis, — en choisissant des époques d'étiage comme se rapportant mieux à la question, — sur plusieurs fleuves : la Seine, la Loire, la Gironde ; d'autres faits se rapportant au lac Ballyteige, situé sur la côte sud-est d'Irlande.

L'exacte appréciation des faits d'observations paraissait donc prouver l'impossibilité de comprendre dans des formules toutes les circonstances des phénomènes, et, par suite, d'en déduire des valeurs exactes pour les vitesses des masses en mouvement. Ces vitesses, d'ailleurs, sont variables d'intensité et même de direction dans les différents points d'une même section transversale, car le renversement des courants se fait sentir ordinairement au fond plus tôt qu'à la surface, et sur les bords plus tôt qu'au milieu. En outre, les oscillations des masses en mouvement font que les étales des courants de flot et de jusant s'écartent plus ou moins des étales de pleine mer et de basse mer ; n'étaient-ce pas là également des circonstances qui échappaient complètement au calcul ?

Comment, encore, pouvait-on songer à établir des formules de calculs de vitesse, lorsque, par exemple, on se trouvait en présence des résultats suivants d'observations de vitesses de surface faites, en étiage, sur la Seine, la Garonne et la Dordogne, savoir : tandis qu'à l'entrée de la Garonne et de la Dordogne la vitesse maximum est plus forte pour le jusant que pour le flot, c'est le contraire sur la Seine en amont de Quillebœuf; sur la Seine, des marées bien moindres que des marées observées à l'entrée de la Garonne et de la Dordogne produisent pourtant au flot et au jusant des vitesses plus fortes; et les puissants et capricieux effets du mascaret sur la Seine et sur la Dordogne !

De tout cela on devait évidemment conclure que les lois de la transmission des marées dans les fleuves et les canaux étaient encore inabordables par le calcul et ne pouvaient être révélées que par l'observation.

A un autre point de vue :

On devait se demander si, dans la question actuelle, c'était bien des marées seules qu'on devait se préoccuper, alors que ces marées, aux extrémités du canal maritime, n'auraient au maximum, exceptionnellement, et à Suez seulement, que 2 mètres d'amplitude, et alors qu'on avait l'exemple de la Méditerranée, où, avec des marées beaucoup plus faibles, une surélévation permanente des eaux accumulées par les coups de vents, donne souvent lieu dans des passes à des courants énergiques, et où l'action luni-solaire se manifeste sur certains points par des courants bien plus forts qu'on ne devrait s'y attendre avec la petitesse des marées voisines.

Pour l'étude de la question à ce nouveau point de vue on avait les faits d'observation suivants :

Dans le détroit de Messine, il se produit des courants réguliers et alternatifs qui atteignent jusqu'à 5 nœuds aux équinoxes, arrêtent les navires à voiles et ralentissent les bateaux à vapeur, bien que les marées ne soient que de $0^m,05$ au Faro et de $0^m,20$ à $0^m,25$ à Messine et à Palerme. Dans le canal d'Eyripo (ancien Euripe), où la section la plus étroite, celle du sud, a $21^m,50$ de largeur et $5^m,50$ de profondeur moyenne, le courant est ordinairement de 6 nœuds aux syzygies ordinaires avec des montées d'eau de $0^m,40$; mais, par des grands vents, l'eau monte de 1 mètre et la vitesse atteint momentanément 10 à 12 nœuds. Dans le Bosphore et le détroit des Dardanelles, séparés par une distance de 200 kilomètres et une nappe d'eau de 1 million d'hectares (mer de Marmara), les courants sont dus presque exclusivement aux surélévations du niveau de la mer Noire sous l'influence des vents régnants : dans le détroit des Dardanelles, de 62 kilomètres de longueur, où la moindre section a 1.400 mètres de largeur et une surface d'environ 80.000 mètres carrés, les courants atteignent 3 à 4 nœuds au plus ; dans le Bosphore, de 28 kilomètres de longueur, où la moindre section a une largeur de 700 mètres et une surface d'environ 35.000 mètres carrés, les courants vont jusqu'à 5 et 6 nœuds, et les navires ne peuvent les surmonter qu'à l'aide d'un bon vent ou de la vapeur. Au canal de Cette, faisant communiquer l'étang de Thau, d'une superficie de 7.700 hectares, avec la mer, — ledit canal ayant 2 kilomètres de longueur et une section de 11 mètres de largeur sur 3 mètres de profondeur moyenne, — les dénivellations extérieures s'élèvent à 1 mètre ou $1^m,15$, les vitesses observées à la surface dans le canal même sont au maximum de 2 mètres par seconde ou de 4 nœuds; les oscillations semi-diurnes de la mer ne se transmettent pas à l'étang avec leurs variations et leurs amplitudes. Enfin, dans le canal de 5.800 mètres de longueur, à section fort irrégulière, formant la communication entre l'étang de Berre d'une superficie de 15.000 hectares et la mer, pour des dénivellations extérieures de 1 mètre sous l'action du vent, la vitesse dans les passes atteint jusqu'à 2 mètres par seconde ou 4 nœuds.

De tous ces exemples on pouvait, suivant le rédacteur du rapport, tirer, sinon des conclusions positives, au moins quelques inductions pour la solution de la question pendante.

Les données de cette question étaient les suivantes : les lacs Amers avaient une superficie de 33.000 hectares; le canal, avec une largeur de 22 mètres au plafond, présentait une section de 300 mètres carrés; enfin, d'après les observations recueillies, on savait que les vents du nord pouvaient abaisser la mer à Suez de $0^m,68$ et les vents du sud la relever de $0^m,52$, ce qui donnait une variation totale de $1^m,20$. Ces données, comparées à celles analogues des étangs de Thau et de Berre, semblaient indiquer que, sur la branche Sud du Canal de Suez, avec la conservation des lacs Amers, les courants produits par l'action des vents n'atteindraient qu'exceptionnellement sur quelques points et pendant peu de temps des vitesses de 2 mètres par seconde ou de 4 nœuds; quant aux courants de marée, s'ils pouvaient être comparés à ceux de la Seine, de la Garonne et de la Dordogne, ils atteindraient 3 à 4 nœuds dans leur maximum.

En résumé, M. Chevallier concluait de la manière suivante :

Un bosphore ne présentait qu'un seul risque, celui de courants trop rapides du côté de Suez, courants qui ne devraient pas leur maximum d'intensité seulement aux marées, mais aussi aux coups de vent.

Dans tous les cas, il était à présumer que les vitesses extrêmes seraient exceptionnelles et de courte durée; et que, d'une part, les berges pourraient être suffisamment garanties contre les dégradations ; d'autre part que les navires pourraient, comme on le faisait ailleurs et comme on l'avait prévu pour le canal, recourir à la vapeur comme moyen de touage ou de remorquage, ou, au moins, n'attendre que peu de temps pour laisser mollir les courants.

Mais il paraissait impossible d'établir par le calcul, pour ces courants, les époques précises de leur action et leur intensité maximum. Des expériences seules pouvaient permettre de se faire des idées quelque peu précises à ce sujet. En conséquence il y avait lieu, en même temps que l'on recueillerait des renseignements complémentaires sur la manière dont les choses se passaient aux étangs de Berre et de Thau et dans le Bosphore, d'organiser un service d'observations de courants sur les lieux mêmes, aux points ci-dessous désignés, savoir : 1° Au lac Menzaleh, à travers le Boghaz de Ghemileh, en raison des variations de niveau à l'intérieur et à l'extérieur; 2° dans la branche nord du canal, à mesure qu'elle deviendrait plus profonde; 3° enfin, à Suez, dans les chenaux par lesquels se vident et se remplissent les lagunes actuelles, et, dans le canal même, à mesure de son degré d'avancement.

M. Poirée répondit au rapport de M. Chevallier par la publication d'un nouveau mémoire, du 15 janvier 1865, lequel fut suivi de trois compléments aux dates des 9 janvier, 6 mars et 1er juillet 1866 [1].

Comme conclusion de toutes les observervations consignées

---

1. Un quatrième et dernier complément fut publié le 19 mai 1868.

A cette époque, la Compagnie croyait pouvoir annoncer déjà que l'ouverture du Canal aurait lieu le 1er octobre 1869. Une des objections les plus sérieuses contre la réalisation de ce programme était, suivant M. Poirée, la question du remplissage des lacs Amers. En évaluant la perte par évaporation et imbibition à 0,012 par mètre carré en vingt-quatre heures, comme le faisaient les ingénieurs, ce remplissage serait impossible, pensait-il, avec les seules eaux de la Méditerranée, et il faudrait y employer aussi les eaux de la mer Rouge. M. Poirée conseillait de ne procéder au remplissage des lacs Amers qu'après avoir terminé le Canal, avec sa largeur de 44 mètres au plafond et talus à 45°, savoir : au Nord, par les dragues ; au Sud, par les déblais à sec. Il était convaincu que l'on ne gagnerait rien comme temps à procéder autrement.

A propos de la traversée des lacs, M. Poirée faisait remarquer encore, que, contrairement à une opinion qu'il avait entendu exprimer, il ne pensait pas

dans ces diverses publications, M. Poirée exprimait en dernière analyse l'opinion suivante :

Il ne suffisait pas, disait-il, d'établir une communication telle quelle entre les deux mers ; il fallait que cette communication fut facile en tout temps ; il fallait, surtout, qu'elle fut affranchie de ces réglements obligés, établis sur les chemins de fer à une voie. Par esprit de conciliation, et pour prouver son vif désir du succès de l'œuvre, il proposait de n'exécuter provisoirement que les travaux les plus indispensables pour la grande navigation, sauf à compléter plus tard les dispositions qui seraient jugées nécessaires. Son programme embrassait tout l'ensemble du canal et de ses dépendances. Parmi les travaux dont il recommandait l'exécution immédiate se trouvaient les suivants, concernant plus spécialement la double question des écluses et de la traversée des lacs Amers : donner au canal une largeur de 44 mètres au moins au plafond, en ne défendant par des perrés ou des empierrements que les berges les plus exposées aux éboulements ; contourner les lacs Amers, qui resteraient à sec ; enfin, conserver dans la portion du Canal des lacs Amers à Suez le tracé de la Commission internationale aboutissant au port de Suez[1] et draguer jusqu'à une profondeur convenable le chenal de ce port, qui deviendrait ainsi un avant-port parfaitement abrité : par cette disposition, on réserverait, suivant le conseil de la Commission internationale, l'emplacement des écluses de la Quarantaine, qui formeraient plus tard la tête du canal maritime, au moyen d'une dérivation de 2 à 3 kilomètres au plus de longueur, si l'on venait à reconnaître la nécessité de remédier ainsi à la force et à la variabilité du courant.

Pendant que se continuait en France une discussion assurément fort intéressante, mais principalement basée sur les résultats de calculs plus ou moins hypothétiques, le service d'observations conseillé par M. Chevallier dans son rapport

---

que le banc de sel dût se dissoudre entièrement, attendu que la première tranche d'eau introduite se saturerait de sel avec la couche supérieure du banc et empêcherait la dissolution des couches inférieures. Il appelait l'attention des ingénieurs sur ce point important, afin qu'ils prissent à l'avance les dispositions nécessaires pour parer au talonnage des navires dans les gros temps, et au défaut d'ancrage sur un banc de sel.

1. On verra, plus loin, à l'article concernant le tracé d'exécution du Canal entre les lacs Amers et Suez, que, dans la portion du Canal, près de Suez, le tracé de la Commission internationale avait été reporté à environ 2 kilomètres vers l'Est, le nouveau tracé traversant ainsi le plateau de la Quarantaine pour aller déboucher dans la rade de Suez.

du 3 août 1863 avait été organisé en Egypte comme il l'avait indiqué. Malheureusement, les circonstances ne se prêtèrent pas à ce que les observations qui furent alors recueillies pussent être d'une véritable utilité au point de vue de la grave question qu'on avait à résoudre. En effet, du côté de la Méditerranée, pendant très longtemps encore, la portion Nord du Canal, entre Port-Saïd et le lac Timsah, ne présenta que de faibles profondeurs et une section fort irrégulière. A l'autre extrémité, la portion Sud du Canal, entre Suez et les lacs Amers, par suite des divers modes d'exécution des travaux de creusement qu'on jugea successivement utile d'employer, dut rester complètement isolée de la mer Rouge presque jusqu'au jour du complet achèvement de ces travaux. Les conditions dans lesquelles se produisaient les courants, dont on étudia quand même le régime tant à Suez qu'à Port-Saïd, étaient donc et restèrent par la force des choses trop différentes de celles qui devaient exister dans la portion Sud du Canal, — la seule qui donnât des préoccupations, — pour permettre de tirer en temps utile, des observations faites, des indications vraiment concluantes. Or, la solution définitive de la question ne pouvait être trop longtemps retardée sans qu'il en résultât une grande incertitude, non seulement dans les programmes et plans de campagne des travaux, mais encore, — ce qui eût été d'une extrême gravité, — dans les prévisions relatives au chiffre final des dépenses et à la date probable de l'ouverture du Canal à la grande navigation. Il fallut donc quand même, c'est-à-dire sans avoir, sur la question spéciale des courants que l'on pourrait avoir à redouter dans un canal sans écluses, des indications plus précises que les résultats contradictoires de calculs hypothétiques et les données générales d'observations rappelés ci-dessus, prendre en temps opportun une décision définitive sur la traversée des lacs Amers. En outre, après la décision prise, la Compagnie ne se trouva jamais en situation de combattre les objections qui continuèrent pendant toute la durée des travaux à être formulées contre la solution adoptée, de la seule manière qui pouvait être concluante, c'est-à-dire par l'exemple même de faits à peu près comparables à ceux qui devaient se produire dans le canal complètement achevé.

Un projet de tracé définitif pour la traversée des lacs Amers fut dressé par les Ingénieurs vers le milieu de l'année 1866.

Dans cette nouvelle étude il n'était fait aucune mention de la question des écluses. C'est que, malgré l'intéressante controverse à laquelle cette question avait donné lieu et dont il est rendu compte ci-dessus, il y avait accord tacite parmi tout le personnel de la Compagnie pour reconnaître l'impossibilité, en l'état des choses, tout à la fois d'invoquer des faits concluants et de discuter d'une manière utile les résultats de calculs plus ou moins hypothétiques au sujet des vitesses que pourraient prendre les courants dans le Canal; pour reconnaître dès lors, en même temps, qu'il n'y avait rien de mieux à faire que de s'en tenir à la solution si simple et si bien motivée d'ailleurs de la Commission internationale, consistant à établir un Canal entièrement libre, c'est-à-dire sans aucune écluse à ses extrémités, à créer un véritable bosphore entre les deux mers.

Sur la question même du choix à faire entre un tracé contournant les lacs et le tracé de la Commission internationale, les Ingénieurs présentaient les considérations suivantes :

En ce qui concernait le Petit lac, le tracé contournant devrait être porté du côté Afrique et établi de manière à se tenir dans les côtes de terrain correspondantes à un niveau un peu inférieur à celui des eaux. Dans cette position du tracé, le Canal, étant endigué d'un côté, présenterait assurément des avantages sérieux au point de vue de la navigation. Mais le tracé en question aurait par contre le grave inconvénient d'exiger (même avec la simple largeur de 22 mètres au plafond), un cube supplémentaire de déblais de 1.500.000 mètres, soit une augmentation minimum de dépense de 3.675.000 francs, plus

600.000 francs d'enrochements pour la défense des talus de la berge ; l'augmentation du cube des déblais occasionnerait inévitablement du retard dans l'époque de l'achèvement des travaux ; enfin, le double inconvénient de l'augmentation de dépense et du retard d'achèvement se trouverait sans doute encore aggravé par cette circonstance que, des forages récents ayant révélé la présence de bancs et rognons de roche dans la partie médiane du Petit lac, il était à craindre qu'un tracé reporté vers l'Ouest ne rencontrât des terrains plus rocheux encore[1]. Les Ingénieurs étaient donc d'avis qu'on ne pouvait pas hésiter à adopter définitivement pour la traversée du Petit lac, conformément au tracé depuis longtemps arrêté, la ligne des bas-fonds de ce lac.

En ce qui concerne le Grand lac, bien que l'on manquât des éléments d'appréciation nécessaires[2], on pouvait affirmer pourtant que le tracé contournant, qui devrait être établi sur la rive Asie, donnerait lieu à une augmentation de dépense considérable. L'adoption de cette combinaison aurait, en outre, l'inconvénient de présenter de sérieuses difficultés d'exécution au point de vue du ravitaillement des chantiers et de leur alimentation en eau douce; et, surtout, de retarder d'une année peut-être l'époque de la mise en exploitation du Canal. Les Ingénieurs regardaient donc comme bien préférable à tous égards d'essayer d'abord la solution de la Commission internationale, sauf à rejeter plus tard le canal à l'Est si la traversée du Grand lac venait, ce qui était peu probable, à être reconnue impossible. Dans le cas, pourtant, où cette éventualité se réaliserait, la dérivation devrait partir du seuil de séparation des deux bassins, et le cube de déblais fait inutilement ne serait, en définitive, que de 300.000 mètres.

D'après le projet présenté, le Canal devait avoir 60 mètres de largeur et être simplement balisé à la traversée du Grand lac ; il ne devait pas être endigué non plus dans le parcours du Petit lac, où la largeur au plafond serait de 44 mètres au lieu de la largeur de 22 mètres adoptée sur tout le reste de la longueur du Canal[3].

---

1. On aurait pu ajouter cette autre considération fort importante au point de vue de l'avenir, à savoir, que, dans le cas d'un élargissement ultérieur du Canal qui devait être regardé comme inévitable, le tracé contournant conserverait encore la même infériorité d'un grand surcroit de dépense.

2. Il avait été de toute impossibilité de faire l'étude comparative recommandée aux Ingénieurs par la Commission consultative des travaux dans la séance du mois de mars 1862 (Voir page 144).

3. Pour détails à ce sujet, voir ci-après au chapitre des *Profils en travers d'exécution.*

La Compagnie décida définitivement (24 septembre 1866) que la traversée des lacs Amers se ferait, — ainsi que le proposaient les Ingénieurs, — conformément aux indications données par la Commission internationale, en suivant autant que possible la ligne des grands fonds, de manière à réduire les déblais au strict minimum, sauf les modifications qui pourraient résulter en cours d'exécution de la rencontre des roches.

C'est cette décision qui a servi de base au tracé définitif d'exécution.

Le plan comparatif des divers tracés (Planche XI) fait voir : d'une part, que, dans le parcours du Petit lac, le tracé d'exécution diffère quelque peu des tracés primitifs, de légères modifications ayant dû être apportées à ceux-ci afin d'éviter le plus possible des bancs de roche révélés par de récents forages ; d'autre part, qu'à la traversée du Grand lac, le tracé d'exécution (tracé fictif, ainsi qu'il sera expliqué plus loin) a été reporté dans la région Est des lacs conformément aux recommandations de la Commission internationale ; enfin, que dans le tracé de raccordement entre la traversée du Petit lac proprement dit et celle du Grand lac, on a supprimé l'une des courbes du tracé de 1859.

A la suite de la longue discussion dont nous avons rendu compte ci-dessus sur la double question des écluses et de la traversée des lac Amers, l'Administration de la Compagnie, conformément à l'opinion persistante des Ingénieurs des travaux avait donc adopté définitivement les dispositions du projet de la Commission internationale et arrêté en conséquence, très nettement, la double résolution de ne pas construire d'écluses à Suez et de faire passer le Canal au milieu des lacs Amers. Elle persista fort heureusement dans cette résolution jusqu'à la fin des travaux bien qu'elle fût fréquemment sollicitée en sens contraire par des objections tendant toutes à ébranler sa confiance dans le succès définitif des dispositions qu'elle avait adoptées.

Nous allons maintenant rendre compte de toutes ces objections postérieures aux résolutions définitives de la Compagnie, et ainsi se trouvera complété l'historique de la double question des écluses et de la traversée des lacs Amers.

Au sujet de la question des écluses, nous citerons ce fait, qui prouve combien, non seulement l'incertitude, très légitime du reste, mais aussi l'inquiétude persista dans beaucoup d'esprits au sujet des vitesses de courants qu'on pouvait avoir à redouter dans le Canal : c'est que la Compagnie, ayant été obligée, par suite de la nature des terrains à traverser, de faire faire à sec la portion de canal ouverte à travers la plaine de Suez, et, le moment approchant, de remettre l'eau dans les tranchées pour l'opération du remplissage des lacs Amers, fut saisie incidemment, dans le courant de juin 1869, de l'examen d'une proposition consistant à profiter du temps pendant lequel le Canal devait rester encore à sec pour faire, à 6 kilomètres environ de Suez, deux groupes de massifs en maçonnerie, indépendants l'un de l'autre, à 200 mètres environ d'intervalle, et qui seraient munis de bateaux-portes ; les courants de marée, — que l'on estimait devoir atteindre une vitesse de 2 mètres par seconde et être dès lors gênants pour la navigation, — se trouveraient ainsi annulés au-delà de cette espèce d'écluse, qui aurait l'avantage de pouvoir être rapidement construite ; et l'on naviguerait à partir de ce point en eau calme. Les Ingénieurs combattirent cette proposition en faisant remarquer que l'ouvrage projeté, même commencé immédiatement, ne pourrait pas être achevé avant l'ouverture du Canal ; que, tant qu'à exécuter un travail de cette nature, il serait préférable de se décider franchement à construire une écluse à l'origine même du Canal du côté de Suez ; enfin que, dans la situation des choses, le seul parti à adopter était d'attendre les résultats de l'expérience, sauf à prendre, si la nécessité s'en faisait sentir, des mesures spéciales pour la navigation dans les parties du canal et pendant les périodes de temps où les courants seraient trop rapides[1].

L'Administration, partageant cette opinion, se contenta de recommander que l'on profitât du moment où la plaine de Suez était encore à sec pour revêtir d'empierrements les berges qui auraient besoin d'être protégées contre les courants. L'expérience est venue fort heureusement prouver, depuis, que la dépense de l'ouvrage dont la construction avait été conseillée à la Compagnie en vue de parer à toute éventualité concernant les courants eût été une dépense en pure perte.

Au sujet de la question de la traversée des lacs Amers, indépendamment de toutes les objections déjà mentionnées précédemment contre la solution consistant à passer au milieu du Grand lac, nous avons encore à rendre compte de

1. Pourquoi eût-on construit des écluses? Il régnait toujours, à la vérité, une certaine incertitude au sujet des vitesses de courants qui se produiraient dans la partie Sud du Canal. Mais, d'une part, au point de vue de la conservation des berges, la nature alors bien connue des terrains que traversait cette partie du Canal, était telle que l'on était parfaitement sûr de n'avoir rien à craindre sous ce rapport, les courants dussent-ils atteindre, dans certaines circonstances, les vitesses maxima de 4 nœuds que l'on paraisait redouter : les talus de la cunette, simplement léchés par les plus forts courants, ne subiraient certainement que de très faibles dégradations, qui constitueraient, en fait, un élargissement progressif du Canal et qui ne se traduiraient, en définitive, que par quelques dépôts dans le fond de la cunette, dont l'enlèvement n'exigerait qu'un travail ordinaire d'entretien. D'autre part, au point de vue de la navigation, on devait considérer, d'abord, que les vitesses extrêmes ne se produiraient qu'exceptionnellement, ne dureraient que pendant une faible partie de la marée, et ne se feraient sentir que dans la région du Canal la plus rapprochée de Suez; en second lieu, que les navires jouissant d'un mouillage excellent dans la rade de Suez et devant trouver un mouillage non moins sûr dans les lacs Amers, pourraient toujours combiner leurs mouvements dans une direction ou dans l'autre, de manière à éviter les vitesses extrêmes des courants. L'éventualité de l'obligation où pourrait se trouver la Compagnie de subordonner dans une certaine mesure les mouvements des navires dans la partie Sud du Canal aux heures des marées de la mer Rouge à Suez, n'avait rien de bien redoutable pour la future exploitation du Canal maritime : c'était là, en effet, une circonstance qui se produisait fréquemment dans les ports et dans les rivières à marée; et il eût été bien téméraire d'afffirmer que les navires appelés à traverser le Canal dussent trouver de sérieux avantages de temps et de sécurité à subir la sujétion certaine du passage par les écluses plutôt que la sujétion tout à fait eventuelle des marées à l'entrée et à la sortie du côté de Suez.

diverses opinions qui se sont produites touchant la manière dont se comporterait le banc de sel qui occupait la moitié environ de la superficie de ce lac, lesdites opinions aboutissant toutes à une critique de la solution adoptée en raison des dangers qu'elle pouvait faire naître pour la future exploitation du Canal maritime.

Mais pour permettre de bien suivre les discussions qui ont eu lieu à ce sujet, nous croyons utile de présenter tout d'abord une description détaillée des lacs Amers, description qui se trouve accompagnée, d'ailleurs, — comme on va le voir, — d'appréciations de M. de Lesseps sur le mode probable de la formation du banc de sel.

Description des lacs Amers

La Commission internationale de 1856, dans son rapport à propos du profil géologique de l'Isthme sur le tracé du Canal (Voir page 51), décrivait comme suit le terrain des lacs :

Les lacs Amers — disait le rapport — dont la longueur n'a pas moins de 40 kilomètres, et qui sont depuis longtemps desséchés, sont divisés en deux bassins : un grand et un petit. Les apparences du sol n'y sont plus les mêmes que dans la région comprise entre ces lacs et Suez : le fond est de sable mou et imprégné de sel ; à droite et à gauche, un bourrelet horizontal indique l'ancienne laisse des eaux ; les coquilles, qu'on cessait de voir depuis Suez, se multiplient ; de petits rhomboïdes de sulfate de chaux couvrent le fond en plus ou moins grande quantité. Dans le Petit bassin, le sulfate se montre cristallisé en aiguilles ; quatre sondages y ont donné, avec le sulfate de chaux, du sable et des coquilles ainsi que de l'argile plus ou moins sableuse ayant aussi quelquefois l'apparence du limon du Nil. Dans le Grand bassin, les premiers fonds rencontrés sont recouverts de sable, de coquilles et de sulfate de chaux cristallisé ; la partie la plus profonde est occupée par une couche épaisse de sel marin ; des bourrelets de petits galets et de coquilles analogues à ceux de la mer et étagés, au nombre de trois, à des hauteurs différentes, accusent l'ancien rivage ; de deux sondages qui y ont été pratiqués dans la partie la plus déprimée, l'un, poussé jusqu'à $2^m,20$ de profondeur, n'a offert que des agglutinations de coquilles épaisses au plus de 20 centimètres et, le reste, de sulfate de chaux en aiguilles très fines et de sel marin ; l'autre sondage, descendu jusqu'à $3^m,50$, n'a révélé absolument que du sel marin, qui, en cet endroit, paraît avoir de 7 à 8 mètres d'épaisseur. [En réalité, comme il est mentionné plus loin, l'épaisseur du banc de sel était notablement plus grande.] Ces masses de sel sont parfois placées sur des dépôts de vases venues du Nil, et il est probable qu'elles ont été produites par des eaux de source.

Plus tard, M. de Lesseps, dans une communication à l'Académie des Sciences (séance du 22 juin 1874), où il fit connaître ses appréciations personnelles sur le mode probable de formation du banc de sel des lacs Amers, fut amené à donner en même temps, à cette occasion, des renseignements détaillés sur la situation que présentaient les lacs avant l'introduction des eaux des deux mers.

La communication de M. de Lesseps, avec son double caractère, peut être résumée de la manière suivante :

[M. de Lesseps avait fait transporter dans la salle des séances de l'Académie un échantillon du banc de sel des lacs Amers, consistant en un bloc à section carrée de $0^m,60$ de côté et de $2^m,25$ de hauteur qui avait figuré à l'Exposition Universelle de 1867.]

M. de Lesseps considérait comme à peu près démontré, d'après la lecture des auteurs anciens, qu'à l'époque où les Israëlites quittèrent l'Egypte sous la conduite de Moïse, la mer Rouge faisait sentir ses marées au moins jusqu'au pied du Sérapéum, dans les environs du lac Timsah.

Dans l'intervalle d'environ quatorze siècles séparant ce fait historique du règne de Nécos, qui fit commencer le canal dit des Pharaons, le sol de l'isthme avait, dit-il, subi des modifications importantes; il s'était sensiblement exhaussé, puisque la mer Rouge se trouvait rejetée au-delà du seuil de Chalouf; et l'on pouvait conclure des constatations faites par un voyageur danois, Nieburh, qui, en 1761, avait exploré les côtes d'Arabie, que ce phénomène n'avait pas été limité à l'Isthme de Suez. La mer Rouge, ne recevant pas d'alluvions, on ne pouvait évidemment attribuer le retrait de ses eaux sur ses rives qu'au soulèvement du continent.

Les témoignages très précis des auteurs anciens (Voir au sujet de ces témoignages la note 2, page 4, de la Ire partie de l'*historique administratif*) en même temps que les preuves matérielles révélées par les vestiges de l'ancien Canal des Pharaons prouvaient d'ailleurs que le soulèvement du sol de l'Isthme s'était continué pendant l'ère actuelle; qu'en effet, au temps des Ptolémées, le sol était notablement plus bas que de nos jours; que, depuis le VIIIe siècle, notamment, l'exhaussement avait probablement été d'environ 3 mètres.

Si, maintenant, on observait que le point culminant du seuil de Chalouf est actuellement à 6 mètres au-dessus du niveau moyen de la mer Rouge; que ce seuil est formé de sables d'apports et de lentilles d'argile gypseuse jusqu'à une profondeur d'environ 4 mètres ; puis, qu'au dessous se trouve un banc rocheux, riche en débris fossiles à la surface et d'une formation beaucoup plus ancienne que les autres terrains traversés par le Canal, il devenait facile de préciser les conditions du mouvement rétrograde subi par la Mer Rouge :

A l'époque où les Hébreux quittèrent l'Égypte, le rocher de Chalouf, dernier prolongement des collines de Géneffé, devait être entièrement submergé. Lorsque, par suite du soulèvement lent du sol, la tête de ce rocher vint à être mise à nu, elle se recouvrit peu à peu, sous l'action des marées et du vent, d'apports qui vinrent former entre les lacs et la mer une barrière qui n'était plus franchie qu'à marée haute. Les lacs ne participèrent plus, dès lors, au régime des marées. L'exhaussement lent du sol se poursuivant et la mer continuant à se retirer, le seuil de Chalouf se trouva définitivement formé.

Pour expliquer la formation du banc de sel existant au milieu du grand bassin, d'un poids d'environ 1.030 milliards de kilogrammes, il fallait forcément admettre que les lacs Amers avaient continué, à périodes intermittentes, à recevoir les eaux de la mer Rouge.

En effet, en supposant, que l'eau saumâtre qu'ils contenaient à l'époque de la suspension de leur communication avec la mer Rouge fut au même degré de salure que celui des eaux de cette mer, soit à raison de 45 kilogrammes de résidus solides par mètre cube d'eau (en réalité 43 kilogrammes), et en évaluant la capacité des lacs à cette époque à 2 milliards 1/2 de mètres cubes, l'évaporation complète de cette masse d'eau n'aurait donné qu'un banc de sel de 112 milliards 1/2 de kilogrammes, soit d'environ 1/9 seulement du banc qui s'est réellement formé.

Le renouvellement des eaux des lacs Amers par la mer Rouge ne pouvait donc être mis en doute.

Mais dans quelles conditions s'effectuait cette alimentation ?

La structure même du banc de sel permettait de répondre à cette question.

Le banc de sel était en effet composé de couches horizontales variables d'épaisseur de 5 à 20 centimètres et séparées les unes des autres par de minces couches de sable très fin emprisonnées à chaque stratification. Le plus grand nombre des couches de sel avaient de 8 à 10 centimètres d'épaisseur.

La superficie du banc étant d'à peu près 66 millions de mètres carrés et sa densité moyenne de 1,6, le poids d'une tranche de 10 centimètres d'épaisseur serait d'environ 10 millards 1/2 de kilogrammes, résidu correspondant à l'évaporation de 230 millions de mètres cubes d'eau de mer, soit d'un volume d'eau ne représentant que 1/9 environ de la capacité totale des lacs.

Cela établi, on pouvait se rendre compte de la manière dont se sont formées les couches successives du banc de sel.

La seule hypothèse admissible était qu'après l'obstruction de la communication avec la mer Rouge, les eaux des lacs Amers n'étant plus alimentées qu'aux grandes marées d'équinoxe, ou même à intervalles beaucoup plus éloignés, lors de marées exceptionnelles, et l'évaporation se trouvant ainsi supérieure à l'alimentation, ces eaux se sont graduellement concentrées jusqu'au point de saturation; les dépôts de sel ont alors commencé et la couche déposée s'est augmentée tant que la nappe liquide n'a pas été asséchée, ou jusqu'à ce qu'une marée exceptionnelle, en apportant aux lacs un certain volume d'eau nouvelle de la mer Rouge, soit venue suspendre pour un temps la formation des dépôts.

La poussière de sable que les grands vents de khamsin avaient fait déposer sur la surface écumeuse de la nappe en travail de cristallisation y est restée emprisonnée lorsque cette nappe a été complètement desséchée et a formé l'espèce d'enduit jaunâtre qui recouvre chaque tranche du bloc et qui n'a pu être emporté lorsqu'une nouvelle grande marée est venue inonder et recouvrir ce banc et remplir de nouveau partiellement les lacs.

L'action directe du soleil sur la surface du banc lorsqu'il s'est trouvé à sec a pu, d'ailleurs, contribuer à retenir la couche de sable agglutinée avec le sel, en en formant une croûte d'une plus grande dureté.

Au remplissage qui a suivi, cette croûte et la tranche de sel qu'elle recouvrait ont pu se dissoudre sur une certaine épaisseur en attendant de nouveaux dépôts; le sable est resté sur la surface solide du sel comme un témoin de la formation qui venait d'avoir lieu et l'a séparée de la suivante.

L'épaisseur de chaque couche de sel est évidemment en rapport avec le volume d'eau introduite qui l'a formée.

Il a pu arriver que, pendant qu'une nappe d'eau était en travail de saturation et même de cristallisation, une nouvelle inondation soit venue en augmenter le volume et retarder la conclusion du phénomène, et ainsi s'expliqueraient les grandes épaisseurs de quelques unes des couches du banc de sel.

Le poids du banc étant d'environ de 1.030 millions de kilogrammes a exigé l'évaporation de 23 milliards de mètres cubes d'eau de la mer Rouge, volume qui a pu être fourni dans le cours d'une centaine d'inondations.

La communication de M. de Lesseps se terminait par les renseignements suivants :

SUPERFICIE ET CAPACITÉ DES LACS AMERS

Grand bassin.	Plus grande longueur.	20 kilomètres.
	Plus grande largeur..	8 —
Petit bassin..	Plus grande longueur.	15 —
	Largeur moyenne....	3k5.
Superficie des lacs à la cote 18m,20...		196 millions de mètres carrés.
Capacité.	Non compris le banc de sel.	1.446 millions de mètres cubes.
	Y compris le banc de sel.	2.090 — —

DIMENSIONS, VOLUME ET POIDS DU BANC DE SEL

Longueur moyenne		13.000 mètres.
Largeur moyenne		5.120 —
Epaisseur	Maxima	13^m,20
	Moyenne	9^m,68
Superficie		66 millions 1/2 de mètres carrés.
Volume		644 millions de mètres cubes.
Densité moyenne : 1.60.		
Poids total		1.030 milliards de kilogrammes.

Le plan général comparatif des tracés (Planche XI) et le profil en long du tracé de 1859 (Planche XV) font voir que le tracé direct à travers le Grand lac devait, quelle que fût sa direction, franchir toute l'étendue du banc de sel, d'une longueur d'environ 13 kilomètres. Le profil en long indique d'ailleurs des cotes de déblai variant depuis 0^m,22 jusqu'à 1^m,28, soit, une cote moyenne de 0^m,75[1]. Avec le tracé reporté plus à l'Est, la cote moyenne de déblai semblait devoir être un peu plus grande encore.

Il s'est agi dès lors, en cours d'exécution des travaux, de résoudre un point assez grave de la question de la traversée du Grand lac :

Devait-on, avant d'introduire l'eau dans les lacs, faire au préalable le déblai nécessaire à travers le banc de sel pour réaliser partout la profondeur de 8 mètres sur le parcours du tracé? Lorsque, par suite de l'état d'avancement des travaux, le moment fut arrivé de prendre une résolution définitive à ce sujet, c'est-à-dire de donner un ordre d'exécution aux Entrepreneurs ou bien de leur déclarer qu'ils

1. D'après les nivellements définitifs du Canal faits en cours d'exécution, et surtout d'après un profil en long spécial de la traversée des lacs Amers :

	Mètres
D'une part, la cote moyenne de l'eau dans les lacs était supposée devoir être de	18,20
(le niveau moyen de la Méditerranée ayant été trouvé, à cette époque, à la cote 18^m,35 au lieu de 17^m,68) ;	
D'autre part, la cote de la surface du banc de sel, sur le pourtour de ce banc, était de	10,62
Différence, donnant la hauteur d'eau au-dessus du banc de sel	7,58

La profondeur minimum à creuser dans le banc de sel devait donc être en réalité de 0^m,42 ; cette profondeur variait d'ailleurs, dans l'étendue du banc, de 0^m,40 à 0^m,80 et était, en conséquence, en moyenne de 0^m,60.

n'auraient à faire aucun déblai sur le banc de sel, la situation de la question était la suivante : jusque-là, la nécessité du déblai en question n'avait jamais paru faire l'objet du moindre doute. Ainsi, la Commission internationale, conformément aux dispositions de l'avant-projet, avait compris dans l'avant-métré des terrassements du projet définitif, le cube des déblais à faire dans toute la traversée du Grand lac où la largeur de la cunette au plafond devait être de 44 mètres comme dans toute la partie Nord du Canal; plus tard, le Conseil supérieur des travaux, dans son projet réduit de 1859, n'avait rien modifié sur ce point aux dispositions arrêtées par la Commission internationale; enfin, l'Administration, dans sa décision, citée plus haut, du 24 septembre 1866, sur le projet d'ensemble de la traversée des lacs Amers, avait, conformément du reste à la proposition des ingénieurs et à l'avis de la Commission consultative des travaux, admis également la nécessité du travail de creusement dans toute l'étendue des grands fonds du Grand lac, mais en adoptant une largeur de cunette de 60 mètres au plafond. Fallait-il, oui ou non, persévérer dans cet ordre d'idées? La résolution définitive à prendre était d'une extrême importance pour la Compagnie. Si, en effet, le travail de creusement était jugé indispensable, c'est-à-dire si l'on ne comptait pas sur l'action dissolvante des eaux pour obtenir la profondeur minimum de 8 mètres dans toute l'étendue du banc de sel et rendre ainsi la navigation entièrement libre à la traversée du Grand lac, on serait obligé, en raison des conditions incontestablement plus difficiles de navigation dans un chenal simplement balisé, au milieu d'une immense nappe d'eau où il régnerait souvent de la houle et des courants transversaux, de donner à ce chenal une largeur plus grande que celle correspondante à la largeur normale du Canal, et l'on avait déjà admis antérieurement que cette largeur devrait être de 60 mètres au plafond, au lieu de 22 mètres. Le cube du déblai à faire dans le banc de sel, assimilable à de la roche, devrait être, dans ces conditions, d'environ 585.000 mètres[1]. Quel retard dans l'exécution ; et quelle énorme dépense, sans compter celle du balisage! Mais les Ingénieurs avaient fait des expériences qui leur avaient permis de se rendre un compte suffisamment exact de la puissance dissolvante de l'eau de la mer sur la matière extraite du banc de sel, et ces expériences leur avaient paru assez concluantes pour les convaincre qu'on devait se dispenser de faire le travail de déblai en question[2].

Des objections sérieuses furent faites, toutefois, contre cette manière de voir.

On prétendit, par exemple, que la première couche d'eau, en contact avec le banc de sel, se saturerait promptement, et que la dissolution de la partie supérieure du banc pourrait fort bien s'arrêter avant que l'on eût obtenu la profondeur voulue de 8 mètres. A cette objection, les Ingénieurs répondirent que, tout au moins pendant l'opération même

---

1. Ce cube se calculait ainsi qu'il suit :

Cube par mètre courant............... 60 × 0,75 = 45 mètres cubes.

Soit, pour une longueur de 13 kilomètres :

Un cube total de................ 13.000 × 45 = 585.000 mètres cubes.

2. Les expériences dont il est ici question, assez nombreuses et confiées à des opérateurs différents, ont été faites sur des blocs de sel pris, les uns à la surface du banc, d'autres jusqu'à des profondeurs de 1 et 2 mètres, mis dans des cuves contenant de l'eau du lac Timsah.

Mais, avant de faire connaître les résultats de ces expériences, nous dirons quelques mots de l'aspect du gisement de sel tel qu'il se révélait, à la fois sur son pourtour qui se présentait à pic, et dans un puits creusé vers le milieu de la surface du banc. Le gisement était disposé par couches à peu près parallèles, de différentes épaisseurs, séparées entre elles par de minces dépôts de matières terreuses et par de petits prismes de chaux sulfatée. A partir de la surface, sur une profondeur de 2^{m},46, jusqu'au niveau des eaux mères qui entouraient le banc et en pénétraient la masse, le banc comportait 42 couches présentant sensiblement la même composition et d'une épaisseur variant de 3 à 18 centimètres Les dépôts de substances terreuses intercalées entre les couches de sel n'avaient généralement que quelques millimètres d'épaisseur : cependant, à 1^{m},45 de la surface, se rencontraient deux fortes couches superposées : la première de 11 centimètres d'épaisseur, formée de sulfate de chaux pulvérulent et d'argile ; la seconde, de 7 centimètres, composée de sulfate de chaux presque pur, également pulvérulent.

Les blocs soumis aux expériences de dissolution, d'une forme cubique à côtés de 0^{m},30 à 0^{m},50, quelques-uns même de 1 mètre carré de base, étaient recouverts sur toutes leurs faces, sauf la face supérieure laissée ainsi seule en

du remplissage, il se produirait dans la masse entière des eaux, se répandant sur toute l'étendue du fond des lacs, des courants qui renouvelleraient constamment la couche d'eau immédiatement en contact avec le banc de sel; que ce banc n'occupant que la moitié de la superficie totale du Grand lac, un volume d'eau plus que double de celui de la couche correspondante à l'étendue du banc se trouverait participer, par le fait du courant, à la dissolution de la tranche supérieure du sel; enfin, à un autre point de vue, que, pendant la première période du remplissage, la tranche d'eau au-dessus du banc ne serait pas d'une profondeur assez grande pour empêcher l'agitation de surface produite par les vents de se communiquer jusqu'aux couches inférieures, remuant ainsi incessamment toute la masse d'eau et la faisant participer tout entière à la dissolution du banc de sel. Bref, et en tenant compte du pouvoir dissolvant de l'eau de

---

contact direct avec l'eau, les uns d'une épaisse couche de goudron, d'autres, d'un enduit de mortier de ciment de Portland.

La densité moyenne de ces blocs a été trouvée de 1,62, alors que la densité du sel marin est, comme on le sait, de 2,15 à 2,20.

Les expériences ont montré :

En ce qui était du degré de solubilité du banc de sel dans l'eau du lac Timsah (contenant alors 68 grammes de sel marin par litre, soit, en volume, un peu plus de 3 0/0) :

Que cette eau dissolvait, par litre, en moyenne, 290 grammes du bloc, soit, en volume 18 0/0, c'est-à-dire de 1/5 à 1/6 ; en d'autres termes, que le bloc était entièrement dissous par 5 ou 6 fois son volume d'eau (on rappellera que l'eau douce dissout, en volume, environ 35 0/0 de sel marin, soit, par litre, environ 770 grammes);

En ce qui était de la rapidité de dissolution :

Que, lorsque celle-ci s'opérait dans un volume d'eau de 5 ou 6 fois le volume du bloc de sel, elle était complète en 60 heures environ, (moitié de la dissolution s'étant produite pendant les 18 premières heures); dans un volume d'eau de 10 fois le volume du bloc de sel, dissolution complète en 14 heures ; enfin, dans un volume d'eau de 15 ou 20 fois le volume du bloc de sel, dissolution complète, respectivement, en 11 ou 7 heures.

Plus tard, pendant la première phase de remplissage des lacs avec l'eau de la Méditerranée, une analyse comparée des eaux prises, d'une part, dans le canal maritime, en amont du barrage à poutrelles destiné à régler l'introduction de l'eau, d'autre part, dans le lac même, au-dessus du banc de sel, alors que l'eau introduite n'avait encore atteint que $1^{m},14$ de hauteur au-dessus du banc, a fait voir qu'à cette époque l'eau de mer avait déjà dissous $0^{mc},06$ de sel du banc par mètre cube de liquide. De plus amples détails à ce sujet sont donnés un peu plus loin.

remplissage, les Ingénieurs estimaient que le banc de sel se trouverait dissous sur une épaisseur suffisante pour l'époque même de l'ouverture du Canal à la grande navigation.

On prétendit encore que, le banc de sel étant recouvert d'une couche de sable ou de vase, il ne se produirait aucune dissolution, ou, du moins, qu'on ne pouvait espérer qu'une dissolution insignifiante. On citait à l'appui de cette objection une expérience de laboratoire [1]. L'objection était grave. Mais, heureusement, la situation des lieux, n'était pas, à beaucoup près, telle qu'on la supposait. Ce n'était, en effet, que dans la région Sud-Est que le banc de sel était recouvert d'une couche peu épaisse de sable, espèce de traînée par laquelle le banc se trouvait rattaché, sur une longueur de quelques kilomètres, aux terrains en pente douce formant de ce côté la limite du bassin des lacs. Sur tout le reste de son pourtour, le banc de sel était isolé de l'ancien rivage par un large marais fangeux ayant des cotes de $8^m,50$ à 9 mètres au-dessous du niveau de la Méditerranée, et dont l'existence depuis un temps immémorial suffisait seule pour prouver que le banc n'avait jamais été ni pu être envahi par des sables voyageurs [2]. Aussi, sauf dans la région très limitée indiquée plus haut, le banc de sel montrait-il partout sa surface supérieure, complètement à nu. Les Ingénieurs ne pouvaient méconnaître que, dans la région du banc recouverte par du sable ou de la vase, la dissolution serait beaucoup plus lente que sur tout le reste de la surface; mais ils pensaient, en même temps, que ces matières seraient probablement en partie déplacées par suite des mouvements de grandes masses d'eau qui ne manque-

1. Voici quelle était cette expérience : si, dans le fond d'un verre conique, on met une certaine quantité de sel recouverte d'une petite couche de sable, et que l'on remplisse ensuite le verre avec de l'eau douce, le sel ne se dissout pas.

2. L'eau mère constituant ce marais contenait 310 grammes de sel par litre.

raient pas de se produire dans les lacs, notamment, pendant la période du remplissage; qu'en tout cas, lesdites matières tomberaient de proche en proche dans les parties plus profondes où la dissolution du sel se serait déjà effectuée, découvrant ainsi plus ou moins lentement de nouvelles surfaces sur lesquelles l'action dissolvante des eaux ne rencontrerait plus d'obstacle à son œuvre d'approfondissement.

En toute hypothèse, c'est-à-dire dans quelque mesure que dussent se produire les faits fâcheux prévus par les deux objections ci-dessus, les Ingénieurs n'en persistaient pas moins à demander que l'on restât dans l'expectative; en d'autres termes, que l'on ne fît aucun déblai dans le banc de sel, et cela, par les motifs suivants: d'une part, dans le cas le plus défavorable, celui où la dissolution du banc de sel, dans toute l'étendue de sa surface, ne se ferait qu'avec une extrême lenteur et d'une manière tout à fait insuffisante, les navires d'un grand tirant d'eau auraient toujours la ressource de contourner le banc de sel, trouvant sur le parcours un peu plus long qui leur serait ainsi imposé un chenal naturel d'une largeur de plusieurs centaines de mètres et d'une profondeur de $8^m,50$ à 9 mètres, qu'il suffirait de baliser, et qui serait certainement préférable au chenal de 60 mètres à ouvrir à travers le banc même au prix d'une énorme dépense; d'autre part, dans le cas où la lenteur de dissolution ne se produirait que dans la région où le banc de sel se trouvait recouvert d'une légère couche de sable, les navires seraient simplement obligés, jusqu'à l'époque où la situation se trouverait suffisamment améliorée, de doubler l'espèce de cap que formerait le haut-fond de cette région du banc de sel, et cela ne constituerait pas un sérieux inconvénient.

Par suite de ces diverses considérations on s'arrêta en définitive au parti de ne faire aucun déblai dans le banc de sel; et, ainsi que nous le relaterons en détail un peu plus loin, la manière dont les choses se sont passées depuis est venue heureusement prouver que cette solution d'expectative avait été à tous les points de vue la meilleure solution.

Une autre objection, se présentant avec des conséquences bien plus graves encore que les précédentes, a été également formulée au sujet de la traversée des lacs Amers. L'auteur de la nouvelle objection, par suite d'hypothèses et de calculs pour la détermination du régime des eaux dans toute l'étendue du Canal, était arrivé à conclure que les lacs Amers resteraient toujours à un niveau notablement inférieur à celui des niveaux moyens de la Méditerranée et de la mer Rouge; d'où, cette série de conséquences : qu'il n'y aurait jamais écoulement de l'eau des lacs vers l'une ou l'autre mer ; que l'eau douce évaporée étant constamment remplacée par de l'eau salée, l'eau des lacs se saturerait de plus en plus et finirait par occasionner des dépôts de sel sur le banc déjà existant ; en conséquence, que, dans un délai plus ou moins rapproché, toute navigation deviendrait impossible à travers les lacs. Pour remédier au danger signalé, l'auteur de l'objection, supposant l'eau des lacs arrivée déjà à un certain degré de salure, proposait d'enlever chaque jour au moyen de machines une certaine quantité de cette eau qui serait remplacée, en partie naturellement par l'eau moins salée de la mer, et pour le reste avec de l'eau tirée du Canal d'eau douce; moyennant quoi on parviendrait à entretenir un état d'équilibre.

Les Ingénieurs ne pensèrent pas qu'il y eut lieu de se préoccuper de cette nouvelle objection. Ils firent remarquer d'abord, que, dans les calculs sur les résultats desquels elle reposait, on avait exagéré beaucoup l'évaporation qu'on supposait devoir se produire à la surface des lacs Amers en l'évaluant à 2 centimètres par jour pendant l'été et à 1 centimètre pendant l'hiver ; que ces chiffres pouvaient être vrais pour de petites surfaces d'eau douce exposées à l'atmosphère chaude et sèche du climat d'Égypte ; mais que, sur la vaste superficie des lacs Amers, les choses se passeraient tout autrement, attendu que l'atmosphère au-dessus des lacs et aux environs resterait, comme en pleine mer, presque constamment chargée d'humidité, ce qui réduirait beaucoup l'évaporation de la nappe d'eau déjà notablement réduite par le degré de salure des eaux[1]. D'un autre côté, ainsi que cela avait été expliqué déjà à diverses reprises, il était impossible de déterminer par avance, à l'aide de calculs nécessairement hypothétiques, le futur régime des eaux dans le Canal et dans les lacs, et d'affirmer, entre autres, que l'eau des lacs serait toujours plus basse que le niveau moyen des deux mers. N'y avait-il pas lieu, d'ailleurs, en dehors de tout calcul, de tenir grand compte de l'action de vents continus de même direction sur la grande superficie des lacs Amers, qui aurait pour effet inévitable d'y gonfler les eaux tantôt du côté du Nord, tantôt du côté du Sud, en même temps que l'eau de la mer baisserait respectivement à Port-Saïd ou à Suez, ce qui provoquerait des écoulements de l'eau des lacs, tantôt vers la Méditerranée, tantôt vers la mer Rouge ? Enfin à supposer même — malgré toute vraisemblance en tenant simplement compte de l'action des vents — que le niveau des lacs dût se maintenir constamment un peu plus bas que le niveau moyen des deux mers, on n'en pourrait pas conclure pourtant qu'il n'y aurait jamais écoulement de l'eau des lacs

1. Pendant l'opération du remplissage des lacs, une circonstance favorable a permis de se rendre compte de l'importance de l'évaporation. C'était pendant la première période du remplissage, lequel se faisait alors exclusivement avec de l'eau de la Méditerranée dont l'introduction était réglée au moyen d'un barrage-déversoir à poutrelles établi à l'extrémité Sud de la tranchée du Sérapéum. Du 7 au 15 juillet 1869, le déversoir ne fonctionna qu'avec un petit nombre de pertuis; le débit, pendant ces neuf jours, calculé d'après les formules, fut trouvé de 3.541.000 mètres cubes, soit, en nombre rond, de 400.000 mètres cubes par jour. Or, pendant le même intervalle de temps, le niveau de l'eau dans les lacs était resté stationnaire. L'introduction d'un volume d'eau journalier de 400.000 mètres cubes avait donc suffi pour compenser exactement la perte produite par l'évaporation. D'un autre coté, la surface d'eau, mesurée aussi exactement que possible, à l'aide du plan coté des lacs, fut trouvée de 120 millions de mètres carrés. L'évaporation n'avait donc été, en réalité, que de $3^{mm},5$ par vingt-quatre heures. Et l'on était en juillet !

vers la mer, attendu que, d'après les lois mêmes de l'équilibre de liquides de différente densité dans des vases communiquants, on devait être assuré au contraire, que l'eau plus dense des lacs tendrait sans cesse à s'écouler vers l'une et l'autre mer par la large section du Canal maritime et ne pourrait par conséquent jamais atteindre un degré de saturation inquiétant.

Reprenant maintenant une à une toutes les objections qui ont été faites contre le projet de la Commission internationale consistant à faire un canal sans écluses aux extrémités et interrompu par la nappe d'eau des lacs Amers, projet qui a été définitivement exécuté, nous expliquerons de suite brièvement comment les faits eux-mêmes se sont chargés de confirmer toutes les prévisions des Ingénieurs des travaux et de démontrer ainsi combien la Compagnie a eu raison d'adopter, malgré toutes les objections et les avis contraires, une solution qui se présentait *à priori* comme la plus simple, la plus prompte et la plus économique, et qui s'est trouvée, en dernière analyse, la meilleure également au point de vue de la navigation.

Première objection. — *Envasement du Canal par les ports d'extrémités.* — Les envasements, en fait, n'existent pas.

Du côté de la Méditerranée, quand l'eau de la mer est trouble le long de la côte, elle entre trouble, à la vérité, dans l'avant-port, mais elle est déjà plus claire dans les bassins du port, et elle se montre à peu près limpide à une très petite distance dans le canal.

Du côté de la mer Rouge, l'eau est toujours limpide.

Deuxième objection. — *Vitesses exagérées des courants dans la partie Sud du Canal.* — Les plus grandes vitesses de courant observées dans la partie Sud du Canal, entre Suez et Chalouf, pendant toute la première période de l'exploitation où la largeur au plafond du Canal n'était que de 22 mètres ont été — ainsi que l'avait prévu à très peu près la Commission internationale [1], pour une largeur au plafond de 64 mètres, — de 1m,20 à 1m,30 par seconde, soit d'environ 2 nœuds 1/2.

Ces courants, grâce à la nature du terrain — qui a du moins offert cette compensation aux difficultés et aux fortes dépenses d'extraction — n'ont eu qu'une action peu sensible sur les talus de la cuvette du Canal, lesquels, dès lors, n'ont pas eu besoin d'être protégés par des enrochements, ce qui eût été une grande dépense pour la Compagnie et eût constitué en même temps un véritable danger pour le cuivre des navires. Sur la partie Sud, comme sur tout le reste de la longueur du Canal, il a suffi d'un simple enrochement à la ligne d'eau pour protéger le pied du talus des banquettes contre le clapotis et contre la lame de remous produite par les navires en marche.

Ces mêmes courants n'ont influé d'ailleurs que d'une manière presque insignifiante sur la navigation. Voici comment les choses se passaient :

Les navires qui marchent à contre-courant gouvernant facilement, comme ils n'avaient à lutter éventuellement dans le Canal que contre des courants d'une vitesse maximum de 2 nœuds 1/2, ils n'ont jamais eu à subordonner en pareille circonstance leurs mouvements aux considérations de courants ou d'heures de marée. Les navires qui marchent dans le sens du courant gouvernant, au contraire, difficilement quand le courant est un peu rapide, on avait alors à redouter des échouages sur les talus des berges, échouages qui n'étaient pas sans danger, surtout à mer baissante, le navire échoué pouvant, en pareille circonstance, se trouver sans appui sur une partie de sa longueur et fatiguer beaucoup. Aussi, pour éviter les inconvénients et les dangers éventuels de la marche

---

1. La Commission internationale, comme on l'a vu, avait estimé que la plus grande vitesse que pourraient prendre les eaux sur le fond, dans la partie du Canal comprise entre les lacs Amers et la mer Rouge, et qu'elles n'atteindraient d'ailleurs que dans la circonstance fort rare d'une tempête du Sud coïncidant avec la plus grande marée d'équinoxe, serait de 1m,16.

des navires dans le sens du courant, se conformait-on dans la pratique aux règles suivantes : d'un côté, les gros navires se rendant des lacs Amers à Suez, lorsqu'ils rencontraient le courant descendant au moment d'arriver à une gare sise à 12 kilomètres de distance de Suez (kilomètre 146 du Canal), ne continuaient pas leur chemin et se rangeaient dans cette gare pour ne reprendre ensuite leur route qu'à l'approche de l'étale de la mer descendante, ou même quand la mer recommençait à monter dans le Canal ; les transports français, notamment, avaient ordre officiel de n'arriver à Suez qu'à mer montante ; d'un autre côté, les navires se rendant de Suez aux lacs Amers n'entraient dans le Canal qu'à l'approche de l'étale de la mer montante, ou même quand la mer recommençait à descendre dans le Canal.

C'était surtout pour le parcours de la courbe de débouché du Canal dans le port de Suez[1] où les courants se faisaient sentir avec le plus d'intensité, que la navigation était obligée d'observer les règles de prudence qui viennent d'être indiquées.

Il était évident que les difficultés de marche des navires dans le sens du courant deviendraient beaucoup moindres, et, très probablement, n'obligeraient plus la navigation à aucune sujétion dans la portion du Canal considérée (de Chalouf à Suez), si, au lieu de la largeur normale de 22 mètres au plafond qui rendait dangereuse les moindres embardées — presque inévitables quand le navire marche dans le sens du courant à cause de la difficulté à gouverner — le canal y avait eu, tout au moins dans toute l'étendue de la courbe, une largeur notablement plus grande, une largeur double, par exemple. Aussi, dans cet ordre d'idées, le service d'entretien — qui est entré en fonctions aussitôt après l'ouverture du canal à la grande navigation, — après

1. Au sujet de cette courbe, voir plus loin les détails du tracé de la portion du Canal comprise entre les lacs Amers et la rade de Suez.

avoir achevé d'abord les travaux de creusement qui restaient encore à exécuter, au moment de l'inauguration, dans toute la portion du Canal voisine de Suez, a-t-il entrepris l'élargissement progressif de la courbe en question.

TROISIÈME OBJECTION. — *Tempêtes dans les lacs Amers.* — Ainsi que l'avait pensé la Commission internationale, il n'y a pas de tempêtes dans les lacs Amers.

QUATRIÈME OBJECTION. — *Interruption du halage dans les lacs Amers.* — En fait, le halage n'est pratiqué sur aucune partie du Canal. La totalité des navires qui passent par le Canal sont, à de très rares exceptions près, des navires à vapeur qui marchent avec leur propre propulseur. Les rares navires à voiles qui transitent d'une mer à l'autre sont remorqués.

Lorsque, avant l'ouverture du Canal, on s'occupa de l'organisation du futur service d'exploitation, une opinion fut exprimée dans le sein des Conseils de la Compagnie, et énergiquement soutenue, tendant à l'acquisition de tous le matériel nécessaire à l'installation d'un service de touage sur le Canal. Il ne s'agissait pas d'une dépense de moins d'une dizaine de millions. L'opinion contraire, consistant à attendre que l'expérience révélât les véritables besoins auxquels la Compagnie aurait à satisfaire et à se contenter, pour les débuts de l'exploitation, de quelques remorqueurs, a heureusement prévalu. L'expérience s'est chargée, en effet, de démontrer que l'énorme dépense de l'installation d'un service de touage sur le Canal maritime eût été absolument une dépense en pure perte pour la Compagnie [1].

CINQUIÈME OBJECTION. — *Difficultés et lenteur du remplis-*

1. En fait, pendant les 9 premières années de l'exploitation, de 1870 à 1878, en présence d'un transit total de 10.786 vapeurs d'un gross tonnage, ensemble, de 20.673.116 tonnes, il n'a transité, en tout, que 191 navires à voiles, d'un gross tonnage total de 96.506 tonnes, soit, en moyenne, par année, 21 navires d'un gross tonnage moyen d'environ 500 tonnes; nombre maximum de navires : 42 en 1874; nombre minimum : 2 navires en 1876.

A partir de 1879, on peut dire que le transit de navires à voiles par le Canal

sage des lacs Amers. — L'opération du remplissage des lacs Amers n'a été ni longue, ni difficile. Commencée le 18 mars 1869, elle était terminée pour le 17 novembre de la même année, date de l'ouverture du Canal à la grande navigation, ayant ainsi duré seulement huit mois. Elle n'a présenté d'ailleurs par elle-même, ainsi qu'on s'en rendra aisément compte par les développements qui vont suivre, aucune difficulté, et elle n'a occasionné aucune gêne ni aucun dommage dans les travaux.

Le volume d'eau à introduire dans les lacs était d'environ dix-sept cents millions de mètres cubes. Les deux mers ont contribué au remplissage. Les deux ouvrages destinés à régler l'introduction des eaux avaient été construits, savoir : celui destiné aux eaux de la Méditerranée, à l'extrémité Sud du seuil du Sérapéum ; celui destiné aux eaux de la mer Rouge, à une distance de 7 kilomètres du débouché du Canal dans le port de Suez.

Pendant les 5 premiers mois, la Méditerranée a seule contribué au remplissage, et elle a fourni, pendant cette première période de l'opération, un cube total de 420 millions de mètres, le débit journalier de l'ouvrage régulateur ayant augmenté progressivement depuis 1 million jusqu'à 4 millions de mètres cubes. Pendant les 3 derniers mois, à partir du 15 août, le remplissage s'est fait simultanément avec l'eau des deux mers, et le cube total introduit dans les lacs pendant cette seconde période a été de 1.280 millions de mètres, soit un débit moyen par jour d'environ 14 millions de mètres cubes, dont 4 millions environ par la Méditerranée et 10 millions par la mer Rouge.

L'eau arrivant par la partie Nord du Canal n'a causé, à

---

a complètement cessé. En effet, sur les 21 années de 1879 à 1899, il y en a eu 12 pendant lesquelles aucun navire à voiles n'a traversé le Canal ; et pendant les 4 autres années, il n'a transité en tout que 13 navires à voiles, d'un gross tonnage total de 4.126 tonnes, soit d'un gross tonnage moyen d'environ 317 tonnes.

aucun moment de l'opération, aucune dégradation aux berges ni aucun dérangement dans le travail des dragues. C'est qu'en effet la section d'écoulement était au minimum de 200 mètres carrés, correspondant à une profondeur de canal de 5 mètres ; en sorte que, pour un débit de 4 millions de mètres cubes par jour, correspondant à 46 mètres cubes par seconde, la vitesse d'écoulement n'était que de 0m,23. Une si faible vitesse ne pouvait évidemment, ni être offensive pour les berges, ni apporter le moindre trouble, soit dans le travail des dragues, soit dans les mouvements du matériel par lequel elles étaient desservies.

Pour la partie Sud du Canal, qui comprenait des chantiers de déblais à sec s'étendant depuis l'extrémité Nord du Petit lac jusqu'à une distance d'environ 7 kilomètres du port de Suez, et des chantiers de déblais à la drague sur les 7 derniers kilomètres du Canal et sur la longueur du chenal d'accès à la rade, voici comment les choses se sont passées :

En premier lieu, quant à l'influence des courants sur les conditions d'exécution des travaux :

Dans les chantiers de déblais à sec :

Pendant toute la première période du remplissage, les travaux n'ont éprouvé aucune gêne de l'introduction des eaux de la Méditerranée dans les lacs, attendu, d'une part, qu'une certaine longueur de Canal, celle comprenant toute la portion non endiguée à la traversée du Petit lac, était déjà terminée quand a commencé l'opération de remplissage ; et que, d'autre part, on avait eu soin d'isoler par un barrage en terre toute la portion restante des chantiers à sec où devaient se continuer encore les travaux. Quant à ce qui s'est passé pendant la seconde période de remplissage, il suffit de faire remarquer que ce n'est qu'après que les travaux à sec ont été complètement terminés dans toute la portion Sud du Canal qu'a commencé l'introduction dans les tranchées des eaux de la mer Rouge. Les travaux de déblais à sec n'ont donc eu aucunement à souffrir, en définitive, à aucun moment ni d'aucune façon, de l'opération du remplissage des lacs.

Dans les chantiers de déblais à la drague :

Ce n'est naturellement qu'à partir du jour où les eaux de la mer Rouge ont commencé à participer de leur côté au remplissage des lacs, que des courants se sont produits dans lesdits chantiers. Dès le début même de cette seconde période de l'opération de remplissage, à la suite d'un accident irrémédiable survenu à l'ouvrage régulateur du débit des eaux, il s'est produit temporairement, dans la portion de canal considérée, de véritables courants torrentiels occasionnés par l'écoulement, pendant quelques heures, d'une masse d'eau de près de 1 million de mètres cubes par heure. Fort heureusement, en dehors de la construction de l'ouvrage sus-mentionné, on avait très prudemment, en vue de modérer en toute éventualité les vitesses d'écoulement dans le canal des eaux de remplissage fournies par la mer Rouge, pris les dispositions complémentaires suivantes : plusieurs massifs de terre vierge, destinés à former barrages submersibles à une certaine hauteur, avaient été conservés dans la portion de canal exécutée à sec par laquelle devaient passer les eaux de remplissage ; et un dernier barrage, insubmersible, avait été construit dans le Petit lac, ayant pour objet d'obliger les eaux à se répandre alors latéralement, vers la région Est du bassin de ce lac, par un très long déversoir naturel de superficie arasé à la cote moyenne de 16m,50. C'est grâce aux dispositions qui viennent d'être sommairement indiquées, et qui ont été d'une complète efficacité, que l'écoulement désordonné qui s'est produit à la suite de l'accident survenu à l'ouvrage régulateur n'a duré que quelques heures, juste le temps nécessaire pour le remplissage du premier bief compris entre ledit ouvrage et le premier barrage submersible. Pendant cette courte phase, tout accidentelle, de l'écoulement des eaux de la mer Rouge vers les lacs Amers, les dragues, qui étaient réparties au nombre de huit sur la longueur des chantiers, ont parfaitement résisté à la violence du courant ; quelques-unes seulement ont un peu chassé sur leurs ancres, mais sans éprouver d'avaries ; on avait eu soin de placer les couloirs dans le sens même du canal. Aussitôt après les quelques heures de l'écoulement torrentiel produit par le premier flot de remplissage, les courants cessèrent d'avoir des vitesses dangereuses ; dès la fin du second jour — le barrage du Petit lac ayant bien tenu grâce à de rapides travaux de consolidation, et les eaux ayant commencé à se déverser régulièrement en amont par-dessus le terrain submersible de la rive Est — un régime normal d'écoulement des eaux de la mer Rouge vers les lacs se trouva établi ; ce régime se continua alors, sans autres variations que celles provenant des marées, jusqu'au moment où, le niveau de l'eau dans les lacs ayant atteint celui qui existait dans le canal en amont du déversoir, il commença à se modifier peu à peu au fur et à mesure de la montée des eaux, jusqu'à devenir finalement le régime définitif qui s'est établi depuis le complet remplissage des lacs et l'ouverture de la libre communication entre les deux mers. C'est pendant la période du régime normal qui a succédé à la première mise en eau des portions de canal faites à sec que la pente des eaux dans le canal a été la plus grande, et que, par conséquent, l'on a eu en même temps les plus grandes vitesses de courants ; d'après les observations faites aux divers points de la longueur du Canal, ces vitesses allaient d'ailleurs en décroissant rapidement à mesure que l'on s'éloignait de la région la plus voisine de la mer ; bref, les plus grandes vitesses de courant observées dans la section du canal dite de la Quarantaine pendant le remplissage, en dehors bien entendu des vitesses exceptionnelles des premières heures, ont été de 1^{m}25 à 1^{m}30 par seconde[1] ; et, à Chalouf, ces

1. Ces vitesses sont également les vitesses maximum que l'on a observées dans la même section du canal (et qui se produisent par forts coups de vent du Nord ou du Sud), depuis la période d'exploitation

vitesses ne dépassèrent pas $0^m,25$ à $0^m,30$. Telle a donc été la véritabte situation des choses au point de vue des vitesses des courants. Nous avons à voir maintenant quelle a été l'influence de ces courants sur l'exécution des travaux d'achèvement des dragages dans la section de la Quarantaine.

Dans cette portion extrême du canal, les travaux étaient fort en retard. Au moment où il était devenu possible, par suite de l'achèvement des déblais à sec, d'utiliser les eaux de la mer Rouge pour le remplissage des lacs, on n'avait plus devant soi qu'un délai de trois mois, sinon pour réaliser complètement le profil normal dans toute l'étendue de la section des déblais à la drague, ce qui était impossible dans un aussi court délai, tout au moins pour y obtenir une largeur et une profondeur au moins égales à celles qui devaient régner sur tout le reste de la longueur du canal. Une interruption prolongée ou un ralentissement sensible des dragages eussent donc causé le plus grave préjudice à la Compagnie, en l'obligeant à reculer la date qu'elle avait fixée et annoncée publiquement pour l'ouverture du canal à la grande navigation. Fort heureusement ces mécomptes ne se sont pas produits. Après une simple interruption inévitable d'une quinzaine de jours pour la réinstallation des appareils en vue d'un nouveau plan général d'attaque nécessité par les nouvelles circonstances au milieu desquelles ils étaient appelés désormais à fonctionner, les dragues n'ont plus eu ensuite à subir aucun temps d'arrêt par le fait des courants : les dragues à long couloir, aussi bien que celles desservies par des porteurs marchaient sans aucune gêne apparente ; on avait dû seulement renoncer à se servir des élévateurs parce que les chalands porteurs de caisses étaient fortement contrariés par les courants de marée.

En second lieu, quant à l'action si redoutée des courants sur les talus et le fond de la cunette du canal pendant l'opération du remplissage avec les eaux de la mer Rouge :

A partir du moment de l'avarie survenue à l'ouvrage régulateur du débit des eaux, et pendant les premières heures qui ont suivi, deux effets bien distincts se sont produits : d'une part les eaux de remplissage, qui ne devaient être débitées, pendant les premiers moments de l'écoulement qu'avec toute la prudence nécessaire et une grande modération[1], en se précipitant au contraire en chute par les voies qu'elles s'étaient ouvertes à travers les massifs d'enracinement de l'ouvrage régulateur, ont profondément raviné la berge, de chaque côté, dans l'emplacement même de l'ouvrage et sur de petites longueurs à l'amont et à l'aval ; et les terres ainsi détachées ont naturellement été entraînées par les courants pour aller se déposer plus loin dans le canal, se répandant jusqu'à Chalouf, en amont du premier des barrages submersibles dont il a été parlé précédemment. D'autre part, les courants torrentiels qui se sont fait sentir dans toute la section de la Quarantaine, par suite de l'énorme débit des premières heures, ont eu assez de force pour attaquer quelque peu, malgré la nature compacte et résistante des terrains, le fond et les talus de la cunette fort irrégulière déjà exécutée, et ils ont ainsi entraîné de leur côté une certaine quantité de terres qui sont allées également se déposer dans les autres sections du canal. On remarquera toutefois que ce second effet des courants n'a été, en réalité, qu'un simple déplacement de terre à draguer, attendu que les contours attaqués des fouilles étaient loin

1. Pendant l'exécution des travaux à sec dans les sections de la Plaine de Suez et de Chalouf, l'eau des chantiers à la drague de la section de la Quarantaine était retenue par un barrage en terre à l'abri duquel avait été construit, à une centaine de mètres de distance, l'ouvrage destiné à régler le débit des eaux de remplissage. Au jour choisi pour donner écoulement aux eaux de la mer Rouge vers les lacs, on fit dans le barrage en terre une coupure destinée à permettre d'abord le remplissage de l'espace compris entre les deux ouvrages. L'eau devait ensuite, après avoir repris son niveau derrière l'ouvrage regulateur, être débitée avec plus ou moins de modération à l'aide dudit ouvrage.

d'avoir atteint alors les lignes de contour du profil normal. Nous ajouterons que, pendant cette première phase de l'introduction des eaux de la mer Rouge dans les portions de canal qui avaient été exécutées à sec, les talus de la cunette, dans toute l'étendue de ces portions de canal, malgré les vitesses anormales de courants résultant de la trop grande rapidité accidentelle du premier remplissage, ont parfaitement résisté partout à l'action desdits courants. A plus forte raison en a-t-il été ainsi pendant la seconde phase dont il nous reste maintenant à parler.

Pendant la phase de régime normal transitoire qui a succédé, ainsi que nous l'avons expliqué précédemment, à l'écoulement torrentiel des premières heures, les courants n'ont plus eu aucune action apparente sur les talus de la cunette du canal, pas plus qu'ils n'en ont eu depuis l'établissement du régime définitif. Ce n'est pas à dire pourtant que l'action lente, mais continue, sur les talus du canal, de courants d'une assez grande vitesse relative, ait été pendant le remplissage et ait continué, depuis, d'être tout à fait nulle; cela signifie seulement que les effets produits par ces courants, simples déplacements de terre se traduisant en définitive par un élargissement de la cunette du Canal, n'ont aucune importance.

En somme, il a été constaté que le cube total des terres ravinées et transportées par les courants dans la portion Sud du canal, pendant toute la durée du remplissage avec les eaux de la mer Rouge, n'a été, malgré les conséquences tout exceptionnelles de l'avarie qui a empêché le fonctionnement de l'ouvrage régulateur du débit des eaux, que de 45 à 50.000 mètres.

Sixième objection. — *Incertitude au sujet de la dissolution du banc de sel des lacs Amers* (Pl. XXIV). — Les faits sont venus heureusement prouver que la Compagnie avait eu raison de passer outre aux craintes qui avaient été manifestées au sujet de la manière dont se comporterait le banc de sel des lacs Amers.

Déjà, pendant l'opération même du remplissage des lacs, on avait pu acquérir, sinon la certitude absolue, tout au moins la conviction parfaitement motivée par de premiers résultats acquis, que le banc de sel se dissoudrait finalement sur une épaisseur suffisante pour assurer dans toute l'étendue correspondante du Grand lac, après le complet remplissage, une profondeur d'eau minimum de 8 mètres; sauf peut-être, pourtant, dans la région restreinte que l'on pourrait en toute hypothèse facilement contourner, où le banc, étant recouvert d'une couche plus ou moins épaisse de sable, se dissoudrait plus lentement et pourrait ainsi continuer plus ou moins longtemps de former un haut fond. Les premiers résultats auxquels il vient d'être fait allusion provenaient de deux espèces de constatations que nous allons décrire.

D'après un plan coté des lacs Amers levé et dressé avant l'introduction des eaux, on savait que la partie supérieure du banc de sel était, dans toute l'étendue de ce banc, sensiblement horizontale, à la cote moyenne de $10^{m},60$ du nivellement général, c'est-à-dire à $7^{m},60$ en contrebas du niveau moyen de la mer. Nous avons dit précédemment que les eaux de la Méditerranée avaient commencé à être introduites dans les lacs le 18 mars 1869. Comme, dans les premiers temps, on avait beaucoup modéré le débit de l'ouvrage destiné à régler l'introduction des eaux, celles-ci avaient mis un laps de temps d'environ deux mois à atteindre le niveau du dessus du banc de sel; puis, pendant les quarante jours suivants, jusqu'au 20 juin 1869, la montée constatée avait été de $1^{m},14$ au-dessus du même niveau. Or, cette simple montée de $1^{m},14$, alors que la montée totale devait être environ sept fois plus grande, avait déjà produit, quant à la dissolution du banc de sel, les résultats suivants, tels du moins qu'on avait pu les apprécier par des constatations de profondeurs faites sur une ligne tracée en prolongement du grand alignement droit venant du Sérapéum, savoir : sur une première étendue de 400 mètres, à partir de son contour extérieur, le banc de sel s'était dissous sur une épaisseur diminuant progressivement depuis $1^{m},16$ jusqu'à $0^{m},46$; au delà, sur une nouvelle longueur de 500 mètres complétant l'étendue du champ de ces premières constatations, le banc s'était dissous sur une épaisseur à peu près uniforme de $0^{m},40$. On était évidemment fondé à penser que, sauf dans la région sableuse, la dissolution de la partie supérieure du banc de sel, non seulement avait été sur tout son pourtour très sensiblement la même que celle constatée dans la direction indiquée, mais encore qu'elle avait eu lieu dans toute l'étendue de sa surface sur une épaisseur approchant plus ou moins de $0^{m},40$.

Pour contrôler ces dernières appréciations, on avait fait, à la même date citée plus haut du 20 juin 1869, une analyse comparative, au point de vue du degré de salure, de l'eau prise dans le Canal maritime en amont du déversoir, et de l'eau prise dans les lacs au-dessus du banc de sel, et voici les résultats que l'on avait obtenus : l'eau du canal contenait $43^{gr},80$ de sel par litre; l'eau des lacs, $168^{gr},80$. L'eau introduite dans les lacs avait donc dissous 125 kilogrammes, ou, approximativement, $0^{mc},06$ par mètre cube de liquide. Or, la quantité totale d'eau introduite dans les lacs à la date en question était de 190 millions de mètres cubes; et l'on devait admettre que la masse entière de cette eau, à raison du courant, avait participé à la dissolution du banc de sel. La quantité de sel dissoute devait donc être, approximativement, de 11 millions de mètres cubes. D'un autre côté, la surface du banc de sel était d'environ 60 millions de mètres carrés (longueur moyenne de $11^{km},5$ sur une largeur moyenne de $5^{km}, 5$). A supposer qu'un tiers de cette surface n'eut pas encore participé à la dissolution par suite de la présence de la couche superficielle de sable, la dissolution, dans l'étendue des deux autres tiers, avait dû se faire sur une épaisseur moyenne d'environ $0^{m},30$[1].

1. Il est utile de rappeler ici que, conformément aux renseignements déjà donnés dans la note 2 de la page 164, la densité du banc de sel n'était que de

En définitive, les résultats donnés par les deux genres de constatations que nous venons de décrire avaient prouvé, d'une manière aussi convaincante que possible en pareille matière, qu'après l'introduction dans les lacs d'une simple hauteur d'eau de $1^{m},14$ au-dessus du banc de sel, la partie supérieure de ce banc, dans la majeure partie de sa superficie totale, s'était dissoute sur une épaisseur moyenne d'environ $0^{m},30$. Or, on avait à faire entrer finalement dans les lacs une tranche d'eau d'une épaisseur environ sept fois plus grande que celle déjà introduite, et l'on n'avait à obtenir qu'une dissolution totale de $0^{m},40$ à $0^{m},50$ pour avoir partout la profondeur de 8 mètres. On ne pouvait dès lors douter que ce résultat ne fût obtenu et même notablement dépassé après le complet remplissage des lacs.

Toutefois, ce n'étaient là encore que des conjectures qui pouvaient laisser planer encore quelques doutes sur le résultat final. L'examen du plan coté des lacs avant l'introduction des eaux et d'un plan de sondages dressé à la date du 1er août 1871, vingt mois après le remplissage, fit voir que ces conjectures s'étaient complètement réalisées. Non seulement la partie supérieure du banc de sel avait continué à se dissoudre pendant toute la durée du remplissage ; mais encore il était de toute probabilité, pour ne pas dire d'une certitude absolue, qu'à l'époque où le remplissage a été terminé, et où la libre communication a été établie entre les deux mers par l'intermédiaire des lacs, la situation n'était pas encore celle qui a été constatée vingt mois plus tard par le plan de sondage du 1er août 1871 ; en d'autres termes, que, malgré les inquiétantes prévisions de ceux qui croyaient à la formation successive de nouveaux dépôts au-dessus du banc de sel déjà existant, ce banc de sel avait au contraire continué à se

1,60, alors que la densité du sel marin est d'environ 2,20. La détermination ci-dessus du volume dissous du banc de sel après l'introduction de la première tranche d'eau reposant sur l'adoption, dans les calculs, de la densité 2,20 du sel marin, les chiffres trouvés devaient évidemment être inférieurs à la réalité.

dissoudre après l'ouverture du canal à la grande navigation. Il semblait même permis d'augurer, dès les constatations si favorables de 1871, que la dissolution de la partie supérieure du banc de sel continuerait encore sur une profondeur plus ou moins grande, et que le banc de sel tout entier, dont l'épaisseur, à l'origine, atteignait en certains points, 11 mètres, finirait peut-être, dans un avenir plus ou moins éloigné, par disparaître en notable partie, sinon complètement.

Le tableau ci-dessous montre dans quelle mesure ces prévisions se sont jusqu'à présent réalisées :

TABLEAU FAISANT CONNAITRE LA MARCHE DE LA DISSOLUTION DU BANC DE SEL DU GRAND LAC AMER SUR LA LIGNE DES DEUX PHARES (LONGUEUR DU BANC DE SEL. 11m,80).

(VOIR PLANCHE XXIV)

ANNÉES DES OPÉRATIONS DE SONDAGES	PROFONDEURS DU BANC AU-DESSOUS DU NIVEAU DE LA MER					APPROFONDISSEMENT MOYEN	
	AUX EXTRÉMITÉS DU BANC		SUR LA LONGUEUR DU BANC			PAR PÉRIODE DE TEMPS	ANNUEL
	Extrémité nord	Extrémité sud	Maximum	Minimum	Moyenne		
	Mètres	Mètres	Mètres	Mètres	Mètres	Mètres	Mètres
En 1868.......... (avant l'introduction des eaux).	7,95	8,50	8,50	7,10	7,64		
En 1869.......... (après le remplissage).	9,45	9,00	9,45	7,20	8,14	En 1 an. (pendant le remplissage). 0,50	0,500
En 1871..........	9,45	9,00	9,45	7,65	8,42	En 2 ans. 0,28	0,140
En 1879..........	9,50	9,60	9,65	7,80	8,97	En 8 ans. 0,55	0,069
En 1890..........	10,40	9,80	10,45	8,70	9,71	En 11 ans 0,74	0,067
En 1898..........	10,45	9,80	10,45	9,50	10,14	En 8 ans. 0,43	0,054
En 1902..........	10,60	10,50	10,60	9,70	10,34	En 4 ans. 0,20	0,050
	Approfondiss[t] moyen total en 34 ans..					2,70	

Il y a lieu de remarquer que, sur la ligne habituellement suivie par les navires à la traversée du Grand lac, la dissolution du banc de sel, par suite des mouvements d'eau produits près du fond par les hélices, est probablement un peu plus active que sur le reste de la surface du banc.

PARTIE DU CANAL DES LACS AMERS A SUEZ

Le tracé primitif du canal entre les lacs Amers et Suez, c'est-à-dire le tracé de l'avant-projet approuvé par la Commission internationale, se composait d'un seul alignement droit qui, partant de l'extrémité d'une courbe sise dans le Petit lac, venait se raccorder, par une autre courbe de 6.500 mètres de rayon, avec un dernier alignement de 3.842 mètres de longueur comprenant le chenal de débouché du canal dans la rade de Suez. Le canal passait ainsi tout près de la ville et du port ; et il allait déboucher dans la rade en traversant le banc situé au Sud-Est de la ville, banc découvrant à mer basse et que contourne à l'Est le chenal peu profond du port de Suez.

Ce premier tracé fut légèrement modifié, en août 1859, par le Conseil supérieur des travaux qui adopta pour l'assiette du canal, dans la partie Sud du Petit lac, une ligne reportée un peu vers l'Ouest, laquelle ligne allait rejoindre le grand alignement primitif vers le milieu de sa longueur en formant avec lui un angle très ouvert qui fut l'angle 2 du tracé de 1859.

Dans les derniers mois de la même année 1859, les Ingénieurs présentèrent une première étude sommaire concluant à modifier le débouché du canal dans la rade en le reportant dans l'emplacement du chenal même du port de Suez. Par suite de cette modification du débouché, le nouveau tracé du canal se trouvait passer tout près du bâtiment de la Quarantaine, dans l'Ouest, s'éloignant ainsi du port et de la ville de Suez d'environ 900 mètres dans l'Est par rapport au tracé de la Commission internationale. Nous rendrons compte en détail de cette étude et de celles qui suivirent sur le même objet lorsque nous en serons à la description des travaux définitifs du débouché du canal dans la rade de Suez. Nous n'avons à nous occuper pour le moment que du tracé du canal proprement dit. Nous mentionnerons donc simplement ici, d'une part, que, d'après l'étude préliminaire qui fut faite en 1859, postérieurement à l'adoption du tracé du Conseil supérieur des travaux, on se proposait de faire partir la déviation à donner au tracé du canal, — en raison du nouveau débouché projeté dans la rade de Suez — sensiblement du point même où le nouvel alignement de la partie Sud du Petit lac et de la traversée du seuil de Chalouf adopté par le Conseil se trouvait rencontrer le grand alignement primitif de la Commission internationale; d'autre part, qu'à la suite d'études complémentaires qui avaient été reconnues indispensables, les Ingénieurs produisirent, à la fin de l'année 1863, une étude définitive et complète, qui fut approuvée par la Compagnie, d'après laquelle le tracé entre les lacs Amers et le nouveau débouché dans la rade de Suez, déjà adopté en principe, devait se composer maintenant d'un seul alignement droit : l'angle 2 du tracé du Conseil supérieur des travaux (tracé d'août 1859) se trouvait en effet supprimé par suite de l'adoption, dans la plaine de Suez, d'une ligne tracée en prolongement de l'alignement de la traversée du seuil de Chalouf et prolongée jusqu'à la rencontre du chenal de Suez, où le tracé se développait alors par une courbe de 2. 000 mètres de rayon suivie d'une ligne droite allant gagner les fonds de 9 mètres.

Nonobstant l'adoption en principe du nouveau tracé, recommandation avait été renouvelée aux Ingénieurs, « de faire, sur tout le parcours de ce tracé, de kilomètre en kilomètre, et même à des intervalles plus rapprochés si cela était nécessaire, des forages atteignant au moins le fond du Canal; et d'opérer ces forages, soit à l'aide de puits, soit avec des dragues, soit par tout autre moyen capable de donner des renseignements pratiques que l'on pût consulter pour apprécier les difficultés que présenteraient les déblais et les dragages ».

De nouveaux forages exécutés sur le nouveau tracé firent reconnaître que ce tracé rencontrait, en deux endroits, dans la plaine de Suez et près du débouché dans le port, des bancs puissants de grès sur une longueur ensemble de 2. 320 mètres. On recommença alors les explorations du terrain en s'éloignant de plus en plus de la direction primitive, vers l'Est, pour voir si, en reportant davantage encore le tracé de ce côté, on ne pourrait pas éviter absolument les bancs de roche. Bref, vers la fin de l'année 1865, après une reconnaissance aussi détaillée que possible de la nature du terrain à traverser, les Ingénieurs proposèrent un nouveau tracé conçu dans l'ordre d'idées qui vient d'être indiqué : la déviation vers l'Est du grand alignement du tracé précédemment approuvé commençait vers le point 145^{km}, 5 et se raccordait par une courbe de 3.000 mètres de rayon et de 2.408 mètres de développement avec le dernier alignement droit formant le débouché du tracé précédent dans la rade de Suez ; le plus grand écartement du nouveau tracé par rapport au précédent, lequel — comme il a été dit précédemment, s'écartait déjà du tracé de la Commission internationale de 900 mètres dans l'Est, — était de 1. 200 mètres ; l'allongement de parcours était de 484 mètres seulement ; l'augmentation de cube, d'environ 800.000 mètres ; enfin le nouveau tracé paraissait ne devoir plus rencontrer que des terrains d'une extraction facile. La Compagnie, « malgré l'insuffisance des forages sur la nouvelle ligne ; vu l'urgence constatée de livrer de nouveaux chantiers de travaux aux Entrepreneurs ; mais tout en maintenant ses précédentes observations sur l'utilité de nombreux forages et de puits de vérification, » approuva le nouveau tracé proposé, en recommandant seulement d'augmenter le rayon de la courbe de débouché de manière à rendre moins accentué le changement de direction à l'entrée du canal proprement dit.

Sur le plan comparatif des divers tracés, on reconnaît aisément, au simple examen du plan, que le tracé d'exécution au point de vue exclusif de la navigation, est inférieur à celui de la Commission internationale, puisque, dans la portion considérée du canal, du Petit lac Amer à la rade de Suez, il comporte trois courbes, de 3.000, 3,011 et 3.200 mètres de rayon ; il est vrai que le tracé primitif ne comportait qu'une seule courbe de 6. 500 mètres de rayon. Son grand éloignement de la ville de Suez est aussi un inconvénient. Le déplacement si considérable, vers l'Est, du tracé primitif a eu pour but unique — ainsi qu'on l'a vu par le court historique ci-dessus des études successives faites pour le choix du tracé définitif — d'éviter le plus possible les terrains rocheux inattaquables à la drague. En réalité, on n'a que très imparfaitement réussi à atteindre le but en question. Est-ce à dire qu'il eût été possible de trouver un meilleur tracé sous ce rapport ? Il est à peu près hors de doute, en tout cas, d'après les résultats des nombreux forages exécutés, que, sur toute autre ligne plus rapprochée de Suez, on eût rencontré de plus grandes difficultés d'exécution. Fallait-il donc faire de nouvelles études en s'éloignant davantage encore dans l'Est? Mais, par divers motifs d'une extrême gravité, on ne pouvait retarder plus longtemps la mise en train des travaux dans la région de Suez ; et, d'ailleurs, rien ne permettait d'espérer qu'on parviendrait ainsi à trouver un nouveau tracé évitant les terrains durs, tandis que l'on augmenterait sûrement la longueur du Canal et le cube des terrassements.

Un mois environ avant la décision approbative du tracé de la plaine de Suez, la question fut posée aux Ingénieurs de savoir si des forages avaient été faits près de Chalouf en quantité suffisante pour donner la complète certitude qu'une déviation du tracé ne permettrait pas d'éviter l'énorme rognon de roche qui existait sur ce point et dont on préparait en ce moment même l'extraction qui devait être longue, difficile et très dispendieuse. Mais, dès la date, remontant à une année [1], où l'on avait reconnu l'existence de la grande

1. L'existence de l'énorme rognon de rocher de Chalouf a été constatée par des forages exécutés dans le milieu de l'année 1864, immédiatement après le

roche de Chalouf située dans l'intervalle de deux anciens forages, la question de l'emplacement du tracé sur ce point était déjà fortement engagée par l'exécution, dans toute l'étendue du seuil de Chalouf, d'une première tranchée faite par les ouvriers des contingents égyptiens, et qui représentait un déblai de 1.361.000 mètres cubes[1]. L'adoption d'un nouveau tracé eut fait perdre ce premier travail si considérable. Il eût fallu évidemment être deux fois sûr du résultat final, pour oser, dans de pareilles conditions, prendre la résolution d'un changement de tracé. Sans doute il était impossible d'affirmer que le rocher spécial de Chalouf ne pouvait pas être évité. Mais comme, d'un autre côté, il devait être également impossible, faute de temps, d'appuyer le choix d'un nouveau tracé de forages assez rapprochés pour faire disparaître toute incertitude, on aurait toujours couru la mauvaise chance, étant donnée la constitution géologique générale des terrains compris entre Suez et les lacs Amers, de rencontrer des difficultés exactement du même ordre, sur toute autre direction que celle primitivement adoptée. Il y avait encore à tenir compte de cette

---

départ des contingents d'ouvriers égyptiens (voir la note ci-dessous). Ce rognon avait la forme d'une immense lentille de 2 mètres d'épaisseur moyenne et 2m,50 d'épaisseur maximum, occupant et au-delà toute la largeur du canal, et ayant une inclinaison du Sud au Nord qui lui faisait occuper dans le sens longitudinal une longueur d'environ 400 mètres comprise entre le point (extrémité sud) où elle affleurait au plafond de la tranchée ouverte par les contingents et le point (extrémité nord) où elle plongeait en contre-bas du plafond du canal. La masse de rocher à déblayer pour la réalisation du profil était d'environ 25.000 mètres cubes. Avec les terres situées au-dessus et au-dessous du rognon de roche, le déblai total à faire par épuisements et à l'aide de procédés spéciaux était d'environ 150.000 mètres cubes.

1. C'est pendant les premiers mois de l'année 1864, jusqu'en mai de ladite année, époque à laquelle ils ont été retirés à la Compagnie, que les ouvriers des contingents égyptiens ont été employés à l'ouverture d'une première tranchée dans la traversée du seuil de Chalouf. Les travaux embrassaient une longueur de canal de 4.691 mètres, et la tranchée devait être déblayée, comme elle l'a été en effet, jusqu'à la banquette ménagée dans les talus, à 3 mètres au-dessus du niveau de la Méditerranée. Le cube total des déblais exécutés pour cette première tranchée a été de 1.361.000 mètres. Dans ce cube se trouvait compris celui d'un banc de roche, continuant vers le sud, sur une nouvelle longueur d'environ 300 mètres, le rognon rocheux mentionné à la note précédente, et allant, à son extrémité sud, presque affleurer le terrain naturel.

circonstance que la roche de Chalouf étant, par sa nature, parfaitement propre à servir d'enrochements pour la défense des berges du canal, on aurait ainsi à pied-d'œuvre un cube considérable d'excellents matériaux d'enrochements, en sorte que la dépense d'extraction serait loin d'être complètement en pure perte. Bref, et par toutes ces considérations, aucune suite ne fut donnée à l'idée de modifier le tracé primitif à la traversée du seuil de Chalouf.

En résumé, il est incontestable que l'exécution de la portion du canal comprise entre les lacs Amers et Suez, suivant le tracé définitivement adopté, a été très difficile et extrêmement coûteuse, en raison des terrains de roche ou de formation rocheuse qui ont été rencontrés en cours de travaux; et l'on ne pouvait méconnaître que, par les mêmes motifs, les élargissements ultérieurs dans cette portion de Canal ne pourraient être obtenus qu'au prix de dépenses assez considérables; mais, en même temps, il n'est certainement pas téméraire d'affirmer, avec la connaissance générale des terrains qui a été acquise à la suite des nombreux forages exécutés dans cette région de l'Isthme, que des difficultés tout à fait semblables se seraient probablement rencontrées sur toute autre direction que l'on aurait pu choisir de préférence à celle du tracé d'exécution. Il n'y a véritablement aucuns regrets à concevoir sous ce rapport, ni au point de vue de la première exécution des travaux, ni au point de vue des élargissements ultérieurs du canal. Tout bien considéré, c'est-à-dire en se rendant un juste compte de la nature des terrains qui constituent le seuil de séparation entre les lacs Amers et la rade de Suez, on reconnaît aisément que la question du choix de telle ou telle direction pour le tracé du canal dans cette région de l'Isthme n'avait pas pu être résolue par la considération exclusive des masses plus ou moins considérables de terrains durs que le canal aurait inévitablement à traverser; qu'en effet, la comparaison, à ce point de vue, de plusieurs directions du tracé, n'aurait pu être faite d'une manière sérieuse et concluante, qu'en s'appuyant sur un nombre immense de forages qui eussent occasionné, de leur côté, de très grandes dépenses, et surtout un très grand retard d'exécution; ce qui, eu égard, on ne saurait trop le répéter, à la grande incertitude des résultats, enlevait d'avance tout caractère véritablement pratique à de pareilles recherches; que c'était donc avec pleine et entière raison, qu'après la série d'études ayant abouti, comme nous l'avons expliqué précédemment, à l'adoption du tracé qui a été définitivement exécuté, on s'est borné, en dernière analyse, à multiplier les forages sur la ligne même de ce tracé, dans le seul but de se rendre compte d'avance, aussi exactement que possible de la nature très diverse du terrain que l'on aurait à déblayer et de pouvoir combiner, en conséquence, les moyens d'exécution.

ENSEMBLE DU TRACÉ D'EXÉCUTION
(PLANCHE XII)

Les détails du tracé définitivement adopté en exécution sont résumés dans le tableau ci-dessous :

TABLEAU DES ALIGNEMENTS, ANGLES, LIGNES DROITES ET COURBES DU TRACÉ D'EXÉCUTION

INDICATIONS	LONGUEURS entre les angles	LONGUEURS des tangentes	LONGUEURS des droites	LONGUEURS des courbes	RAYONS
	Mètres	Mètres	Mètres	Mètres	Mètres
1er Alignement : Entre l'extrémité sud du terre-plein et la 1re courbe.....	2.941,04	»	1.728,67	»	»
	»	1.212,37	»	»	»
Angle I : 138° 30' 00"	»	»	»	2.317,80	3.200,00
	»	1.212,37	»	»	»
2e Alignement : De la Quarantaine...	2.905,55	»	1.364,60	»	»
	»	328,58	»	»	»
Angle II : 167° 32' 40"	»	»	»	654,56	3.011,00
	»	328,58	»	»	»
3e Alignement : De la Plaine de Suez.	9.483,69	»	8.950,94	»	»
	»	204,17	»	»	»
Angle III : 172° 12' 40"	»	»	»	408,10	3.000,00
	»	204,17	»	»	»
4e Alignement : Sud du Petit lac....	15.122,53	»	14.421,23	»	»
	»	497,13	»	»	»
Angle IV : 152° 5' 00"	»	»	»	949,32	2.000,00
	»	497,13	»	»	»
A reporter.........	30.452,81	4.484,50	26.465,44	4.329,78	

INDICATIONS	LONGUEURS entre les angles	LONGUEURS des tangentes	LONGUEURS des droites	LONGUEURS des courbes	RAYONS
	Mètres	Mètres	Mètres	Mètres	Mètres
Report	30.452,81	4.484,50	26.465,44	4.329,78	4.329,78
5e Alignement : Du Petit lac	6.910,80	»	5.251,52	»	»
	»	1.162,15	»	»	»
Angle V : 137° 39′ 00″	»	»	»	2.217,79	3.000,00
	»	1.162,15	»	»	»
6e Alignement : Sud du Grand lac	8.578,52	»	7.416,37	»	»
	»	»	»	»	»
Angle VI : 142° 36′ 30″ (Phare Sud)	»	»	»	»	»
	»	»	»	»	»
7e Alignement : Du Grand lac	14.797,40	»	14.797,40	»	»
	»	»	»	»	»
Angle VII : 155° 35′ 30″ (Phare Nord)	»	»	»	»	»
	»	»	»	»	»
8e Alignement : Seuil du Sérapéum	14.422,65	»	13.945,55	»	»
	»	477,10	»	»	»
Angle VIII : 153° 10′ 0″	»	»	»	936,66	2.000,00
	»	477,10	»	»	»
9e Alignement : De Toussoum	7.178,94	»	6.701,84	»	»
	»	»	»	»	»
Angle IX : 160° 20′ 20″	»	»	»	»	»
	»	»	»	»	»
10e Alignement : Du Garage	706,17	»	496,17	»	»
	»	210,00	»	364,83	294,41
Angle X : 109° 00′ 00″	»	»	»	»	»
	»	210,00	»	»	»
11e Alignement : Du lac Timsah	2.138,35	»	1.363,35	»	»
	»	565,00	»	1.093,62	1.765,06
Angle XI : 144° 30′ 00″	»	»	»	»	»
	»	565,00	»	»	»
12e Alignement : Du chantier VI	1.848,98	»	727,69	»	»
	»	556,29	»	1.088,72	2.151,00
Angle XII : 151° 00′ 00″	»	»	»	»	»
	»	556,29	»	»	»
13e Align[t] : Des 2 courbes d'El-Guisr.	1.048,73	»	137,73	»	»
	»	354,71	»	682,28	1.011,00
Angle XIII : 141° 20′ 00″	»	»	»	»	»
	»	354,71	»	»	»
14e Alignement : D'El-Guisr	11.919,57	»	10.735,88	»	»
	»	828,98	»	1.579,09	2.100,00
Angle XIV : 136° 55′ 00″	»	»	»	»	»
	»	828,98	»	»	»
15e Alignement : lacs Ballah	4.116,90	»	2.899,16	»	»
	»	388,76	»	767,95	2.000,00
Angle XV : 158° 00′ 00″	»	»	»	»	»
	»	388,76	»	»	»
16e Alignement : lacs Ballah	5.083,95	»	4.402,23	»	»
	»	292,96	»	581,77	2.000,00
Angle XVI : 163° 20′ 00″	»	»	»	»	»
	»	292,96	»	»	»
17e Alignement : lacs Ballah	2.167,52	»	1.723,00	»	»
	»	151,56	»	302.53	2.000,00
Angle XVII : 171° 20′ 00″	»	»	»	»	»
	»	151,56	»	»	»
18e Alignement : lac Menzaleh	48.102,52	»	47.026,50	»	»
	»	924,46	»	1.797,99	2.991,79
Angle XVIII : 145° 34′ 00″	»	»	»	»	»
	»	924,46	»	»	»
19e Alignement : Port-Saïd	1,790,97	»	866,51	»	»
TOTAUX	161.264,78	16.308,44	144.956,34	15.743,01	

COMPARAISON DES DIVERS TRACÉS

Dans la question du choix d'un tracé de canal maritime, les courbes constituent l'élément qui intéresse le plus la navigation.

La comparaison des divers tracés au point de vue du nombre, des rayons et du développement total des courbes est rendue facile à l'aide de l'état récapitulatif ci-dessous du tableau respectif des éléments de chaque tracé, savoir[1].

PROJET DE LA COMMISSION INTERNATIONALE
(VOIR LE TABLEAU DE LA PAGE 50)

			Mètres.
11 alignements droits		Longueur ensemble.	109.816
10 courbes	Rayons de 6.500 à 15.000m.	—	44.216
	Rayon moyen : 10.600m..	—	
	Longueur totale		154.032

PROJET DU CONSEIL SUPÉRIEUR DES TRAVAUX
(VOIR LE TABLEAU DE LA PAGE 109)

25 alignements droits		Longueur ensemble.	138.173
24 courbes	Rayons de 800 à 6.500m..	—	20.242
	Rayon moyen : 2.200m..	—	
	Longueur totale		158.415

TRACÉ D'EXÉCUTION
(VOIR LE TABLEAU CI-DESSUS)

19 alignements droits		Longueur ensemble.	144.956
18 courbes	Rayons de 1.000 à 3.200m.	—	15.743
	Rayon moyen : 2.470m..	—	
	Longueur totale		160.699

On voit par cet état récapitulatif, qu'au point de vue du nombre et des rayons des courbes, le tracé d'exécution est

1. NOTA. — Pour la désignation des rayons extrêmes des courbes et pour la détermination des rayons moyens, on n'a pas fait entrer en ligne de compte, dans l'établissement de l'Etat récapitulatif, savoir :

D'une part, dans chacun des trois tracés : les deux courbes du Grand lac Amer, attendu que ces courbes se trouvant dans de grands fonds naturels, n'intéressent en rien la navigation, puisque les navires peuvent évoluer en toute liberté en ces points pour effectuer leur changement de direction de marche;

D'autre part, dans le tracé d'exécution : les deux courbes du garage du lac

très inférieur à celui du projet de la Commission internationale; mais, aussi, qu'il est meilleur que le tracé qui avait été adopté plus tard, dans des idées d'économie, par le Conseil supérieur des travaux.

Au point de vue de la longueur totale des parties courbes du canal, il y a d'abord une distinction importante à faire: c'est que, dans la pratique, une courbe de très grand rayon présente à très peu près les mêmes conditions de navigation qu'un alignement droit; en sorte que si l'on avait exécuté le tracé de la Commission internationale, le grand développement de l'ensemble des courbes n'eût pas constitué une gêne sérieuse pour la navigation. Au contraire, dans le parcours des courbes dont le rayon se rapproche plus ou moins du rayon limite au-dessous duquel, dans l'intérêt d'une bonne et facile navigation, il conviendrait de ne pas descendre (et, à plus forte raison, quand il y a des courbes d'un rayon inférieur à ce minimum), la navigation exige plus d'habileté et de prudence et elle court plus de chances d'échouages que dans les alignements droits; il y a donc un véritable intérêt, avec de pareilles courbes, à ce que leur développement soit le moindre possible, et, sous ce rapport également, le tracé d'exécution l'emporte encore sur le tracé qui avait été adopté au moment de la mise en train des travaux.

CONSIDÉRATIONS GÉNÉRALES

Nous avons montré, au fur et à mesure de la description détaillée du tracé de chaque portion du canal maritime, et

---

Timsah, attendu que les navires, disposant sur ce point, pour leur évolution de changement de direction, du vaste espace offert pour le garage même, y peuvent effectuer lesdites évolutions avec facilité sans avoir à se préoccuper des rayons des courbes.

On remarquera, d'ailleurs, que bien que l'état récapitulatif mentionne dans le tracé d'exécution 18 courbes, — ce nombre étant réellement celui des angles ou changements de direction, — le tableau détaillé des éléments de ce tracé n'indiquait pourtant que 15 courbes, les deux changements de direction du Grand lac Amer et le changement de direction du garage du lac Timsah n'y figurant que par la désignation des angles.

en examinant ensuite le tracé d'exécution dans son ensemble, que ce tracé, ainsi que nous l'avions annoncé dès le début de notre exposé descriptif, n'était pas aussi parfait au point de vue de la navigation que cela eût été désirable ; nous avons fait connaître en même temps les causes diverses de ses imperfections.

Nous terminerons ce que nous avons à dire concernant l'importante question du tracé d'exécution du Canal maritime, en résumant ici les quelques principes qui découlent naturellement de l'exposé et de la longue discussion qui précèdent, et en présentant ensuite quelques considérations sur la question spéciale du meilleur mode de raccordement pour les changements de direction des alignements dans un tracé quelconque de canal maritime.

Nous formulerons d'abord ainsi qu'il suit les règles principales auxquelles il eût été bon, suivant nous, de se conformer dans l'étude et le choix du tracé définitif du canal maritime, si la Compagnie ne se fût pas trouvée dominée au début même de ses opérations par d'impérieuses considérations d'économie ; si le temps n'avait pas manqué alors pour faire de sérieuses études comparatives ; si diverses autres circonstances n'étaient venues également influer sur le choix de la direction générale du tracé dans chaque portion du canal, enfin, si l'on avait eu, dès l'origine, l'expérience qui n'a pu être acquise que plus tard au sujet des conditions ultérieures d'entretien et d'exploitation d'un canal maritime comme celui qu'il s'agissait de créer :

Dans l'étude du tracé définitif du canal maritime, on aurait dû s'attacher surtout, même au prix de certains supplément de cubes, malgré même la rencontre de terrains de roches là où les déblais pouvaient s'exécuter à sec, à adopter le plus possible de grandes lignes, ou alignements droits, entre les points principaux : Port-Saïd, lac Timsah, lacs Amers et Suez, par lesquels devait nécessairement passer le tracé ; c'est-à-dire à réduire au plus strict minimum le nombre des changements de direction de tracé dans les intervalles de ces points principaux. Sur les parties du canal où l'on ne pouvait absolument pas éviter un changement de direction de tracé, il eût fallu tout au moins éviter, dans la mesure possible, que l'angle formé par la rencontre des deux alignements, ou, ce qui revient au même, que la courbe de raccordement entre les deux directions se trouvât située dans l'emplacement d'une tranchée de grande profondeur. Enfin on n'aurait dû dans aucun cas, quelles que fussent les circonstances locales, adopter des courbes de raccordement d'un rayon de moins de 2.000 mètres, un pareil rayon devant être considéré comme un minimum au point de vue de la navigation, avec un Canal de 22 mètres de largeur seulement au plafond ; et même, dans la plupart, sinon dans la totalité des cas où l'on a cru devoir adopter un rayon de 2.000 mètres, il eut mieux valu porter ce rayon jusqu'à 3.000 mètres, par exemple, l'expérience ayant prouvé depuis, comme on pouvait le prévoir, qu'une courbe un peu plus longue, mais à courbure moins prononcée, était préférable au point de vue des facilités et de la sécurité de la grande navigation ; on doit d'autant plus regretter que cette très réelle amélioration n'ait pas été réalisée dans le tracé d'exécution, qu'elle aurait pu très probablement être obtenue sans grande augmentation dans le cube des terrassements.

Nous examinerons maintenant la question spéciale du meilleur mode de raccordement des alignements droits dans les changements de direction, c'est-à-dire la question spéciale des courbes.

Cette question a été soulevée à plusieurs reprises pendant le cours des travaux à l'occasion des courbes que comportait le tracé et qui devaient, craignait-on, présenter des difficultés pour la navigation ; elle a donné lieu surtout à d'importantes discussions lors des études, commencées en 1868 et continuées pendant le cours de l'année 1869, au sujet des dispositions à prendre pour l'éclairage et le balisage du Canal en vue de l'exploitation[1].

Les tracés successivement proposés par les auteurs des différents projets, puis les tracés de rectifications partielles proposés en cours d'exécution par les Ingénieurs chargés de la direction et du contrôle des travaux, comportaient tous, pour les raccordements des changements de direction, des courbes à plus ou moins grand rayon. La première objection qui fut formulée pendant le cours des travaux contre les courbes de raccordement était que la navigation, vu le peu de largeur du Canal, y serait difficile; et, pour remédier à cet inconvénient, on proposait de substituer à chaque courbe un simple élargissement du Canal dans l'emplacement même de l'angle formé par la rencontre des deux alignements, le dit élargissement obtenu par une ligne droite coupant sur une certaine étendue l'angle de la rive rentrante; de cette manière, disait-on, les changements de direction ne présenteraient plus aucune difficuté pour la navigation, puisque les navires pourraient continuer leur marche en ligne droite jusque tout près des sommets d'angle où ils trouveraient une largeur suffisante pour évoluer aisément et prendre leur nouvelle direction. Les Ingénieurs combattirent cette première objection contre les courbes ainsi que le nouveau mode de raccordement proposé par les considérations suivantes : d'une part, ils firent remarquer qu'une courbe à grand rayon — et ils entendaient par là une courbe d'un rayon d'au moins 2.000 à 3.000 mètres — pourvu qu'elle fût bien dessinée par ses berges ou convenablement balisée, présentait des conditions de navigation presque identiques à celles des parties rectilignes du Canal, attendu que, dans un cas comme dans l'autre, le timonier était toujours obligé de manœuvrer la

1. Voir plus loin, au chapitre intitulé : *Eclairage et balisage du Canal et des ports.*

barre d'une manière à peu près continue pour éviter les embardées et maintenir le navire dans le milieu du chenal, et qu'il n'avait pas plus de peine dans un cas que dans l'autre à obtenir ce double résultat, chaque élément de la courbe qu'il voyait immédiatement en avant du navire lui apparaissant et pouvant en effet être considérée comme une véritable ligne droite; d'autre part, ils objectèrent à leur tour, contre le nouvau mode de raccordement proposé, qu'il aurait le grave inconvénient d'augmenter beaucoup les dépenses de première construction sans donner la certitude d'une solution véritablement pratique, attendu que le changement brusque de direction sur une longueur restreinte ne paraissait pas pouvoir être effectué avec sécurité dans les conditions de vitesse ordinaire de marche des navires et exigerait en conséquence un notable ralentissement de vitesse qui rendrait de son côté l'évolution pénible et difficile, indépendamment des inconvénients d'une trop petite vitesse de marche dans le canal pendant la période d'approche du point d'évolution.

La seconde objection contre les courbes, formulée plus tard à l'occasion des études concernant l'exploitation, était basée sur la difficulté de trouver un bon système d'éclairage desdites courbes pour la navigation de nuit. Ainsi que nous l'expliquerons au chapitre de la description des ouvrages accessoire, l'idée d'éclairer le Canal avait été momentanément abandonnée à la suite d'expériences diverses d'éclairage des berges postérieures aux études susmentionnées. Néanmoins, comme la modification que l'on proposait de faire subir aux courbes par des motifs d'éclairage devait, prétendait-on, augmenter en même temps les facilités de la navigation de jour, nous croyons utile de dire en quoi consistait cette modification, et par suite de quelles considérations elle a été repoussée. Le mode d'éclairage proposé pour les courbes consistait en une série de feux placés sur la rive concave, à des distances de 200 à

400 mètres les uns des autres, suivant le rayon de la courbe, et disposés de telle façon que, pour un observateur placé en un point quelconque de la ligne de navigation entre deux feux, le second feu à l'avant et le second feu à l'arrière fussent avec lui sur une même ligne droite. Avec ce système d'éclairage, le principe de la navigation de nuit dans les courbes était, quand on arriverait par le travers de chaque feu, de gouverner sur le second feu en avant et d'assurer sa position en vérifiant si l'on se trouvait dans l'alignement de ce second feu-avant avec le second feu-arrière; le principe de la navigation de jour devait-être exactement le même, les supports des feux faisant alors l'office de balises. Au passage des courbes, les navires suivraient donc en réalité les côtés d'un polygone, chaque feu ou support de feu servant à la fois comme indicateur d'un changement brusque de direction (d'environ 11°), et comme repère d'alignement. En conséquence de cette transformation de l'axe courbe du canal en un trajet polygonal, et pour donner plus de sécurité aux manœuvres, on jugeait indispensable de pratiquer dans les courbes des élargissements partiels en rabotant le talus du côté de la rive convexe, de manière à remplacer sa forme courbe par une forme polygonale qui serait à peu près parallèle à la ligne de navigation. L'Administration des Messageries maritimes ayant été consultée par la Compagnie sur le mode d'éclairage que nous venons de décrire formula, d'après les observations présentées par les capitaines de sa flotte, l'opinion suivante :

Le système général d'éclairage proposé pour le passage des courbes paraissait satisfaisant en théorie et il pouvait l'être aussi suffisamment dans la pratique pour les bâtiments de dimensions ordinaires ; mais, pour les grands navires à vapeur, il présentait divers inconvénients : en effet, un grand bâtiment à hélice, en raison de la difficulté d'évolution dans des eaux peu profondes, ne pouvait suspendre son évolution à aucun moment de son passage dans les courbes, et il devait décrire une courbe aussi régulière que possible et non un polygone[1] ; en toute hypothèse, on aurait certainement beaucoup de peine à saisir le moment précis où le bâtiment se trouverait arrivé au point où il devrait brusquement changer sa direction, le mouvement angulaire par rapport aux feux de travers étant considérable ; d'un autre côté, la faible distance à laquelle l'avant du navire se trouverait par rapport à la berge concave, au moment théorique de l'évolution, commanderait la plus grande attention pour éviter un échouage ; enfin, l'intervalle de temps qui s'écoulerait entre deux changements de direction consécutifs serait trop faible pour permettre d'apprécier la portée des erreurs commises et d'en atténuer les conséquences ; bref, ces opérations si nombreuses et si délicates absorberaient l'attention du pilote au détriment du soin plus important de la manœuvre du bâtiment. Il y avait lieu de remarquer, d'ailleurs, qu'en raison des conséquences d'un échouage sur la rive concave, qui seraient plus graves que sur la rive convexe, les bâtiments seraient amenés à se rapprocher sensiblement de cette dernière rive, et que cette manœuvre aurait indubitablement pour effet de modifier essentiellement, dans la pratique, les conséquences théoriques de l'éclairage proposé.

L'Administration des Messageries maritimes concluait donc en demandant que l'on se bornât, pour les courbes du canal, à donner les indications générales sur l'arc et l'étendue de chaque courbe, à éclairer les extrémités et le milieu des courbes au moyen de feux diversement colorés, enfin, à élargir le fond de la cunette du Canal au moins de moitié, et plus s'il était possible, sur la rive convexe, à la pointe des courbes les plus saillantes.

Conformément à l'avis de l'Administration des Messageries maritimes, et par les mêmes motifs, la Compagnie à la suite de l'étude faite par elle, dans le courant des mois de mars et avril 1869, de toutes les questions concernant l'exploitation du canal, repoussa l'idée de substituer aux courbes un tracé polygonal[2]. La Compagnie statua en

---

1. Cette opinion avait toujours été celle des Ingénieurs des travaux. Dans les diverses discussions qui avaient eu lieu précédemment sur la question, ils avaient constamment soutenu, en thèse générale, que lorsque des navires parcouraient une courbe quelconque dans un chenal étroit, l'action de la barre était continue et non intermittente ; qu'il en serait nécessairement de même dans le canal maritime, où, à la traversée des courbes, le centre de figure du navire parcourrait toujours, en réalité, une courbe qui ne différerait guère de la ligne d'axe du canal qu'en ce que, vers le milieu, elle serait un peu plus rapprochée de la rive convexe.

2. Insistant sur les observations présentées par les Messageries Maritimes, on avait fait observer que la navigation par alignements droits très courts,

même temps sur la question du mode d'éclairage à adopter pour les courbes et sur celle de l'élargissement du canal dans les courbes du côté de la rive convexe ; mais nous le mentionnons simplement ici pour mémoire, en renvoyant pour les détails aux chapitres respectifs de la description des ouvrages accessoires du canal et des profils en travers.

En résumé, donc, il a été reconnu, après sérieux examen, que les deux combinaisons successivement proposées pour remplacer les courbes de raccordement des changements de direction des alignements, à savoir : un simple élargissement du canal dans l'emplacement de l'angle formé par les deux alignements ou bien un tracé polygonal, indépendamment du surcroît de dépense immédiate qu'elles exigeraient, satisferaient beaucoup moins bien que les courbes mêmes aux intérêts de la navigation, et les courbes ont été en conséquence définitivement maintenues. Cela, hâtons-nous de le faire remarquer, toutes réserves faites au sujet de la question des élargissements indispensables à effectuer à la cunette du canal dans l'étendue des courbes d'un trop faible rayon, question que l'on trouvera traitée plus loin.

Enfin, pour ne rien omettre de ce qui concerne les courbes, au point de vue spécial du tracé, nous dirons comment, à l'occasion d'un projet d'élargissement desdites courbes, quelques mois seulement avant l'ouverture du canal à la grande navigation, on s'est rendu compte alors du rayon minimum qu'il eût été convenable d'adopter dès le principe pour le tracé des courbes de raccordement avec un Canal de 22 mètres de largeur au plafond. Le programme

tels qu'ils étaient proposés (de 200 à 400 mètres), dans des espaces aussi restreints, même en supposant dans ces parties la largeur au plafond légèrement augmentée, exigerait pour les navires de grandes dimensions une habileté d'évolutions consommée ; qu'elle n'admettait pour ainsi dire pas l'éventualité d'une erreur, attendu que, de nuit surtout, une erreur n'aurait pas le temps d'être corrigée ; qu'il suffisait, par exemple, dans la courbe nord d'El Guisr, d'un parcours de 50 mètres au-delà du sommet d'angle pour faire donner le navire contre la berge concave ; qu'ainsi le moindre défaut d'attention ou de décision, le moindre incident imprévu pouvait amener des conséquences graves

dont les Ingénieurs avaient à assurer l'exécution relativement à l'élargissement des courbes était de procéder à cet élargissement « de manière à rendre la traversée facile à des navires d'une longueur de 150 mètres ». En présence de l'extrême divergence d'opinions qui existait entre les marins au sujet de la manière dont les navires gouverneraient et chemineraient dans les courbes, et en l'absence de toute donnée positive d'expérience sur ce point si important de la question, les Ingénieurs proposèrent, pour satisfaire à la condition sus-énoncée du programme, d'adopter la base suivante : le centre du navire étant supposé cheminer sur la ligne courbe d'axe du canal, sa direction constamment tangente à cette courbe, il serait admis qu'un navire se trouverait dans de bonnes conditions de navigation s'il avait, dans sa direction prolongée, entre son avant et la rive concave du plafond du canal, une distance égale à sa propre longueur, une pareille distance paraissant, en effet, bien suffisante pour lui laisser le temps, en cas de fausse manœuvre, de se redresser sans toucher. En adoptant cette base on trouvait, à l'aide d'un calcul très simple (Voir pl. XXIII), que pour un navire de 150 mètres de longueur et avec un canal de 22 mètres de largeur au plafond, la courbe d'axe devrait avoir un rayon minimum de 2.295 mètres. Pour un navire d'une longueur de 130 mètres, longueur que les plus grands navires du commerce n'avaient pas encore atteinte, le rayon minimum serait de 1.723 mètres. En adoptant donc, comme rayon minimum des courbes dans le canal, le rayon de 2.000 mètres (moyenne arrondie des deux chiffres précédents), ainsi, à deux exceptions près, que cela avait été réalisé, instinctivement il est vrai, dans le tracé d'exécution, on avait par cela même, donné complète satisfaction aux intérêts de la navigation, et il devait suffire, en définitive, d'élargir les deux seules courbes qui se trouvaient avoir exceptionnellement un rayon de moins de 2.000 mètres. La Compagnie, en juillet 1869, tout en réservant la question de l'élargissement général des courbes, reconnut, avec les Ingénieurs, que l'on pourrait se borner provisoirement à élargir les deux courbes en question

II. — Profil en long

(PLANCHES XV ET XVI)

Avant de décrire les dispositions qui ont été définitivement adoptées en exécution pour le profil en long du canal maritime, nous croyons utile, d'une part, de résumer, en les bien précisant, les divers renseignements déjà donnés dans les chapitres précédents touchant la configuration générale des terrains de l'Isthme; d'autre part, de rappeler brièvement les considérations par lesquelles la Commission internationale, après avoir adopté le projet de tracé direct pour le canal de jonction entre les deux mers, a été amenée à décider tout d'abord que ledit canal serait alimenté par l'eau de la mer; puis, que le canal communiquerait librement, c'est-à-dire sans écluses à ses extrémités, avec les deux mers.

Nous traiterons successivement ci-dessous chacun des sujets qui viennent d'être indiqués.

CONFIGURATION GÉNÉRALE DES TERRAINS DE L'ISTHME

Si l'on compare les profils en long du terrain suivant les différents tracés qui ont été successivement étudiés pour le canal maritime direct entre les deux mers, savoir : le tracé de l'avant-projet approuvé par la Commission internationale; le tracé du Conseil supérieur des travaux ; enfin le tracé d'exécution, on est frappé de ce fait, que lesdits profils en long, malgré la diversité des tracés, ont très sensiblement le même aspect. Nous avons déjà donné l'explication du fait en question en décrivant et discutant le tracé d'exécution. Nous avons fait remarquer alors, en effet, que, dans toute la largeur d'une zone s'étendant à de certaines distances à droite et à gauche d'une ligne tracée à grands traits comme direction générale d'un canal direct entre les deux mers, le relief du terrain en chaque point de la longueur du tracé variait peu dans le sens transversal, en sorte qu'il était en réalité presque indifférent, au point de vue des cubes de déblais, d'adopter telle ou telle direction pour chacune des parties dont devait se composer l'ensemble du tracé définitif.

Si l'on examine maintenant d'une manière spéciale l'un des trois profils en long, par exemple et de préférence le profil du tracé d'exécution, lequel tracé, on se le rappelle, ne s'est pas beaucoup écarté en dernière analyse du tracé de 1859 qui avait servi de base aux dernières estimations de dépenses ainsi qu'aux marchés passés plus tard par la Compagnie avec des Entrepreneurs pour l'exécution des travaux, on voit que le travail de creusement du Canal se présentait, quant aux reliefs des terrains à traverser, dans les conditions indiquées au tableau ci-dessous :

DÉSIGNATION DES PARTIES DE CANAL	HAUTEUR DES TERRAINS AU-DESSUS du niveau moyen de la Méditerranée	LONGUEURS des parties de Canal
		kilomètres
Lac Menzaleh et lacs Ballah ..	Au niveau de la Méditerranée.	60,5
Seuil d'El Guisr............	Hauteur moyenne.. 10^{m}, » — maximum.. 19 »	15 »
Lac Timsah................	A 2^{m} en contre-bas.........	8 »
Seuil du Sérapéum.........	Hauteur moyenne.. 6 » — maximum. 10 »	12 »
Grand lac Amer	A 7^{m},40 en contre-bas......	16 »
Petit lac Amer..............	A 3 ,00 en contre-bas......	20 »
Abords N. et S. des lacs Amers.	Au niveau de la Méditerranée.	4,5
Seuil de Chalouf...........	Hauteur moyenne.. 5 » - maximum. 8 »	6 »
Plaine et lagunes de Suez...	Hauteur moyenne.. 1, 80	14 »
	LONGUEUR TOTALE [1].............	156^{k} »

1. Cette longueur ne comprend pas les deux alignements extrêmes : n° 1 et n° 19, du tableau ci-dessus (page 192), lesquels forment ensemble une longueur, en nombre rond, de 4.700 mètres.

Les renseignements consignés à ce tableau peuvent encore se résumer sous la forme récapitulative suivante :

HAUTEUR DES TERRAINS PAR RAPPORT AU NIVEAU MOYEN DE LA MÉDITERRANÉE	LONGUEURS DE CANAL
	kilomètres
Terrains à 7^{m},40 en contrebas	16
— à 2 ou 3^{m} —	28
— au niveau moyen de la Méditerranée	65
— à moins de 2^{m} au dessus	14
— à 5, 6 et 10 en moyenne au dessus	33
LONGUEUR TOTALE, COMME CI-DESSUS	156

Ainsi — et les conditions d'exécution eussent été à très peu près les mêmes avec le tracé de l'avant-projet — sur la plus grande partie du parcours total de 156 kilomètres que devait présenter le canal direct entre les deux mers, on ne rencontrait que des terrains sensiblement au même niveau que le niveau moyen de la Méditerranée ou à un niveau inférieur, et ce n'était que sur un cinquième environ de cette même longueur totale que l'on avait à traverser des seuils ou terrains élevés dont le relief au-dessus du niveau de la Méditerranée n'était d'ailleurs en moyenne que de 5 à 10 mètres. Ce sont ces conditions si favorables d'exécution qui avaient fait dire à la Commission internationale « que, d'après la configuration extérieure de l'Isthme, on reconnaissait à première vue que la direction du canal des deux mers avait été marquée par la nature elle-même ; et que, en face d'indications si précises et si frappantes pour quiconque avait visité les localités, on devait s'étonner que l'on se fût donné la peine de chercher d'autres solutions que celle si simple du tracé direct ».

REJET DE LA COMBINAISON D'UN CANAL A POINT DE PARTAGE

Nous rappellerons à ce sujet que la Commission internationale avait été d'accord avec les auteurs de l'avant-projet pour rejeter *à priori* l'idée d'un canal à point de partage alimenté par les eaux du Nil. Les diverses considérations qui avaient modifié cette résolution ayant été exposées en détail au chapitre contenant l'analyse du rapport de la Commission (Voir page 51), nous n'en donnerons ici qu'un simple résumé.

L'adoption d'un canal à point de partage — disait la Commission — eut fait réaliser à la vérité une économie importante sur les travaux de terrassements ; mais cette économie se fût trouvée absorbée en partie, à la fois par les dépenses d'endiguement du canal à la traversée du lac Menzaleh et dans la portion contournant les lacs Amers, et par les frais d'établissement des écluses aux extrémités du canal ; tout compte fait, cependant, l'économie eut été certainement en faveur du canal à point de partage ; et par conséquent, si l'on n'avait dû se décider que par des considérations de dépenses de premier établissement, c'eût été ce système qu'il eût fallu préférer. Mais une pareille solution donnait lieu à plusieurs objections assez graves parmi lesquelles les suivantes : le canal devant être alimenté par les eaux limoneuses du Nil exigerait des curages annuels considérables ; sur la plus grande partie de sa longueur, les digues, devant être construites en sable, n'offriraient pas toutes les garanties désirables, tout au moins jusqu'au moment où elles seraient rendues étanches par les dépôts de limon du Nil[1] ; enfin, par suite de l'élévation du niveau

---

1. Les digues en sable, lorsqu'elles ont une épaisseur suffisante, sont parfaitement étanches, et elles présentent toute sécurité au point de vue des craintes d'affaissement. Le seul ennemi vraiment redoutable pour de pareilles digues est le vent qui déforme facilement leur profil et peut y occasionner en très peu de temps de grands bouleversements. Le danger sous ce rapport était surtout très sérieux dans l'Isthme, où, à une certaine époque de l'année (pendant la saison des vents dits de *Khamsin*), il règne fréquemment des vents violents d'une durée de deux ou trois jours.

La Commission aurait pu faire remarquer encore que, dans toute la portion Sud du canal, les digues auraient dû être faites avec des terres argileuses très salées et par cela même très déliquescentes, et que de pareilles digues, aussitôt après l'introduction de l'eau dans le canal, auraient subi des affaissements considérables qui eussent rendu la conservation du canal tout à fait impossible.

On trouvera des exemples à l'appui des diverses observations qui précèdent au chapitre de la description des profils en travers du Canal d'eau douce.

au-dessus des terres riveraines, on serait constamment sous la menace d'une rupture de digue occasionnée par la malveillance ou par des accidents, avec tous les désastres qui en seraient la conséquence.

La Commission avait donc conclu, en définitive, que c'était avec raison que les auteurs de l'avant-projet, bien qu'ils n'eussent pas fait connaître les motifs de leur préférence, n'avaient pas adopté la combinaison d'un canal à point de partage.

ADOPTION DE LA SOLUTION D'UN CANAL COMMUNIQUANT LIBREMENT AVEC LES DEUX MERS

La Commission internationale, après avoir adopté la solution consistant à alimenter le canal avec l'eau de mer, avait eu, ainsi que nous l'avons déjà expliqué, à se décider entre deux systèmes qui se présentaient pour la réalisation de cette solution : l'un, proposé par les auteurs de l'avant-projet, d'après lequel le canal devait être terminé à ses extrémités à Suez et à Péluse par des écluses qui permettraient, suivant eux, de relever le plan d'eau de 1 mètre à 1^{m},50 en utilisant les marées de la mer Rouge ; l'autre, consistant à laisser le canal en libre communication avec les deux mers. Nous avons fait connaître en détail, précédemment (Voir page 142) les motifs respectivement invoqués en faveur de l'une et de l'autre combinaison. Nous nous contenterons donc de rappeler ici que la Commission, après un examen comparatif des avantages et des inconvénients de chacun de ces deux systèmes, s'était prononcée fort nettement pour un canal sans écluses à ses extrémités.

La Commission internationale avait donc décidé, en définitive, que le canal maritime projeté serait construit de manière à établir une communication entièrement libre entre les deux mers, et c'est ce programme qui a été suivi en exécution.

Nous avons à dire et à expliquer maintenant dans quelles conditions de profondeur et de pente le canal a été établi.

PROFONDEUR DU CANAL

Les auteurs de l'avant-projet, ainsi qu'il a été expliqué précédemment, avaient proposé d'adopter une profondeur de 8 mètres, qu'ils comptaient obtenir par l'excavation directe de $6^m,50$ et par une surélévation de niveau de $1^m,50$ devant résulter du jeu des écluses et des marées de la mer Rouge ; cette profondeur leur avait paru suffisante pour les plus grands navires du commerce allant de l'Europe dans les mers de l'Inde ; et, ainsi d'ailleurs qu'ils le faisaient remarquer, on serait toujours à temps plus tard de l'augmenter si le besoin venait un jour à s'en faire sentir. La Commission internationale, par les mêmes motifs, avait adopté à son tour cette même profondeur de 8 mètres, mais en repoussant, comme nous l'avons dit, l'exhaussement artificiel du plan d'eau, et en exprimant l'opinion qu'il conviendrait de donner au plafond du canal une légère pente du Sud au Nord, puisque, d'après ses calculs, les lacs Amers devaient conserver leur niveau à $0^m,28$ au-dessous du niveau moyen de la mer Rouge et à $0^m,40$ au-dessus du niveau moyen de la Méditerranée[1]. Enfin, le Conseil supérieur des travaux, dans les séances du mois d'août 1859 où il eut à arrêter les dispositions définitives à prendre pour la réalisation la plus économique possible de l'œuvre projetée, avait reconnu que la profondeur de 8 mètres ne pourrait être réduite sans inconvénient, eu égard, à la fois, au tirant d'eau des plus grands navires de commerce faisant le voyage des Indes, et à cette considération que ladite profondeur pourrait se trouver accidentellement diminuée sur quelques points par

1. D'après les nivellements de l'Isthme qui existaient au moment de ses études, la Commission internationale pensait que la différence de niveau existante entre les deux mers, était de $0^m,68$, conformément au détail ci-dessous :

Cote du niveau moyen de la mer Rouge au-dessous du quai de Suez.....	1,64
Cote du niveau moyen de la Méditerranée au-dessous du quai de Suez...	2,32
Elévation du niveau moyen de la mer Rouge au-dessus de celui de la Méditerranée....	0,68

des ensablements ; et il en avait, en conséquence, proposé l'adoption définitive.

C'est, en effet, la profondeur de 8 mètres qui a été définitivement adoptée en exécution.

Nous ferons observer de suite, quant à la recommandation de la Commission internationale relative à la pente à donner au plafond du canal, du Sud au Nord, en raison de la différence de niveau de 0^{m},68 qu'elle supposait exister entre les deux mers, qu'il n'y a pas eu à tenir compte de cette recommandation en exécution, des nivellements postérieurs à ceux des premières études ayant montré que la différence réelle de niveau entre les deux mers était presque insignifiante[1].

PROFIL EN LONG DU PLAFOND DU CANAL

La décision qui fixait à 8 mètres la profondeur à donner au canal maritime signifiait que le plafond dudit canal devait être descendu jusqu'à une cote telle que l'on fût assuré d'avoir constamment, c'est-à-dire à tout état des marées respectives de la Méditerranée et de la mer Rouge, sans avoir égard pourtant aux marées tout à fait exceptionnelles, une profondeur d'eau de 8 mètres. Or, quelles que fussent les incertitudes qui pouvaient subsister dans l'esprit quant au régime des vitesses des courants qui auraient lieu dans le canal après l'introduction des eaux, on regardait du moins comme incontestable, avec la solution adoptée d'un canal

1. Pendant la période de construction du canal, en ce qui est des cotes respectives des niveaux moyens des deux mers, on s'est constamment basé, notamment pour la fixation des cotes du profil en long, sur les résultats ci-dessous d'un nouveau nivellement général de l'Isthme fait en mai 1864, les cotes étant rapportées à un plan passant à 20 mètres au-dessous du quai de Suez, savoir :

Niveau moyen de la mer Rouge	18,36		18,36
Niveau moyen de la Méditerranée	18,20	au lieu de	17,68
DIFFÉRENCE de niveau d'après le nivellement de 1864.	0,16	—	0,68

On verra par une note ci-après, que, d'après des observations faites de 1871 à 1876, les cotes ci-dessus n'étaient pas tout à fait exactes, et qu'en réalité le niveau moyen de la mer Rouge est plus bas de 0^{m},03 que celui de la Méditerranée.

sans écluses interrompu par la nappe d'eau des lacs Amers, d'une part, que le niveau de l'eau dans ces lacs se maintiendrait à une hauteur à peu près constante, intermédiaire entre les niveaux moyens des deux mers[1] ; d'autre part, que, dans toute la partie Nord du canal, il y avait lieu d'admettre que le niveau de l'eau se maintiendrait de même très sensiblement à une hauteur constante, celle du niveau moyen de la Méditerranée, les amplitudes des marées de ce côté étant trop faibles pour pouvoir produire dans le canal des abaissements de niveau dont il y eût lieu de se préoccuper au point de vue de la navigation ; enfin, que, dans toute la partie Sud du canal, au contraire, le niveau de l'eau participerait plus ou moins, suivant la plus ou moins grande proximité de la mer, aux fluctuations des niveaux des marées de la mer Rouge qui, en vives-eaux ordinaires, descendaient en moyenne jusqu'à $0^m,70$ en contre-bas de leur niveau moyen[2], en sorte que, dans l'établissement du plafond de cette partie du canal, pour assurer en tout temps la profondeur d'eau de 8 mètres, on avait surtout à tenir compte du niveau moyen des plus basses mers ordinaires de la mer Rouge.

Avant de décrire le profil d'exécution, nous dirons quelques mots du profil en long tel qu'il avait été primitivement projeté.

Dans le projet arrêté en 1859 par le Conseil supérieur des travaux aussi bien que dans l'avant-projet de 1856 arrêté par la Commission internationale, le profil en long du plafond se composait d'une seule ligne horizontale tracée dans toute la longueur du canal à 8 mètres en contre-bas du niveau moyen de la Méditerranée (Voir Planche XV). D'après

1. Cette prévision s'est réalisée.
En effet, d'après des observations faites de 1871 à 1876 sur les hauteurs variables de l'eau dans les différents points du Canal et aux ports d'extrémités, il a été reconnu que le niveau moyen des lacs Amers était exactement le même que celui de la mer Rouge, lequel, comme la remarque en a été faite dans une note précédente, ne diffère d'ailleurs que de $0^m,03$, en contre-bas, de celui de la Méditerranée.

2. En réalité, $0^m,74$ d'après les observations de 1871-1876.

les nivellements d'alors, qui faisaient ressortir, ainsi que nous l'avons mentionné précédemment, une différence de $0^m,68$ entre les niveaux moyens des deux mers, et eu égard à cette circonstance que le niveau des basses mers moyennes de vive-eau de la mer Rouge était à $0^m,71$ en contre-bas de son niveau moyen, on se rend compte aisément que cette disposition était parfaitement motivée. En effet, avec le plafond horizontal tel qu'il est décrit ci-dessus, on se trouvait avoir dans la partie Nord du canal la profondeur de 8 mètres en contre-bas du niveau moyen de la Méditerranée ; dans toute la partie Sud, à quelques centimètres près, la même profondeur de 8 mètres en contre-bas du niveau moyen des plus basses mers ordinaires de la mer Rouge ; et ce sont précisément là les deux conditions générales auxquelles, ainsi que nous l'avons expliqué plus haut, il était indispensable de se conformer dans l'établissement du plafond du canal pour assurer en tout temps à la navigation une profondeur d'eau de 8 mètres.

Pour la détermination du profil en long qui a été définitivement adopté pour l'exécution (Planche XVI), on s'est naturellement servi des données du nivellement de vérification de 1864, d'après lequel les cotes respectives des niveaux moyens et des niveaux extrêmes des deux mers rapportées à un plan passant à 20 mètres au-dessous du quai de Suez se trouvaient être celles indiquées dans le tableau ci-dessous :

TABLEAU DES COTES DES NIVEAUX DES DEUX MERS, D'APRÈS LE NIVELLEMENT DE 1864[1]

	MÉDITERRANÉE	MER ROUGE
Plus hautes mers connues	$18^m,76$	$20^m,00$
Hautes mers moyennes de vive eau	18 ,33	19 ,25
Niveau d'équilibre par un temps calme	18 ,11	18 ,45
Niveau moyen habituel	18 ,20	18 ,36
Basses mers moyennes de vive eau	17 ,89	17 ,65
Plus basses mers connues	17 ,66	16 ,76

1. D'après les observations faites de 1871 à 1876 et qui ont déjà été men-

En conséquence de celles des cotes de ce tableau concernant les niveaux moyens des deux mers et les niveaux des basses mers de la mer Rouge, voici quelles furent les dispositions adoptées pour le profil en long :

Dans toute la partie Nord du canal — de Port-Saïd aux grands fonds des lacs Amers — on a adopté pour ligne de plafond une ligne horizontale tracée à 8 mètres en contre-bas du niveau moyen de la Méditerranée, soit à la cote 10^{m},20 du nivellement général. Cette ligne a d'ailleurs été prolongée dans la Méditerrannée pour former le plafond du chenal du port de Port-Saïd jusqu'au point d'inflexion de la jetée de l'Ouest où l'on rencontrait les fonds naturels de 8 mètres ; au-delà, c'est-à-dire dans la portion extrême du chenal, d'une longueur de 300 mètres correspondant à la partie infléchie de la jetée de l'Ouest, la ligne de plafond a été d'abord descendue horizontalement jusqu'à la profondeur de 8^{m},50 en contre-bas du niveau moyen de la Méditerranée (côte 9^{m},70), pour suivre ensuite la ligne inclinée de la plage depuis les fonds naturels de 8^{m},50 jusqu'à ceux de 9 mètres (cote 9^{m},20) que l'on trouvait à l'extrémité de la jetée, c'est-à-dire à l'entrée même du chenal.

Pour la traversée du Grand lac Amer, on a admis que le banc de sel se dissoudrait suffisamment après l'introduction des eaux pour atteindre promptement, dans toute son étendue, au minimum la cote 10^{m},20 correspondant à la profondeur de 8 mètres en contre-bas du niveau moyen de la Méditerranée. Les prévisions à ce sujet se sont, comme on l'a vu (Voir page 185), complètement et assez rapidement

---

tionnées dans les notes précédentes, les cotes sont réellement les suivantes :

	MÉDITERRANÉE	MER ROUGE
Plus hautes mers connues	18^{m},92	19^{m},52
Hautes mers de vives eaux ordinaires	18 ,49	18 ,98
Niveau moyen	18 ,29	18 ,26
Basses mers de vives eaux ordinaires	18 ,09	17 ,52
Plus basses mers connues	17 ,60	16 ,96

réalisées. Dès l'ouverture du canal à la navigation, la traversée du Grand lac présentait déjà une très large zone de parcours avec une profondeur d'eau de plus de 8 mètres.

Enfin, dans la partie Sud du canal — depuis les grands fonds des lacs Amers jusqu'à Suez — au lieu d'une profondeur uniforme de 8 mètres en contre-bas du niveau des basses mers moyennes de vive eau de la mer Rouge, on a adopté des profondeurs variables allant en décroissant depuis la mer jusqu'aux lacs. Une pareille disposition était justifiée par cette considération que les fluctuations du niveau d'eau dans le canal dues aux mouvements des marées de la mer Rouge iraient elles-mêmes en décroissant d'intensité au fur et à mesure qu'il s'agirait de points du canal plus éloignés du point de débouché à la mer. On a donc adopté pour la ligne de plafond dans la partie Sud du canal une succession de lignes horizontales tracées conformément aux indications suivantes, savoir : à la traversée du Petit lac Amer, une ligne de plafond à la cote de 10 mètres correspondant à une profondeur de $8^{m},36$ en contre-bas du niveau moyen de la mer Rouge ; entre le Petit lac Amer et le point de débouché du canal dans le port de Suez, une ligne de plafond à la cote $9^{m},65$ correspondant à une profondeur de 8 mètres en contrebas du niveau des basses mers moyennes de vive eau ; enfin, dans le port de Suez, une ligne de plafond à la cote 9 mètres pour le chenal intérieur longeant le terre-plein; et, dans le chenal extérieur aboutissant aux grands fonds de la rade, une ligne de plafond à la cote $8^{m},65$ correspondant à une profondeur de 9 mètres en contre-bas du niveau des basses mers moyennes de vive eau, ou, ce qui revient au même, à une profondeur d'environ 8 mètres en contrebas des plus basses marées connues de la mer Rouge[1].

1. Ainsi que nous l'expliquons un peu plus loin, les cotes de 9 mètres et de $8^{m},65$, primitivement fixées pour le plafond du chenal du port de Suez, ont été modifiées en exécution dans le sens d'une réduction des profondeurs. Ainsi, il a été décidé d'abord, en cours de travaux, par des considérations de matériel,

On reconnaît aisément, au simple examen des cotes du profil en long qui vient d'être décrit, que, par l'adoption de ce profil, on était assuré de n'avoir jamais[1] dans aucune partie du canal, malgré les fluctuations des marées aux extrémités, une profondeur d'eau de moins de 8 mètres.

Il est facile également de reconnaître que ledit profil devait avoir aussi pour résultat de créer respectivement pour les deux ports d'embouchures, malgré la double influence des marées et des lames dans les gros temps, des conditions d'accès en rapport avec cette profondeur d'eau de 8 mètres assurée dans le canal même à la navigation de transit[2] :

---

que le plafond du chenal extérieur ne serait descendu, comme celui du chenal intérieur, qu'à la cote 9 mètres au lieu de $8^m,65$. Puis, un peu plus tard, pendant la dernière période des travaux, ou, pour parler plus exactement, pendant la période qui a immédiatement précédé la date de l'ouverture du canal à la grande navigation, on a admis qu'il suffirait de creuser le chenal intérieur à la cote $9^m,50$ au lieu de 9 mètres, son plafond devant se trouver ainsi à $0^m.15$ encore en contre-bas de celui du canal proprement dit.

Il importe de noter d'ailleurs que les profondeurs correspondant respectivement à ces cotes définitives de $9^m,50$ et de 9 mètres du plafond du chenal de Suez n'ont pas pu être entièrement réalisées, faute de temps, — pas plus que les profondeurs normales du canal en un grand nombre de points de sa longueur, — pour la date même de l'ouverture du canal à la navigation ; mais qu'elles l'ont été ensuite, à bref délai, par les soins du Service d'entretien, dont tous les efforts ont eu d'abord naturellement pour principal but d'achever, conformément au dernier programme arrêté quant aux profondeurs, les travaux de première construction du canal et des ports d'embouchures.

1. Nous avons à peine besoin de faire remarquer que le mot « jamais » est employé ici, non dans un sens absolu, mais dans un sens pratique ; c'est-à-dire que l'on devrait rigoureusement formuler une réserve au sujet des quelques circonstances exceptionnelles, fort rares et de très courte durée, où il peut arriver que l'on ait dans chacune des deux portions Nord et Sud du canal, à mer basse des marées d'équinoxes, une profondeur d'eau un peu inférieure à 8 mètres (Voir, pour plus amples détails à ce sujet, les explications données ci-après au sujet des profondeurs des ports de Port-Saïd et de Suez) ; mais ces circonstances, indépendamment de leur extrême rareté, ne devant avoir en définitive d'autre conséquence que d'obliger à retarder alors quelque peu, au besoin, le départ des navires, ou de ralentir leur marche pour attendre un moment plus favorable de la marée, il n'y avait vraiment pas lieu de s'y arrêter.

2. Il importe de faire remarquer que toutes les considérations qui vont être présentées ici sont basées sur les cotes des niveaux des marées des deux mers telles qu'elles avaient été établies par le nivellement de vérification de 1864 et qui ont dû être rectifiées depuis, et qu'elles se rapportent à la longue période d'exploitation pendant laquelle le tirant d'eau des navires transitant par le canal ne dépassait pas $7^m,50$.

En effet,

Pour le port de Port-Saïd :

En ce qui concerne l'influence des marées nous avons fait remarquer déjà que les marées de la Méditerranée ont presque en tout temps une si faible amplitude qu'il n'y a réellement pas lieu de s'en préoccuper au point de vue des abaissements de niveau qu'elles peuvent produire dans le chenal à mer basse. Il est vrai qu'aux marées d'équinoxe la mer basse descend moyennement à $0^m,31$ en contre-bas du niveau moyen, et que cet abaissement de niveau, sous l'influence d'un fort vent persistant du Sud, peut aller jusqu'à $0^m,54$; mais cette dernière circonstance est tout à fait exceptionnelle ; en toute hypothèse, l'abaissement anormal de niveau ne dure que pendant un temps très court de la marée : ce n'est donc, en définitive, que pendant quelques heures seulement dans le courant de chaque année qu'il peut se produire dans le chenal de Port-Saïd, par le fait des marées de la Méditerranée, une diminution de la profondeur d'eau, suffisante, à la vérité, pour gêner momentanément l'accès ou la sortie du port pour les grands navires, mais ne dépassant jamais pourtant en aucune circonstance, un maximum de 30 à 50 centimètres. On a donc pensé que, pour la fixation de la cote du plafond du chenal, on n'avait pas à tenir compte de l'éventualité de réductions passagères de profondeur qui devaient être à la fois si rares, de si courte durée et d'une aussi faible importance.

En ce qui concerne l'influence des lames dans les gros temps, considérée au point de vue de la perte de profondeur d'eau pouvant résulter du creux desdites lames, nous avons à présenter les observations suivantes : à la faible distance de la côte où se trouve l'extrémité du chenal, les lames n'ont jamais une très grande longueur, en sorte que, à l'entrée comme à la sortie dudit chenal, les grands navires — les seuls qui soient à considérer en raison de leur fort tirant d'eau — sont toujours soutenus à la fois par deux ou plusieurs lames, et qu'ainsi, leur ligne de flottaison reste toujours sensiblement la ligne moyenne du niveau des eaux correspondant à l'état de la marée. Sous ce rapport, on n'avait donc pas à se préoccuper du creux des lames. Mais il peut arriver pourtant, par exemple à la sortie du chenal, qu'un navire rencontrant une forte lame ait son avant soulevé par elle et tende ainsi à talonner par l'arrière ; ou bien, à l'entrée, qu'un effet inverse se produise par une lame soulevant l'arrière et faisant ainsi plonger l'avant. Pour que ces effets des lames ne fussent pas dommageables aux navires, il était évidemment nécessaire d'avoir à l'extrémité du chenal une profondeur d'eau sous la quille plus grande que celle qui suffit dans les eaux tranquilles. C'est là ce qui explique pourquoi la jetée de l'Ouest et le chenal qu'elle abrite ont été poussés jusqu'aux fonds naturels de 9 mètres ; pourquoi, aussi, dans la partie extrême du chenal, sur une longueur de 300 mètres dans l'étendue de laquelle se propagent les grosses lames du large, on a adopté la profondeur de 8^m,50, croissant finalement jusqu'à 9 mètres ; pourquoi, enfin, sur tout le reste de la longueur du chenal où il n'y a jamais que de petites lames absolument sans influence sur les grands navires, on a adopté seulement la même profondeur de 8 mètres que pour le canal maritime lui-même.

Nous ferons remarquer, enfin, que les coups de vent capables de produire à mer basse des abaissements exceptionnels du niveau de la mer à Port-Saïd n'amènent jamais, venant du Sud, de gros temps sur rade, en sorte que l'on n'avait pas à redouter la simultanéité des deux causes de réduction de la profondeur d'eau à l'entrée du chenal ; qu'il y avait lieu de compter, au contraire, que, dans toutes les circonstances de gros temps, les vents venant alors de la région d'Ouest, les eaux se maintiendraient généralement à un niveau plus élevé que le niveau moyen de la mer, ce qui atténuerait d'autant les inconvénients résultant des fortes lames.

Bref l'expérience a prouvé que l'ensemble des dispositions adoptées quant aux profondeurs du chenal du port de Port-Saïd satisfaisait complètement aux besoins du transit tels qu'ils existaient à l'époque de l'ouverture du canal à la navigation. Par aucun temps, en effet, ni dans aucune circonstance, pendant les premières années de l'exploitation où ont été simplement entretenues les profondeurs sus-mentionnées de 9 mètres pour le chenal extérieur et de 8m,50 pour le chenal de l'avant-port, l'accès ni la sortie du port n'ont été interdits aux navires se présentant pour traverser ou ayant traversé le canal. On avait pu, pendant cette période, constater que même dans les plus gros temps, il n'y avait aucune témérité à faire entrer dans le chenal ou sortir du port des navires de 7m,50 de tirant d'eau, limite extrême que l'on devait régulièrement admettre avec un canal de 8 mètres de profondeur[1].

Pour le port de Suez :

La profondeur plus grande donnée au chenal de communication entre l'extrémité du canal proprement dit et la rade, comparativement à la profondeur du canal, avait principalement pour but de parer aux effets de l'action des lames pendant les gros temps; il était d'ailleurs rationnel, alors

1. Les profondeurs du chenal d'accès du port de Port-Saïd ont été successivement augmentées conformément aux indications ci-dessous :

CHENAL EXTÉRIEUR :

Jusqu'en 1878, profondeur	9,00
De 1879 à 1895, —	9,50
A partir de 1896, —	10,00

CHENAL DE L'AVANT-PORT :

Jusqu'en 1874, profondeur	8,50
De 1875 à 1879, —	9,00
A partir de 1880, —	9,50

Les profondeurs minimum du Canal maritime ont subi, de leur côté, les variations suivantes :

Jusqu'en 1889, profondeur	8,00
De 1890 à 1901, —	8,50
A partir de 1902, —	8,70

Le tirant d'eau maximum des navires admis à transiter par le Canal a été fixé dès le début à 7m,50 et maintenu à ce chiffre jusqu'au 15 avril 1890, date à partir de laquelle il a été porté à 7m,80. Depuis le 1er janvier 1902 les navires sont admis avec un tirant d'eau de 8 mètres.

que l'on admettait la nécessité d'un excédent de profondeur de 1 mètre pour le chenal extérieur ouvert en pleine mer et sans digue d'abri, de se contenter d'une profondeur moindre pour le chenal intérieur complètement à l'abri de toute propagation des lames du large. Il est facile de reconnaître qu'en établissant le plafond du chenal extérieur à 9 mètres en contre-bas du niveau des basses mers moyennes de vive eau, ce qui correspondait à une profondeur de 8 mètres en contre-bas des plus basses mers connues à Suez, on créait ainsi à cette embouchure du canal des conditions d'accès aussi satisfaisantes que possible. En effet, conformément à une observation déjà formulée au sujet de l'entrée du port de Port-Saïd, et qui trouve ici bien mieux encore son application, il y avait lieu de tenir grand compte de ce fait que, dans la rade de Suez, les lames les plus fortes n'ont qu'une action très limitée sur des bâtiments d'un tirant d'eau de 7 à 8 mètres ; et, en dehors de cette observation générale, il importait de remarquer encore : d'une part, que les grandes lames dans la rade de Suez sont exclusivement produites par les coups de vent du Sud qui relèvent en même temps le niveau des eaux ; d'autre part, que les vents qui produisent les très basses marées sont généralement, au contraire, des vents du Nord, ne donnant dans la rade que des lames très courtes, sans aucune action sur les grands navires ; en sorte que, en définitive, on n'avait pas à craindre qu'il y eût jamais simultanéité entre les circonstances de très basses mers et celles de gros temps. Il était donc évident que le chenal de Suez, avec les profondeurs adoptées, serait en tout temps, c'est-à-dire par les plus grosses mers et aux heures mêmes des plus basses marées, accessible aux plus grands navires qui pouvaient être admis à transiter par le canal.

Mais, ainsi que nous allons maintenant l'expliquer, les dispositions primitivement arrêtées, quant aux profondeurs du chenal de Suez, ont été quelque peu modifiées en exécution.

En premier lieu, pendant le cours des travaux, en 1868, les Entrepreneurs ont demandé de ne creuser le chenal extérieur que jusqu'à la cote 9 mètres au lieu de la cote $8^m,65$. Leur demande était basée sur cette considération, que, pour obtenir la profondeur fixée par leur marché, de 9 mètres en contre-bas des basses mers moyennes de vive eau de la mer Rouge [1], ils seraient obligés d'allonger les élindes des dragues affectées à ce travail, ce qui leur occasionnerait une très grande dépense sans utilité réelle pour la Compagnie. Les Ingénieurs appelés à exprimer leur avis sur la suite à donner à cette demande, reconnurent, en raison précisément des considérations développées ci-dessus, que la cote de 9 mètres, bien que présentant un peu moins de sécurité que la cote primitive de $8^m,65$, pouvait pourtant être acceptée; et cela, avec d'autant moins d'inconvénient, que, bien que le plus bas niveau théorique déduit des observations de la Commission internationale et confirmé par de nouvelles observations faites depuis le commencement des travaux, fût un peu au-dessous de la cote 17, en réalité, cette cote était inférieure à toutes celles qui avaient été relevées, et devait être considérée comme n'étant pas atteinte une fois en cinq ans. Accessoirement, les Ingénieurs firent remarquer que si la réduction de profondeur du chenal paraissait devoir, à un point de vue général, hâter le moment à partir duquel les dépôts pouvaient avoir quelque influence sur la navigation et rendre ainsi nécessaire des travaux de curage, il n'y avait pas lieu pourtant d'avoir de préoccupations à ce sujet dans la rade de Suez, attendu que, dans les gros temps, les eaux de la mer Rouge sont toujours bleues et limpides, et que, s'il se produit, à la vérité, dans le petit port de Suez des mouvements de sables à la surface des bancs, jamais

1. Le marché disait : « 9 mètres en contre-bas du niveau moyen de la Méditerranée », niveau que l'on supposait, alors à la cote $17^m,68$, ce qui donnait pour cote du plafond $8^m,68$.

On remarquera que cette cote de plafond correspondait à une profondeur de dragage de $9^m,68$ en contre-bas du niveau moyen de la mer Rouge ($18^m,36$).

ces mouvements ne se propagent au-delà et n'atteignent la rade. Par suite de ces diverses considérations et conformément à l'avis des Ingénieurs, la cote 9 mètres pour le plafond du chenal extérieur fut définitivement adoptée par la Compagnie.

En second lieu, pendant la dernière période des travaux qui a immédiatement précédé la date de l'ouverture du canal à la grande navigation, on a été conduit à adopter pour le plafond du chenal intérieur la cote $9^m,50$ au lieu de 9 mètres. La résolution prise à ce sujet a été la conséquence des circonstances suivantes : A l'approche de la date sus-mentionnée, on a reconnu la nécessité impérieuse d'amener un renfort de matériel sur la portion extrême, fort en retard, du canal proprement dit. Or, il n'était guère possible de le faire, par suite des besoins qui existaient sur tous les autres chantiers, qu'en empruntant une partie du matériel employé aux dragages du chenal de Suez, et cet emprunt n'était possible à son tour qu'en réduisant en conséquence lesdits dragages au minimum indispensable. On a donc admis alors, en dernière analyse, que, tout en maintenant le plafond du chenal extérieur à la còte 9 mètres récemment adoptée, il suffirait de creuser le chenal intérieur à la cote $9^m,50$ au lieu de 9 mètres, c'est-à-dire à $0^m,15$ seulement en contre-bas du plafond normal du canal.

Les réductions de profondeur que nous venons de faire connaître concernant le chenal de Suez n'ont pas eu d'autres conséquences, en définitive, que de créer à cette extrémité du canal une situation parfaitement en harmonie avec celle de l'autre extrémité. Si, en effet, on se rend bien compte des conditions d'accès réalisées du côté de Suez par les dernières cotes adoptées pour le plafond du chenal, savoir : 9 mètres pour le chenal extérieur et $9^m,50$ pour le chenal intérieur[1], alors que la cote du plafond dans la portion Sud

1. Nous reproduirons ici une observation déjà présentée à la note de la page 214 : c'est que les profondeurs définitivement adoptées pour le chenal

du Canal est de $9^{m},65$, on reconnaîtra que ces conditions d'accès sont tout à fait semblables, compte tenu de la différence d'amplitude des lames, à celles réalisées du côté de Port-Saïd avec les cotes du plafond de $9^{m},20$ et $9^{m},70$ pour l'extrémité du chenal et de $10^{m},20$ pour tout le reste de la longueur dudit chenal, alors que la cote du plafond dans la portion Nord du canal était de $10^{m},20$.

TOLÉRANCES ADMISES SUR LES PROFONDEURS EN EXÉCUTION

Pour ne rien omettre de ce qui concerne le profil en long du plafond du Canal, il nous reste encore à parler des tolérances qui ont été admises sur les profondeurs en exécution.

Les tolérances d'exécution se sont naturellement étendues aux talus aussi bien qu'au plafond de la cunette du canal. La description complète et la justification générale des profils de tolérance sont données au chapitre ci-après concernant les profils en travers. Nous nous contenterons pour le moment d'extraire par avance de ladite description, pour le mentionner ici-même, ce qui intéresse plus spécialement le profil en long.

Donc, en exécution, on a admis sur les profondeurs du Canal les tolérances suivantes ;

Dans les parties exécutées à sec : une tolérance de $0^{m},10$ en plus ou en moins sur la profondeur normale ;

---

de Suez n'ont pu, faute de temps, être complètement réalisées pour la date même de l'ouverture du canal à la grande navigation ; mais qu'elles l'ont été plus tard par les soins du Service d'entretien chargé ensuite de veiller attentivement à leur maintien.

En fait, au moment de l'ouverture du Canal à la navigation, qui fut suivie aussitôt de la cessation des travaux à l'entreprise, il existait encore de notables portions du canal où, par suite de la date un peu trop rapprochée de l'inauguration, on n'avait pu, à beaucoup près, sur certains points, parvenir à réaliser la profondeur minimum de $7^{m},70$ fixée par la convention sur les tolérances. Dès les débuts de l'exploitation, le Service d'entretien a employé tous ses efforts à obtenir partout, et aussi rapidement que le comportait un matériel qu'il avait fallu notablement restreindre pour ne pas trop gêner la navigation, la profondeur de 8 mètres, même avec un excédent général de 20 à 30 centimètres ; et il a eu désormais pour programme de veiller au maintien de ladite profondeur de 8 mètres au minimum.

Dans les parties exécutées à la drague, une tolérance de $0^{m},30$.

Il était d'ailleurs implicitement entendu que, bien que la tolérance sur la profondeur des dragages ne fût mentionnée qu'en ce qui concernait l'exécution de la cunette du canal proprement dit, elle s'appliquait pourtant également à l'exécution des chenaux des ports d'extrémités.

III. — Profils en travers

(PLANCHE XVII)

Les profils en travers du canal se distinguent en profils courants et en profils exceptionnels. Nous étudierons successivement chacune de ces deux catégories de profils.

1°. — PROFILS COURANTS DU CANAL

NOTA. — Dans tout ce qui va suivre nous nous occuperons exclusivement des largeurs du canal d'après les différents types de profils, la question de la profondeur ayant été l'objet d'un examen complet au chapitre précédent traitant du profil en long. Nous rappellerons seulement que cette profondeur a été fixée, dès le début des études, et constamment maintenue ensuite, à 8 mètres.

PROFILS PRIMITIVEMENT ADOPTÉS

Avant de décrire les profils qui ont été définitivement adoptés en exécution, nous reproduirons d'abord ici, sous forme récapitulative, les renseignements déjà donnés dans plusieurs chapitres précédents concernant les diverses dispositions de profils qui ont été successivement proposées pendant toute la période antérieure à la mise en train des travaux.

Nous rappelons donc que ces dispositions de profils étaient les suivantes :

Les auteurs de l'avant-projet avaient proposé de fixer la largeur du canal à la ligne d'eau à 100 mètres, cette largeur étant toutefois réduite à 65 mètres, par raison d'économie, dans les parties du canal où la cote du terrain atteignait 6 mètres. Afin d'éviter la dégradation des berges, on avait donné aux talus une inclinaison de 2 de base pour 1 de hauteur. On avait, en outre, disposé, à 1 mètre au-dessous du niveau de l'eau, une banquette de 2 mètres de largeur destinée, à la fois, à recevoir un enrochement de protection et à emmagasiner les éboulements qui pourraient se faire à la partie supérieure. Enfin, la largeur du chemin de halage avait été fixée à 4 mètres, largeur jugée bien suffisante pour le cas d'un canal maritime où le remorquage à vapeur devait tenir la plus grande place.

D'après la Commission internationale, la largeur du canal devait être déterminée par la condition de se trouver suffisante, non seulement pour laisser passer deux lignes de navires, mais encore pour laisser la place à une autre ligne de navires qui, pour un motif quelconque, viendraient à s'arrêter en chemin. En attribuant à chaque ligne de navires une largeur moyenne de 20 mètres, et ajoutant 20 mètres pour la facilité des mouvements, on arrivait à une largeur de 80 mètres à la ligne d'eau, correspondante à 44 mètres au plafond. La Commission adopta donc cette largeur de 80 mètres, sauf quelques gares d'évitement de distance en distance, pour toute la portion du canal s'étendant de la Méditerranée aux lacs Amers. Pour la portion comprise entre les lacs Amers et la mer Rouge, où la navigation devait être plus difficile par suite des courants, la Commission, afin de permettre aux navires de se croiser plus aisément, sans avoir à craindre de donner sur les talus, proposa, ainsi que cela a été expliqué précédemment à l'occasion de la question des écluses, de donner au canal une largeur de 100 mètres à la ligne d'eau, correspondante à 64 mètres au plafond. De plus, dans cette même portion du canal, on devait protéger par des enrochements les points où les berges n'étant pas d'argile compacte pourraient être attaquées par les courants. Sous la réserve de ces modifications, la Commission approuva le profil de l'avant-projet, en faisant remarquer que l'adoption de la largeur réduite de 80 mètres au lieu de 100 mètres sur une longueur de 127 kilomètres du canal aurait cet important résultat, tout en laissant pour un long avenir une satisfaction suffisante aux exigences de la grande navigation, de produire une économie d'environ 20 millions de francs dans les dépenses.

Enfin, le Conseil supérieur des travaux, dans ses séances du mois d'août 1859, après avoir rappelé que la largeur de 80 mètres proposée par la Commission internationale n'avait eu pour but que de permettre le croisement de deux lignes de navires, même sur les points où, par un motif quelconque, une troisième ligne viendrait à stationner, avait fait remarquer que les lacs Amers, le lac Timsah, les lacs Ballah[1], et, au besoin, une gare intermédiaire entre ces derniers lacs, faciliteraient les manœuvres que pourraient nécessiter les circonstances tout à fait exceptionnelles prévues par la Commission. Toutefois, le Conseil n'eût pas jugé prudent, eu égard au nombre considérable de navires qui, à certaines époques de l'année auraient à passer d'une mer à l'autre, d'établir le canal à une seule voie, même avec des gares d'évitement. Il avait été d'avis, en conséquence, que, sans se préoccuper des navires d'une dimension tout à fait exceptionnelle, et que des mesures aussi exceptionnelles permettraient toujours de faire passer d'une mer à l'autre, il y avait lieu d'adopter une largeur de 58 mètres à la ligne d'eau correspondante à une largeur de 22 mètres

1. Les lacs Ballah paraissent être cités ici comme un garage naturel, tandis qu'en réalité le fond de ces lacs était à peu près à la hauteur même du niveau moyen de la Méditerranée. Dans le lac Timsah lui-même on avait à creuser encore de 3 à 4 mètres sur la ligne du tracé pour obtenir la profondeur de 8 mètres.

au plafond, cette largeur, ainsi que le montrait le dessin du profil, étant parfaitement suffisante pour le croisement de deux navires présentant les dimensions des bâtiments à vapeur transatlantiques avec roues à aubes. Le Conseil ajoutait que rien ne faisait prévoir la nécessité d'augmenter, dans un délai rapproché, la section qu'il proposait. C'était donc, selon lui, à un canal de cette section que paraissait devoir se borner l'emploi du capital à demander aux actionnaires.

PROFILS D'EXÉCUTION

PROFILS-TYPES DE 1863. — Le profil de 58 mètres de largeur à la ligne d'eau arrêté par le Conseil supérieur des travaux et complété plus tard, quant aux détails relatifs aux banquettes et aux cavaliers de dépôt des terres, ainsi qu'il sera expliqué ci-après, a servi pendant longtemps de type unique pour l'exécution des travaux. Ce profil devait, dans la pensée du Conseil, être appliqué sur toute la longueur du canal; aussi pendant le cours des six premières années des travaux, de 1860 à 1865, sur tous les points du parcours du canal où l'on a mis successivement la main à l'œuvre, savoir : à la traversée du lac Menzaleh et des lacs Ballah, au seuil d'El Guisr, au seuil du Sérapéum (vis-à-vis de Toussoum), enfin, au seuil de Chalouf, les tranchées ont-elles d'abord été invariablement ouvertes et les banquettes formées sur les largeurs et aux distances prévues par les indications dudit profil.

Le Conseil supérieur des travaux, en arrêtant le profil de 58 mètres de largeur à la ligne d'eau comme profil définitif d'exécution, n'avait donné aucune indication spéciale, — s'en référant sans doute implicitement à ce sujet aux profils-types de la Commission internationale qui étaient eux-mêmes incomplets sous ce rapport, — concernant les talus au-dessus de l'eau dans les différentes hypothèses de déblai ou de remblai, la forme des banquettes dans les cas de remblai, enfin, les distances auxquelles il faudrait porter les terres déposées en cavaliers. Ces diverses questions furent, en conséquence, l'objet de propositions successives de la part des Ingénieurs, suivies de décisions de la Compagnie.

Nous allons rendre compte, par ordre de date, de ces décisions.

Ainsi que nous le disions plus haut, parmi les résolutions à prendre au sujet du nouveau profil, il y avait celle concernant les distances auxquelles devraient être déposées en cavaliers les terres provenant des déblais ; en d'autres termes, on avait à résoudre la question de savoir si, malgré la réduction de la largeur de la cunette du canal, il convenait ou non, au point de vue de l'avenir, de déposer les terres à la même distance de l'axe que dans les profils à grande largeur de la Commission internationale. Or, voici quelles étaient à ce sujet, au moment où se posa la question (au commencement de 1862), les idées de la Compagnie :

Les travaux s'exécutaient alors en vertu d'un traité de régie intéressée du 29 février 1860, confirmant et complétant un traité provisoire du 14 février de l'année précédente. D'après ce traité, les travaux devaient être exécutés conformément au projet de la Commission internationale avec les modifications qui y avaient été introduites (en novembre 1858)[1] par le Conseil supérieur des travaux. Enfin, l'un des articles dudit traité contenait la stipulation suivante : « Art. 11. — Les terres provenant « des déblais devront toujours être déposées aux points les « plus rapprochés des fouilles, suivant le profil normal ; « mais d'autres emplacements pourront être déterminés par « le Directeur des travaux ; seulement, en cas de transports

1. Le traité du 29 février 1860, bien que postérieur à la décision du Conseil supérieur des travaux du mois d'août 1859 portant réduction de la largeur du canal à 58 mètres, n'a pourtant pas fait mention de cette décision, parce que, en ce qui concerne la spécification des travaux à exécuter, il n'a fait que reproduire les dispositions du traité provisoire antérieur du 14 février 1859.

« exceptionnels qui ne seraient pas indispensables pour « l'établissement des canaux, mais qui seraient ordonnés « et exécutés dans l'intérêt particulier de la Compagnie, « il en sera fait état supplémentaire. » En vertu de cet article, il paraissait impossible à la Compagnie d'exiger du Régisseur intéressé qu'il portât les déblais au delà des distances correspondantes à la largeur qu'il serait chargé d'exécuter d'après le nouveau profil-type adopté. Si, en effet, la Compagnie entendait profiter de la latitude qu'elle s'était réservée de limiter les travaux, il fallait que cette limitation eût lieu avec toutes ses conséquences, et sans aucune réserve au préjudice du Régisseur. La résolution, si elle était prise, de transporter immédiatement les terres de déblai à la distance correspondante aux profils primitifs, obligerait donc à faire état supplémentaire des excédents de transport, et il s'agissait dès lors de savoir s'il y avait lieu pour la Compagnie de s'imposer le surcroît de dépense qui en serait la conséquence. A l'encontre d'une pareille résolution on faisait valoir les considérations suivantes : lorsqu'on avait décidé que le canal maritime ne serait fait d'abord que sur une largeur de 58 mètres, largeur considérée comme devant être parfaitement suffisante pour une durée assez longue de l'exploitation, tout le monde avait été d'accord pour reconnaître que si, un jour, par suite d'un grand développement du transit, il devenait nécessaire d'élargir le canal, on conserverait très probablement néanmoins la largeur de 58 mètres dans les seuils d'El Guisr et du Sérapéum; que, dès lors, et eu égard à ce que l'élargissement dans les lacs ne serait toujours qu'un travail de peu d'importance relative, à quelque distance qu'eussent été primitivement déposés les déblais, il n'y avait pas à se préoccuper, dans l'établissement du canal primitif, des nécessités plus ou moins problématiques d'un futur élargissement. On faisait ressortir encore combien il serait contraire aux intérêts réels des actionnaires de grever le présent d'un grand surcroît de dépense en vue d'un intérêt éloigné et fort incertain : il suffirait, en effet, que le canal primitif restât tel quel pendant une quinzaine d'années pour que le capital qu'on aurait employé d'abord en vue d'un futur élargissement acquît une valeur double; pendant trente ans, une valeur quadruple. Il valait beaucoup mieux assurément laisser à chaque temps son œuvre. Si, d'ailleurs, il devenait nécessaire quelque jour d'élargir le canal, c'est que le mouvement maritime aurait pris un grand développement, et les bénéfices que réaliserait alors la Compagnie ne laisseraient naître aucun regret de la nécessité où l'on se trouverait d'une dépense éventuelle de quelques millions en plus pour la reprise des déblais. En conséquence de toutes ces considérations, il n'y avait aucun doute dans la pensée de la Compagnie sur la manière dont devait être interprétée la résolution précédemment prise de ne faire provisoirement le canal que sur une largeur de 58 mètres. Conformément à l'article 11 du traité de régie intéressée, les terres devaient être déposées aux points les plus rapprochés des fouilles, suivant les types de profils en travers adoptés par la Commission internationale : pour la traversée des seuils, d'après la nature du terrain, cette interprétation n'était susceptible d'aucune exception; pour la traversée des lacs, où la forme du profil devait avoir une grande influence sur la réussite du travail lui-même, la faculté était naturellement laissée aux Ingénieurs de proposer dans les profils approuvés telles modifications qu'ils jugeraient indispensables, sauf à débattre ensuite, s'il y avait lieu, avec le Régisseur, les conditions d'exécution des travaux suivant les nouveaux profils.

Il fut donc définitivement admis que, dans l'exécution du nouveau profil de 58 mètres de largeur à la ligne d'eau, les terres que l'on aurait à porter en cavaliers seraient déposées à 4 mètres de distance de la crête des talus des tranchées, de manière à ménager le chemin de halage de 4 mètres de largeur prévu par le profil de l'avant-projet et tacitement conservé plus tard dans les nouveaux profils du projet de la Commission internationale.

Pour les autres détails du nouveau profil, la Compagnie, en janvier 1862, adopta les dispositions suivantes : en ce qui concernait la cunette proprement dite du canal, il n'y avait rien à changer aux dispositions arrêtées par le Conseil supérieur des travaux; dans les tranchées au-dessus de la ligne d'eau et jusqu'à la rencontre du terrain naturel, il était admis, en principe, que les talus seraient, comme dans la partie inférieure, réglés à 2 mètres de base pour 1 mètre de hauteur, et que l'on établirait sur chaque rive une banquette ou redan de 2 mètres de largeur à 3 ou 4 mètres au-dessus de la ligne d'eau; enfin, il devait demeurer bien entendu que, quelle que fût la nature du terrain, l'inclinaison des talus de la cunette resteraient invariablement fixés à 2 de base pour 1 de hauteur, mais que, au-dessus de la ligne d'eau, cette inclinaison pourrait être modifiée partout où l'expérience aurait donné la conviction qu'un talus plus raide pouvait être obtenu et maintenu définitivement malgré l'action de la chaleur et des vents.

Les dispositions qui viennent d'être décrites ne s'appliquaient qu'à la partie du canal comprise entre la Méditerranée et les lacs Amers. La Compagnie n'avait pas pensé qu'il fût possible d'affirmer, en l'état des choses, que la largeur de profil de 58 mètres serait suffisante pour la partie du canal comprise entre les lacs Amers et la mer Rouge. Il y avait lieu de considérer, en effet, que dans cette seconde partie du canal, il ne suffisait pas d'ouvrir un passage facile pour le croisement de deux navires du plus fort tonnage; qu'il fallait encore, d'une part, assurer l'alimentation des lacs de manière à y avoir toujours une profondeur d'eau minimum de 8 mètres, d'autre part, régler la section du canal de telle sorte qu'à tout état de la marée l'écoulement des eaux pût avoir lieu sans produire une vitesse nuisible, soit pour la conservation des berges, soit pour la circulation des navires. De nouvelles études du profil devaient donc être faites à ce point de vue par les Ingénieurs pour la partie du canal comprise entre les lacs Amers et la mer Rouge.

Les travaux de creusement, qui, pendant les premières années, ne s'étendirent pas au-delà de la partie du canal comprise entre la Méditerranée et les lacs Amers, furent naturellement exécutés partout conformément au profil-type précédemment décrit.

En novembre 1863, les Ingénieurs soumirent à l'approbation définitive de la Compagnie les divers profils-types qu'ils proposaient d'adopter pour toute la longueur du Canal :

Ces profils-types formaient deux séries, savoir :

Une première série concernant la partie du canal comprise entre la Méditerranée et les lacs Amers. Pour cette portion du canal, les profils reproduisaient les dispositions déjà arrêtées au commencement de 1862, avec une seule modification consistant à donner à la banquette ménagée dans les talus des grandes tranchées une largeur de 3 mètres (Profil n° 1) au lieu de celle de 2 mètres qui était trop promptement encombrée. La largeur de ladite banquette, ajoutée au marche-pied de 4 mètres réservé au sommet des talus des tranchées, formait une largeur totale de 7 mètres égale à la largeur qui avait dû être adoptée pour la banquette unique dans les portions du Canal où l'on devait se servir de grues à déblais[1] (Profils n°s 2 et 3);

Une autre série concernant la partie du canal comprise entre les lacs Amers et la mer Rouge : dans cette portion du canal, les dispositions projetées pour les profils étaient basées sur cette double considération, à savoir : que, tout

1. Cette largeur de 7 mètres était indispensable pour recevoir les plateformes mobiles en charpente sur lesquelles devaient reposer et cheminer le long du canal les grues destinées à décharger les caisses à déblais. Ce n'est qu'après des essais peu satisfaisants que ces grues ont été remplacées par d'autres appareils pour le transport et la décharge des terres de dragages.

en n'établissant d'abord le canal que sur une largeur de 58 mètres, par raison d'économie, il importait pourtant de se réserver la possibilité de l'élargir plus tard à 80 mètres sans avoir à reprendre les terres déjà déposées; et que, dans cet ordre d'idées, il y avait avantage à faire immédiatement le talus définitif sur l'une des rives du canal, par exemple sur la rive Afrique, de manière à n'avoir plus tard à élargir que d'un seul côté, rive Asie, puisque l'on évitait ainsi un double travail de dressement de talus et que l'on pourrait de suite défendre au moyen d'enrochements le talus ayant un caractère définitif. En outre, on avait dû tenir compte, dans la détermination de la position de la banquette destinée à recevoir le pied des enrochements, aussi bien que de celle destinée au halage, des variations de niveau de la ligne d'eau résultant des mouvements des marées de la mer Rouge.

Les nouveaux profils-types proposés paraissaient aux Ingénieurs devoir satisfaire parfaitement à toutes les conditions du présent, sans engager en rien l'avenir. Ils furent approuvés par la Compagnie, le 2 décembre 1863, sous réserve d'une seule modification concernant les profils de la deuxième série et basée sur ce motif que l'existence constatée de bancs de sel gemme au fond des puits de sondage pratiqués entre les lacs Amers et Suez faisait craindre la possibilité d'éboulements sur les bords du canal; pour diminuer les chances de ces éboulements et, surtout, pour diminuer l'importance de leurs conséquences, la Compagnie avait jugé utile, sur la rive définitive côté Égypte, d'éloigner le pied des cavaliers de la crête de la berge, et elle avait adopté une distance de 10 mètres.

Les profils-types de la Planche XVII figurent les dispositions définitivement approuvées par la Compagnie.

Avant cette approbation définitive, le profil-type n° 1 de la première série avait déjà été annexé à un marché passé le 1er octobre 1863 (marché Couvreux) pour l'exécution des travaux de creusement du canal à la traversée du seuil d'El Guisr, sur une longueur de 15 kilomètres. Après leur approbation, les profils-types de 1863 servirent naturellement de base aux nouveaux marchés qui furent successivement passés pour l'exécution à l'entreprise de la totalité des travaux de déblais. C'est ainsi que les profils numéros 2 et 3 de la première série furent annexés à un marché passé le 13 janvier 1864 (marché William Aiton) pour l'exécution des travaux de dragages entre la Méditerranée et le seuil d'El Guisr; qu'un peu plus tard, les profils-types des deux séries furent annexés à un marché passé le 26 mars 1864 (marché Borel Lavalley et Cie), pour l'exécution des travaux de terrassements et de dragages entre le seuil d'El Guisr et la mer Rouge; enfin, que les profils-types de la première série furent annexés, y compris un profil exceptionnel dont il sera parlé ci-dessous, à un marché passé le 12 décembre de la même année 1864 (second marché Borel, Lavalley et Cie) en remplacement du marché du 13 janvier précédent (marché William Aiton, résilié) pour l'exécution des travaux entre la Méditerranée et le seuil d'El Guisr.

Pour ne rien omettre de ce qui concerne les profils-types de 1863, nous ferons remarquer que les divers marchés d'exécution cités ci-dessus contenaient une disposition commune d'après laquelle il était stipulé :

Qu'à part les terres nécessaires pour la constitution des banquettes sur les portions du canal où le terrain naturel se trouvait en contre-bas desdites banquettes, tous les autres produits des dragages pourraient être déposés de telle manière et sur tels points que l'entrepreneur jugerait convenables, ou transportés à la mer; que, toutefois, à la traversée du lac Menzaleh, à la traversée des autres lacs, et dans les lagunes de Suez, les terres ne pourraient être déposées en cavaliers au-delà des banquettes, et cela aux risques de l'entrepreneur, que sur les portions du canal où le sous-sol présenterait assez de résistance pour ne pas faire redouter les conséquences d'une pareille surcharge ; enfin, que sur les points du canal où le creusement progressif ferait reconnaître que le sous-sol présentait peu de résistance, les dépôts ne pourraient avoir lieu au-delà de la banquette normale qu'en les arasant au niveau de ladite banquette, ou en les reportant à la distance minimum qui serait fixée par le Directeur général des travaux. Ce n'était qu'en adoptant cette dernière disposition et à la condition que les talus des fouilles auraient été taillés suivant l'inclinaison prescrite, que l'entrepreneur cesserait d'être responsable des éboulements qui viendraient à se produire dans les berges.

Nous verrons un peu plus loin que, sur toutes les portions de canal auxquelles s'appliquaient les stipulations ci-dessus, on a finalement adopté de nouveaux profils dans lesquels les banquettes se trouvaient notablement reculées par rapport à la cunette proprement dite du canal; et nous mentionnerons de suite à ce sujet que, par suite de l'adoption des nouveaux profils, il a été possible de mettre en dépôt sur les berges la totalité des terres de déblais sans occasionner sur aucun point des éboulements comme ceux que l'on redoutait et qui auraient fort bien pu se produire, en pareil cas, avec les premiers profils.

Profils a grande largeur de 1866. — L'adoption des profils à grande largeur dont il va être parlé maintenant ayant occasionné une très notable augmentation des dépenses de premier établissement, nous traiterons la question avec quelque détail.

Lors de la rédaction du marché du 12 décembre 1864, destiné à remplacer le marché résilié du 13 janvier précédent, pour l'exécution des travaux de terrassements et de dragages entre la Méditerranée et le seuil d'El Guisr, on se trouvait, par suite de l'achèvement de nouveaux sondages entrepris dans toute l'étendue de cette portion de canal, mieux renseigné sur la nature des terrains à traverser qu'on ne l'était à l'époque où avaient été arrêtés les profils-types de 1863[1]. Le profil géologique dressé à l'aide des nouveaux sondages avait montré, d'une part, que, dans

1. Les nouveaux sondages dont il est ici question n'ont été terminés que le 10 décembre 1863; et, ainsi qu'on l'a vu ci-dessus (page 231), les profils-types avaient été soumis le mois précédent, par les Ingénieurs, à l'approbation de la Compagnie. Ce sont ces profils-types qui avaient seuls servi de base aux pourparlers qui avaient précédé la passation du marché du 13 janvier 1864.

toute la partie du canal, d'une longueur de 10 kilomètres, s'étendant du point $10^{km},5$ au point $20^{km},5$, on rencontrait un terrain absolument vaseux (vase sableuse très fluide) sur toute la profondeur de 8 mètres à creuser; d'autre part, que, dans la partie du canal à la suite du point $20^{km},5$ au point $38^{km},5$, soit sur une longueur de 18 kilomètres, le terrain à traverser se composait d'une couche d'argile reposant sur une couche de vase argileuse très facilement pénétrable à la sonde, l'une et l'autre divisant par moitiés à peu près égales la profondeur totale de 8 mètres.

En raison des légitimes appréhensions que faisait naître la mauvaise nature du terrain dans l'étendue des deux parties du canal dont il vient d'être parlé, on adopta donc, au moment de la passation du nouveau marché, un profil exceptionnel devant s'appliquer immédiatement à la première partie de 10 kilomètres de longueur (s'étendant de $10^{km},5$ à $20^{km}5$), et pouvant, éventuellement, s'appliquer aussi à la partie suivante de 18 kilomètres (de $20^{km},5$ à $38^{km},5$).

Dans ce profil (planche XVII), la largeur au plafond restait fixée à 22 mètres; mais, d'une part, les talus de la cunette étaient dressés à 3 de base pour 1 de hauteur jusqu'à leur rencontre avec une ligne horizontale destinée à former risberme à 1 mètre en contre-bas de la ligne d'eau; et, d'autre part, le talus de la berge sur chaque rive ne commençait qu'à une distance de 16 mètres comptée sur la ligne de risberme à partir du sommet du talus de la cunette, cette distance de 16 mètres ayant été déterminée de manière que, sur les points mêmes où le talus de la cunette viendrait à prendre l'inclinaison limite de 5 de base pour 1 de hauteur, il restât encore au pied du talus de la berge la petite banquette de 2 mètres de largeur prévue par le profil normal pour servir d'assiette aux enrochements de protection dudit talus. Par suite de ces dispositions, la largeur à la ligne d'eau dans le profil exceptionnel se trouvait être de 100 mètres.

Pour ce qui concernait le mode et les conditions d'exécution du profil exceptionnel, la question fut réglée dans le marché sus-mentionné du 12 décembre 1864 par les stipulations suivantes[1] :

Pour la portion du canal comprise entre les poteaux kilométriques $10^k,5$ et $20^k,5$ (où devait s'appliquer immédiatement le profil exceptionnel), les produits des dragages devraient être en totalité portés à la mer, à l'exception de la quantité de terre indispensable pour la confection de la nouvelle banquette de l'Est, et au besoin, pour le renforcement de la banquette de l'Ouest, sans que la quantité nécessaire pour ce dernier travail pût dépasser 50 mètres cubes par mètre courant[2]. Au cas où les talus de la cunette du canal ne se tiendraient pas naturellement à l'inclinaison prévue, l'Entrepreneur serait tenu de faire, au même prix du mètre cube et sans prolongation de délai d'exécution, les dragages supplémentaires indispensables pour arriver à la stabilité des talus, au besoin jusqu'à l'inclinaison limite de 5 de base pour 1 de hauteur, et cela, pourvu que la Compagnie eût décidé cette question avant le 1er janvier 1866, et que, de son côté, l'Entrepreneur eût conduit ses travaux de manière à permettre à la Compagnie de faire en temps utile les expériences nécessaires.

Pour la portion du canal comprise entre les poteaux kilométriques $20^k,5$ et $38^k,5$, avant d'entamer en grand les dragages suivant le profil normal, l'Entrepreneur creuserait de suite le canal à profondeur sur quelques points en se tenant le plus près possible de la limite Est du plafond, et en rejetant toutes les terres derrière la banquette de rive Est, avec confection d'un cavalier, le tout en vue de permettre aux Ingénieurs d'étudier la manière dont se comporteraient les talus du canal avec ou sans surcharge de terre derrière les banquettes. Ces dragages d'expérimentation auraient principalement lieu au droit des poteaux kilométriques numéros 24, 27, 30 et 33. Au cas où les faits que constateraient les expérimentations feraient reconnaître la nécessité de modifier le profil du canal en donnant simplement à la cunette des talus plus doux, l'Entrepreneur serait tenu de faire le cube supplémentaire qui en résulterait, au prix même de sa soumission ; mais si,

1. Paragraphes 5e et 6e de l'article 9 traitant du mode d'exécution des travaux.

2. A la date où fut passé le marché, des déblais avaient été faits déjà et les banquettes commencées sur chaque rive, dans la portion de canal considérée, d'après le profil de 58 mètres de largeur à la ligne d'eau. Le nouveau marché stipula que l'élargissement prévu par le profil exceptionnel serait obtenu en totalité en reculant le plafond du canal vers l'Est, la banquette de rive Ouest ne subissant, quant à elle, aucun déplacement.

indépendamment de l'augmentation de largeur et de cube résultant de l'adoucissement des talus, il était reconnu que les produits des dragages ne pouvaient être déposés en cavaliers derrière les banquettes, et qu'il fallait, ou bien les étendre à de grandes distances par voie de wagonnage, ou bien les conduire à la mer, en un mot, recourir à des moyens d'exécution autres que ceux employés dans les parties suffisamment résistantes du même lot d'entreprise et entraînant un surcroît de dépense, l'Entrepreneur aurait droit à un supplément de prix qui serait arrêté de concert entre lui et le Directeur général des travaux. En aucun cas il ne pourrait prétendre à une prolongation de délai d'exécution pourvu que le nécessaire eût été fait, ainsi qu'il était expliqué précédemment, pour que la question fût décidée avant le 1er janvier 1866.

Au commencement de l'année 1866, les Entrepreneurs signataires des deux marchés des 26 mars et 12 décembre 1864 embrassant l'exécution de toute la longueur du canal, sauf le seuil d'El Guisr, proposèrent de modifier le profil normal de 58 mètres de largeur à la ligne d'eau dans toutes les parties où le terrain n'était pas à plus de 2 mètres au-dessus du niveau de la mer, en appliquant auxdites parties du canal le profil à grande largeur déjà arrêté pour la portion comprise entre les points kilométriques 10^{km},5 et 20^{km},5, avec ces deux modifications, pourtant, d'une part, que les risbermes bordant latéralement la cunette proprement dite du canal seraient établies à 1^{m},75 sous l'eau, au lieu de 1 mètre; d'autre part, qu'à partir desdites risbermes jusqu'à 1 mètre au-dessus du niveau de l'eau, le talus de la berge serait dressé à son inclinaison de 5 pour 1, continuant ainsi le talus fictif extrême de la cunette. La largeur à la ligne d'eau se trouvait être ainsi de 102 mètres, au lieu de la largeur de 100 mètres du profil du 12 décembre 1864. Il était entendu d'ailleurs que, dans l'exécution, on conserverait partout où ce serait possible, pour les talus de la cunette, l'inclinaison de 2 pour 1[1].

1. Dans le profil exceptionnel annexé au marché du 12 décembre 1864, on avait admis que la risberme serait située, comme la petite banquette du profil normal, à 1 mètre seulement au-dessous de la ligne d'eau : mais il y

Les Entrepreneurs rappelaient d'abord, à l'appui de leurs propositions, que diverses circonstances les avaient empêchés jusqu'alors de faire les dragages d'expérimentation prescrits par le marché entre les points $20^{km},5$ et $38^{km},5$, savoir : la perte de temps résultant de l'épidémie de choléra de l'année précédente ; l'impossibilité d'amener, par un chenal étroit et sans profondeur, jusqu'aux points à sonder, de grandes dragues capables de creuser à 8 mètres de profondeur ; enfin la lenteur du creusement, dans un terrain très difficile, d'un chenal d'accès suffisant. Tout leur faisait craindre que les essais prescrits ne pussent être faits avant huit ou dix mois. Ces essais, d'ailleurs, quelque nombreux et rapprochés qu'on les fît, donneraient-ils jamais la certitude, dans un terrain où la sonde pénétrait si facilement, que l'on pourrait partout creuser et maintenir entre les berges écartées de 60 mètres à la ligne d'eau, un canal ayant 22 mètres de largeur au plafond avec une profondeur de 8 mètres ? Les Entrepreneurs pensaient donc qu'il serait sage de décider immédiatement que, sur cette partie au moins du canal, on adopterait le profil à grande largeur avec la réserve mentionnée plus haut. Ils n'hésitaient pas, du reste, à engager instamment la Compagnie à appliquer d'une manière générale ce profil sur tous les points de la longueur du canal où le terrain n'était pas à plus de 2 mètres au-dessus du niveau de la mer, en faisant remarquer qu'il résultait de leurs moyens d'exécution que c'était précisément dans ces parties seulement qu'il y aurait des cavaliers de dépôt sur les deux rives. D'après les Entrepreneurs, l'augmentation de dépense devant résulter du

---

avait impossibilité pratique de faire, à la drague, du déblai dans 1 mètre de profondeur d'eau. La nouvelle profondeur de $1^{m},75$ assignée à la risberme était donc commandée par les nécessités de l'exécution. Quant à l'inclinaison de 5 pour 1 pour le talus de la berge, elle se justifiait par cette considération qu'il était impossible de défendre ce talus immédiatement, c'est-à-dire au fur et à mesure des premiers déblais le long de la rive, par une ligne d'enrochements.

nouveau profil serait faible, peut-être nulle ; les avantages, considérables. Les principaux de ces avantages devaient être : 1° la certitude absolue de pouvoir donner partout et maintenir sans danger pour les berges les dimensions minima de 22 mètres de largeur au plafond et de 8 mètres de profondeur ; 2° la suppression de toute préoccupation au sujet de la tenue des berges : la grande largeur du plan d'eau, en effet, et le talus de 1/5 sur 10 mètres de largeur, dont moitié au-dessus et l'autre moitié au-dessous de la ligne d'eau, atténueraient considérablement l'effet du batillage ; en outre, la corrosion des berges ne compromettrait plus la largeur au plafond et n'aurait pour résultat que d'adoucir le talus aux environs de la ligne d'eau et de l'amener progressivement à une limite d'inclinaison où l'effet des lames deviendrait nul. Les Entrepreneurs évaluaient d'ailleurs ainsi qu'il suit le prix auquel ces avantages pourraient être acquis à la Compagnie.

Les excédents de déblais qu'entraînerait l'exécution du nouveau profil seraient les suivants :

	Mètres cubes
Sur les 10 premiers kilomètres en partant de Port-Saïd, les déblais iraient probablement à la mer ; on ne changerait donc le profil alors existant que si la nature du terrain l'exigeait ; donc pas d'excédent de déblai	»
Entre les points 20k,5 et 60k,5 de la portion nord du canal : 40 kilomètres à 75 mètres cubes par mètre courant..............................	3.000.000
Au sud du seuil du Sérapéum, entre les points 94k et 97k..............................	125.000
Entre le seuil de Chalouf et la Quarantaine : 14 kilomètres à 100 mètres cubes par mètre courant...	1.400.000
Surcroît de déblai pour tout le canal, environ.....	4.525.000

D'où résulterait une augmentation de dépense d'environ 10 millions de francs. En essayant de conserver le profil actuel — faisaient encore remarquer les Entrepreneurs — la Compagnie serait-elle sûre de faire l'économie de cette somme? N'était-il pas à craindre, au contraire, que les terrains ne pussent pas supporter partout les talus prévus et qu'il fallût alors revenir au profil large et subir ainsi les dépenses de reculement des berges déjà faites et des déblais déjà déposés, et cela au détriment de la rapidité d'exécution?

Au sujet de cette proposition des Entrepreneurs, les Ingénieurs présentèrent les observations suivantes :

Pour la portion du canal comprise entre les points 20^{km},5 à 38^{km},5, en considération des circonstances signalées qui avaient jusqu'alors empêché et qui devaient retarder longtemps encore les dragages d'expérimentation dans ladite portion de canal, vu la nature incertaine du sous-sol, eu égard, enfin, à ce fait que les Entrepreneurs mettaient un grand nombre de dragues en ligne le long de la rive Asie pour creuser de ce côté un chenal navigable dont la prompte exécution était d'un intérêt capital pour la Compagnie, on ne devait pas, suivant eux, hésiter à reporter la banquette de la rive Asie, ainsi que le proposaient les Entrepreneurs, à une distance suffisante pour parer à toutes les éventualités de l'avenir; cette modification de profil produirait une augmentation de déblai d'environ 60 mètres cubes par mètre courant, soit, pour une longueur de 18 kilomètres, une augmentation totale de 1.080.000 mètres cubes.

Pour les autres portions de canal mentionnées dans la proposition des Entrepreneurs, il y avait lieu de faire remarquer, savoir : au sujet de la portion comprise entre les points 38^{km},5 et 60^{km},5, que, d'après le profil des sondages, le sous-sol était de sable, et que, par conséquent, on ne devait avoir aucune inquiétude touchant le maintien des berges; au sujet de la portion comprise entre les points 94 et 97 kilomètres également, que, d'après le profil des sondages, le sous-sol était une argile compacte qui devait de même inspirer une complète sécurité pour l'avenir; enfin, au sujet de la portion de canal comprise entre le seuil de Chalouf et la

Quarantaine (où les nouveaux sondages n'étaient pas encore terminés), qu'à supposer même que l'on eût des doutes sur la résistance du terrain du sous-sol — et il n'y avait pour cela aucun motif — l'examen des profils-types adoptés pour toute la partie de canal s'étendant des lacs Amers à la mer Rouge montrait que le dépôt des cavaliers ou l'établissement des banquettes sur la rive Asie avait lieu à une distance qui réservait d'une manière suffisante les éventualités de l'avenir. Pour ces trois portions de canal, il n'y avait donc nul motif d'apporter aux profils-types adoptés une modification devant se traduire par un excédent de déblai de plus de 3 millions de mètres cubes, c'est-à-dire par un notable excédent de dépense et par un retard dans l'époque de l'achèvement des travaux, alors que la Compagnie avait tant d'intérêt à ouvrir le plus tôt possible le canal à la grande navigation et à réduire au strict minimum ses dépenses de premier établissement.

La Compagnie, en ce qui était de la partie du canal comprise entre les points $20^{km},5$ et $38^{km},5$, s'en rapportant à la connaissance personnelle qu'avaient les Ingénieurs de la nature du terrain à traverser et du matériel dont disposait l'Entreprise [1], adopta définitivement, vu l'urgence,

1. Parmi le matériel commandé par les Entrepreneurs (en augmentation de celui qui leur avait été cédé par la Compagnie) pour l'exécution de la totalité des travaux compris dans leurs deux lots de dragages, se trouvaient, à l'époque où se discutait la question d'élargissement du profil, les appareils suivants, savoir :

1° 16 grandes dragues commandées à la Société des Forges et Chantiers de la Méditerranée, de dimensions notablement supérieures à celles de 38 autres grandes dragues, dont 20 cédées par la Compagnie (indépendamment de 18 petites dragues) et 18 commandées à la maison Gouin. Dans les 16 dragues des Forges et Chantiers, la hauteur du tourteau supérieur de l'élinde au-dessus du niveau de l'eau était de $11^{m},50$, 3 mètres de plus environ que dans les autres grandes dragues. Ces dragues avaient été commandées aux dates suivantes : 6 dans le courant de décembre 1864 ; 10 dans le courant de juin 1865 ;

2° 4 couloirs pour les grandes dragues des Forges et Chantiers, commandés à la même Société en octobre 1865. « Ces appareils étaient destinés à conduire les matières draguées, mélangées d'eau, à 50 mètres de distance de l'axe des dragues. Ils reposaient, chacun, sur un chaland placé à 18 mètres de l'axe de la drague et se prolongeaient en porte-à-faux à 32 mètres plus loin. Les couloirs existants dans les dragues devaient être remplacés par d'autres,

(février 1866) la proposition de reporter de suite la banquette de la rive Asie à la distance correspondante au profil à grande largeur. Pour les autres parties de canal signalées par les Entrepreneurs comme renfermant des terrains douteux, la Compagnie n'adopta que provisoirement les conclusions des Ingénieurs, en signalant à ceux-ci l'utilité de faire dans lesdites portions de canal des observations sur la manière dont se maintiendraient les berges sous l'eau.

La décision qui précède ayant été portée à la connaissance des Entrepreneurs, ceux-ci insistèrent très vivement pour la faire rapporter, considérant, disaient-ils, comme funeste aux intérêts de la Compagnie que l'on n'adoptât pas immédiatement, ainsi qu'ils l'avaient proposé, et sur toutes les parties de canal par eux indiquées, la distance de banquettes correspondante aux profils à grande largeur.

Dans un nouveau rapport sur la question (mai 1866), les Ingénieurs, après avoir fait remarquer que les dragages d'expérimentation prescrits par la Compagnie en divers

---

disposés de manière à correspondre avec le grand couloir qui pouvait être appliqué d'un côté ou de l'autre de la drague. Chaque couloir proprement dit se composait donc de deux couloirs fixes et d'un grand couloir de 48 mètres de long. Le chaland support avait 22 mètres de long, 9 mètres de large et 1m,20 de creux ; son côté opposé à la drague était circulaire. » Les 4 couloirs avec leurs chalands devaient, d'après le marché de commande, être terminés aux ateliers dans un délai de trois mois (c'est-à-dire pour le 1er février 1866) et être expédiés ensuite à Port-Saïd par bateaux à vapeur pour être livrés au plus tard par les constructeurs un mois après leur arrivée sur les chantiers. Les expéditions n'ont eu lieu, en réalité, que successivement, dans le courant de chacun des mois d'avril, mai et juin 1866.

La plus grande hauteur donnée aux 16 grandes dragues de la Société des Forges et Chantiers de la Méditerranée avait probablement été adoptée par les Entrepreneurs dans le but seulement — tout au moins au moment de la commande — de permettre d'adapter à ces dragues des couloirs semblables à ceux de 20 à 25 mètres de longueur employés jusqu'alors avec les autres dragues, mais plus longs et déchargeant à une plus grande hauteur de manière à augmenter, dans la plus large mesure possible, le cube des terres de dragages déchargées directement sur berge, ce mode d'exécution des déblais devant être certainement beaucoup plus économique que ne pourrait l'être le mode d'exécution consistant à desservir les dragues par des élévateurs. Il est possible, pourtant, que, dès la date de la première commande des dragues en question, les Entrepreneurs avaient déjà conçu l'idée, dont ils n'ont été en mesure de poursuivre un commencement de réalisation que trois mois plus tard, de substituer aux couloirs entièrement en porte-à-faux employés jus-

points du canal continuaient à être matériellement impossibles, puisqu'il y avait impossibilité absolue de conduire de grandes dragues sur les points en question, que même sur les 10 premiers kilomètres du canal il n'avait pas encore été possible d'organiser un mode complet d'exécution qui permît de descendre les dragages jusqu'à la profondeur de 8 mètres, exposaient, ainsi qu'il suit, les motifs invoqués par les Entrepreneurs à l'appui de leur persistante opinion : D'après l'expérience déjà acquise au Canal de Suez aussi bien que d'après ce qui se passait, à leur connaissance, dans tous les canaux, les Entrepreneurs posaient en fait, que, sur aucune partie du Canal maritime, même là où les sondages annonçaient les meilleures natures de terrain, les talus ne se maintiendraient à une inclinaison de 2 de base pour 1 de hauteur ; qu'à supposer même que cette inclinaison fût obtenue sur quelques points, le comblement inévitable, par toutes les matières remuées par les eaux, de l'angle formé par le talus et le plafond, ferait que l'on n'aurait plus une largeur franche de 22 mètres avec une profondeur

---

qu'alors, des couloirs beaucoup plus longs, soutenus en un certain point de leur longueur par des chalands; et que c'était surtout par prévision, c'est-à-dire pour faciliter plus tard la réalisation de cette idée, qu'ils avaient, dès le début, augmenté la hauteur d'un certain nombre de dragues.

Quant aux 4 grands couloirs, commandés beaucoup plus tard que les 16 grandes dragues, ils étaient évidemment destinés à l'exécution du profil à grande largeur prévu par le marché du 12 décembre 1864 pour la portion du canal comprise entre les points $10^k,5$ et $20^k,5$. Les couloirs, ne déversant les terres qu'à 50 mètres exactement de la drague, ne pouvaient, il est vrai, permettre l'exécution complète du profil, que moyennant le remaniement d'une partie des terres versées par le couloir; mais il s'agissait sans doute d'un premier essai destiné à mettre sur la voie d'une solution définitive de l'intéressant problème du déversement direct sur berge de la totalité des terres de dragages du profil à grande largeur dans l'étendue de la portion de canal de 10 kilomètres de longueur prévue au marché.

En dehors des appréciations ci-dessus, les Ingénieurs pensaient, d'ailleurs, que l'initiative même prise par les Entrepreneurs dans la proposition d'adopter le profil à grande largeur sur une notable partie de la longueur du canal était une preuve, d'une part, que leur matériel était conçu de manière à satisfaire ou à pouvoir être facilement approprié à l'exécution de ce nouveau profil ; d'autre part, que lesdits Entrepreneurs étaient prêts, sans prétendre à des indemnités pour modification de profil ni à des prolongations de délai pour transformation de matériel, à reculer ou établir les banquettes à la distance correspondante à la largeur notablement plus grande du nouveau profil.

de 8 mètres ; que le sous-sol était d'une nature trop variable pour permettre de compter sur une tenue uniforme des talus ; que si l'on pouvait espérer que les talus se maintiendraient dans la plus grande partie de la longueur du canal avec une inclinaison de 3 pour 1, et même, exceptionnellement, sur une inclinaison plus raide, on devait craindre en même temps que des éboulements ne se produisissent sur beaucoup de points, soit pendant, soit même après la construction du canal, ce qui aurait les plus graves conséquences avec des banquettes trop rapprochées ; qu'en vue de ces éventualités, la Compagnie ne devait pas hésiter à faire la dépense supplémentaire de quelques millions de francs qu'entraînerait l'établissement de banquettes à la distance correspondante à l'inclinaison limite de talus de 5 de base pour 1 de hauteur ; que cette solution était la seule, en effet, qui garantît d'une manière complète la parfaite exécution et conservation du canal, c'est-à-dire l'établissement et le maintien d'une cunette de 8 mètres de profondeur avec une largeur franche de 22 mètres au plafond ; qu'elle devait permettre d'ailleurs, en compensation de la plus grande dépense première, de réaliser plus tard de très importantes économies lorsqu'on en viendrait à élargir le canal — ainsi que le besoin s'en ferait sentir très promptement — puisque, sur toutes les portions de canal où les talus se tiendraient sur une inclinaison de 2 à 3 de base pour 1 de hauteur, on pourrait obtenir un élargissement de 20 à 30 mètres sans avoir à faire le remaniement des banquettes. En soumettant de nouveau l'opinion des Entrepreneurs à l'examen de la Compagnie, les Ingénieurs faisaient remarquer qu'il leur était impossible de l'accompagner d'aucun document positif susceptible de la justifier ; en sorte que la question, dans les termes où elle continuait de rester posée, était, sinon une simple affaire d'appréciation personnelle, bien plutôt une question économique qu'une question technique à examiner.

Dans le même rapport, les Ingénieurs présentaient d'ailleurs, de leur côté, les observations et formulaient les propositions suivantes :

La Commission Internationale — ainsi qu'ils le rappelaient — avait admis que, moyennant la précaution de protéger les talus à la ligne d'eau par une défense en enrochements, lesdits talus se maintiendraient jusqu'au fond du canal avec une inclinaison de 2 de base pour 1 de hauteur. A la vérité, lorsqu'on avait ouvert une première rigole à travers les lacs Menzaleh et Ballah, quelques doutes avaient été exprimés touchant la possibilité du maintien de ladite inclinaison, et la proposition avait été faite d'adopter des talus à 3 de base pour 1 de hauteur ; mais, en l'absence de faits concluants qui n'avaient pu être produits, il avait été décidé qu'il n'y avait nul motif de revenir sur le profil primitivement adopté. Ainsi donc, on avait admis jusqu'alors, que, tout au moins dans les terrains ordinaires, et à la condition de défendre les talus à la ligne d'eau, ceux-ci se tiendraient à l'inclinaison de 2 pour 1. Si, maintenant, l'expérience avait amené à reconnaître qu'il était prudent de ne pas compter d'une manière absolue sur le maintien des talus à l'inclinaison primitivement prévue de 2 de base pour 1 de hauteur, on n'avait pourtant pas à redouter que cette inclinaison s'étendît jamais, dans les terrains non vaseux, à 5 pour 1 ; de telle sorte que l'on satisferait à toutes les conditions d'une sage prudence, en même temps que d'une économie indispensable dans les dépenses de première construction, en établissant les banquettes à une distance correspondante à la prévision de talus définitifs inclinés à 3 de base pour 1 de hauteur. Ils faisaient remarquer, d'ailleurs, que cette distance devait être quelque peu augmentée en raison des considérations suivantes : si l'on admettait que les talus de la cuvette du canal pussent s'adoucir naturellement jusqu'à atteindre l'inclinaison limite de 3 pour 1, on avait évidemment à tenir compte, dans la largeur à donner au plafond[1], du comblement qui se produit toujours dans l'angle formé par le talus et la ligne horizontale dudit plafond; or, on savait, par l'exemple de ce qui se passait dans les canaux de la Hollande ayant une grande analogie avec le Canal maritime, que le comblement en question avait une épaisseur de 40 à 50 centimètres mesurée dans l'angle et s'étendait en moyenne de 2 à 3 mètres ; on serait donc sûr d'avoir un plafond d'une largeur toujours franche de 22 mètres en augmentant cette largeur de 3 mètres de chaque côté, en exécution. Enfin, disaient encore les Ingénieurs, la position exacte et la forme de la banquette devaient être déterminées en tenant un juste compte des conditions mêmes d'exécution : ainsi, il avait été reconnu, d'un commun accord avec les Entrepreneurs, d'une part, qu'il y avait impossibilité pratique d'exécuter la banquette de 2 mètres de largeur à 1 mètre en contre-bas du niveau de l'eau prévue au profil normal ; d'autre part, qu'il était également impossible de défendre immédiatement, c'est-à-dire au fur et à mesure des premiers déblais, par une ligne d'enrochements, le talus de la cuvette du canal à la hauteur du niveau de l'eau. Il était évidemment de nécessité impérieuse d'adopter une forme de profil qui pût être exécutée avec les moyens dont disposaient les Entrepreneurs, et qui fût telle que les berges, malgré l'absence d'enrochements, n'eussent pas à redouter de trop grandes dégradations par l'action du clapotis et des lames de remous. On obtenait ce résultat en substituant à la banquette sous

1. Conformément à l'opinion formulée par le Conseil supérieur des travaux en 1859, on admettait alors, comme on a admis pendant toute la durée des travaux, que la largeur de 22 mètres au plafond serait suffisante pour permettre pratiquement le croisement des navires dans le canal. Mais au moins fallait-il, dans cet ordre d'idées, que l'on fût assuré d'avoir ladite largeur toujours bien franche avec la profondeur de 8 mètres : c'est là ce qui explique le petit élargissement au plafond proposé par les Ingénieurs dans l'étude du nouveau profil. Depuis lors, dès l'ouverture du canal à la grande navigation, on a reconnu qu'il ne pouvait être exploité pratiquement que comme canal à une voie. Dans ces conditions d'exploitation, il est devenu de toute évidence que le petit comblement des angles de la cuvette n'avait plus, à beaucoup près, les inconvénients que l'on redoutait à bon droit précédemment.

l'eau du profil primitif un talus à 5 pour 1 s'étendant depuis 1 mètre au-dessous jusqu'à 1 mètre au-dessus du niveau de l'eau, ladite inclinaison de 5 pour 1 étant celle qui se produisait naturellement dans la partie du talus de la cuvette soumises aux dégradations par les eaux. En conséquence de toutes ces considérations, les Ingénieurs proposaient un profil mixte, ayant une largeur totale de 80 mètres seulement à la ligne d'eau et dans lequel le pied du talus des banquettes devait se trouver à 15 mètres de l'axe du canal (Planche XVII)[1].

Les Ingénieurs faisaient remarquer, d'ailleurs, que, dans l'exécution de ce profil, la seule innovation serait de déposer les terres de déblai à la nouvelle distance indiquée, mais que l'on devrait se contenter d'abord de creuser la cuvette avec une largeur de 22 mètres au plafond et avec tels talus que prendraient naturellement les terres pendant le dragage.

Par l'adoption de ce profil mixte, l'augmentation de cube par rapport au projet primitif, en supposant le terrain naturel au niveau de la mer, ne serait que de 27 mètres cubes par mètre courant, tandis qu'avec le profil à grande largeur proposé par les Entrepreneurs, cette augmentation devait être de 65 mètres cubes[2]. Or, en dehors des 28 kilomètres pour lesquels il avait été déjà décidé qu'on exécuterait le

1. Sur la proposition des Ingénieurs, motivée par la mauvaise nature des terrains traversés, ce profil de 80 mètres de largeur à la ligne d'eau avait été déjà, en novembre 1865, approuvé par la Compagnie pour la courbe de débouché du canal dans les lagunes de la rade de Suez (courbe de 3.200 mètres de rayon et d'un développement de 2.318 mètres). Provisoirement, cette portion de canal ne devait d'ailleurs être endiguée que du seul côté Afrique, la construction d'une digue sur l'autre rive restant subordonnée aux éventualités de l'exécution.

Plus tard, après l'adoption par la Compagnie, en juillet 1866, du profil à grande largeur « pour toutes les parties du canal où le terrain se trouvait à moins de 2 mètres de hauteur au-dessus du niveau de l'eau », les Ingénieurs proposèrent naturellement d'appliquer ledit profil, au lieu de celui de 80 mètres de largeur précédemment adopté, à la courbe de sortie de Suez qui se trouvait dans les conditions indiquées, et cette proposition fut sanctionnée par la Compagnie.

2. Ces chiffres d'augmentation de cube par mètre courant de canal ne représentaient que le cube correspondant à la partie horizontale de la risberme : d'après le calcul exact des profils les augmentations étaient, en

profil à grande largeur, le nouveau profil devait s'appliquer aux longueurs de canal suivantes :

		Kilomètres
Dans le lot de Port-Saïd.	Du point $0^k,8$ à $10^k,5$.......	9.700
	Du point $38^k,5$ à $60^k,5$......	22.000
Dans le lot de Suez.....	Du seuil du Sérapéum aux lacs Amers..............	3.000
	Du seuil de Chalouf au port de Suez................	14.000
Longueur totale[1].....................		48.700

Les augmentations de cubes seraient donc approximativement :

	Mètres cubes.
Avec l'adoption du profil à grande largeur............	3.165.000
— — mixte......................	1.315.000
Différence...........................	1.850.000

Et les augmentations de dépense :

	Francs
Avec l'adoption du profil à grande largeur............	6.731.000
— — mixte......................	2.796.000
Différence...........................	3.935.000

Tous ces chiffres d'augmentation étaient des minimum puisqu'ils se rapportaient à l'hypothèse où le terrain, dans toutes les portions de canal auxquelles devait s'appliquer le nouveau profil, se trouverait à la hauteur même du niveau moyen de la mer, tandis qu'il était, en réalité, à 1 mètre environ en moyenne au-dessus de ce niveau[2].

En résumé, les Ingénieurs concluaient de la manière

réalité, respectivement de $32^m,30$ et de $70^m,80$ par mètre courant. On reconnaît de suite que la différence d'un profil à l'autre est très sensiblement la même avec les uns et avec les autres chiffres.

1. On aurait dû comprendre, dans l'énumération des portions du canal auxquelles devait s'appliquer le nouveau profil à grande largeur, la portion comprise entre le lac Timsah et Toussoum, d'une longueur d'environ 4 kilomètres.

2. Pour avoir les augmentations totales de cubes et de dépenses par rapport aux évaluations primitives du Conseil supérieur des travaux (profil de 58 mètres de largeur à la ligne d'eau dans toute la longueur du canal), on devait augmenter tous les chiffres indiqués ci-dessus d'environ moitié, à raison des 28 kilomètres de canal sur l'étendue desquels il avait été décidé déjà que l'on renoncerait au profil à petite largeur.

suivante : ils étaient d'avis que l'on ne devait pas persister à vouloir maintenir — excepté à la traversée des seuils — le profil normal primitif qui supposait que les talus sous l'eau se maintiendraient invariablement à l'inclinaison de 2 de base pour 1 de hauteur, et qu'il y avait lieu d'opter définitivement, soit pour le profil mixte, soit pour le profil à grande largeur. Le profil mixte leur paraissait offrir toutes les conditions de sécurité désirables au double point de vue de la bonne exécution des travaux et de la mise en exploitation du canal ; le profil à grande largeur devait entraîner à des augmentations notablement plus grandes de cube et de dépense, mais, en compensation, il offrirait les avantages incontestables de donner un surcroît de sécurité quant à l'exécution et au maintien en bon état du canal, et de permettre de procéder ultérieurement d'une manière rapide et économique à un travail d'élargissement. La solution à intervenir dépendait uniquement de l'ordre d'idées dans lequel se placerait la Compagnie. Si l'on voulait arriver le plus rapidement et le plus économiquement possible à l'ouverture et à la mise en exploitation du canal maritime ; si l'on voulait laisser à l'avenir le soin et toute la charge des améliorations successives et des travaux d'élargissement que le développement du transit pourrait rendre nécessaires, on devait donner la préférence au profil mixte. Si, au contraire, on ne redoutait pas de subir un certain retard dans la date de l'ouverture du canal et une augmentation supplémentaire de dépense d'environ 4 millions de francs[1], en vue d'avoir à l'avance plus que la certitude d'une exécution à l'abri de toutes circonstances imprévues, et de préparer les choses de manière à permettre un élargissement futur

1. Ainsi qu'on l'a fait remarquer déjà à la note précédente, ce chiffre, qui était un minimum pour les 48 kilomètres de canal auquel il s'appliquait, devait être augmenté d'environ moitié pour tenir compte des 28 kilomètres sur lesquels on avait déjà adopté le profil à grande largeur et où il aurait pu suffire également de réaliser le profil mixte.

rapide et économique, il n'y avait pas à hésiter à adopter le profil à grand largeur. Enfin, les Ingénieurs se croyaient autorisés à annoncer — ce qui pouvait faciliter la décision de la Compagnie — que les Entrepreneurs ne demandaient aucune augmentation de prix à raison de la modification du profil, leur matériel étant conçu de manière à satisfaire également bien à l'exécution des divers profils, et qu'ils donnaient d'avance la presque assurance que l'augmentation de cube résultant du profil à grande largeur n'occasionnerait qu'un retard peu important dans la date de l'achèvement des travaux.

En dernière analyse, et après une série de conférences dans lesquelles les Entrepreneurs firent connaître à la Compagnie, en les accompagnant de toutes explications utiles, les conditions auquelles ils se chargeraient de l'exécution du profil à grande largeur sur toutes les portions du Canal précédemment indiquées, la Compagnie adopta finalement leurs propositions.

Et, en conséquence. un nouveau marché dit *Deuxième acte additionnel* fut arrêté d'un commun accord entre le Directeur général des travaux et les Entrepreneurs pour bien préciser, conformément à toutes les stipulations convenues, la forme et les conditions d'exécution du nouveau profil. Ce nouveau marché reçut l'approbation définitive de la Compagnie le 4 décembre 1866. Les types du profil à grande largeur qui y ont été annexés sont figurés Planche XVII[1].

Nous ferons connaître ici, sous une forme aussi résumée que possible, parmi les conditions de ce nouveau marché,

1. Le nouveau marché, indépendamment de ce qui concernait le nouveau profil, était destiné, en même temps, à réunir dans un seul et même acte certaines modifications déjà consenties en fait par la Compagnie à différents articles des anciens marchés, notamment à ceux concernant l'importance des avances et prêts d'argent sur matériel et approvisionnements et à ceux concernant le mode de remboursement de ces avances.

Nous ferons connaître plus loin, au chapitre traitant de l'exécution des travaux de terrassement et dragages, les principales conditions du nouveau marché.

celles uniquement relatives à la substitution, sur une notable partie de la longueur du canal, du profil à grande largeur au profil-type des premiers marchés.

Le supplément de cube calculé à nouveau, était définitivement évalué à 9.000.000 de mètres cubes. Ce chiffre, toutefois, n'était qu'approximatif, et il devait résulter, en dernière analyse, de l'exécution définitive des travaux conformément aux projets et suivant les profils adoptés. Comme de nouveaux prix devaient être appliqués aux cubes supplémentaires dans chacune des grandes portions de canal spécifiées par les précédents marchés, on convenait d'adopter à forfait, comme point de départ de l'évaluation desdits cubes supplémentaires, certains chiffres représentant les cubes qui seraient résultés de l'application des profils-types annexés aux marchés primitifs et qui se trouvaient former ensemble un cube total de 50.240.000 mètres cubes.

Le profil à grande largeur définitivement adopté ne différait que par quelques dispositions de détail du nouveau profil-type qui avait fait l'objet des discussions. Ainsi, la largeur du canal à la ligne d'eau avait été fixée définitivement à 100 mètres au lieu de 102 mètres. En outre, de même que le profil primitif avait donné lieu à différents types annexés aux premiers marchés, on avait arrêté deux types principaux de profil à grande largeur, savoir : l'un s'appliquant, d'une part, à la partie du canal comprise entre la rive sud du bassin de Port-Saïd et le kilomètre 60,5, avec déplacement de l'axe du canal de 20 mètres vers le côté Asie (en raison de la présence de la conduite d'eau d'alimentation de Port-Saïd dans la berge Afrique), d'autre part, à la partie du canal comprise entre le kilomètre 60,5 et les grands fonds des lacs Amers, aux approches du kilomètre 100, sur tous les points où la hauteur moyenne du terrain naturel était comprise entre les cotes $20^m,20$ et $16^m,45$ (la cote du niveau moyen de la Méditerranée étant $18^m,20$), et même au-dessous de cette dernière cote, suivant l'appréciation du

Directeur général des travaux, là où les procédés d'exécution permettraient de former, avec des déblais pris dans le profil, des berges d'une largeur et d'une solidité suffisantes; l'autre type s'appliquant à la partie du canal comprise entre les lacs Amers et la mer Rouge — où l'on avait à tenir compte des variations du niveau de l'eau résultant des marées — sur tous les points où la hauteur moyenne du terrain ne dépassait pas la cote 20,50 (la cote des plus hautes eaux de la mer Rouge étant 20^{m},00). La profondeur des risbermes et leur mode de raccordement avec les berges présentaient dans l'un et dans l'autre type certaines différences qui n'étaient motivées que par les différents modes prévus d'exécution. Enfin, on avait projeté pour la banquette de halage et le cavalier de dépôt des formes différentes destinées à tenir compte de la tenue plus ou moins bonne des terres de remblai et du degré présumé de résistance du sous-sol. Il était d'ailleurs stipulé que, sur tous les points du canal où le terrain naturel serait à une cote inférieure à 16^{m},45, tels que les procédés d'exécution ne permettraient pas de former, avec des déblais pris dans le profil, des berges suffisantes, le chenal ne serait pas endigué et que le profil serait déterminé par un plafond de 22 mètres de largeur et par la tenue naturelle du terrain dragué, les talus étant faits toutefois, en tant que de besoin, à 2 de base au minimum pour 1 de hauteur.

Parmi les prescriptions relatives au mode d'exécution des travaux se trouvaient les dispositions suivantes : les talus de la cuvette proprement dite du canal seraient ceux qui résulteraient de la tenue naturelle du terrain dragué à la profondeur fixée, sans que toutefois l'inclinaison desdits talus pût être moindre de 2 de base pour 1 de hauteur; pour l'exécution des risbermes par voie de dragage, les Entrepreneurs auraient le droit de faire mordre les godets des dragues dans les rives en s'écartant de l'axe, lorsque ce serait indispensable, un peu plus loin que le pied du talus à 5 pour 1 de la berge, pourvu que le point formant la crète du talus définitif stable après éboulement ne dépassât jamais le sommet ou le point dudit talus situé à 50 mètres de distance de l'axe; pour l'exécution de la cuvette du canal, les Entrepreneurs pourraient draguer par tel nombre de passes et par telles épaisseurs de couches qui leur conviendraient, à la condition de limiter le papillonnage pour toutes les couches, sauf la dernière, depuis le minimum de largeur de 22 mètres jusqu'à des largeurs telles que les talus naturels produits par les dragages successifs restassent toujours en dedans des lignes de talus tirées des points extrêmes de la largeur du plafond avec la limite d'inclinaison que l'expérience ferait préjuger pour la pente naturelle définitive des talus selon la nature des terrains, la décision à ce sujet étant réservée, dans chaque cas, au Directeur général des travaux sur la demande des Entrepreneurs ; dans les terrains qui seraient pour cela suffisamment résistants, les talus des fouilles faites par voie de dragage, au lieu d'avoir une inclinaison continue, pourraient être disposés suivant la ligne brisée résultant des sillons de dragages : en pareil cas, le maximum de profondeur et de hauteur des sillons serait déterminé d'un commun accord avec le Directeur général des travaux, et la forme du talus se définirait au moyen des lignes passant par la demi-profondeur moyenne des sillons[1] ; il en serait de même pour le plafond de la cuvette qui présenterait généralement une surface sillonnée : le plan passant par la demi-profondeur moyenne des sillons devrait être à la cote même du fond du canal indiquée sur les profils, et la saillie tolérée des arêtes des sillons au-dessus de cette cote ne devrait pas dépasser 10 centimètres.

Les Entrepreneurs devant se trouver dans l'obligation,

---

1. Ces dispositions relatives à la forme des talus des fouilles se trouvaient déjà dans les marchés antérieurs.

pour donner aux profils les formes prescrites, de remanier un certain cube de terre de déblai existant déjà sur les bords du canal ou qui y seraient déposées ultérieurement par les dragues, ils seraient indemnisés de ce travail de remaniement par une allocation fixée à forfait à 12 francs par mètre courant de canal, partout où seraient appliqués les nouveaux profils. Toutefois, sur la partie du canal comprise entre Port-Saïd et le kilomètre 60,5, où la forme définitive de la berge Afrique était provisoirement réservée, il n'était fait pour le moment de prix à forfait que pour le dressement de la berge Asie et ce prix était fixé à 6 francs par mètre courant de canal.

2° Profils exceptionnels. — *Traversée du Petit lac Amer.* — Ainsi que nous l'avons déjà expliqué à l'occasion de l'étude des diverses questions concernant le tracé du canal à la traversée des lacs Amers, les travaux de déblai dans l'étendue du bassin du Petit lac devaient être exécutés par voie de dragages. Nous mentionnerons à ce sujet que, d'après le programme d'exécution arrêté par les Entrepreneurs, on devait isoler ce bassin de celui du Grand lac au moyen d'un barrage insubmersible construit sur le seuil de séparation des deux bassins ; puis, faire entrer l'eau dans le petit bassin ; enfin, après le complet remplissage, introduire les dragues. On devait, d'ailleurs, pour l'exécution de cette partie du canal, appliquer les types des profils à grande largeur de 1866 dans les conditions indiquées au deuxième acte additionnel. Mais de nouveaux forages exécutés sur la ligne du tracé définitif à la traversée du Petit lac ayant révélé, postérieurement à l'étude du plan de campagne des Entrepreneurs, l'existence d'un banc rocheux embrassant une longueur de canal de 3.200 mètres, et montré en même temps que l'on aurait affaire d'une manière presque générale, dans toute la portion de canal considérée, à des terrains fort durs qui pourraient donner lieu à beaucoup de mécomptes dans les dragages, la Compagnie reconnut, d'accord avec les Entrepreneurs, la double nécessité suivante : d'une part, de faire presque exclusivement à sec toute la portion du canal à la traversée du Petit lac s'étendant, en allant du Sud au Nord, depuis l'extrémité Nord du seuil de Chalouf jusqu'aux grands fonds du Grand lac Amer, sur une longueur totale d'environ 20 kilomètres ; d'autre part, et, comme conséquence même du nouveau mode d'exécution, de substituer aux profils à grande largeur de 1866 qui devaient être primitivement appliqués, d'autres profils plus larges encore et conçus de manière à éviter que les terres mises latéralement en dépôt (au lieu d'être portées au loin à l'aide de barques à clapets comme cela était prévu dans le mode d'exécution par voie de dragages), ne fussent ramenées plus tard dans les fouilles par le double effet des lames et des courants.

Les nouvelles conventions arrêtées à ce sujet entre la Compagnie et les Entrepreneurs ont fait l'un des objets d'un *Troisième acte additionnel* aux marchés primitifs passé à la date du 13 avril 1867.

Les profils en travers mentionnés à cet acte additionnel sont figurés sur la Planche XVII. Ils présentent deux types, savoir : un premier type applicable à la portion de la traversée du Petit lac la plus voisine du seuil de Chalouf et, où le terrain, bien qu'en contre-bas du niveau de la mer, se trouvait pourtant assez élevé pour fournir, par le déblai de la cuvette du canal, des terres en quantité suffisante pour la construction sur les deux rives, ou tout au moins sur l'une d'elles, de digues insubmersibles ; le second type, applicable à la plus grande partie de la traversée du Petit lac, où le terrain se trouvait, au contraire, tellement bas que les terres de déblai déposées sur les rives n'y pouvaient former que des cavaliers submersibles. L'examen des profils fait voir que, dans l'un et dans l'autre type, la largeur au plafond de la cuvette, sauf une exception, qui sera signalée ci-après, a été maintenue à 22 mètres, comme sur tout le reste du parcours du canal ; mais que, d'une part, les talus de déblai ont été dressés immédiatement à 3 de base pour 1 de hauteur ; et que, d'autre part, la distance des cavaliers de dépôt des terres de déblai a été déterminée de manière à mettre leurs talus, établis à une inclinaison de 20 de base pour 1 de hauteur, à l'abri de toute dégradation par l'action des eaux, même en supposant que le plafond de la cuvette dût être plus tard élargi à 50 mètres et que les talus de déblai dussent prendre ensuite naturellement, à la longue, une très faible inclinaison. On voit encore, à l'examen des profils, que, dans le type à digues insubmersibles, la crête de ces digues a été arasée à la côte $20^m,00$, le niveau de l'eau dans les lacs étant supposé devoir se maintenir, à de très faibles variations près, à la cote $18^m,25$ [1] ; et que, dans le type à cavaliers submersibles, la partie supérieure desdits cavaliers a été arasée à la cote $16^m,25$, c'est-à-dire à une profondeur de 2 mètres en contre-bas du niveau que devait atteindre l'eau dans les lacs, cette profondeur ayant été jugée suffisante pour soustraire les terres de dépôt à l'action des lames. Enfin, comme mode d'exécution, le nouveau marché stipulait, d'une part, que sur une certaine portion de canal, d'une longueur de $4^{km},4$ à partir du seuil de Chalouf, les déblais seraient faits à sec jusqu'à la profondeur de $3^m,50$ (le reste à faire ultérieurement à la drague aux conditions du marché primitif [1]), cette profondeur étant admise comme représentant la moyenne des profondeurs nécessaires pour exécuter dans chaque profil les digues en remblai ; d'autre part, que sur tout le reste de l'étendue de la traversée du Petit lac, le canal serait fait complètement à sec.

Dans la portion de la traversée du Petit lac où devait être appliqué le type de profil à cavaliers submersibles, il

1. En exécution, ainsi que les motifs en seront expliqués au chapitre concernant les prix successivement convenus par les divers marchés et actes additionnels, les Entrepreneurs ont trouvé avantage à faire cette portion du canal complètement à sec.

existait, ainsi que cela a déjà été mentionné plus haut, une longueur de 3.200 mètres où la cuvette du canal devait être creusée entièrement dans un terrain rocheux. Dans l'intérêt de l'avenir, c'est-à-dire afin d'éviter les très grandes difficultés d'exécution qui se seraient rencontrées plus tard dans le travail d'élargissement du canal, lorsque le développement du transit aurait rendu cet élargissement nécessaire, il fut stipulé au troisième acte additionnel que, sur la longueur de canal en question, la cuvette serait établie immédiatement avec une largeur de 44 mètres au plafond.

Enfin, le troisième acte additionnel stipulait encore que les nouveaux profils adoptés pour la traversée du Petit lac s'appliqueraient également à la portion de canal d'environ 2.800 mètres de longueur formant le débouché du canal dans le Grand lac Amer du côté du Sérapéum, laquelle présenterait ainsi successivement le type de profil avec deux digues évasées insubmersibles, le type avec une seule digue, enfin le type de profil avec deux cavaliers submersibles. Les nouvelles dispositions adoptées pour cette portion de canal comportaient d'ailleurs le déblai à sec à la profondeur moyenne de $3^{m},50$ sur une longueur de 2.100 mètres et à toute profondeur sur la longueur restant de 700 mètres.

En ce qui est du profil en travers à la traversée du Grand lac Amer, on rappellera qu'il avait été décidé, dans l'hypothèse où il serait jugé nécessaire de creuser dans le banc de sel pour y obtenir la profondeur normale de 8 mètres, de donner au canal une largeur de 60 mètres au plafond dans toute la traversée du Grand lac ; mais que l'on avait reconnu, en dernière analyse, l'inutilité de faire aucuns déblais dans le banc de sel, dont la dissolution progressive, après l'introduction des eaux, devait — pensait-on, et ainsi que cela s'est vérifié, — procurer sûrement et très promptement, et même au delà, la profondeur normale.

Traversée du lac Timsah. — Dans le projet présenté en 1866 pour la rectification du tracé du canal à la traversée du lac Timsah (Voir page 133), les Ingénieurs avaient proposé, relativement au profil en travers, les dispositions suivantes :

D'une part, vu la nature vaseuse et ébouleuse des terrains dans la majeure partie de la traversée du lac proprement dit, qui y rendrait fort difficile pour ne pas dire impossible la construction et la conservation de digues, les Ingénieurs proposaient d'établir le canal sans endiguement dans toute la portion du nouveau tracé, d'environ 3.800 mètres de longueur, s'étendant depuis l'origine de la rectification (à l'extrémité du seuil d'El Guisr) jusqu'au droit de la grande dune de séparation de la grande et de la petite vallée de Bir-Fawar. L'endiguement recommençait, pour se continuer ensuite sans interruption, à partir de ce dernier point jusqu'au seuil du Sérapéum, parce que l'on se trouvait alors dans une région de meilleurs terrains dont la surface se trouvait presque au niveau de la mer.

D'autre part, les Ingénieurs proposaient également de donner au canal une largeur de 40 mètres au plafond dans toute la portion non endiguée, et d'adopter comme talus de la cunette dans toute l'étendue de la rectification, ceux du profil à grande largeur récemment adopté.

La première proposition pouvait, à la vérité, donner lieu à deux objections, à savoir : en premier lieu, qu'en laissant la communication ouverte entre le lac Timsah et la grande vallée de Bir-Fawar, on augmentait ainsi dans une certaine proportion la partie submersible du lac et, par suite, le temps nécessaire pour le remplissage[1] ; d'un autre côté, que

1. La vallée de Bir-Fawar ayant une superficie d'environ 800 hectares avec une profondeur moyenne de 2 mètres au-dessous du niveau de la Méditerranée devait contenir environ 16 millions de mètres cubes d'eau. La superficie du lac Timsah proprement dite, au niveau de la Méditerranée, était approximativement de 1.290 hectares ; et, au moment de la production du projet, la hauteur à remplir était encore de $5^m,20$ le cube d'eau à introduire, d'environ 7 millions de mètres cubes.

ladite communication permettrait à des courants transversaux de se produire sous l'influence des forts vents de l'Est et de l'Ouest. Mais ces inconvénients, dont le premier n'était que momentané et dont le second ne se présenterait pas fréquemment, ne paraissaient pas aux Ingénieurs de nature à exiger un endiguement qui entrainerait certainement à une très grande dépense ; le temps nécessaire pour le remplissage du lac Timsah et de ses annexes était d'ailleurs évalué à un maximum de 6 mois, dont 1 mois et demi pour le supplément à verser dans la vallée de Bir-Fawar, et les Ingénieurs faisaient observer qu'il ne faudrait pas attendre tout ce temps pour que les Entrepreneurs pussent faire pénétrer leurs dragues dans le lac et y conduire les porteurs et gabarres employés au creusement du seuil d'El Guisr.

Les propositions des Ingénieurs furent approuvées, sauf en ce qui était de l'élargissement du plafond à 40 mètres dans les parties non endiguées ; la question de cet élargissement était réservée ; recommandation était faite, d'ailleurs, de choisir les lieux de dépôt des terres provenant des fouilles des parties en question de telle sorte que les terres déposées ne pussent pas s'opposer à l'élargissement ultérieur du canal, s'il était reconnu nécessaire, ni être ramenées dans les fouilles par les vents ou par les courants.

Modifications du profil type n° 1 de 1863 à la traversée du seuil d'El Guisr. — En septembre 1866 a été adoptée une modification du profil type n° 1 de 1863 dans la partie de la tranchée du seuil d'El Guisr comprise entre les points kilométriques 74,544 et 75,334, soit sur une longueur de 790 mètres.

Cette modification consistait (Voir planche XVII) à substituer au talus Asie du profil-type qui n'était pas encore exécuté, un nouveau profil ayant pour objet principal d'adoucir l'inclinaison de la berge dans la zone d'action du batillage et d'éviter ainsi que, pour le moindre éboulement des sables de la partie supérieure, le plafond du Canal ne fût inévitablement réduit de largeur.

Le cube supplémentaire que devait exiger cette modification n'était que d'environ 41.000 mètres cubes. Une occasion favorable se présentait d'ailleurs pour faire ce travail pour l'exécution duquel on pourrait profiter d'installations qui avaient été établies dans cette région pour la rectification de la courbe sud du seuil.

Plus tard, en décembre 1867, une autre modification figurée comme la précédente, planche XVII, devant être appliquée dans toute l'étendue du seuil, fut apportée au profil-type n° 1.

Les Ingénieurs avaient proposé (lignes en traits interrompus) une modification beaucoup plus radicale que celle qui a été définitivement adoptée et consistant à substituer à la banquette de 2 mètres de largeur projetée à 1 mètre sous l'eau un talus à 5 pour 1 ; puis à adopter à la suite, au-dessus de l'eau, une berge en forme de plage, de 5 mètres de largeur, inclinée à 10 pour 1 ; au delà, une banquette de 4 mètres de largeur établie à 1 mètre seulement au-dessus du niveau de l'eau et défendue par un revêtement en enrochements; enfin, au-dessus de cette banquette, un talus dressé à 45° jusqu'au raccordement avec le talus existant de la tranchée incliné à 2 pour 1.

Les dispositions de ce nouveau profil étaient justifiées par les considérations suivantes :

La banquette sous l'eau destinée à recevoir un enrochement de protection du talus dans la hauteur soumise au batillage était d'une exécution impossible avec les moyens dont disposaient les entrepreneurs ;

Un enrochement à la ligne d'eau était impossible à exécuter pendant la période des dragages ; à défaut de cet enrochement, il était indispensable de ménager un talus très plat en forme de plage entre cette ligne d'eau et le pied du talus de la tranchée, et, dans le premier mètre de profondeur sous l'eau on devait prévoir un talus naturel d'une inclinaison d'environ 5 pour 1 ;

Enfin, au-delà de la berge en forme de plage, il était nécessaire de ménager, au pied du talus de la tranchée, une banquette destinée à recevoir les sables d'apports et les terres enlevées des talus mêmes par les vents et la pluie ; cette banquette devait d'ailleurs être située à peu de hauteur au-dessus du niveau de l'eau afin de permettre d'en enlever facilement les apports et de charger ceux-ci dans des gabarres pour être transportées aux décharges du lac Timsah.

Ce projet, malheureusement, devait entraîner à un excédent de dépense d'environ 2 millions et demi.

Par des considérations de stricte économie dans les dépenses de premier établissement, la modification définitivement adoptée a simplement consisté :

D'une part, à supprimer la banquette de 2 mètres de largeur prévue dans le talus de la cunette du canal à 1 mètre au-dessous du niveau de l'eau ;

D'autre part, en ce qui était de la banquette de 3 mètres de largeur prévue dans le talus supérieur de la tranchée à une hauteur de 3 mètres au-dessus du niveau de l'eau, à établir cette banquette à une hauteur de 1 mètre seulement.

Modifications du profil-type n° 5 de 1863 à la traversée du seuil de Chalouf. — En conformité d'un troisième acte additionnel passé le 13 avril 1867 avec les Entrepreneurs (MM. Borel, Lavalley et Cie) chargés, en vertu d'un premier marché, du 26 mars 1864, des travaux de creusement du canal entre le seuil d'El Guisr et la mer Rouge, la traversée du seuil de Chalouf, d'une longueur de 5.400 mètres, a été exécutée entièrement à sec.

D'après le marché primitif et l'acte additionnel, le profil à appliquer sur cette portion de canal était le profil-type n° 5 de 1863.

En cours d'exécution des travaux, ce profil a été modifié comme il va être indiqué.

En juin 1867, une première modification a été appliquée sur environ la moitié Nord de la traversée du seuil (Voir planche XVII).

Ainsi que le montre le nouveau profil, la modification consistait à substituer aux anciens talus d'une inclinaison constante de 2 pour 1 et à la banquette sous l'eau, des talus d'inclinaison variable, d'après les données suivantes : Sur une hauteur de 4 mètres à partir du plafond du Canal (de la cote 9,68 à 13,68), maintien du talus de 2 de base pour 1 de hauteur ;

Sur une hauteur de 3 mètres, de la cote 13,68 à 16,68, talus de 3 pour 1 ;

Sur une hauteur de 2 mètres, de la cote 16,68 à 18,68, talus de 5 pour 1 ;

Sur une hauteur de 2 mètres, de la cote 18,68 à 20,68, un empierrement de 1 mètre d'épaisseur horizontale, incliné à 45° ;

A la cote 20,68 une banquette de 4 mètres de largeur ;

Au-dessus de la cote 20,68 jusqu'au terrain naturel, talus à 1 pour 1 ; enfin, le pied des cavaliers de dépôt devait rester à la même distance de l'axe du canal que dans le profil primitif.

Les considérations invoquées par les Ingénieurs pour justifier les dispositions du nouveau profil étaient les suivantes :

Ils faisaient observer que le profil à adopter définitivement dans les grandes tranchées devait être conçu de manière à éviter les éboulements de terre dans le fond du canal, c'est-à-dire de manière à y éviter à la fois des rétrécissements même passagers et la nécessité de la présence de dragues pour l'enlèvement des éboulements et des apports. Or, on parvenait à ce but en créant un talus en plage à la partie supérieure de la cunette et en ménageant au-dessus du niveau de l'eau une large banquette : le talus en plage, en effet, prévenait les éboulements dans la section mouillée du canal, ou, du moins, en atténuait très notablement les conséquences; et, de son côté, la banquette emmagasinait provisoirement les éboulements de la tranchée supérieure et les sables d'apports, lesquels étaient alors enlevés par chargements à bras d'hommes dans des gabarres à clapets allant se vider dans les lacs.

Le supplément de dépense pour toute la traversée du seuil était évalué à environ 2 millions de francs.

Un an plus tard, en juillet 1868, un profil s'écartant beaucoup moins du profil-type et figuré, comme le précédent, planche XVII, a été adopté, par des considérations d'économie, pour la moitié Sud de la traversée du seuil qui restait encore à exécuter.

La modification apportée au profil-type n° 5 de 1863 n'affectait plus, cette fois, que la partie dudit profil comprenant la banquette sous l'eau et le talus de 2 pour 1 au-dessus, jusqu'à la banquette supérieure de 3 mètres; elle consistait simplement à substituer à cette partie du profil un talus à l'inclinaison d'environ 4 pour 1 se raccordant avec la banquette de 3 mètres par un talus à 45°; ce talus à 45° devait d'ailleurs être protégé par un revêtement en enrochements à pierres perdues de 1 mètre d'épaisseur, lequel, s'il venait plus tard à être affouillé serait rechargé au fur et à mesure des besoins[1].

Dans le courant de juin 1869, par suite de l'incertitude qui continuait à régner au sujet du régime des eaux qui s'établirait dans le canal entre la mer Rouge et les lacs Amers, la question se posa de savoir si, avant l'ouverture du canal à la navigation, il ne conviendrait pas de profiter

1. Ce revêtement en enrochements pouvait d'ailleurs être exécuté immédiatement sur la rive Afrique où existait un très important approvisionnement de pierres provenant des déblais rocheux de la tranchée.

de ce que la partie du canal comprise entre la Quarantaine et les lacs Amers s'exécutait à sec pour y revêtir les berges d'empierrements sur les points où cela serait jugé nécessaire.

Or, sur cette partie du canal, la situation des choses était, en fait, la suivante :

Cette partie de canal, sous le rapport du profil d'exécution, se partageait en trois sections bien distinctes, savoir :

1° La plaine de Suez proprement dite, où avait été exécuté le profil à grande largeur et où le talus à la ligne d'eau était à pente assez douce pour ne pas nécessiter de défense, au moins immédiate, en enrochements ;

2° La tranchée du seuil de Chalouf où l'on avait reconnu déjà que le talus des berges baigné par les eaux avait, en effet, besoin d'être protégé par des enrochements et où, en conséquence, se trouvait en voie d'exécution une défense qui devait s'étendre sur une longueur de 10.736 mètres, côté Afrique, et sur une longueur de 5.268 mètres, côté Asie ;

3° Enfin, la traversée du Petit lac, déjà en eau, et où le profil ne comportait pas d'enrochements.

Il fut donc décidé qu'il n'y avait pas autre chose à faire que de poursuivre le plus activement possible les travaux d'enrochements en cours d'exécution dans le seuil de Chalouf.

Courbe de sortie et arrière-bassin de Suez. — Le profil qui a été définitivement adopté (1er juillet 1868) pour la courbe de sortie et l'arrière-bassin de Suez, sur une longueur d'environ 4.100 mètres, est du type du profil à grande largeur, mais avec la risberme horizontale établie à une plus grande profondeur et avec le talus intérieur des digues latérales défendu par des enrochements (Voir planche XVII).

Le canal n'a été endigué sur la rive Asie que jusqu'à son débouché dans la lagune, — environ vers le kilomètre 157km,4 — c'est-à-dire jusqu'au point où le sol naturel se trouvait à la cote de la laisse des hautes mers. Sur la rive Afrique, l'endiguement a été prolongé d'environ 1 kilomètre au-delà, s'arrêtant ainsi vers le kilomètre $158^{km}4$, point qui marque l'extrémité du Canal proprement dit. A partir d'une centaine de mètres environ en deçà, la largeur au plafond allait en augmentant graduellement jusqu'à atteindre 80 mètres devant le terre-plein bordant au Nord-Ouest l'arrière-bassin du port, savoir : du côté Asie, maintien de la largeur de 11 mètres à partir de l'axe; du côté Afrique, largeur croissante de 11 mètres à 69 mètres.

Enrochements des berges a la ligne d'eau. — Indépendamment des enrochements de protection des berges du canal à la ligne d'eau que comportaient les profils spéciaux décrits ci-dessus (traversée du seuil de Chalouf et courbe de sortie de Suez), il a été exécuté encore de semblables enrochements sur diverses autres parties du canal.

Ces enrochements ont surtout été employés pour la protection de la berge Afrique du canal à la traversée des lacs Menzaleh et Ballah où se trouvait établie, à peu de distance de la ligne d'eau, la double conduite d'alimentation en eau douce de Port-Saïd et dont il importait par conséquent au plus haut point de prévenir les dégradations.

Les enrochements de protection des berges du canal ont présenté finalement les cubes suivants :

	mètres cubes.
Entre Port-Saïd et le seuil d'El Guisr, rive Afrique....	24.335
Dans le seuil d'El Guisr, rive Asie..................	656
Entre le lac Timsah et Toussoum, rive Afrique.......	400
Dans le seuil de Chalouf, rive Afrique...............	7.808

On ne doit rappeler ici que pour mémoire les enrochements de berges de la courbe de sortie de Suez, attendu que ces enrochements se trouvent compris dans l'ensemble des travaux du port de Suez décrits plus loin.

Enfin, il y a lieu de mentionner que des enrochements de protection ont été également exécutés pour la défense des berges du bassin de Port-Saïd sur une longueur développée de 1.292 mètres et que le cube total en a été de 24.335 mètres cubes correspondant à un cube moyen de $2^{m},10$ par mètre courant.

TABLEAU DE LA RÉPARTITION DES PROFILS EN TRAVERS DES DIVERS TYPES SUR LE PARCOURS DU CANAL

DÉSIGNATION DES DIVERSES PARTIES DU CANAL					DÉSIGNATION DES PROFILS-TYPES D'EXÉCUTION
EMPLACEMENTS	LIMITES KILOMÉTRIQUES		LONGUEURS		
	Ancien kilométrage	Kilométrage actuel			
Du phare de Port-Saïd à l'entrée du Canal.	....	....	kil. 1,428	Partie du chenal d'accès et bassin du port.	
	k. k.	k. k.			
Traversée du lac Menzaleh et des lacs Ballah.	0,000 à 60,360	1,428 à 61,125	59,607	Grande largeur. — Profil n° 1 du 2e acte additionnel [1].	
	60,369 - 61,945	61,125 - 62,711	1,586	— Profil variable de raccordement.	
Seuil d'El Guisr.	61,945 - 75,500	62,711 - 76,229	13,518	Petite largeur. — Profil n° 1 des marchés primitifs [2].	
Lac Timsah et lagunes.	75,500 - 83,564	76,229 - 84,009	7,780	Grande largeur. — Profil n° 1 du 2e acte additionnel.	
	83,564 - 83,664	84,009 - 84,109	100	— Profil variable de raccordement.	
Seuil du Sérapéum.	83,664 - 93,564	84,109 - 94,013	9,904	Petite largeur. — Profil n° 1 des marchés primitifs.	
	93,564 - 93,664	94,013 - 94,113	100	— Profil variable de raccordement.	
	93,664 - 95,264	94,113 - 95,663	1,550	Grande largeur. — Profil n° 1 du 2e acte additionnel.	
Débouché dans les lacs Amers.	95,264 - 95,564	95,663 - 95,963	300	— Profil n° 1 du 3e acte additionnel [3].	
	95,564 - 96,264	95,963 - 96,673	710	— — — [4].	
	96,264 - 98,064	96,673 - 98,443	1,770	— Profil n° 2 du 3e acte additionnel [5].	
Grand lac Amer.	98,064 - 113,987	98,443 - 114,393	15,950	»	
	113,987 - 114,118	114,393 - 114,524	131	Lacune.	
Petit lac Amer.	114,118 - 131,910	114,524 - 132,300	17,776	Grande largeur. — Profil n° 2 du 3e acte additionnel [6].	
	131,910 - 133,910	132,300 - 133,500	1,200	— Profil n° 1 du 3e acte additionnel [7].	
		133,500 - 134,303	803	— — — [8].	
Seuil de Chalouf.	133,910 - 136,639	134,303 - 137,053	2,750	— Profil n° 2 *bis* du 2e acte additionnel [9].	
	136,639 - 141,958	137,053 - 142,382	5,329	Petite largeur. — Profil n° 5 des marchés primitifs [10].	
Plaine de Suez.	141,958 - 148,456	142,382 - 148,871	6,489	Grande largeur. — Profil n° 2 du 2e acte additionnel [11].	

DÉSIGNATION DES DIVERSES PARTIES DU CANAL				DÉSIGNATION DES PROFILS-TYPES D'EXÉ
EMPLACEMENTS	LIMITES KILOMÉTRIQUES		LONGUEURS	
	Ancien kilométrage	Kilométrage actuel		
›hare de Port-Saïd 'entrée du Canal.	.... k. k.	.... k. k.	kil. 1,428	Partie du chenal d'accès et bassin c
›sée du lac Menzaleh	0,800 à 60,369	1,428 à 61,125	59,697	Grande largeur. — Profil n° 1 du 2°
des lacs Ballah.	60,369 - 61,945	61,125 - 62,711	1,586	— Profil variable d
›euil d'El Guisr.	61,945 - 75,500	62,711 - 76,229	13,518	Petite largeur. — Profil n° 1 des m
Timsah et lagunes.	75,500 - 83,564	76,229 - 84,009	7,780	Grande largeur. — Profil n° 1 du 2°
	83,564 - 83,664	84,009 - 84,109	100	— Profil variable d
uil du Sérapéum.	83,664 - 93,564	84,109 - 94,013	9,904	Petite largeur. — Profil n° 1 des m
	93,564 - 93,664	94,013 - 94,113	100	— Profil variable d
	93,664 - 95,264	94,113 - 95,663	1,550	Grande largeur. — Profil n° 1 du 2°
›bouché dans les lacs Amers.	95,264 - 95,564	95,663 - 95,963	300	— Profil n° 1 du 3°
	95,564 - 96,264	95,963 - 96,673	710	— —
	96,264 - 98,064	96,673 - 98,443	1,770	— Profil n° 2 du 3°
rand lac Amer.	98,064 - 113,987	98,443 - 114,393	15,950	»
	113,987 - 114,118	114,393 - 114,524	131	Lacune.
›etit lac Amer.	114,118 - 131,910	114,524 - 132,300	17,776	Grande largeur. — Profil n° 2 du 3°
	131,910 - 133,910	132,300 - 133,500	1,200	— Profil n° 1 du 3°
		133,500 - 134,303	803	— —
uil de Chalouf.	133,910 - 136,639	134,303 - 137,053	2,750	— Profil n° 2 *bis* du 2
	136,639 - 141,958	137,053 - 142,382	5,329	Petite largeur. — Profil n° 5 des m
›laine de Suez.	141,958 - 148,456	142,382 - 148,871	6,489	Grande largeur. — Profil n° 2 du 2° a
	148,456 - 156,159	148,871 - 156,575	7,704	— —
›urbe de sortie.	156,159 - 158,561	156,575 - 158,977	2,402	— Profil spécial [13].
re-bassin et chenal s du port de Suez.	158,561 - 161,984	158,977 - 162,401	3,424	Largeur au plafond de 80 mètres.

›vec une plus grande largeur au plafond dans la première partie de la courbe d'entrée du canal, de l'origine, p› une longueur de 579 mètres (Voir à ce sujet le chapitre ci-après, concernant quelques élargissements de courbes ‹ de construction).

profils d'exécution sur toute la longueur de canal considérée, de l'origine au point 61k,125 ont été exactement ‹ 1 du 2° acte additionnel pour la partie sous l'eau. Seuls, les talus des berges au-dessus de l'eau, sur l'une et l'a ›i quelques variantes motivées par les conditions locales.

›ntre les points 75k,274 et 76k,064 (points 74k,544 et 75k,334 du kilométrage de la période de construction), soit sur u› le talus de la berge au-dessus de l'eau, rive Asie, a été exécuté en conformité de la modification décidée en septembre ›).

›vec deux digues insubmersibles.

›vec une seule digue insubmersible, rive Afrique.

›rofil à digues immergées.

›rofil à digues immergées. — Du point 123k.401 au point 126k.602, soit une longueur de 3,201 mètres, largeur au plafo› 22 mètres.

›vec une seule digue insubmersible, rive Afrique.

›vec deux digues insubmersibles.

›vec risbermes descendues à la cote 16.50.

›accordement entre ce profil, à talus de cunette de 2 p. 1 et plafond à la cote 9m.68, avec le précédent, à talus de cune› a cote 10 mètres, s'est fait sur une longueur de 500 mètres, du point 136.553 au point 137.053.

De 137k.053 à 139k,033, soit sur une longueur de 1.980 mètres, profil avec talus fortement adoucis et défense en enro› rofil modifié de juin 1867).

›39.033 à 142k,382, soit sur une longueur de 3.349 mètres, profil avec talus légèrement adouci au-dessus de la banqu› et défense en enrochements (profil modifié de juillet 1868).

Profil légèrement modifié par l'adoucissement de l'angle de rencontre du talus à 2 p. 1 de la cunette avec la risberm›

Avec risberme à la cote 18m,00 au lieu de la cote 17,45.

Profil spécial de juillet 1868.

RÉSUMÉ DU TABLEAU CI-DESSUS

Longueurs totales de canal auxquelles ont été appliqués les profils à grande et à petite la›

Chenal d'accès (à partir du phare) et bassin du port de Port-Saïd (profils spéciaux)........

{ Profils à grande largeur.................................... 110k.931

1. Avec une plus grande largeur au plafond dans la première partie de la courbe d'entrée du canal, de l'origine, point 1^{k},428, à 2^{k},007, soit sur une longueur de 579 mètres (Voir à ce sujet le chapitre ci-après, concernant quelques élargissements de courbes effectués pendant la période de construction).

Les profils d'exécution sur toute la longueur de canal considérée, de l'origine au point 61^{k},125 ont été exactement conformes au profil type n° 1 du 2e acte additionnel pour la partie sous l'eau. Seuls, les talus des berges au-dessus de l'eau, sur l'une et l'autre rive du canal ont subi quelques variantes motivées par les conditions locales.

2. Entre les points 75^{k},274 et 76^{k},064 (points 74^{k},544 et 75^{k},334 du kilométrage de la période de construction), soit sur une longueur de 790 mètres, le talus de la berge au-dessus de l'eau, rive Asie, a été exécuté en conformité de la modification décidée en septembre 1866 (Voir ci-dessus, page 259).

3. Avec deux digues insubmersibles.

4. Avec une seule digue insubmersible, rive Afrique.

5. Profil à digues immergées.

6. Profil à digues immergées. — Du point 123^{k},401 au point 126^{k},602, soit une longueur de 3,201 mètres, largeur au plafond de 44 mètres au lieu de 22 mètres.

7. Avec une seule digue insubmersible, rive Afrique.

8. Avec deux digues insubmersibles.

9. Avec risbermes descendues à la cote 16,50.

Le raccordement entre ce profil, à talus de cunette de 2 p. 1 et plafond à la cote 9^{m},68, avec le précédent, à talus de cunette de 3 p. 1 et plafond à la cote 10 mètres, s'est fait sur une longueur de 500 mètres, du point 136.553 au point 137.053.

10. De 137^{k},053 à 139^{k},033, soit sur une longueur de 1.980 mètres, profil avec talus fortement adoucis et défense en enrochements à la ligne d'eau (profil modifié de juin 1867).

De 139.033 à 142^{k},382, soit sur une longueur de 3.349 mètres, profil avec talus légèrement adouci au-dessus de la banquette sous l'eau, rive Afrique, et défense en enrochements (profil modifié de juillet 1868).

11. Profil légèrement modifié par l'adoucissement de l'angle de rencontre du talus à 2 p. 1 de la cunette avec la risberme horizontale.

12. Avec risberme à la cote 18^{m},00 au lieu de la cote 17,45.

13. Profil spécial de juillet 1868.

RÉSUMÉ DU TABLEAU CI-DESSUS

Longueurs totales de canal auxquelles ont été appliqués les profils à grande et à petite largeur

Chenal d'accès (à partir du phare) et bassin du port de Port-Saïd (profils spéciaux)........			1^{k},428
Canal maritime.	Profils à grande largeur....................................	110^{k},931	157^{k},549
	— à petite largeur....................................	28^{k},751	
	— de raccordement....................................	1^{k},786	
	Traversée du Grand lac Amer....................................	16^{k},081	
Arrière-bassin et chenal d'accès du port de Suez (profils spéciaux)........................			3^{k},424
Longueur totale, depuis le phare de Port-Saïd jusqu'au débouché du canal, dans la rade de Suez....................................			162^{k},401

IV. — Gares de croisement

(PLANCHE XII)

GARE DE KANTARA. — KIL. 44

Le Conseil supérieur des travaux, dans ses séances des 16 et 17 août 1859, où il a proposé de réduire à 22 mètres la largeur du plafond du canal maritime, avait fait remarquer que si la Commission internationale avait adopté une largeur de 44 mètres, c'était afin de permettre le croisement de deux lignes de navires même sur les points où, pour un motif quelconque, une troisième ligne de navires viendrait à stationner; mais qu'il y avait lieu de considérer que les lacs Amers, le lac Timsah et au besoin « une gare qui serait construite entre le lac Timsah et Port-Saïd » faciliteraient les manœuvres que pourraient nécessiter les circonstances tout à fait exceptionnelles prévues par la Commission.

Depuis lors, naturellement, la construction d'une gare de croisement, intermédiaire entre le lac Timsah et Port-Saïd, était toujours restée dans les prévisions de la Compagnie.

Aussi, cette construction fut-elle implicitement comprise dans le marché du 12 décembre 1864 passé avec MM. Borel, Lavalley et Cie pour le creusement du canal depuis Port-Saïd jusqu'au point kilométrique 60^km.5, situé à l'extrémité Sud des lacs Ballah : l'entreprise comprenait en effet, sur la partie du canal faisant l'objet du marché « l'établissement d'une gare dont l'emplacement et les dimensions seraient ultérieurement déterminés ».

La construction de la gare en question fut décidée en septembre 1886. Le point choisi pour l'établissement de la gare était Kantara, situé au kilomètre 44, c'est-à-dire à peu près à mi-distance entre le lac Timsah et Port-Saïd, et où la Compagnie avait un campement important. La gare devait être creusée du côté Asie, où se trouvait le campement, avoir une largeur de 22 mètres — ce qui revenait à doubler sur ce point la largeur du canal — et une longueur de 1.000 mètres avec raccordements de 100 mètres aux extrémités.

En exécution, on se borna, provisoirement, à donner à la gare une longueur de 500 mètres.

Les travaux furent entrepris et achevés dans le courant de l'année 1867.

GARES AUX POINTS KILOMÉTRIQUES 11, 22, 33, 55, 65, 135 et 146

En octobre 1868, c'est-à-dire un an avant la date présumée de l'ouverture du canal à la navigation, le président de la Compagnie confia à une Commission composée de marins et d'Ingénieurs l'étude de diverses questions se rattachant à la future exploitation du canal au double point de vue de l'intérêt de la navigation commerciale et de celui des actionnaires de la Compagnie.

Dans l'exposé qu'il fit à ce sujet à la Commission, le Président de la Compagnie, en ce qui était spécialement de la question du croisement des navires dans le canal, présenta les considérations suivantes :

(On rappellera tout d'abord ici, pour permettre une juste compréhension de ce qui va suivre, que la Compagnie, à l'origine, pensait que les voiliers fréquenteraient en grand nombre le canal, qu'ils le traverseraient étant remorqués, soit isolément, soit accouplés, suivant leur tonnage, et que le transit se ferait en majeure partie par trains.)

Dans les commencements de l'exploitation — disait le Président dans son résumé — et en attendant que les navires eussent acquis la pratique du canal, il paraissait utile à la Compagnie de ne négliger aucune précaution pour éviter tout accident pouvant résulter de collisions, soit de jour, soit de nuit. En conséquence les croisements libres de navires en marche seraient, en principe, interdits le long du canal.

Pour permettre d'effectuer les croisements réguliers, le canal présenterait les trois grands garages de Kantara, du lac Timsah et des lacs Amers.

On avait proposé un seul train par jour partant de chacune des extrémités du canal et comprenant la totalité des navires à faire passer; mais cela avait paru une sujétion fâcheuse, surtout pour les steamers postaux qui avaient un très grand intérêt à traverser rapidement le canal. La Compagnie devait conserver toute liberté à ce sujet. Les trains se formeraient donc aux deux ports d'extrémités suivant les circonstances. Les manœuvres seraient d'ailleurs facilitées par les communications télégraphiques reliant toutes les stations.

Mais alors s'était posée la question de savoir si les trois garages ci-dessus désignés seraient suffisants. Prévoyant une différence de vitesse dans la marche des trains et constatant que, pendant les quatre mois de décembre à avril, lorsque s'élèvent des vents violents à certaines heures de la journée, la marche des trains serait forcément irrégulière, on avait proposé l'établissement de plusieurs autres garages le long du canal ainsi qu'à l'entrée et à la sortie des lacs Amers, les dits garages pour les cas où, des navires étant retenus en route, des steamers auraient à les dépasser.

L'établissement de garages multipliés serait sans contredit une facilité de plus apportée aux mouvements dans le canal. Mais il importait de signaler que si, dans ses prévisions, la Compagnie avait admis un tonnage de 6 millions de tonnes à faire transiter, c'était pour prévoir, dès le début, les nécessités de son exploitation ; qu'en réalité elle ne comptait pour les premières années que sur un mouvement total de 3 millions de tonnes.

Or, après l'achèvement des travaux, la Compagnie conserverait un certain nombre de dragues destinées à entretenir et améliorer le canal. Il était d'ailleurs évident que, pendant les premières années de l'exploitation, les travaux d'entretien seraient très restreints. La Compagnie pourrait donc utiliser ses dragues pour creuser des garages sur les points où la nécessité s'en ferait sentir.

C'était par ces motifs que le Président de la Compagnie soumettait à l'examen de la Commission cette question de l'établissement de nouveaux garages afin de déterminer les emplacements où ces garages devraient être établis au fur et à mesure du développement du transit.

La Commission, dès le début de sa délibération sur cette question spéciale des nouvelles gares à créer sur le parcours du canal, reconnut qu'un service organisé avec l'existence de trois garages seulement ne permettrait pas une vitesse suffisante pour la traversée des trains rapides et que l'interpolation des express irréguliers y serait difficile. Le nombre des gares devait donc être augmenté. Plusieurs combinaisons furent alors examinées, proposant, l'une de limiter le nombre des gares à cinq, d'autres de porter ce nombre à neuf et même à treize. On fit remarquer, notamment, qu'avec ce dernier nombre de garages ceux-ci se trouveraient espacés à des intervalles à peu près égaux de 11 à 12 kilomètres; que, comme les grands lacs Amers formaient à leurs extrémités deux des garages en question — ce qui portait à quatre le nombre des garages existants ou pouvant être terminés à peu de frais — on n'aurait en réalité à créer que neuf nouvelles gares; qu'en les supposant de 500 mètres de longueur et 10 mètres de largeur, la dépense supplémentaire qui résulterait de leur construction ne dépasserait pas 500.000 francs. Il était d'ailleurs évident que plus le nombre des garages serait grand, plus le service présenterait d'élasticité et mieux il se prêterait à toutes les éventualités qui pourraient survenir; le passage des express pourrait surtout être facilité sans être une cause de grand retard pour les autres navires. Ces avantages parurent à la Commission de nature à faire prévaloir le dernier système proposé, malgré le sacrifice qu il devait imposer à la Compagnie.

Quelques membres de la Commission manifestèrent le regret que le croisement en plein canal fût interdit. Ils alléguaient que la section du canal avait été arrêtée en vue d'un service à deux voies; qu'elle était trop grande pour ne servir qu'à une voie. Les petits navires, disaient-ils, pouvaient évidemment se croiser et se dépasser sans danger, et il leur semblait que moyennant quelques précautions, il pourrait en être de même pour les grands navires : on obligerait, par exemple, l'un des navires à s'arrêter et à se coller le plus près possible le long de la berge, en même temps que l'autre ralentirait sa vitesse ; leur largeur ne dépassant pas 12 mètres, il paraissait difficile que le dernier ne gouvernât pas assez bien pour pouvoir passer dans l'espace restant disponible. Les mêmes membres faisaient remarquer à l'appui de leur opinion que les navires de toutes dimensions avaient la faculté de se croiser et de se dépasser dans les canaux de Hollande qui n'avaient qu'une largeur de 10 mètres au plafond, et sur le canal calédonien dont la largeur au plafond n'était que de 11^{m},60; que, sur le Bas-Danube, le croisement n'était interdit que sur les points où le chenal ne présentait pas une largeur suffisante. Ils demandaient donc que la Compagnie ne renonçât pas d'une manière absolue, même à l'origine de l'exploitation, à la faculté de laisser les navires se croiser, et que, dans tous les cas, elle ne se liât pas, par une déclaration publique, à une mesure que l'expérience pourrait amener à supprimer. Du reste, à défaut d'adoption de leur système, ils approuvaient celui qui impliquait la création du plus grand nombre de garages. Cette solution, ajoutaient-ils, ne contrariait pas celle qu'ils croyaient possible ; elle constituait à leurs yeux un système intermédiaire qui faciliterait le passage du système restrictif au système de la liberté du croisement ; en outre, elle augmentait les garanties de facilité et de sécurité de la traversée.

La Commission émit, en dernière analyse, l'avis suivant :

Considérant que les trois grands garages que comportait déjà la construction du canal, l'un à Kantara, un autre dans le lac de Timsah, le troisième dans les lacs Amers, n'offriraient pas une suffisante élasticité pour le service ; sans rien préjuger d'ailleurs sur la liberté ultérieure des croisements en plein canal, la Commission estima que, pour assurer la rapidité des passages et la sécurité de l'exploitation, il y avait lieu de créer dix nouveaux garages de moindres dimensions, échelonnés à peu près également sur tout le parcours du canal et distants moyennement de 11 à 12 kilomètres, en subordonnant leur position précise aux circonstances locales et aux convenances du service.

Dans les prévisions de la Commission, les treize gares que comporterait alors le canal devaient se trouver placées vers les points kilométriques 11, 22, 33, 44, 55, 67, 78, 88, 99, 116, 125, 135 et 146. (Le garage unique du Grand lac Amer se trouvait remplacé par deux garages à ses extrémités, aux kilomètres 99 et 116.)

La Compagnie ayant adopté les conclusions de la Commission nautique, il fut procédé, dans le courant de l'année 1869, à la construction de huit nouvelles gares sur les douze conseillées par la Commission, indépendamment de la gare de Kantara, déjà construite depuis l'année 1867.

La construction de deux des gares prévues par la Commission avait été provisoirement ajournée, savoir :

La construction de la gare du kilomètre 88, dite plus tard gare de Toussoum, dont la création n'a été finalement décidée qu'en 1882 et qui n'a été livrée à l'exploitation que l'année suivante ;

Et la construction de la gare du kilomètre 99, aujourd'hui gare du Déversoir, qui n'a été construite qu'en 1877. Le garage se faisait précédemment dans le Grand lac, au mouillage du phare Nord.

Deux des autres gares prévues ne devaient, de leur

côté, donner lieu à aucun travail de dragages, savoir :

La gare du kilomètre 116, le garage se faisant dans le Grand lac Amer, au mouillage du phare Sud ;

La gare du kilomètre 125, laquelle se trouvait dans une partie de la traversée du Petit lac, de 3.200 mètres de longueur, où la largeur au plafond du canal est de 44 mètres. (Cette gare naturelle ne put d'ailleurs être utilisée faute de moyens d'amarrage pour les navires).

Il n'y avait donc à créer pour le moment, en dehors de la gare de Kantara déjà construite et de la gare spéciale à construire dans le lac Timsah, que sept gares, aux points kilométriques 11, 22, 33, 55, 65, 135 et 146.

Les seules modifications un peu importantes qui aient été introduites dans la distribution des nouvelles gares ont consisté, savoir : 1° à reculer jusqu'à Ras-el-Ech, point kilométrique 13k,550, afin de profiter des installations existantes sur ce point, la gare qui aurait dû être placée au kilomètre 11 ; et cette modification a naturellement conduit à déplacer également quelque peu les deux gares suivantes, en partageant en trois intervalles égaux la distance comprise entre Ras-el-Ech et Kantara ; 2° à reporter vers le kilomètre 133 la gare prévue au kilomètre 135.

Au sujet des dimensions à donner aux nouvelles gares, il avait été proposé d'adopter pour toutes une longueur de 500 mètres et une largeur de 10 mètres, dont 5 mètres sur chaque rive. Il fut objecté, dans des vues d'économie, d'une part, qu'une longueur de 300 mètres était suffisante pour permettre d'amarrer deux navires, et que l'on ne devait aller à 500 mètres que pour les deux gares de Kantara et du kilomètre 133, qui, avec la gare du lac Timsah, seraient appelées à servir concurremment de dépôts pour les engins de déséchouage ; d'autre part, que les gares paraissaient devoir être uniquement disposées du côté Afrique, en raison de la prédominance des vents d'Ouest, et qu'une largeur de 5 mètres serait également suffisante.

La Compagnie des Messageries Impériales, consultée sur l'ensemble des mesures projetées par la Compagnie en vue de l'exploitation du canal, déclara que l'opinion unanime de ses officiers au sujet des gares était que celles-ci, projetées à 300 mètres de longueur seulement, étaient trop petites et qu'il serait désirable, d'ailleurs, qu'elles fussent élargies de quelques mètres. Ces mêmes officiers pensaient, en outre, que deux gares d'évitage entre Port-Saïd et Ismaïlia, et peut-être une autre de même nature entre Ismaïlia et l'entrée des lacs Amers, permettant aux plus grands paquebots de tourner sur eux-mêmes avec des amarres, seraient de première nécessité.

Finalement, la Compagnie du Canal, considérant à son tour que les vents soufflaient parfois, même avec violence, dans d'autres directions que la direction Ouest, et que, dès lors, il pouvait y avoir intérêt à créer également des garages sur la rive Asie, ne crut pas pourtant devoir trancher immédiatement la question de principe d'une manière absolue et définitive. Elle décida donc simplement que ce qui convenait pour le moment, c'était d'établir sur la rive Afrique les septs gares projetées, indépendamment de la grande gare spéciale à créer dans le lac Timsah, avec les dimensions restreintes de 300 mètres de longueur et de 5 mètres de largeur. La Compagnie réservait d'ailleurs pour le moment où ces gares devraient être élargies, s'il y avait lieu, la question de savoir si l'élargissement devrait se faire exclusivement du côté Afrique ou s'il ne vaudrait pas mieux le reporter du côté Asie, de manière à permettre aux navires de se garer suivant le vent du moment.

C'est dans les conditions qui viennent d'être indiquées, c'est-à-dire en leur donnant une longueur de 300 mètres et une largeur de 5 mètres, côté Afrique, que, dans le courant de l'année 1869, ont été établies six des nouvelles gares, sur les sept dont la création était décidée, indépendamment de la gare du lac Timsah, à savoir : les gares qui furent désormais désignées sous les noms de Gares de Ras-el-Ech (kilomètre 13), des kilomètres 24, 34 et 54, d'El-Ferdane (kilomètre 64) et du kilomètre 146.

La gare seule du kilomètre 133 (au lieu du kilomètre 135 de la Commission nautique), complétant les sept gares autorisées, reçut de suite, conformément à une indication donnée par la Commission au cours de sa délibération, une longueur de 500 mètres et une largeur de 10 mètres dont 5 mètres de chaque côté.

GARE DU LAC TIMSAH
(PLANCHE XXIII)

La gare du lac Timsah a été établie de forme trapézoïdale, d'une longueur moyenne d'environ 1 kilomètre avec une largeur, au milieu de sa longeur, d'environ 200 mètres. Elle présentait ainsi une superficie d'environ 20 hectares avec des fonds de 8 mètres.

Le tracé du canal proprement dit, tel qu'il a été décrit précédemment (Voir page 134), formait la limite Est de la gare ; la limite Sud était constituée par le prolongement du grand alignement de Toussoum sur une longueur d'environ 640 mètres à partir de l'origine du pan coupé du tracé du canal ; la limite Nord par une ligne ayant son point de départ sur l'alignement du tracé du canal venant du seuil d'El Guisr, à 600 mètres de distance en avant de sa rencontre avec le pan coupé sus-mentionné, se dirigeant vers les grandes profondeurs du lac en faisant avec l'alignement du tracé du canal un angle d'environ 150° et ayant une longueur d'environ 500 mètres ; enfin, la limite Ouest était formée par un pan coupé également d'environ 500 mètres de longueur joignant les extrémités des deux limites Est et Ouest.

La gare telle qu'elle a été primitivement exécutée a reçu, par la suite — ainsi qu'il sera expliqué ultérieurement — des améliorations et agrandissements consistant, d'une part, dans des reculs successifs de la limite Est par l'adoption d'un rayon de plus en plus grand pour la courbe centrale de raccordement des deux alignements du tracé du canal dans le lac, et ce, dans le double but d'augmenter la largeur de la gare et de permettre aux navires de contourner plus facilement le cap formé par la courbe ; d'autre part, dans des élargissements des entrées Nord et Sud de la gare où se produisaient fréquemment des accidents de route; enfin, plus tard, dans un agrandissement de la gare par l'allongement vers le Sud du pan coupé formant la limite Ouest.

Les travaux de premier établissement de la gare du lac Timsah dans les conditions décrites ci-dessus, commencés dans le courant de l'année 1869, n'ont été terminés que pendant les deux premières années de la période d'exploitation.

TABLEAU DES GARES

Les emplacements et dimensions des gares créées pendant la dernière année de la construction du canal, y compris la gare de Kantara construite en 1867, sont résumés dans le tableau ci-dessous :

DÉSIGNATION DES GARES	EMPLACEMENTS		DIMENSIONS	
	KILOMÉTRAGE DE LA PÉRIODE DE CONSTRUCTION	KILOMÉTRAGE DE LA PÉRIODE D'EXPLOITATION	Longueur	LARGEUR
	K. K.	K. K.	Mètres	
1. Ras-el-Ech.......	13,400 à 13,700	14,043 à 14,343	300	5^{m}. Côté Afrique.
2. Kilomètre 24.....	23,680 - 23,980	24,353 - 24,653	300	—
3. — 34.....	34,150 - 34,450	34,860 - 35,160	300	—
4. Kantara.........	44,500 - 45,000	45,258 - 45,758	500	22^{m}. Côté Asie.
5. Kilomètre 54.....	53,750 - 54,050	54,500 - 54,800	300	5^{m}. Côté Afrique.
6. El Ferdane.......	64,200 - 64,500	64,953 - 65,253	300	—
7. Lac Timsah......	»	78,112 - 79,376	1.264 / 500	189^{m}. Côté Afrique.
8. Lacs Amers Phare Nord.	100,284	101,100	Mouillage côté Afrique.	
9. Lacs Amers Phare Sud..	114,845	115,417		—
10. Kilomètre 133....	133,520 à 134,020	133,913 à 134,413	500	5^{m}. Côté Afrique. / 5^{m}. Côté Asie.
11. — 146....	145,560 - 145,860	146,215 - 146,515	300	5^{m}. Côté Afrique.

V. — Améliorations de courbes après première exécution

COURBE NORD DU SEUIL D'EL GUISR ET COURBE DE DÉBOUCHÉ DANS LE LAC TIMSAH

(PLANCHE XXIII)

A l'occasion des considérations générales présentées précédemment[1] au sujet du tracé du canal, il a été parlé déjà de la question des élargissements indispensables à effectuer à la cunette dans l'étendue des courbes d'un trop faible rayon. On rappellera seulement ici que les Ingénieurs avaient émis l'opinion qu'un navire se trouverait dans de bonnes conditions de navigation dans les courbes si, dans sa direction prolongée, il avait en face de lui, entre son avant et la rive concave du plafond du canal, une distance égale à sa propre longueur ; puis, cela supposé admis, qu'ils en avaient conclu que, dans un canal de 22 mètres de largeur au plafond, le rayon de la courbe d'axe de la cunette devait être au minimum de 2.295 mètres pour des navires de 150 mètres de longueur, de 1.814 mètres pour des navires de 120 mètres.

En conformité de ces conclusions, les Ingénieurs avaient présenté (juillet 1869) une étude sur les rectifications et élargissements de courbes les plus urgents à exécuter.

Dans cette étude, après avoir fait remarquer :

D'une part, que le Canal comportait 14 courbes, savoir :

5 courbes d'un rayon supérieur à 2.295 mètres ;

7, d'un rayon inférieur, mais compris entre 2.000 et 2.150 mètres ;

Enfin, 2 courbes seulement d'un rayon de moins de 2.000 mètres : la courbe de débouché Nord du canal dans le

1. Voir pages 195 et suivantes.

lac Timsah, d'un rayon de 1.765 mètres, et la courbe Nord du seuil d'El Guisr, d'un rayon de 1.011 mètres;

D'autre part, qu'avec un rayon de 2.000 mètres, la corde tangente au sommet de la ligne d'axe n'avait qu'une longueur de 420 mètres au lieu de 450 mètres, en sorte qu'un navire de 150 mètres de longueur n'aurait devant lui qu'une distance de 135 mètres au lieu de 150 mètres; mais que cette situation paraissait encore admissible; qu'en conséquence, vu le peu de temps disponible avant l'ouverture du canal, tous les efforts qu'il était possible de consacrer à l'amélioration des courbes semblaient devoir être concentrés sur les deux seules courbes d'un rayon inférieur à 2.000 mètres;

Les Ingénieurs avaient formulé finalement les propositions suivantes:

En ce qui était de la courbe Nord du seuil d'El Guisr, le but de l'amélioration à y effectuer devait être de lui faire réaliser, au point de vue de la longueur de la corde tangente au milieu de la ligne d'axe, des conditions semblables à celles que présentaient les courbes de 2.000 mètres de rayon; et, pour arriver à ce résultat, il suffisait d'élargir la courbe de 22 mètres en son milieu (côté de la rive convexe), c'est-à-dire de doubler sur ce point la largueur au plafond du canal;

En ce qui était de la courbe de débouché du canal dans le lac Timsah, comme son rayon ne pouvait être augmenté que de deux manières, soit en reportant le point de tangence Nord dans le seuil même, soit en inclinant davantage vers le Sud l'alignement faisant suite à la courbe; et comme chacun de ces deux moyens aurait de graves inconvénients, il semblait préférable de conserver le rayon actuel en élargissant la courbe dans toute son étendue; et le calcul montrait que, pour avoir la corde de 450 mètres tangente au sommet de la ligne d'axe, il fallait donner au plafond du canal une largeur uniforme de 27^{m},20, soit de 28 mètres; d'où la proposition d'un élargissement de 6 mètres, dont 3 mètres de chaque côté.

Ces propositions ayant été approuvées — sans préjudice, bien entendu, d'autres améliorations de courbes à réaliser ultérieurement — les travaux de rectification des deux courbes en question furent commencés; mais ils ne pouvaient être qu'ébauchés pendant la courte période de temps qui restait encore à courir avant la date de l'ouverture du canal à la navigation; en fait, ils ne furent achevés, savoir :

A la courbe du lac Timsah que dans le courant de l'année 1870. (Pour cette courbe, au commencement de ladite année, on était revenu à la combinaison consistant à donner au milieu de la courbe une surlargeur, qui fut fixée à 17 mètres, ce qui portait la largeur totale à 39 mètres) ;

A la courbe Nord du seuil d'El Guisr, dans les derniers mois de l'année 1871.

COURBE D'ENTRÉE DU CANAL A PORT-SAÏD

(PLANCHE XXII)

D'après le projet de 1859, ainsi qu'on l'a vu à la description du tracé d'exécution, le canal présentait à son origine une courbe de 3.000 mètres de rayon et environ 1.800 mètres de développement, raccordant le grand alignement droit de la traversée du lac Menzaleh avec la direction générale des bassins et du chenal de Port-Saïd, les deux directions faisant entre elles un angle de 146°12'8". L'origine de la courbe était à 64^{m},06 de la limite Sud du bassin. L'axe du canal était en prolongement de l'axe primitif du chenal d'entrée du port projeté à 400 mètres de largeur mais qui, en exécution, a été réduit à 200 mètres.

Le canal, à son origine, avait une largeur de 80 mètres à la ligne d'eau et cette largeur diminuait ensuite progressivement pour aller, à l'extrémité de la courbe d'entrée, se raccorder avec la largeur de 58 mètres du profil normal. Sa rive Est, au départ, se trouvait ainsi dans le prolongement même de la limite Est du grand bassin du port fixée alors à 40 mètres seulement de l'ancien axe de ce bassin.

Mais, par suite des dispositions définitivement adoptées à la fin de 1866 pour la distribution du port de Port-Saïd[1], la limite Est du grand bassin ayant été reculée de 60 mètres dans l'Est, c'est-à-dire placée à 100 mètres de l'ancien axe, la limite Est du canal, pour rester dans le prolongement, fut en même temps reculée également de 60 mètres, de telle sorte que la largeur à la ligne d'eau du canal, à l'entrée, se trouva portée à 140 mètres, dont 100 mètres, côté Asie, et 40 mètres, côté Afrique, ladite largeur se réduisant ensuite progressivement pour aller se raccorder, à l'extrémité de la courbe, avec la largeur de 100 mètres à la ligne d'eau du profil à grande largeur récemment adopté. Sur toute l'étendue de la courbe, les berges du canal, à partir du plafond, étaient d'ailleurs dressées conformément aux indications de ce profil à grande largeur.

---

1. Voir, plus loin, à la description du port de Port-Saïd.

PORT DE PORT-SAÏD

Projets primitifs et nouvelles études

(PLANCHE XX)

Avant de décrire les dispositions qui ont été définitivement adoptées en exécution pour la création du port de Port-Saïd, il est utile de rappeler sommairement celles que comportaient les projets primitifs et de faire connaître les dernières études qui ont précédé l'adoption des dispositions finalement adoptées.

AVANT-PROJET DES INGÉNIEURS DU VICE-ROI (MARS 1855)

D'après l'avant-projet des Ingénieurs du Vice-Roi, le port d'entrée du canal, du côté de la Méditerranée, devait être établi dans le fond de la baie de Péluse. Le port proprement dit, ou arrière-bassin, était conquis sur la mer, et le chenal d'accès compris entre deux jetées parallèles distantes de 100 mètres. On admettait que lesdites jetées, pour atteindre les fonds de $7^{m},50$ à 8 mètres, devraient avoir une longueur d'au moins 6.000 mètres. L'avant-projet prévoyait, en outre, au cas où la nécessité en serait reconnue, la création, en avant des jetées, d'une rade d'abri au moyen d'un môle de 500 mètres de longueur.

PROJET DE LA COMMISSION INTERNATIONALE (DÉCEMBRE 1856)

Dans le projet de la Commission internationale, l'emplacement du port se trouva reporté à une distance de 28 kilomètres et demi dans l'Ouest de Péluse, en un point de la côte qui formait une espèce de cap entre le fond du golfe et la pointe de Damiette et où la plage sous-marine présentait la plus grande déclivité. Le chenal d'accès se trouvait, comme à l'avant-projet des Ingénieurs du Vice-Roi, compris entre deux jetées parallèles, mais distantes maintenant de 400 mètres. L'arrière-bassin était encore conquis sur la mer; il était constitué par un élargissement du chenal, de 200 mètres de chaque côté, ce qui portait la largeur totale à 800 mètres, sur une longueur de 800 mètres également, à partir de l'origine des jetées. Quant aux jetées mêmes, elles n'avaient plus besoin de s'avancer autant en mer pour atteindre les profondeurs jugées nécessaires : la jetée Ouest poussée jusqu'aux fonds de 10 mètres, devait avoir une longueur de 3.500 mètres seulement; la jetée Est s'arrêtait aux fonds de 8^{m},50 et devait avoir une longueur de 2.500 mètres. Chacune des deux jetées devait d'ailleurs être constituée dans la partie sous l'eau, ainsi que l'avait prévu l'avant-projet, par un massif d'enrochements en blocs naturels, couronné au-dessus de l'eau par un mur ou plate-forme en maçonnerie s'élevant jusqu'à 2^{m},50 au-dessus du niveau moyen de la mer; la largeur du massif d'enrochements à la partie supérieure ou au niveau de l'eau était de 17^{m},50 à la jetée Ouest et de 6^{m},50 seulement à la jetée Est. Enfin, le projet de la Commission internationale comprenait, en outre, comme l'avant-projet des Ingénieurs du Vice-Roi, la construction sur le pourtour de l'arrière-bassin, de murs de quai accostables pour les navires.

PROJET DU CONSEIL SUPÉRIEUR DES TRAVAUX (AOUT 1859-MAI 1860)

Le Conseil supérieur des travaux, institué en novembre 1858 pour l'examen des projets de détail se rattachant à l'exécution des travaux compris au projet de la Commission internationale, avait, dans ses premières réunions, arrêté, pour la réalisation complète du projet de la Commission, un programme d'exécution en cinq phases d'une durée totale évaluée à six années.

Mais, plus tard, en août 1859, ayant été appelé à examiner « si les grandes dimensions attribuées au canal dans le projet de la Commission internationale étaient absolument nécessaires pour remplir le but commercial que la compagnie devait se proposer », le Conseil avait été d'avis d'adopter provisoirement pour le canal une largeur de 22 mètres seulement au plafond et de 58 mètres à la ligne d'eau, avec une profondeur de 8 mètres (et l'on a vu précédemment que c'est effectivement dans ces conditions de largeur et de profondeur que le canal a été exécuté). Le Conseil avait été en même temps d'avis, en ce qui était spécialement du port sur la Méditerranée : d'une part, qu'il y avait lieu d'adopter définitivement pour l'emplacement du port le point le plus saillant de la côte, situé à 1.000 mètres environ dans l'Ouest du point qui avait été choisi par la Commission internationale[1] ; d'autre part qu'il suffirait de pousser la jetée Ouest jusqu'aux fonds de 9 mètres et la jetée Est jusqu'aux fonds, de 8 mètres, ce qui, sur le point de la côte définitivement choisi pour l'emplacement du port, donnerait à ces jetées

1. C'est effectivement le nouvel emplacement recommandé par le Conseil supérieur des travaux pour le port de Port-Saïd qui a été définitivement adopté en exécution.

La position géographique du grand phare à l'Ouest de l'entrée du port est la suivante :

Latitude N : 31°15′48″ ; longitude E : 29°58′40″.

D'après le livret de la Compagnie des Messageries Maritimes, Port-Saïd se trouve à une distance du port d'Alexandrie de 148 milles marins ou environ 274 kilomètres. Telle est du moins la longueur du parcours ordinaire des paquebots entre les deux ports.

En naviguant au plus court, la distance est d'environ 140 milles.

La distance à vol d'oiseau n'est que d'environ 233 kilomètres ou 126 milles marins.

Enfin, la situation de Port-Saïd par rapport au fort de Gemileh, situé sur la rive Ouest du boghaz de même nom, est la suivante :

1° Distance comptée sur les deux alignements d'anciennes balises d'opérations établies sur le littoral, les deux alignements faisant entre eux, à leur rencontre au signal S, un angle de 173°42′ :

D'après des opérations topographiques faites en 1874 pour l'établissement de la carte de la rade :

1er alignement	De la tour de Gemileh à la balise du kilomètre 9.	753.40
	De la balise du kil. 9 au signal S.	9.000 »

D'après une triangulation de Port-Saïd faite en 1894 :

2e alignement	Du signal S à la balise 1 (origine de la jetée Ouest)	1.943 »
Distance totale entre le fort de Gemileh et la balise 1		11.696.40

2° Distance en ligne droite du fort de Gemileh à la balise 1.. 11.686.60

des longueurs respectives de 2.600 et 2.200 mètres ; enfin, qu'il convenait d'établir l'arrière-bassin du port (avec ses dimensions conservées de 800 mètres sur 800 mètres) en dedans du rivage de la mer au lieu de l'établir dans la mer même, comme l'avait projeté la Commission internationale. En dehors de ces modifications des dispositions générales du port projeté, le Conseil supérieur des travaux n'avait d'ailleurs rien changé aux dispositions de détail arrêtées par la Commission internationale concernant les profils et le mode de construction des jetées et des quais de l'arrière-bassin

Plus tard encore, dans une dernière séance tenue le 16 mai 1860, le Conseil, appelé à donner son avis sur un programme de travaux établi en vue de l'exécution, tout d'abord d'une rigole de service entre la Méditerranée et le lac Timsah estima, en ce qui concernait spécialement « les travaux à faire pour créer promptement à Port-Saïd un abri sûr pour les bâtiments », que l'on pourrait se borner provisoirement à conduire la jetée Ouest jusqu'aux fonds de 3m,50 à 4 mètres, à ouvrir à l'abri de cette jetée une passe de 40 à 50 mètres de largeur bordée à l'Est par un simple talus, puis en arrière de cette passe, à creuser de suite le bassin définitif dans les limites d'étendue et de profondeur qui seraient jugées nécessaires pour satisfaire aux besoins à mesure qu'ils se produiraient ; que, dans tous les cas, avant de commencer la jetée Est, il conviendrait d'examiner si, pour économiser sur les dragages, et afin d'assurer plus de calme dans le bassin, il n'y aurait pas lieu de réduire, sur une certaine étendue, à partir de leur origine, l'écartement des jetées fixé à 400 mètres dans le projet de la Commission internationale.

AVIS D'UNE COMMISSION NAUTIQUE SUR LES DISPOSITIONS A ADOPTER POUR LE PORT DE PORT-SAÏD

(25 ET 26 NOVEMBRE 1865)

Ce ne fut qu'en novembre 1865 que la question du choix de l'emplacement de la jetée Est du port de Port-Saïd fut reprise et définitivement résolue par la Compagnie, qui statua, en même temps, en termes généraux, sur les dispositions à adopter pour la distribution du port intérieur.

Trois combinaisons au sujet de l'emplacement et de la direction de la jetée Est — l'une de ces combinaisons étant accompagnée, d'ailleurs, d'un projet de distribution du port intérieur — se trouvaient alors proposées à la Compagnie, savoir :

1° Projet consistant, d'une part, à rapprocher la jetée Est de l'autre jetée de manière à ne laisser entre elles qu'un chenal de 200 mètres de largeur; d'autre part, à donner aux jetées une légère courbure sur toute leur longueur; enfin, à établir un port intérieur composé, sur la rive Est, d'un seul bassin, et, sur la rive Ouest, d'une succession de bassins susceptibles de s'étendre, suivant les besoins, le long du canal;

2° Projet proposé par M. Pascal, Ingénieur en chef du port de Marseille, ancien membre du Conseil supérieur des travaux, membre de la Commission consultative qui avait succédé à ce Conseil, ledit projet consistant à conserver la jetée Ouest de la Commission internationale ainsi que le musoir de la jetée Est, mais à modifier la direction de cette dernière jetée en la faisant pivoter autour de son musoir de manière à reporter sa naissance sur la côte à une distance de 1.400 mètres de celle de la jetée de l'Ouest;

3° Proposition de maintien du projet de la Commission internationale en ce qui était de l'emplacement de la jetée Est.

Le président de la Compagnie confia l'étude des dispositions à adopter définitivement pour l'ensemble du port de Port-Saïd à une Commission nautique composée des membres de la Commission consultative des travaux auxquels étaient adjoints trois amiraux[1].

1. On rappellera ici que la Commission consultative des travaux était composée alors comme suit :

Cette Commission s'est réunie les 25 et 26 novembre 1865. Ses délibérations et son avis, reproduits presque textuellement ci-après, ont été sanctionnés par la Compagnie.

QUESTION DE L'EMPLACEMENT ET DE LA DIRECTION DE LA JETÉE EST. — *Exposé.* Les considérations qui furent présentées devant la Commission à l'appui de chacune des trois combinaisons proposées concernant l'emplacement et la direction de la jetée Est peuvent se résumer comme suit :

En ce qui était du projet consistant à réduire à 200 mètres la largeur du chenal :

A l'objection qui lui fut faite que, dans ce système, les bâtiments, en quittant la rade foraine, n'auraient d'autre abri que les bassins intérieurs, après le parcours d'un chenal d'environ 3.000 mètres de longueur qui ne pouvait servir que pour le passage, l'auteur du projet répondit que le chenal ne devait pas avoir d'autre objet attendu l'excellente tenue de la rade; que la largeur de 400 mètres, qui était pour ainsi dire sans précédent, paraissait donc inutile; qu'en réduisant cette largeur, comme il le proposait, on avait l'avantage de moins s'éloigner des conditions ordinaires, de diminuer de moitié le cube des dragages et de faire réaliser une économie considérable dans les dépenses tant de premier établissement que d'entretien.

Quant à la courbure des jetées, elle avait pour but de masquer plus complètement l'entrée du port intérieur et d'en augmenter ainsi le calme.

En ce qui était du projet consistant à reculer la naissance de la jetée Est à une distance de 1.400 mètres de celle de la jetée Ouest :

MM. RUMEAU, Inspecteur général des ponts et chaussées; ..
CONRAD, Inspecteur général du Waterstaat; ....
DE FOURCY, PASCAL, CHEVALLIER, Ingénieurs en chef des ponts et chaussées;
anciens membres du Conseil supérieur des travaux.
CLÉRY, Ingénieur des mines.

Les trois membres adjoints à la Commission consultative étaient : M. l'amiral Rigaud de Genouilly, appelé à présider la Commission nautique, et MM. les vice-amiraux Jurien de la Gravière et Jaurès.

L'auteur du projet exposa tout d'abord que, dans l'esprit de la Commission internationale, le chenal de Port-Saïd ne devait pas être un simple passage, mais bien un véritable port de mouillage; que si la Commission en eût pensé autrement, elle se serait trompée, attendu qu'il était impossible d'admettre que la tête du canal de Suez dans la Méditerranée fût dépourvue d'un port offrant par tous les temps possibles une entrée facile et, immédiatement après, un mouillage parfait. Or, suivant lui, le projet de la Commission internationale ne réalisait pas complètement le programme qu'elle s'était imposé. Il estimait, en effet, qu'une largeur de 400 mètres, parfaitement suffisante pour un port appelé à servir de refuge à un nombre de navires même assez considérable, ne l'était pas pour Port-Saïd, eu égard aux conditions nautiques que présentait ce port et à l'avenir considérable qui était réservé au canal de Suez. A l'appui de cette opinion, il faisait observer que si, par exemple, un certain nombre de navires à voiles, arrivant avec des vents d'Ouest, rencontraient dans le chenal un courant sortant un peu fort, ils seraient forcément obligés de mouiller à une distance peu éloignée de l'entrée, et que celle-ci se trouverait ainsi promptement obstruée, surtout s'il s'agissait de navires d'une grande longueur, comme ce serait notamment le cas pour deux clippers de 120 mètres de longueur, mouillés par des vents d'Ouest dans le chenal de 400 mètres.

M. Pascal concluait donc que le projet de la Commission internationale, ne réalisant pas complètement l'excellent programme qu'elle s'était tracé, devait être modifié.

Il fit valoir alors que, par la nouvelle disposition qu'il proposait, on obtenait entre les deux jetées une vaste nappe d'eau abritée de 230 hectares environ, en forme d'éventail, qui allait en s'agrandissant à mesure qu'elle s'approchait du littoral et assurait ainsi aux navires qui pourraient en avoir besoin un mouillage dans une espèce de rade couverte, située immédiatement à l'entrée des jetées, c'est-à-dire dans la position la plus avantageuse ; que la modification proposée procurerait immédiatement aux bâtiments ayant 4 mètres et plus de tirant d'eau une surface de mouillage d'environ 100 hectares sans augmentation sensible de dépense, la jetée proposée ne différant que très peu de longueur avec celle qu'elle était appelée à remplacer et étant établie dans les mêmes fonds ; que si, dans l'avenir, ce mouillage venait à être tellement utilisé qu'il y eût lieu de l'approfondir pour en approprier une plus grande partie ou même la totalité aux bâtiments de fort tonnage, la surface pourrait être portée au triple de celle du projet de la Commission internationale ; mais que cet approfondissement restait facultatif et que, s'il se faisait, ce serait une preuve de la grande prospérité du canal ; que la dépense ne grèverait pas la première période d'exploitation.

M. Pascal terminait, enfin, son exposé par les considérations suivantes :

On pouvait se demander, en se plaçant au point de vue même qui avait motivé son projet, celui de réaliser un vaste port de mouillage en tête du canal dans la Méditerranée, si, en infléchissant convenablement les jetées à construire, sans changer la disposition de l'entrée, on ne pourrait pas, sans une forte augmentation de dépense, agrandir encore la proportion de ce port de mouillage. Il fit remarquer à ce sujet que l'allongement qui résulterait de l'inflexion des jetées devant avoir lieu principalement par des fonds de 8 à 10 mètres comporterait une dépense de 8 à 10 mille francs par mètre courant, en sorte que ce ne serait qu'au prix d'une très notable augmentation de dépense qu'un agrandissement du port pourrait être obtenu. Il estimait d'ailleurs que cet agrandissement n'était pas à rechercher. On ne devait pas perdre de vue, en effet, que le port à créer en avant du cordon littoral serait un simple port de mouillage ; qu'aussitôt que les circonstances le permettraient, les navires, soit directement, soit avec des remorqueurs, quitteraient ce mouillage pour se rendre dans le port inté rieur afin d'y faire des opérations d'embarquement et de débarquement, ou bien pour y attendre le moment où, organisés en convoi, ils pourraient parcourir le canal; enfin, que dans ces conditions, de très grandes dimensions n'étaient pas à rechercher pour un port, et qu'une nappe d'eau de 230 hectares, comme celle de son projet, paraissait parfaitement suffisante pour la destination à laquelle elle était appelée :

En ce qui était enfin du projet de la Commission internationale :

Les raisons invoquées pour son maintien étaient les suivantes :

En opposition au 1er contre-projet :

La largeur de 200 mètres entre les jetées paraissait insuffisante. On devait, en effet, prévoir les cas de mouillage forcé dans le parcours du chenal, de sinistres qui auraient pour résultat de barrer la passe, en un mot, d'obstacles momentanés quelconques qu'il fallait un certain large pour éviter ; il fallait aussi prévoir un grand développement du mouvement maritime et du nombre de bâtiments qui pourraient être forcés de parcourir simultanément le canal dans les deux sens. On avait à considérer, d'ailleurs, que, dans l'exécution du projet de la Commission internationale, l'intervalle entre les jetées ne serait d'abord entièrement approfondi que sur une largeur de 200 mètres, le long de la jetée Ouest, et que le chenal resterait dans ces conditions jusqu'à ce que l'importance du passage eût démontré la nécessité de son élargissement. On avait ainsi l'avantage de se réserver la possibilité de s'étendre dans l'avenir tout en se maintenant exactement dans les mêmes limites de dépense première que dans le contre-projet. Enfin, il y avait lieu de faire observer qu'une largeur de 400 mètres entre les jetées n'était pas sans précédent : on pouvait, en effet, citer comme exemple l'excellent chenal du port de Malamocco d'une largeur de 470 mètres et d'une longueur d'environ 2 kilomètres.

Relativement à la courbure que le contre-projet proposait de donner aux jetées, on devait ne pas perdre de vue que le projet de la Commission internationale comportait pour la jetée Ouest, vers son extrémité, un certain infléchissement suffisant pour masquer l'entrée du port intérieur, et il y avait lieu, dès lors, de faire observer que cet alignement légèrement brisé était préférable à la courbe continue proposée qui avait pour conséquence d'augmenter, par certains vents, les difficultés de l'entrée dans la première partie du canal et de s'opposer à ce que les jetées pussent être prolongées plus tard dans une direction convenable, si ce prolongement devenait nécessaire.

En opposition au contre-projet de M. Pascal :

La création d'un port de mouillage intérieur, immédiatement après l'entrée des jetées, tel que voulait le réaliser le contre-projet, paraissait inutile, puisque la tenue de la rade foraine était excellente, que la saillie de la jetée Ouest donnait contre les vents dominants un abri d'une superficie de 40 hectares, et que, d'ailleurs, dans les rares occasions où un abri plus complet serait nécessaire, l'espace compris entre les deux jetées de la Commission internationale pourrait momentanément servir de lieu de stationnement.

Il y avait lieu de faire observer, en outre, que, pendant la période d'exécution et jusqu'à ce que les jetées fussent complètement terminées sur leur longueur définitive, la distance à laquelle les deux jetées se trouveraient l'une de l'autre offrirait une telle ouverture à la mer que le chenal et les bassins intérieurs n'auraient pas un calme suffisant; que l'on se trouverait ainsi obligé de terminer complètement les deux jetées avant de commencer aucune exploitation, retardant par ce fait, de plusieurs années, l'utilisation du canal.

Enfin, il y avait lieu de faire remarquer encore :

D'une part, que la nouvelle direction donnée à la jetée Est entraînerait à une notable augmentation de la dépense de construction, à la fois par suite de la plus grande distance et de la plus grande difficulté de transport des blocs artificiels destinés à la construction de la jetée, et de la plus grande longueur de la jetée même ;

D'autre part, que les dépenses d'entretien de l'avant-port seraient, de leur côté, augmentées par suite de la double cause suivante : 1° en raison de la plus grande facilité que les hauts-fonds trouveraient à se former dans le voisinage de la jetée Ouest, attendu que le courant du canal, au lieu de sortir dans la direction des jetées, comme il le ferait avec des jetées parallèles, et de se rencontrer avec le courant littoral de manière à éloigner le dépôt des matières tenues par celui-ci en suspension, serait rejeté contre la jetée Ouest et n'aurait d'action que sur une faible longueur du chenal au-delà de l'extrémité de la jetée Est ; 2° par ce fait, que le courant du canal, trouvant à s'épanouir aussitôt après sa sortie du port intérieur, les matières qu'il tiendrait en suspension se déposeraient dans le chenal plus abondamment qu'avec les jetées parallèles ;

En dernière analyse, que le système proposé se prêterait mal à l'éventualité d'un prolongement des jetées et avait, par suite, l'inconvénient d'engager l'avenir.

L'ensemble de ces considérations semblait devoir justifier le maintien pur et simple du projet de la Commission internationale en distinguant, toutefois, deux périodes dans son exécution : la première période, où la jetée Ouest ne serait provisoirement poussée que jusqu'à l'origine de son infléchissement et où le chenal ne serait creusé que sur une largeur de 200 mètres ; la seconde période, où les jetées et le chenal seraient portés à leurs dimensions définitives d'après les résultats de l'expérience et au fur à mesure du développement du transit.

Discussion. — Après l'exposé des trois projets en présence et des considérations présentées au sujet de chacun d'eux, la discussion ayant été ouverte, deux systèmes nouveaux se produisirent tout d'abord devant la Commission : l'un consistant à ne construire que la jetée Ouest ; l'autre conservant la jetée Est, mais construite en bois, à claire-voie et sans enrochements.

A l'appui du premier système, il fut allégué que, dans la Méditerranée, aucun port ne présentait deux jetées, et l'on citait comme exemples principaux les ports de Barcelone, de Tarragone, et l'ancien port d'Alger (la deuxième jetée construite dans ce dernier port depuis l'occupation française étant considérée comme une amélioration contestable). Il semblait donc, par analogie, qu'à Port-Saïd une seconde jetée n'était pas nécessaire, et que, dans tous les cas, avant de la construire, le mieux serait d'attendre que l'expérience en eût démontré la nécessité.

Il fut répondu que les exemples cités n'étaient pas concluants; que, dans les divers points indiqués, il existait, préalablement à tous travaux, un mouillage naturel et que le régime des côtes n'avait pas été sensiblement modifié par les ouvrages établis; que tel n'était pas le cas à Port-Saïd où il fallait créer un accès au port en creusant un chenal à travers la plage, et, ce chenal une fois établi, le protéger aussi bien à l'Est qu'à l'Ouest en raison de l'irrégularité des courants du littoral.

Pour justifier le deuxième système proposé, celui d'une jetée en bois, à claire-voie, on admettait qu'une telle jetée suffirait pour arrêter les sables et qu'elle favoriserait la conservation du chenal ; on faisait remarquer, d'un autre côté, que si la direction donnée à la jetée venait à être reconnue mauvaise, il serait facile de déplacer celle-ci, ce qui était impossible avec une jetée en pierres.

L'efficacité de la disposition proposée fut contestée. On fit remarquer qu'une jetée en bois à claire-voie n'empêcherait l'envahissement des sables apportés du côté de l'Est qu'autant que les pieux seraient extrêmement rapprochés; que, dans ces conditions, son prix d'établissement ne serait probablement pas moindre que celui d'une jetée continue en enrochements; qu'elle serait rapidement détruite par les tarets, et que par suite, son prix d'entretien serait certainement plus élevé; enfin, qu'en raison de ses parois verticales, elle donnerait lieu à un plus fort ressac dans l'intérieur de la passe.

Bref, la Commission se prononça en faveur de la construction en enrochements de la jetée Est.

La discussion s'ouvrit alors sur l'emplacement et la direction à donner à cette jetée, et l'on procéda à l'examen du contre-projet de M. Pascal qui s'éloignait le plus du projet de la Commission internationale.

M. Pascal, après avoir passé successivement en revue les objections mentionnées ci-dessus contre son projet et répondu à diverses observations qui lui furent faites par quelques membres de la Commission, se rallia, en dernière analyse, à l'opinion, émise par plusieurs membres, qu'attendu l'incertitude où l'on était encore sur la direction à donner aux dernières parties des jetées, il était convenable de réserver l'avenir en ne décidant dès maintenant l'exécution de la jetée Est que sur une longueur restreinte.

Finalement, la Commission formula ses conclusions, en ce qui était de la jetée Est, dans les termes suivants :

Avis de la Commission. — La Commission,

Considérant que la jetée oblique proposée par M. Pascal a pour effet de constituer immédiatement après l'entrée des jetées une arrière-rade couverte d'une étendue d'environ 230 hectares préservée, au moins dans sa moitié, contre toute action directe de la mer; qu'elle assure aux navires du commerce, souvent médiocrement approvisionnés de moyens d'ancrage et d'amarrage, un mouillage préférable à celui de la rade foraine et de l'abri du saillant de la jetée Ouest; qu'elle augmente, en cas de mouillage forcé, pendant la traversée du chenal, l'espace disponible en arrière de la jetée Ouest, espace qui doit être d'autant plus grand que la direction de cette jetée est perpendiculaire aux vents dominants; qu'en facilitant aux bâtiments le moyen de s'éviter, elle diminue les chances d'obstruction de la passe; qu'il est permis d'espérer que le vaste abri qui en résulte pourra être utilisé comme avant-port; que cet avant-port est obtenu pour ainsi dire sans frais au moins sur une surface de 100 hectares; que, s'il devenait opportun d'en approprier une plus grande partie aux bâtiments d'un fort tonnage, on le ferait avec une moindre dépense qu'en creusant des bassins dans l'intérieur du cordon littoral;

Considérant que cet ouvrage assure un plus grand calme dans le chenal et dans le port intérieur, puisque, pénétrant par la même ouverture, les lames du large s'épanouiront sur une surface plus que triple et en forme d'éventail;

Considérant, en ce qui concerne les difficultés inhérentes à la période d'exécution, qu'on ne doit pas y subordonner la direction définitive de la jetée, et que, s'il en est besoin, on y remédiera par des ouvrages provisoires; en ce qui concerne les dépenses de premier établissement, que l'augmentation qui peut en résulter ne paraît pas pouvoir atteindre des proportions telles qu'on puisse les mettre en balance avec les avantages qu'offre la nouvelle direction;

Considérant, en ce qui concerne les dépenses d'entretien, que la quantité des sables apportés par les courants du littoral le long des jetées est indépendante de la largeur du chenal à son enracinement; que relativement à la position des dépôts à l'entrée des jetées, s'il s'en forme malgré la profondeur de la mer en ces points, il est suffisamment obvié à toute éventualité en laissant à l'expérience le soin de déterminer la largeur et la direction définitive à donner au chenal à son embouchure, éventualité à laquelle se prête facilement le système de M. Pascal, en divisant son exécution en plusieurs phases;

Considérant, quant aux prétendus retards qui pourraient être apportés à l'ouverture d'un premier service de navigation entre les deux mers, qu'il n'est pas douteux que le travail des jetées et du chenal ne puisse être conduit parallèlement avec le creusement du reste du canal, de manière à ce que l'entrée soit toujours possible pour tout bâtiment que le canal serait en état de porter d'une de ses extrémités à l'autre;

Considérant, enfin, qu'il paraît prudent de ne fixer quant à présent la direction de la jetée que sur une certaine longueur à partir de son origine et d'attendre les résultats de l'expérience pour se prononcer sur la direction de son extrémité;

Est d'avis, à l'unanimité, qu'il y a lieu, pour le moment, de n'arrêter l'exécution de la jetée que jusqu'en un point tel que l'ouverture du chenal maritime, mesurée perpendiculairement à la jetée Ouest, ait une largeur de 700 mètres, et de la fixer sur cette longueur conformément à la proposition de M. Pascal.

La partie de jetée à laquelle la Commission donne son approbation a donc sa racine à 1.400 mètres de celle de la jetée Ouest; elle est dirigée de manière à passer par le point fixé comme musoir de la jetée Est dans le projet de la Commission internationale et n'est exécutée provisoirement que jusqu'au point où elle laisse au chenal une ouverture de 700 mètres, ce qui correspond à peu près aux fonds de 6 mètres et à une longueur de jetée d'environ 1.600 mètres.

Distribution du port intérieur. — La Commission nautique n'avait plus à examiner, ici, que les dispositions proposées par le premier contre-projet en opposition avec le grand bassin unique du projet de la Commission internationale.

L'auteur du contre-projet expliqua que le but qu'il avait en vue était de donner des espaces distincts, d'une part, aux bâtiments caboteurs à destination et en partance de Port-Saïd, et d'autre part aux bâtiments en transit. Les bassins destinés aux premiers seraient établis près de la ville (c'est-à-dire à l'Ouest) le long du canal; ils seraient de dimension moyenne, d'une longueur de 400 à 500 mètres et d'une largeur de 200 mètres, en nombre proportionné à l'importance des opérations, bien protégés contre les vents régnants, construits de façon à donner une tranquillité parfaite et à présenter le plus grand développement possible de quais; ils communiqueraient entre eux par de larges ouvertures et devraient avoir sur le canal, le long duquel ils seraient échelonnés, une entrée et une sortie faciles en se servant des vents généralement traversiers. Des ouvrages perpendiculaires à la direction du canal sépareraient ces bassins les uns des autres et serviraient de quais de débarquement. C'était sur la rive Est que serait ménagé le bassin destiné au mouillage des navires se disposant à entrer dans le canal ou à en sortir. Le port à établir sur ces données serait d'environ 150 hectares au lieu des 64 hectares du projet de la Commission internationale.

L'auteur du contre-projet motivait ses propositions sur l'immense mouvement qui aurait lieu à l'entrée du canal; sur l'importance que prendrait dans ce grand mouvement commercial le cabotage proprement dit; sur la nécessité d'éviter la confusion et de séparer les unes des autres des opérations d'une nature différente comme les chargements et déchargements de marchandises, les garages de bâtiments et leur réunion en convois ; sur la convenance, enfin, de réserver pour les embarquements ou débarquements l'espace le plus voisin de la ville.

Plusieurs membres de la Commission s'associèrent aux idées qui viennent d'être exposées. La proposition fut faite de les accepter, avec cette modification, toutefois, que toutes les opérations sans exception seraient reportées d'un même côté du canal, du côté de la ville; et ce, en raison de l'utilité qu'il y avait pour les navires de communiquer immédiatement avec elle au double point de vue de la facilité de leurs approvisionnements et des habitudes de leurs équipages. Le port serait alors distribué de la manière suivante : en première ligne, le plus près possible du chenal d'accès du port, contre la ville, les bassins d'opérations ; puis, se suivant, les bassins de mouillage ; enfin, les bassins d'organisation des trains. Cet ordre semblait présenter deux avantages : le premier, de donner un abri immédiat aux caboteurs ; le second, d'éloigner le plus possible du chenal l'espace où se formeraient les convois et où les manœuvres exigeraient du calme. A l'origine, il suffirait pour chaque nature d'opérations d'un seul bassin ; quand elle s'y trouverait trop à l'étroit, le bassin suivant lui serait ajouté ; l'opération à laquelle celui-ci avait été affecté jusque-là se reporterait dans le troisième, et ainsi de suite jusqu'à un dernier bassin qui aurait été préparé en prévision de l'insuffisance des précédents. Chacune des parties du port serait ainsi susceptible d'une extension proportionnée aux besoins à satisfaire. Pour le moment, le bassin de 200 mètres de largeur sur 800 mètres de longueur prévu par la Commission internationale du côté de l'Ouest paraissait suffisant, et les seules mesures à prendre seraient, d'une part, de réserver perpendiculairement au Canal les traverses destinées à former les séparations des futurs bassins de cette rive Ouest, d'autre part de ne pas poursuivre le creusement du bassin de l'Est au-delà de la ligne prolongeant la berge Asie du Canal.

Avis de la Commission. — La Commission, après avoir entendu ces observations, adopta le contre-projet, moyennant les modifications qui viennent d'être indiquées, et elle émit l'avis que les dispositions ainsi arrêtées par elle devraient servir de base à la rédaction des projets qu'auraient à dresser les Ingénieurs de la Compagnie.

Dispositions finalement adoptées en exécution

(PLANCHES XIX ET XXII)

I. — JETÉES

Lorsque, à la date du 25 avril 1859, M. de Lesseps inaugura l'ouverture des travaux sur le point du littoral du golfe de Péluse définitivement choisi pour l'établissement du port de débouché du canal maritime dans la Méditerranée, le programme des travaux à exécuter pour la réalisation de l'œuvre, tel qu'il avait été arrêté par le Conseil supérieur des travaux dans sa réunion de novembre 1858, comportait, comme on l'a vu précédemment, l'exécution complète, en cinq phases d'une durée totale évaluée à six années, du projet de la Commission internationale ;

Mais on a vu également que le Conseil, dans sa séance postérieure d'août 1859, avait, sur les propositions de la Compagnie, apporté à ce projet d'importantes modifications consistant notamment, en ce qui était spécialement du port de Port-Saïd, dans le reculement de l'arrière-port en dedans du rivage et dans la réduction de la longueur des jetées.

Le programme à réaliser en ce qui concerne les jetées se trouvait en définitive, au début des travaux, comporter les dispositions suivantes :

Le chenal d'accès du port, compris entre deux jetées distantes de 400 mètres, comme au projet de la Commission internationale, se prolongeait maintenant jusqu'au rivage et se continuait ensuite à travers le lido jusqu'à l'arrière-bassin situé à une certaine distance en arrière. Les deux jetées bordant le chenal extérieur avaient ainsi leur origine au rivage même. La jetée Ouest, prolongée jusqu'aux fonds de 9 mètres seulement, n'avait plus qu'une longueur de 2.600 mètres (au lieu de 3.500) ; la jetée Est, prolongée jusqu'aux fonds de 8 mètres, une longueur de 2.200 mètres (au lieu de 2.500). Chacune des jetées devait d'ailleurs, comme au projet primitif, être constituée par un massif de base en enrochements naturels s'élevant jusqu'au niveau de l'eau et surmonté d'un mur ou plateforme en maçonnerie formant relief de 2m, 50. Quant au mode même de construction des jetées, on devait employer d'abord à la confection du massif de base tous les matériaux qui pourraient être apportées des carrières du Mex situées près d'Alexandrie; on chercherait en même temps à tirer quelques ressources des îles de Grèce; mais, par la suite, dès que les deux extrémités du canal seraient mises en communication par un premier canal de petites dimensions, on comptait surtout sur les matériaux qui seraient fournis par les carrières de l'Attaka situées dans le golfe de Suez.

Il y a lieu d'ailleurs de rappeler que le programme des dispositions arrêtées par la Compagnie pour la mise en train des travaux, tel qu'il avait été exposé devant le Conseil supérieur des travaux et approuvé par lui, comprenait entre autres, à Port-Saïd, indépendamment de l'érection d'un phare sur le lido, la construction à partir du rivage, suivant la direction de la jetée Ouest, d'un appontement provisoire en charpente destiné, pendant la première période des travaux, à procurer aux navires chargés de matériaux et d'approvisionnements pour Port-Saïd un moyen indispensable de déchargements. Les premiers enrochements fournis par la carrière du Mex devaient d'ailleurs être employés à la consolidation de cet ouvrage. L'appontement ainsi rempli d'enrochements, dès qu'il serait suffisamment avancé, était appelé, indépendamment de son office de débarcadère, à protéger contre l'envahissement des sables voyageurs de la plage, la rigole de communication que l'on se proposait d'ouvrir le plus tôt possible entre la mer et le lac Menzaleh à travers la plage et le cordon littoral afin de créer ainsi un refuge pour le matériel flottant de la Compagnie; et, jusqu'au moment où cette communication se trouverait établie, à abriter tout au moins par lui-même ce matériel contre les gros temps du Nord-Ouest. Il va sans dire que l'appontement en charpente, avec ses enrochements renforcés plus tard en tant que de besoin, se trouverait finalement constituer l'enracinement et l'amorce de la jetée Ouest.

Enfin, il y a lieu également de rappeler, en ce qui concerne la direction et la longueur à donner en exécution à la jetée Est, que, d'après l'avis de la Commission nautique des 25 et 26 novembre 1865 — qui fut adopté par la Compagnie — cette jetée devait s'enraciner à une distance de 1.400 mètres de l'enracinement de la jetée Ouest, être dirigée de manière à passer par le point fixé comme musoir de la jetée Est dans le projet de la Commission internationale, et n'être exécutée provisoirement que jusqu'au point où elle laisserait au chenal une ouverture de 700 mètres, ce qui correspondrait à peu près aux fonds de 6 mètres et à une longueur de jetée d'environ 1.600 mètres. [En réalité, la jetée Est s'est trouvée, en exécution, avoir une longueur de 1.900 mètres.]

II. — DISTRIBUTION DU PORT INTÉRIEUR

Les dispositions définitivement adoptées, à la fin de 1866, pour la distribution du port intérieur de Port-Saïd n'ont pu, par suite de circonstances et de considérations qui seront développées ci-dessous, être strictement conformes au programme qu'avait tracé la Commission nautique.

Mais, avant de décrire ces dispositions définitives, nous avons à mentionner tout d'abord que, dès le début des dragages entrepris pour la création du grand bassin primitivement prévu de 800 mètres de longueur sur 800 mètres de largeur, la Compagnie avait reconnu la nécessité de créer immédiatement, en arrière de la rive Ouest de ce grand bassin un petit bassin, dit *de l'Arsenal*, sur le terre-plein Ouest duquel devaient être et ont été, en effet, établis les ateliers de réparation du matériel. Le petit bassin avait 150 mètres de longueur sur une largeur égale ; son entrée, établie au milieu de la rive du grand bassin avait 45 mètres de largeur, et les deux petits terre-pleins séparatifs des deux bassins, une largeur de 30 mètres.

Les dispositions définitivement adoptées pour la distribution du port ont été les suivantes :

1° Fixation de la limite provisoire du grand bassin, à l'Est, à une distance de 100 mètres de l'axe primitif de ce bassin, au lieu de la distance de 40 mètres qui avait été indiquée par la Commission nautique :

2° Élargissement de l'entrée du canal, du côté Est, de manière à établir la rive en prolongement de la limite indiquée ci-dessus ;

3° Construction dans le grand bassin, attenante à sa rive Ouest, au Nord du petit bassin de l'Arsenal, d'une traverse destinée à constituer avec la rive Nord du grand bassin, un bassin dit *du Commerce ;*

4° Élargissement de l'entrée du bassin de l'Arsenal ;

5° Enfin, creusement, en arrière de la rive Ouest du grand bassin, au Sud du bassin de l'Arsenal, d'un nouveau bassin, dit, primitivement, *du Four à chaux*, appelé plus tard *bassin Chérif.*

Ces dispositions se justifiaient comme suit :

1° et 2° ÉLARGISSEMENT DE L'ENTRÉE DU CANAL ET LIMITE EST PROVISOIRE DU GRAND BASSIN. — La Commission nautique avait été d'avis de ne pas poursuivre le creusement du grand bassin au-delà de la ligne qui prolongeait la berge Asie du canal, à 40 mètres dans l'Est de l'axe primitif du bassin.

Cet avis ne préjugeait rien sur la question de la largeur de l'entrée du canal.

La Commission avait dû penser qu'on élargirait cette entrée vers l'Ouest quand la nécessité en serait reconnue ; mais cet élargissement vers l'Ouest n'était possible qu'en détruisant l'important campement alors existant au kilomètre 1 du canal. Or, ce campement et toutes les installations qu'il comportait devaient être conservés pendant toute la durée de l'exécution des travaux. Et, cependant, on devait prévoir la nécessité de la construction ultérieure d'au moins un dock au Sud de ce campement. Il fallait donc se réserver la possibilité d'élargir l'entrée du canal au moment où l'on créerait ce dock, et la solution tout naturellement indiquée consistait à reculer vers l'Est la berge Asie.

Il y avait lieu, d'ailleurs, de considérer, d'une part, que sur les 3 premiers kilomètres au moins du canal, on serait très probablement obligé, pour achever l'enlèvement des déblais que les dragues à long couloir n'auraient pas permis de déposer sur berge, de se servir de porteurs qui avaient besoin d'une assez grande largeur pour évoluer; d'autre part que les porteurs, les citernes flottantes, les bateaux à vapeur, etc., viendraient en partie faire leur eau à la prise d'eau qui se trouvait à l'origine du canal, rive Afrique, en sorte qu'il y aurait sur ce point une tendance à l'encombrement par le fait de la présence des bateaux en remplissage ou attendant leur tour.

C'étaient ces diverses considérations qui avaient amené à augmenter l'ouverture de l'entrée du canal en reculant la berge Asie dans l'Est. On avait estimé d'ailleurs qu'il suffisait de reculer cette berge de 60 mètres, c'est-à-dire de l'établir à une distance de 100 mètres de l'axe primitif du bassin, ce qui donnait à l'entrée du canal une largeur de 140 mètres à la ligne d'eau.

La largeur ainsi fixée pour l'entrée du canal avait déterminé la nouvelle limite Est provisoire du bassin. Cette limite avait d'ailleurs été arrêtée, à son extrémité Nord, de manière à ne pas trop réduire le chantier établi sur le lido au Nord du bassin, rive Asie, pour la fabrication et le dépôt des blocs artificiels destinés à la construction des jetées.

3° Construction, dans le grand bassin, d'une traverse attenante a sa rive Ouest. — Cette traverse, normale à la rive Ouest du grand bassin, d'une largeur de 125 mètres et d'une longueur de 200 mètres, s'avançant ainsi jusqu'à l'alignement de la jetée Ouest, se trouvait constituer dans la partie Nord du port intérieur, c'est-à-dire dans la partie la plus rapprochée du chenal d'accès, un petit bassin de 200 mètres de longueur sur 200 mètres de largeur.

Les motifs qui avaient déterminé l'exécution de cette traverse avaient été les suivants :

Création d'un bassin pour le commerce local ;

Extension des terrains à bâtir et des quais réservés aux navires qui alimentaient la ville ;

Installation de nouveaux bureaux et magasins de l'entreprise Borel Lavalley et Cie ;

Augmentation du calme dans la partie Sud du bassin du port.

Nous entrerons, sur chacun de ces points, dans quelques détails.

Commerce local. — Il arrivait à Port-Saïd beaucoup de petits navires chargés de denrées et l'on expédiait du port, par le canal, sur la ligne des travaux, la majeure partie des objets de consommation : la localité ne produisant rien, on était obligé de tout y importer et l'on ne pouvait y arriver que par eau ; il y avait donc un grand nombre de barques affectées à ce trafic local.

Le seul emplacement réservé à ces embarcations était le quai Nord, côté Afrique, du grand bassin, et il n'y en avait pas d'autre pour le moment qui pût recevoir une semblable destination. Le quai n'avait que 200 mètres de longueur, et la moitié au moins en était occupée par le matériel de la Compagnie et par les installations de la maison de commerce Bazin et Cie, chargée de l'économat des services des vivres et denrées diverses de l'entreprise Borel Lavalley et Cie. Or, dans ces 100 mètres, la Compagnie et la maison Bazin étaient tellement à l'étroit, que, d'une part, la Compagnie était obligée de laisser, non sans inconvénient, la plus grande partie de son matériel flottant dans le chenal maritime, et que, d'autre part, la maison Bazin avait dû, sur le terrain qu'elle tenait en location de la Compagnie[1], creuser pour son service un petit dock communiquant avec le bassin du port par un canal ouvert à travers la voie publique du quai. Les 100 mètres restants du quai étaient encombrés par les barques amarrées sur deux et trois rangs.

Il fallait donc augmenter la longueur des quais réservés au commerce local.

Terrains à bâtir. — Les constructions privées avaient pris un développemement si considérable qu'il n'y avait plus de place disponible dans les parties remblayées de la ville proprement dite. Cependant, les nouvelles demandes de concessions étaient incessantes et il importait d'y donner suite. Il fallait donc augmenter la surface des terrains à bâtir.

Cette double nécessité d'accroître la longueur des quais du commerce local et la superficie des terrains à concéder entraînait le déplacement des bureaux et des magasins que l'entreprise Borel Lavalley et Cie occupait alors le long du quai Ouest du bassin : l'évacuation desdits locaux par l'entreprise permettait, en effet, de livrer au commerce loca toute la portion correspondante du quai Ouest et de concéder comme terrains à bâtir toute la partie de terrain en arrière.

---

1. La maison Bazin et Cie occupait, en bordure de la voie publique du quai, d'une largeur de 30 mètres, et à titre de location, un terrain de 77^m,50 de façade et de 78 mètres de profondeur. Une partie de ce terrain, la plus éloignée du quai, sur laquelle se trouvaient une grande cave et deux bâtiments contigus, antérieurement construits par la Compagnie pour son service de vivres et d'objets divers de consommation, avait été, avec ses constructions, mise à la disposition de la maison Bazin, non directement par la Compagnie, mais par l'entreprise Borel Lavalley et Cie : la Compagnie, par convention du 25 mai 1865, avait cédé le dit terrain avec ses constructions en location aux Entrepreneurs, à un prix minime, moyennant l'engagement pris par ceux-ci d'établir des dépôts de vivres et denrées diverses sur les différents chantiers de l'Isthme, et ce, aux clauses et conditions d'un marché passé par eux, le 21 janvier précédent, avec la maison Bazin, pour la gestion de leur économat. L'autre partie du terrain, celle bordant la voie publique du quai, avait été un peu plus tard, par acte du 20 décembre 1865, cédée en location par la Compagnie à la maison Bazin.

[Suivant acte de vente du 27 novembre 1872, l'ancienne maison Bazin et Cie, devenue alors maison Bazin Savon et Cie, est devenue propriétaire des terrains et bâtiments qu'elle n'avait occupés jusque-là qu'à titre de location.]

Nouveaux bureaux et magasins de l'entreprise Borel Lavalley et Cie. — MM. Borel Lavalley et Cie avaient eux-mêmes demandé que l'on créât dans le port une traverse et qu'on leur en laissât la jouissance. En accédant à cette demande, en même temps que l'on satisfaisait, comme il vient d'être dit, aux besoins du commerce local et du développement de la ville, on obtenait cette double amélioration d'isoler les magasins et les bureaux de l'entreprise et d'augmenter la longueur, alors tout à fait insuffisante, des quais dont elle pouvait disposer.

Abri de la partie Sud du port. — La traverse, telle qu'elle était projetée, non seulement confinait la navigation de cabotage dans un espace suffisant et convenablement disposé au point de vue des relations avec la mer et avec la ville, mais encore elle avait pour résultat de donner plus de calme dans la partie Sud du port. Le rentrant ainsi formé dans cette partie Sud se trouverait naturellement disposé comme premier garage pour la composition et la décomposition des trains au commencement de l'exploitation.

4°. Élargissement de l'entrée du bassin de l'Arsenal. — L'entrée du bassin de l'Arsenal devant se trouver désormais parfaitement abritée par la traverse ci-dessus décrite, il n'était plus nécessaire qu'elle conservât sa largeur réduite pour diminuer l'agitation qui aurait pu s'y propager en venant du grand bassin.

L'agrandissement de l'entrée augmenterait notablement la facilité des manœuvres d'entrée et de sortie sans compromettre le calme indispensable dans le bassin même.

5° Creusement d'un nouveau bassin, appelé d'abord bassin du Four-a-Chaux, nommé finalement bassin Chérif. — MM. Borel Lavalley et Cie avaient fait observer : d'une part, que la traverse dont on leur réserverait la jouissance ne pourrait recevoir que leurs bureaux et leurs magasins d'objets d'une valeur relativement élevée par rapport à leur volume ;

d'autre part, que le bassin de l'Arsenal avait toujours été, était encore et resterait certainement dans l'avenir encombré par le matériel en construction, en montage et en réparation. Ils avaient en conséquence demandé que l'on créât, dans la partie sud et à l'ouest du grand bassin, un nouveau bassin qui serait mis à leur disposition pour y recevoir et décharger les navires qui leur apportaient du charbon, des bois et, en général, tous leurs gros approvisionnements de matières brutes et encombrantes.

Le pourtour de ce bassin devait servir de dépôt, et la manutention y serait rendue facile grâce au développement des berges.

C'était également dans ce bassin que serait remisé provisoirement le matériel à réparer jusqu'à ce qu'on pût l'admettre dans le bassin de l'Arsenal.

Ces diverses considérations justifiaient incontestablement la création du nouveau bassin qui fut creusé avec une largeur de 150 mètres, sur une longueur de 330 mètres.

D'après les explications et données qui précèdent, on voit que la distribution du port intérieur, telle qu'elle a été définitivement adoptée — et telle que les travaux ont été effectivement exécutés — s'est trouvée être la suivante :

Grand bassin du port dit *bassin Ismaïl*, creusé à 8 mètres de profondeur, et présentant, savoir : dans sa partie Nord, une superficie de 430 mètres de longueur, sur 300 mètres de largeur, soit de 12^{hect},90; dans sa partie Sud, une superficie de 475 mètres de longueur sur 500 mètres de largeur, soit 23^{hect},75; pour l'ensemble une longueur de bassin de 905 mètres et une superficie totale de 36^{hect},65;

Du côté Ouest du grand bassin (côté de la ville) trois bassins ne devant être creusés qu'à 6 mètres seulement de profondeur, savoir : le *bassin du Commerce*, ayant 200 mètres de longueur sur 200 mètres de largeur, soit une superficie de 4 hectares; le *bassin de l'Arsenal*, ayant 180 mètres de longeur sur 150 mètres de largeur, soit une superficie de $2^{hect},70$; enfin le *bassin Chérif*, ayant 330 mètres de longueur sur 150 mètres de largeur, soit une superficie de $4^{hect},95$; ensemble, pour les trois bassins, une superficie totale de $11^{hect},65$.

L'ensemble des bassins de Port-Saïd présentait ainsi une surface d'eau totale de $48^{hect},30$.

Il fut d'ailleurs décidé, — dans la prévision que certains talus des fouilles pourraient prendre une inclinaison atteignant jusqu'à 5 de base pour 1 de hauteur, et que quelques parties de berges pourraient être corrodées sous l'action du clapotis, — que les plafonds des divers bassins auraient leurs arêtes placées à une distance de la ligne d'eau égale à 5 fois la profondeur et que les portions de berges qui paraîtraient susceptibles d'être attaquées seraient protégées par des enrochements[1].

Enfin, quant à la largeur des terre-pleins des quais, elle avait été, dès l'origine des travaux, fixée à 30 mètres.

III — CHENAL D'ACCÈS DU PORT

Le chenal d'accès du port a été d'abord creusé, à sa profondeur de 8 mètres, sur une largeur de 100 mètres seulement au plafond, la rive Ouest de ce plafond étant alignée parallèlement à la jetée de l'Ouest, à une distance de 50 mètres de l'axe de la jetée.

On avait bien constaté que les sables de la plage accumulés derrière la jetée de l'Ouest passaient en assez grande quantité à travers les blocs de la jetée et venaient former à l'intérieur une espèce de plage sous-marine partant de la jetée même et s'étendant vers le chenal; mais on avait pensé que la distance de 50 mètres serait suffisante pour

1. Ces enrochements ont été exécutés sur une longueur développée de berges de 1.292 mètres, et le cube total en a été de 2.634 mètres, correspondant à un cube moyen de $2^{m3},10$ par mètre courant.

empêcher l'envahissement du chenal par les sables de cette plage sous-marine et l'on comptait d'ailleurs pouvoir combattre efficacement par des dragages les empiètements qui viendraient à se produire.

L'expérience vint prouver, qu en réalité, la distance de 50 mètres n'était pas suffisante. Il se produisait, en effet, dans le chenal même, des ensablements qui en réduisaient notablement la largeur et contre lesquels il fallait sans cesse lutter par des dragages, au détriment des efforts que faisait alors la Compagnie pour activer le plus possible le creusement du canal maritime. Aussi, dans le courant d'août 1868, fut-il décidé que le chenal d'accès du port serait déplacé vers l'Est. Les nouvelles dispositions adoptées furent les suivantes :

Tout en conservant au chenal sa largeur de 100 mètres au plafond, on adopta pour la rive Ouest de ce plafond, au lieu de la ligne primitive parallèle à la jetée, à 50 mètres de distance, une ligne partant encore d'un point distant de 50 mètres de la jetée, au droit de son enracinement, mais dirigée maintenant vers un point distant de 200 mètres de la jetée, vis-à-vis le sommet d'angle des deux alignements de l'ouvrage et prolongée au-delà en ligne droite.

C'est effectivement dans ces conditions que le chenal d'accès du port a été définitivement établi ; et il a été maintenu tel jusqu'à ce jour, sans préjudice d'élargissements temporaires — surtout dans la région au-delà de l'extrémité de la jetée — pendant la période des dragages annuels d'entretien en prévision des ensablements amenés par les tempêtes d'hiver.

PORT DE SUEZ

(Dénommé finalement port Thewfik)

Projets primitifs et nouvelles études

(PLANCHES XVIII ET XX)

Avant de décrire les dispositions qui ont été finalement adoptées pour le débouché du Canal maritime dans le golfe de Suez, nous rappellerons succinctement, d'abord, celles qui avaient été arrêtées en 1856 par la Commission internationale. Puis, pour compléter l'historique de la question, nous aurons à mentionner un premier projet d'exécution qui avait été dressé à la suite de nouvelles opérations hydrographiques exécutées en 1859 dans le golfe et qui modifiait profondément le mode de débouché indiqué par la Commission, lequel projet, plus tard, dut à son tour être abandonné pour faire place aux dispositions définitivement adoptées.

RAPPEL SOMMAIRE DU PROJET DE LA COMMISSION INTERNATIONALE (1856)

D'après le programme arrêté par la Commission internationale, le Canal maritime — comme dans l'avant-projet des ingénieurs du Vice-Roi — traversait le chenal du port de Suez tout près de la ville et du port, dans l'Est, pour aller gagner ensuite les grands fonds du golfe par un chenal courant dans la direction du Nord-Est au Sud-Ouest, ouvert à traverser le banc situé au Sud de la ville et se prolongeant, au delà, jusqu'aux fonds de 9 mètres. Les dispositions adoptées par la Commission pour ce chenal de débouché du canal dans le golfe — notablement différentes, quant à elles, de celles de l'avant-projet — étaient les suivantes : A la traversée du banc, sur une longueur d'environ 1.700 mètres, la largeur du chenal allait en croissant, depuis la largeur de 100 mètres (largeur même du Canal maritime) jusqu'à la largeur de 300 mètres, à l'accore du banc; au delà, jusqu'aux fonds de 6 mètres, sur une nouvelle longueur d'environ 1.900 mètres, le chenal conservait une largeur uniforme de 300 mètres et était compris entre deux jetées en enrochements ayant leur couronnement à 2 mètres au-dessus du niveau des plus hautes eaux et devant avoir, la jetée de l'Ouest une longueur de 1.800 mètres, la jetée de l'Est une longueur de 2.000 mètres; enfin, à partir de l'extrémité des jetées, le chenal était raccordé avec la partie du golfe offrant des fonds de 8 à 9 mètres par une excavation s'étendant sur une longueur d'environ 1.000 mètres et d'une largeur croissante depuis 300 jusqu'à 500 mètres. Le programme de la Commission prévoyait, d'ailleurs, qu'il serait ménagé, en avant du quai existant du port de Suez, un bassin, garni lui-même de quais susceptibles de se développer au fur et à mesure des besoins ; que, provisoirement, on se contenterait d'établir un quai de 800 mètres de longueur et un bassin de 200 mètres de largeur le long de ce quai.

PREMIER PROJET D'EXÉCUTION (1859)

A la suite de nouvelles opérations hydrographiques exécutées dans le golfe de Suez, dans le courant de l'année 1859, par M. Larousse, ingénieur hydrographe de la Marine, qui avait été attaché aux études de la Commission internationale et qui se trouvait maintenant au service de la Compagnie, cet ingénieur fut amené à proposer, pour le débouché du canal dans le golfe, un nouveau tracé, dont le projet fut soumis par la Compagnie à l'examen du Conseil supérieur des travaux (séance du 14 février 1860).

Les résultats des nouvelles opérations hydrographiques étaient venus confirmer et compléter ceux déjà constatés par la Commission internationale [1].

---

1. Les résultats déjà constatés par la Commission et mentionnés dans son rapport se trouvent rappelés dans la note de la page 62.

Les nouvelles opérations avaient fait reconnaître en outre, notamment, que le fond de la mer était plus accore dans la partie Est de la rade que partout ailleurs [1]. C'était dans cette partie que débouchait le chenal du port de Suez entre deux bancs de sable, dont l'un, le banc du Nord, découvrait à marée basse et s'étendait jusqu'à Suez, tandis que l'autre, le banc du Sud, se prolongeait au large et se terminait brusquement par un accore de 5 à 6 mètres. Cette disposition des lieux avait semblé, à l'auteur du projet, permettre, par l'adoption du nouveau tracé qu'il proposait pour le chenal de débouché dans le golfe, de satisfaire aux conditions que s'était posées la Commission internationale, avec une notable diminution de dépense qui viendrait compenser, et bien au delà, l'augmentation de longueur d'environ 1.400 mètres du nouveau tracé.

Les dispositions essentielles du nouveau projet étaient les suivantes :

Ainsi qu'il a été expliqué à l'occasion du tracé d'exécution de la partie du canal comprise entre les lacs Amers et Suez [2], la dernière portion du canal, comprenant la traversée de la plaine et des lagunes de Suez, avait été modifiée, à partir

---

1. Parmi les résultats des nouvelles opérations hydrographiques mentionnés par M. Larousse, en dehors de ceux déjà constatés par la Commission internationale, on citera encore les suivants :

Les vents dominants dans la baie de Suez varient du N. O. au N. N. O. ; ils viennent de terre et produisent peu ou point de mer en rade. Ils ne sont interrompus que par les vents de S. E. ou de O. S. O. : les premiers, qui, seuls, viennent du large, sont peu violents et de courte durée ; les seconds tombent par rafales, en hiver, des gorges de l'Attaka, mais la houle qu'ils soulèvent dans l'Est de la baie n'est jamais assez forte pour interrompre les communications avec la rade.

L'enceinte de la rade est formée de sable gros et dur auquel se mêlent, du côté de l'Ouest, des galets et des pierres tombées de l'Attaka. Ces sables s'étendent sous l'eau jusqu'aux profondeurs de 3 et 4 mètres. Au-delà, on trouve un fond de vase mélangée de coquilles brisées et de madrépores sur lequel la mer est sans action et qui constitue pour les bâtiments un excellent mouillage.

Le progrès des alluvions, que rien n'alimente, est pour ainsi dire insensible à Suez.

2. Voir page 186.

du point où le nouveau tracé arrêté en août 1859 par le Conseil supérieur des travaux pour la traversée du seuil de Chalouf venait rencontrer le grand alignement du tracé de la Commission internationale, faisant avec lui un angle de 177°,50′; au lieu de suivre ce dernier alignement sur le reste du parcours — ce qui le faisait passer près de Suez — le canal suivait maintenant une ligne tracée dans le prolongement même de l'alignement du seuil de Chalouf jusqu'à la rencontre du chenal de Suez : le nouveau tracé se trouvait ainsi passer tout près du bâtiment de la Quarantaine, dans l'Ouest, s'éloignant, dès lors, du port et de la ville de Suez d'environ 900 mètres dans l'Est par rapport au tracé de la Commission internationale. Le canal suivait ensuite le chenal même de Suez dans toute son étendue ; puis, par une courbe de 2.000 mètres de rayon suivie d'un alignement droit, allait gagner les profondeurs de 9 mètres du golfe par un chenal orienté, comme précédemment, du N. E. au S. O., mais plus éloigné de la ligne N. S que celui de la Commission internationale.

Les déblais, rejetés sur le banc du Nord, devaient former un terre-plein destiné à devenir la marine de la ville de Suez dont son extrémité la plus éloignée n'était qu'à 3 kilomètres.

La jetée bordant le chenal d'accès du côté Afrique, poussée jusqu'aux profondeurs de 6 mètres, n'aurait qu'une longueur de 850 mètres ; on pouvait entrevoir même la possibilité de réduire cette longueur à 400 mètres en arrêtant la jetée aux fonds de 5 mètres, formés de sable vaseux, sur lesquels la mer était sans action. Du côté Asie, au lieu d'une jetée établie sur l'accore du banc du Sud, on se contenterait d'un simple exhaussement de ce banc par l'établissement d'une digue transversale ou brise-lame partant de l'accore et allant s'enraciner à la pointe de la Pyramide où la mer ne montait presque jamais.

Afin de prévenir les difficultés que pourrait susciter la

confusion du Canal maritime avec le chenal du port de Suez, on admettait que ce chenal, sur toute la partie empruntée par le canal, conserverait toute sa largeur, c'est-à-dire que le canal n'y serait pas endigué sur la rive Asie. Et quant à la communication entre le port même de Suez et le chenal, qui se trouverait interrompue par la levée de la rive Afrique du canal, on l'assurerait par une coupure dans cette levée avec pont tournant.

L'adoption des nouvelles dispositions projetées devait permettre, sans augmentation d'ailleurs du cube des terrassements, de réaliser sur la construction des jetées une économie d'environ 2 millions et demi, qui s'éléverait même à 3 millions si la jetée Afrique n'était poussée que jusqu'aux fonds de 5 mètres.

En ce qui était de la valeur nautique du nouveau port, l'auteur du projet faisait remarquer que le chenal n'avait rien à craindre des vents ordinaires (vents du N. O.), qui ne développaient pas de houle; que les vents du large étaient rares et que l'agitation qu'ils soulèveraient se trouverait arrêtée par le brise-lames du sud et le terre-plein de la jetée Afrique; enfin, quant aux vents d'O. S. O., que le peu de mer qu'ils feraient entrer dans le chenal ne pourrait se propager qu'à une faible distance. La direction du chenal, ajoutait-il, était aussi favorable à l'entrée qu'à la sortie; elle permettrait aux bâtiments d'entrer le plus souvent sans être obligés de s'élever au vent; avec les vents N. N. O. les bâtiments atteindraient d'une seule bordée l'arrière-bassin [1].

Au cours de l'examen du projet par le Conseil supérieur des travaux, plusieurs observations furent présentées qui donnèrent lieu aux explications suivantes :

Sur la crainte exprimée qu'un navire qui aurait, par un vent violent, manqué l'entrée des jetées, pourrait être rejeté

1. On voit, par ces explications de l'auteur du projet, combien, à l'origine, on se préoccupait surtout des bâtiments à voiles.

contre l'accore du banc du Sud, il fut répondu que les vents qui pousseraient contre cet accore étaient ceux qui venaient de terre et qui n'étaient jamais redoutables.

On se préoccupa également de savoir si les courants et les remous qui se produiraient à l'angle du brise-lames ne favoriseraient pas le dépôt, dans la passe, des atterrissements en mouvement sur la rive Asie du golfe. Il fut répondu que ces alluvions, suivant toute apparence, seraient peu importantes; que, d'ailleurs, l'approfondissement du chenal à l'entrée des jetées se combinerait avec la vitesse des courants de flot et de jusant devant résulter du balancement des eaux entre la rade et les lacs Amers pour empêcher tous dépôts dans la passe.

On objecta, enfin, que l'arrière-port du nouveau projet s'éloignait beaucoup plus de la ville de Suez que celui du projet de la Commission internationale. Il fut répondu que, si la ville de Suez était appelée, par suite de l'ouverture du canal, à prendre une grande importance, le nouveau port et la ville ne tarderaient pas à se rejoindre; et, qu'en fût-il autrement, l'éloignement où la marine se trouverait de la ville même n'aurait rien que de très ordinaire.

Finalement, le Conseil supérieur des travaux, tout en constatant qu'il n'y avait pas urgence pour la Compagnie à prendre une décision définitive, estima pourtant que les inconvénients du nouveau projet paraissaient devoir être plus que compensés par les avantages signalés et, surtout, par une économie considérable d'argent et de temps. Le Conseil fut donc d'avis que le nouveau projet méritait une sérieuse attention, mais qu'il y avait lieu — avant de prendre une décision définitive — d'inviter M. Larousse :

1° A continuer les travaux hydrographiques qu'il avait entrepris, en les prolongeant vers le Sud et surtout le long de la côte d'Asie ;

2° A relever avec soin le plateau Kal-el-Kebireh et les bancs de roche qui l'avoisinent;

3° A porter son attention sur la nature et la quantité des dépôts voyageurs pouvant se rencontrer sur la côte d'Asie et à en étudier la marche;

4° Enfin, à examiner quelles mesures seraient à prendre pour prévenir le choc des navires contre l'accore du banc du Sud lorsqu'ils y seraient poussés par les rafales O. S. O. qui tombent, en hiver, des gorges de l'Attaka.

NOUVELLES ÉTUDES (1861)

Les nouvelles études prescrites à M. Larousse en conformité de l'avis du Conseil supérieur des travaux ne purent être faites par lui que dans le courant de l'année 1861. Les résultats en ont été les suivants :

Continuation des études hydrographiques. — Les premières études avaient montré que le chenal de Suez était abrité au Sud par un banc sur lequel se trouvait à basse mer moins de 1 mètre d'eau et qui se terminait brusquement vers le large par un accore de 5 mètres.

Les nouvelles études, à leur tour, avaient montré que cet accore se continuait sur une longueur d'environ 1.000 mètres, où les fonds sautaient de 1 mètre à environ 6 mètres; qu'au delà, l'accore se déplaçait vers le large par les fonds de 5 mètres, desquels on passait brusquement à 10 mètres (c'était dans cette partie que se trouvait le feu flottant); enfin, que plus à l'Est, au Sud du banc, on retrouvait d'autres accores moins prononcés et, aussi, plusieurs plateaux de roches madréporiques.

Il y avait lieu, d'ailleurs, de rappeler que, dans la partie où devait, suivant le nouveau projet, déboucher le canal, les bancs étaient formés, jusqu'aux accores, de sables agglomérés très durs au milieu desquels se rencontraient des formations de grès; et, qu'au bas des accores, on trouvait immédiatement la vase avec des débris de madrépores.

Les nouvelles études démontraient donc que la saillie formée par le banc du Sud protégeait complètement la partie où devait déboucher le canal ; qu'il suffisait d'exhausser le banc, comme on le proposait, pour garantir complètement le chenal contre la mer du Sud.

La solidité du terrain permettrait d'ailleurs de supprimer le musoir qui, dans le projet, terminait le terre-plein vers le large. Il suffirait de couronner l'extrémité du banc d'un enrochement en pierres sèches qui défendrait le terre-plein contre les mers soulevées par les vents d'Ouest. Au Sud, le terre-plein serait facilement protégé par quelques enrochements se dirigeant vers la pointe de la Pyramide, attendu que les lames, après s'être brisées sur les accores et sur le banc, — qui s'étendait à plus de 500 mètres —, n'arriveraient à la digue ainsi constituée qu'après avoir perdu leur force.

Relèvement du plateau rocheux Kal-el-Kebireh. — Le plateau rocheux « Kal-el-Kebireh » se trouvait situé au milieu de la rade, laissant de chaque côté une passe profonde :

La passe de l'Ouest offrait une étendue de près de 2 milles marins parfaitement saine.

La passe de l'Est était plus étroite ; elle s'étendait jusqu'à l'accore sur lequel était situé le feu flottant et avait un peu plus de 1 mille marin ; mais la profondeur n'en était pas partout la même : sur une largeur de 1.000 mètres à partir du feu flottant, on trouvait des fonds de plus de 10 mètres permettant le passage à tous les bâtiments ; mais, dans la région voisine du plateau de roches, la profondeur était moindre, n'étant dans certaines parties que de 7^{m},50. Le fond était formé de vase et de débris de madrépores jusqu'auprès du plateau de roches. Les bâtiments à vapeur pourraient toujours prendre cette passe ainsi que les bâtiments à voiles ne tirant pas plus de 7 mètres. On pourrait d'ailleurs, sans beaucoup de travail, approfondir à 9 mètres la partie qui se trouvait au Sud du prolongement de la jetée Nord du chenal et qui formait la portion vraiment utile aux bâtiments à voiles.

Quelle que fût d'ailleurs la passe prise par un bâtiment, il trouverait toujours plus de facilité, avec les vents généraux du Nord, à atteindre l'entrée du nouveau chenal que celle de l'ancien.

Dépôts voyageurs, alluvions, courants. — Les nouvelles études n'avaient fait qu'affermir la conviction que les eaux de la rade ne tenaient en suspension aucune matière : ces eaux étaient toujours claires, même lorsque les vents parvenaient à soulever un peu de houle ; et, quant aux alluvions qui pourraient voyager le long de la côte, l'aspect solide des bancs à la surface devait suffire pour détruire toute crainte à cet égard.

Les courants n'avaient jamais beaucoup de force partout ailleurs que dans le chenal ; les courants dans la rade n'étaient produits que par les vents dominants, et les courants de marée ne se faisaient sentir que dans le chenal et à l'entrée ; à 500 mètres au large, ils étaient à peine sensibles.

Il y avait donc tout lieu de penser que l'entrée du port, dans quelque partie de la rade qu'elle fût située, n'aurait rien à redouter des ensablements ni des autres alluvions.

Mesures à prendre pour prévenir le choc des navires contre le talus du banc du Sud. — Le chenal, d'après le projet, était orienté du S. O. au N. E. et devait avoir 300 mètres de largeur dans la partie endiguée et aller en s'élargissant jusqu'à 500 mètres dans la partie non endiguée.

Avec de pareilles dimensions, il n'était pas à craindre qu'un bâtiment à vapeur fût jamais poussé sur les talus. Quant aux bâtiments à voiles, ils ne courraient non plus aucun risque toutes les fois qu'ils auraient le vent largue, c'est-à-dire par tous les vents du S. E. au N. O. en passant par l'Ouest. Par les vents du Nord, il est vrai, il pourrait en être autrement, la dérive pouvant alors, en effet, faire tomber le bâtiment sur le talus du Sud ; mais, en pareil cas, le bâtiment n'ayant pas le vent assez favorable serait nécessairement remorqué pour entrer dans le chenal et dans les docks; lors même, d'ailleurs, qu'il se serait aventuré seul, il lui serait facile, en se voyant dériver, de mouiller une ancre et d'envoyer une amarre sur la jetée Nord pour se haler; et, s'il venait quand même à échouer, la mer du N. N. O. n'était jamais assez forte pour lui faire courir de véritables dangers, surtout s'il se trouvait déjà dans la partie abritée par la jetée.

La meilleure garantie contre les craintes d'échouement résiderait évidemment dans l'existence de la jetée du Nord, qui n'aurait d'ailleurs pas besoin de dépasser les profondeurs de 6 mètres : les bâtiments pourraient alors venir raser la tête du musoir et envoyer sur la jetée une amarre qui les empêcherait de dériver.

On ne devait pas perdre de vue, du reste, que les dangers d'échouement étaient inhérents à tout chenal dans lequel un bâtiment à voiles voulait entrer, sans remorqueur, par un vent défavorable ; et qu'en pareil cas, avec les dispositions projetées, le bâtiment, venant choquer un talus naturel, courrait de bien moindres risques de dommages que s'il avait affaire à une jetée en enrochements.

Conclusion. — Comme conclusion de ses nouvelles études, M. Larousse reproduisit donc son premier projet, toutefois avec de légères modifications, qui ne changeaient rien aux dispositions générales, et au sujet desquelles il donnait les explications suivantes[1] :

Le Vice-Roi ayant témoigné l'intention de faire construire immédiatement un bassin de radoub à Suez, la Compagnie s'était décidée à abandonner au Gouvernement Egyptien une partie du terre-plein à créer sur le banc du Nord pour lui permettre d'y établir un chemin de fer devant faciliter la construction du bassin à l'extrémité du banc. Le nouveau

1. On verra plus loin que les vues sur lesquelles reposaient les modifications proposées ont été abandonnées lors des études définitives.

plan produit indiquait la position que pourrait occuper le bassin de manière à avoir son entrée dans le chenal, même tout en laissant à la Compagnie la libre possession des bords du canal.

D'un autre côté, M. Larousse avait pensé que la création d'un arrière-bassin comme refuge des bâtiments serait inutile en présence de la sécurité qu'offrait la rade ; que l'on se priverait ainsi d'un espace qui serait très recherché pour les constructions. Il lui avait donc paru préférable de créer des docks de 120 mètres de long sur 50 mètres de large pouvant contenir, chacun, deux bâtiments, desservis par un embranchement du chemin de fer, et dont on augmenterait le nombre suivant les besoins. On ne devait pas oublier — faisait-il remarquer — que le nouveau port de Suez était destiné à être un port de passage bien plutôt qu'un port de déchargement, le port de Timsah devant, par sa position, absorber la presque totalité des transactions. Si, plus tard, on reconnaissait la nécessité d'avoir un espace pour tenir parfaitement abrités les navires prêts à passer le Canal, on pourrait creuser en face des docks une sorte de rade.

En produisant à la Compagnie le résultat de ses nouvelles études, M. Larousse ajoutait les renseignements suivants :

Il faisait connaître qu'à l'époque où il faisait ses opérations de sondages il avait vu creuser un petit port au Nord de la ville de Suez et que l'on avait rencontré dans les fouilles, à peu près au niveau de la basse mer, des bancs madréporiques d'une épaisseur d'environ $0^{m},50$, mais qui ne paraissaient se rattacher à aucune formation régulière ; puis, au-dessous, des sables siliceux agglutinés remplis de détritus calcaires de coquilles. Il lui paraissait très probable que l'on rencontrerait dans le nouveau chenal projeté des terrains de même nature qui, à peu d'exceptions près — mais sans que l'on pût rien affirmer à cet égard — pourraient sans doute être attaqués par les dragues. Quelles que fussent d'ailleurs les difficultés de cette nature que l'on pourrait rencontrer, il estimait qu'elles ne seraient pas moindres sur la direction du tracé primitif.

Le nouveau projet de M. Larousse fut finalement approuvé en principe par la Compagnie, mais sous cette réserve que l'approbation ne pourrait devenir définitive qu'après la production d'un projet complet comprenant notamment les résultats de nouveaux forages propres à faire connaître exactement la nature des terrains que l'on aurait à draguer dans le chenal.

Dispositions finalement adoptées en exécution (Projet du 26 septembre 1865)

(PLANCHE XXI)

Diverses circonstances, parmi lesquelles, notamment, la nécessité de reconnaître exactement par de nouveaux forages la nature des terrains afin de pouvoir arrêter définitivement le tracé de la partie du canal s'étendant depuis le rocher de Chalouf[1] jusqu'au débouché dans la rade de Suez, n'ont permis de produire le projet définitif concernant spécialement l'ensemble des ouvrages dudit débouché qu'en septembre 1865.

Dès le mois de janvier 1864, la Compagnie avait arrêté comme suit le programme des travaux à exécuter pour le débouché du canal à Suez :

Le canal déboucherait dans la rade en empruntant le chenal même du port de Suez; il conserverait la largeur de 58 mètres à la cote 17,68, c'est-à-dire au niveau moyen de la Méditerranée, jusqu'à l'origine de la courbe de sortie; cette largeur serait portée à 100 mètres dans toute l'étendue de la courbe et jusqu'à l'entrée en rade; le chenal dragué

1. Ce point du tracé, en raison de l'importance considérable des travaux qui y étaient déjà exécutés, était considéré comme ne pouvant plus être modifié.

devait aller ensuite en s'élargissant de 100 mètres à 300 mètres, jusqu'aux fonds de 9 mètres; enfin, un arrière-bassin permettant aux navires de stationner pour y prendre la remorque serait établi dans la position la plus favorable aux manœuvres.

Avant de produire le projet définitif, les Ingénieurs, comme il est dit plus haut, avaient à se rendre un compte exact de la nature des terrains à traverser. Or, les nouveaux sondages avaient révélé, sur la partie du canal comprise entre Chalouf et Suez, suivant le tracé proposé en 1859 pour le débouché dans la rade, passant près de la Quarantaine, l'existence, en contre-bas du niveau de la mer, d'importants terrains rocheux qu'il serait probablement difficile — jugeait-on — d'enlever à la drague, ou qui exigeraient, en toute hypothèse, d'importantes augmentations de prix.

On fut donc conduit à étudier de nouveaux tracés pour le débouché. On chercha d'abord à se rapprocher du port et de la ville de Suez, ce qui aurait eu en même temps pour résultat de rapprocher le tracé de celui de la Commission internationale[1]; mais les nouveaux forages exécutés firent

---

1. En ce qui était, d'ailleurs, du tracé même de la Commission internationale, il était évident que ce tracé, avec son chenal d'accès ouvert à travers le banc du Sud de la ville (banc dit « du Nord » par rapport au chenal du port), était devenu impossible depuis la construction par le Gouvernement Egyptien du bassin de radoub, établi à la pointe Sud-Est du banc en question, puisqu'il eut interrompu toute communication par terre entre cet ouvrage et la ville; tandis qu'au contraire, les tracés empruntant le chenal du port pour déboucher dans la rade laissaient la possibilité de relier — comme cela a été effectivement fait pendant la construction même de l'ouvrage — le bassin de radoub à la ville par une voie de fer.

Il y a lieu de mentionner, à propos du bassin de radoub, que le Gouvernement Egyptien a complété plus tard cet établissement par la création, sur le même point, d'un véritable port, dit port Ibrahim, comprenant un bassin de l'Arsenal et un bassin du Commerce, et qui ne se trouve séparé du chenal de débouché du canal maritime dans la mer Rouge que par le terre-plein — dont il sera parlé ci-après — créé par la Compagnie au moyen des produits des dragages et destiné tout à la fois à endiguer le chenal sur sa rive Afrique et à recevoir tous les établissements nécessaires à l'exploitation du canal.

La position géographique du môle Sud de port Ibrahim (prise comme position géographique du nouveau port de Suez) est la suivante : latitude N : 29°56'9" ; longitude E : 30°13'16".

reconnaître que, dans tous ces parages, les bancs de roches couvraient de plus grandes surfaces et avaient une plus grande épaisseur. On dévia alors le tracé de quelques centaines de mètres vers l'Est, mais sans obtenir une amélioration appréciable. Toutefois, la configuration générale des lieux et la comparaison des forages dans le sens transversal à la baie ayant conduit à espérer que l'on aurait quelque chance de voir les bancs et rognons de roches disparaître, au moins sur la profondeur du canal, en s'éloignant suffisamment vers l'Est, de nouveaux et nombreux forages furent entrepris de ce côté sur toute la ligne. L'événement sembla justifier les prévisions que l'on avait conçues : on put, en effet, déterminer un tracé paraissant ne devoir plus comporter aucun déblai de roches[1] ; et c'est d'après ce nouveau tracé que fut finalement dressé par les Ingénieurs le projet définitif des ouvrages de débouché du canal dans la rade de Suez.

TRACÉ

Le tracé proposé pour la dernière partie du canal côtoyait au plus près la limite des bancs de roche du plateau de la Quarantaine et se trouvait déboucher dans le chenal du port de Suez par une courbe, dite courbe de sortie, d'un rayon prévu d'abord à 3.000 mètres, mais que des études ultérieures ont permis de porter à 3.200 mètres.

La largeur du canal à la ligne d'eau, dans toute l'étendue de la courbe, avait été fixée primitivement à 80 mètres, avec talus à 3 pour 1. Plus tard, en septembre 1866, à la suite de l'adoption du profil à grande largeur (de 100 mètres à la ligne d'eau) pour toutes les parties du canal où le terrain naturel se trouvait à moins de 2 mètres de hauteur au-dessus du niveau de l'eau, il fut décidé que ce profil à

---

1. Des détails circonstanciés ont été donnés à ce sujet à l'occasion de la description du tracé définitif d'exécution du canal entre les lacs Amers et Suez (Voir pages 186 et suivantes).

grande largeur serait également adopté pour la courbe de sortie.

Le nouveau tracé s'écartait d'environ 1.200 mètres, dans l'Est, du tracé plus direct passant près de la Quarantaine, lequel, lui-même, comme on l'a vu précédemment, s'écartait déjà d'environ 900 mètres du tracé de la Commission internationale qui, lui, passait tout près de la ville de Suez. Il présentait par rapport au tracé direct un allongement de parcours de 484 mètres et devait entraîner à une augmentation d'environ 800.000 mètres dans le cube des terrassements, augmentation due tout à la fois à l'allongement du parcours, à la cote plus élevée des terrains traversés, enfin à la plus grande longueur de la courbe de sortie sur l'étendue de laquelle devaient en outre avoir lieu des élargissements. Mais il y avait lieu de considérer, d'une part, que ces deux graves inconvénients de l'allongement de parcours et de l'augmentation des terrassements étaient largement compensés par la certitude d'éviter les déblais rocheux; d'autre part, qu'à l'encontre du tracé direct, le tracé ainsi reporté dans l'Est n'affecterait que d'une manière insignifiante la superficie inondable des lagunes situées en arrière du port de Suez et ne modifierait ainsi que dans une faible mesure le régime des courants alternatifs des marées qui jouaient un rôle important dans le maintien du chenal.

A partir de son débouché dans le chenal de Suez, le canal, sur une longueur d'environ 1.700 mètres en ligne droite, était élargi à 150 mètres (progressivement de 100 mètres à 150 mètres sur environ les 500 premiers mètres), de manière à constituer, entre le canal proprement dit et la rade, un arrière-bassin pour la formation des trains. Cet arrière-bassin, placé, — ainsi qu'il va être expliqué — immédiatement à la suite du chenal d'accès, offrait l'avantage de permettre aux navires d'y pénétrer sans le secours de remorqueurs. En outre, par suite de la position qu'il occupait entre les deux bancs du Nord et du Sud, il se trouvait parfaitement abrité. La solution adoptée de constituer l'arrière-bassin par un simple élargissement du canal, en même temps qu'elle était la plus économique, était donc également satisfaisante au double point de vue des facilités de mouvement des navires et des conditions d'abri.

La largeur de 150 mètres de l'arrière-bassin ou chenal intérieur comprenait 110 mètres du côté Afrique et 40 mètres du côté Asie, ces dimensions étant prises à partir de l'axe prolongé du canal proprement dit. On devait d'ailleurs, en vertu de la même décision de septembre 1866 rappelée plus haut, appliquer à la rive du côté Afrique, au lieu du talus de 3 pour 1 primitivement projeté, la forme du profil à grande largeur, en réduisant toutefois à 41 mètres, au lieu de $43^{m},25$ (correspondant à un talus de 5 pour 1 sur une hauteur de $8^{m},65$), la projection horizontale du talus, ou, en d'autres termes, la distance comprise entre la rive du plafond et la ligne d'eau de mer moyenne, ce qui laissait au plafond du côté Afrique une largeur franche de 69 mètres[1].

1. Cette modification, qui avait pour résultat de diminuer la largeur de l'arrière-bassin ou chenal d'avant-port dans la demi-section côté Afrique, avait été motivée par le fait de la découverte de terrains durs sur une longueur d'environ 200 mètres à peu près, au droit du milieu du futur terre-plein destiné à former la rive Afrique même de l'arrière-bassin. Les sondages avaient en effet révélé la présence dans cette région d'une formation de graviers agglutinés par du gypse et, au-dessous, d'un banc de grès très dur. Cette dernière roche n'émergeait, à la vérité, au-dessus du plafond du canal (cote 9 mètres) que contre son arête même et sur peu de longueur et une faible hauteur; mais la formation de graviers agglutinés s'élevait jusqu'à $1^{m},60$ au-dessus du plafond, la partie la plus haute de la saillie se trouvant toutefois, heureusement, contre la rive et s'abaissant ensuite graduellement pour s'enfoncer sous le plafond à une centaine de mètres de la limite du terre-plein, soit à 20 mètres environ en deçà de l'axe prolongé du canal. Par l'adoption du profil à grande largeur dans cette partie du chenal, la saillie formée par les terrains durs au-dessus du plafond se trouvait presque entièrement recouverte. La seule objection possible contre la nouvelle disposition était l'éloignement du quai du terre-plein qu'elle entrainait pour les navires en stationnement, la distance du quai à la ligne de mouillage devant être, en effet, d'environ 41 mètres. Mais on avait considéré que si cette distance présentait réellement des inconvénients et s'il était constaté que les talus pouvaient se tenir à une inclinaison plus raide que celle qui leur aurait d'abord été donnée, il serait toujours temps de se mettre en instance auprès du Gouvernement Egyptien pour obtenir l'autorisation d'avancer la rive du terre-plein dans l'intérieur du chenal.

Quant à l'autre côté de la section du chenal, qui ne comportait pas de berge émergente, il devait rester avec la forme et les dimensions primitivement adoptées, c'est-à-dire avec une largeur au plafond de 11 mètres à partir de l'axe prolongé du canal et talus de 3 pour 1 jusqu'au niveau du terrain naturel.

Enfin, l'arrière-bassin communiquait avec la rade par un chenal d'accès prolongé jusqu'aux fonds de 9 mètres, d'une longueur de 1.700 mètres et d'une largeur croissante depuis 150 mètres jusqu'à 300 mètres. Ce chenal d'accès n'avait à traverser que des fonds agrégés solides, d'une tenue excellente, sur lesquels les houles de la mer étaient sans action et où ne se faisait aucun apport de sables voyageurs, ce qui permettait de se dispenser de jetées pour assurer le maintien de sa profondeur.

PROFONDEURS DU CHENAL D'ACCÈS ET DE L'ARRIÈRE-BASSIN DU PORT

Le chenal d'accès devait, sur toute sa longueur, être creusé jusqu'à la profondeur susdite de 9 mètres comptée en contre-bas des basses mers moyennes de vives eaux de la mer Rouge (cote 17^{m},65 du nivellement général rapporté à un plan situé à 20 mètres en contre-bas de la tablette du quai de Suez; et il y a lieu de rappeler que les plus basses eaux sont à 0^{m},65 plus bas, soit à la cote 17 mètres). Son plafond était donc établi uniformément à la cote 8^{m},65.

Dans l'arrière-bassin et la courbe de sortie, le dragage devait être poussé jusqu'à la cote 9 mètres du nivellement général, correspondant à une profondeur d'eau de 8^{m},65 seulement en contre-bas du niveau des basses mers moyennes de vives eaux de la mer Rouge[1].

1. Les profondeurs sus-indiquées — ainsi qu'il a été expliqué à l'occasion de la description du profil en long du canal (Voir page 218) — ont été quelque peu réduites en exécution. C'est ainsi que le plafond du chenal extérieur a été établi à la cote 9 mètres au lieu de 8^{m},65; celui de l'arrière-bassin ou chenal intérieur et de la courbe de sortie, à la cote 9^{m},50 au lieu de 9 mètres.

Enfin, dans le canal à la suite, au Nord de la courbe de sortie, on conservait, comme sur toute l'étendue du canal, la cote de plafond de 9^{m},68, correspondant à une profondeur de 8 mètres au-dessous du niveau moyen de la Méditerranée (supposé alors à la cote 17^{m},68).

DIGUES ET TERRE-PLEINS. — BASSIN DE L'ARSENAL

Le canal, dans l'étendue de la courbe de sortie, ainsi qu'il a été expliqué précédemment à propos du profil spécial dans cette courbe (Voir planche XVII), n'était endigué du côté Asie que jusqu'à son débouché dans la lagune, c'est-à-dire jusqu'au point où le sol naturel se trouvait à la cote de la laisse des hautes mers. Du côté Afrique, l'endiguement à la traversée de la lagune était arrêté à 550 mètres environ avant la fin de la courbe, ou, ce qui revient au même, avant le débouché du canal dans le chenal de Suez. Il n'avait pas été prolongé plus loin afin d'éviter de trop rétrécir la communication entre la mer et les lagunes et de ne troubler ainsi que le moins possible dans les lagunes le régime des marées. La digue, à la traversée de la lagune, devant être construite avec les terres fournies par les dragues à long couloir, son talus intérieur (côté du canal), en raison de la mauvaise nature de ces terres, était protégé par des enrochements; et, vu le mode même d'exécution du massif de la digue, cette défense en enrochements consistait dans la construction, avant tous remblais, d'une petite digue établie sur le terrain naturel et ayant son couronnement au niveau des hautes eaux ordinaires; puis, au-dessus, après exécution des remblais, d'un simple perré de revêtement. Une défense semblable pour le talus extérieur (côté de la lagune) n'avait pas été jugée nécessaire parce que, grâce précisément au mode d'exécution de la digue par dragues à long couloir (de 25 mètres) les terres devaient s'épandre avec un très faible talus, formant ainsi une sorte de plage qui serait inattaquable par les courants de marées; l'extrémité seule de la digue serait protégée par un retour, en forme de musoir, des enrochements de protection du talus intérieur.

L'arrière-bassin n'était endigué que du côté Afrique. L'endiguement était constitué par un large terre-plein établi sur le bord même du chenal de Suez, dans toute la partie de ce chenal empruntée par l'arrière-bassin, et présentant un grand alignement droit de 1.200 mètres de longueur orienté du N. E. au S. O. Ce terre-plein devait être créé avec des terres provenant des dragages. Il était destiné à recevoir tous les établissements de la Compagnie. On admettait que ce serait le long de sa rive, où ils seraient parfaitement abrités et où ils trouveraient toutes facilités pour leurs manœuvres, leur ravitaillement, le règlement du péage, les dispositions pour le départ, etc., que stationneraient les navires pour attendre leur entrée dans le canal. On aurait en conséquence à faire sur le terre-plein tous aménagements utiles ; les ouvrages destinés à venir en aide aux navires seraient installés à son extrémité Sud. Cette extrémité se trouvait d'ailleurs établie dans des fonds suffisants pour permettre aux embarcations de la Compagnie ne calant pas plus de $1^{m},50$ d'accoster à la rive du terre-plein faisant face à la rade.

L'arrière-bassin de 150 mètres de largeur, tel qu'il était proposé, paraissait devoir suffire largement aux premiers besoins de l'exploitation. L'avenir, à son sujet, se trouvait d'ailleurs complètement réservé, puisque, grâce à l'absence d'endiguement du côté Asie, rien n'empêcherait plus tard, au besoin, de l'élargir successivement à mesure du développement du transit.

Le grand alignement de 1.200 mètres du terre-plein bordant l'arrière-bassin se continuait, fictivement, à partir de son extrémité N. E, sur environ 150 mètres. Au-delà, le terre-plein était prolongé vers le Nord, suivant un nouvel alignement, d'une longueur primitivement prévue de 500 mètres, épousant le mieux possible, comme le précédent, le contour du chenal de Suez. Le projet comprenait d'ailleurs, dans la portion du banc que devait occuper cette seconde partie du terre-plein, la construction d'un petit bassin, dit darse de l'Arsenal, d'une largeur de 150 mètres et d'une longueur égale[1], creusé à 6 mètres de profondeur, ayant son entrée, d'une largeur de 100 mètres et dirigée normalement à l'arrière-bassin, immédiatement en deçà de l'angle formé par les deux alignements dont il vient d'être parlé, destiné à remiser les remorqueurs et tout le matériel naval de la Compagnie, enfin sur le pourtour duquel devaient être établis les ateliers de réparation, les cales de halage, etc., nécessaires pour l'entretien de ce matériel.

Les berges du terre-plein, aussi bien celle faisant face à la rade que celles longeant l'arrière-bassin, puis le chenal de Suez en amont, devaient être protégées par des défenses en enrochements construites suivant le mode décrit précédemment au sujet de la digue Afrique de la courbe de sortie.

Sur les trois côtés Sud, Ouest et Est de la darse de l'Arsenal, le terrain en avant de l'endiguement serait d'abord creusé jusqu'à la côte 15^{m},50, c'est-à-dire à 1^{m},50 en contre-bas du niveau des plus basses mers, de manière à permettre aux embarcations calant 1 mètre de pouvoir toujours accoster, et la petite digue inférieure en enrochements des types précédents descendrait jusqu'à la risberme ainsi créée en s'appuyant sur le talus du déblai ; la crête du talus de la fouille proprement dite de la darse serait d'ailleurs placée provisoirement à une certaine distance du pied de la défense en enrochements, en prévision du cas où ce talus prendrait une inclinaison de plus de 2 pour 1. Sur le côté Nord, destiné à être déplacé au fur et à mesure des besoins, la défense en enrochements, conformément aux types précédemment décrits,

1. On verra plus loin, qu'à la suite des opérations de la Commission de délimitation des terrains réservés à la Compagnie (en février 1866) la longueur du terre-plein Nord et celle du bassin de l'Arsenal ont été notablement augmentées.

serait simplement établie sur le terrain naturel, à une certaine distance en arrière de la crête de la fouille de la darse.

Le chenal d'accès, creusé en ligne droite en prolongement de l'arrière-bassin, et courant dès lors, comme lui, dans la direction du N. E. au S. O., ne devait pas être endigué. On avait bien eu, un moment, l'idée de construire, en prolongement de la rive du terre-plein, pour protéger le chenal d'accès jusqu'à l'accore du banc du Sud, une jetée en enrochements, dite jetée du Nord, d'une centaine de mètres de longueur et s'avançant jusqu'aux fonds de 4 mètres. Mais, comme on pouvait espérer que le chenal, par sa direction même, se trouverait suffisamment abrité par le terre-plein du Nord contre les vents régnants du N. O.; que, dans le cas contraire, il semblait prudent d'attendre que l'expérience permît de reconnaître la meilleure direction à donner alors à la jetée en question, l'idée de la construction d'une pareille jetée fut provisoirement réservée. L'expérience est venue finalement démontrer qu'une pareille jetée n'était pas nécessaire.

DIMENSIONS DÉFINITIVES DES TERRE-PLEINS

D'après les premières prévisions, le terre-plein que la Compagnie se proposait de créer en bordure de l'arrière-bassin et qu'elle avait grand intérêt à se réserver en totalité pour ses besoins, devait s'étendre en largeur jusqu'au bassin de radoub. Mais, à la suite des résolutions prises (à la date du 19 février 1866), en ce qui était des terrains de Suez, par la Commission de délimitation des terrains réservés à la Compagnie le long du canal en exécution de la sentence impériale du 6 juillet 1864, la superficie de ce terre-plein s'est trouvée finalement réduite comme il est indiqué ci-après.

Les résolutions de la Commission de délimitation au sujet des terrains réservés à la Compagnie pour le débouché du canal dans la rade de Suez avaient été les suivantes :

« 1° Le chenal faisant partie du port de Suez n'est pas compris dans « les terrains réservés à la Compagnie; toutefois il demeure bien « entendu que, conformément à la concession, la Compagnie a le droit « de faire dans le chenal tous les travaux que comporte l'exécution de « ses projets, sous la réserve de laisser toujours un passage libre à la « navigation entre le fond du port et la rade, de sorte que la navigation « ne soit jamais arrêtée ni entravée;

« 2° Le halage sera libre sur les quais que doit construire la Compa- « gnie. Toutefois le droit de haler ne devra pas gêner la formation « des trains.

« La formation des trains est interdite le long de la jetée extérieure[1] « et sur une longueur de 100 mètres à l'extrémité du terre-plein. La « portion suivante du quai jusqu'au petit bassin est affectée à la « formation des trains; en dehors des navires destinés à entrer dans « le canal, aucun navire ne pourra y stationner ni s'y amarrer.

« La circulation pour le public sera constamment libre sur les quais.

« Si la Compagnie prolonge la levée au-delà de l'extrémité du terre- « plein, en vue de former une jetée d'abri[1], cette jetée extérieure sera « et restera conservée au public pour les besoins généraux du halage;

« 3° La Compagnie sera tenue d'élargir le chenal si les besoins de « la navigation locale le rendent nécessaire;

« 4° Le chenal devant rester libre pour tous les navires, aucun « bâtiment n'y pourra mouiller.

« 5° La moitié de la largeur du terre-plein à créer entre la levée « formant la rive Nord du chenal d'avant-port et le quai du bassin de « radoub sera comprise dans les zones réservées à l'exploitation du « canal maritime, sous la condition pour la Compagnie de laisser au « quai, le long de la levée, une largeur de 40 mètres.

« La Compagnie n'aura à sa charge que la dépense afférente à l'exé- « cution des travaux dans la largeur de la zone qui lui est réservée.

« L'enrochement qui doit protéger le terre-plein du côté de la rade « sera construit simultanément par le Gouvernement et par la Com- « pagnie.

« 6° Les fortifications qui pourront être construites à l'extrémité « Sud-Ouest du terre-plein seront disposées de manière que l'on puisse « communiquer entre ce terre-plein et la rade.

« La partie extérieure correspondant à la bande réservée à la Com- « pagnie sera affectée à l'accostage et au stationnement de ses embar- « cations de service et à l'établissement de ses embarcadères.

« 7° La partie du terre-plein réservé à la Compagnie le long du chenal

---

1. On verra plus loin que la Compagnie a renoncé à la construction de cette jetée, laquelle était dans ses projets au moment de la réunion de la Commission de délimitation.

« de Suez, en retour vers le Nord, aura une longueur de 1.000 mètres « à partir de l'entrée du petit bassin projeté pour le remisage du « matériel d'exploitation du canal maritime. Le terre-plein s'étendra « en largeur jusqu'à une ligne parallèle au chemin de fer, à 50 mètres « en arrière de l'axe de la voie. Les navires étrangers à l'exploitation « du canal maritime pourront se haler, mais non se décharger ni « s'amarrer le long de ce terre-plein.

« 8° Les constructions qui seront élevées par la Compagnie dans « l'étendue de la zone réservée à l'exploitation du canal maritime « seront soumises en cas de guerre aux servitudes militaires.

« Une zone de 100 mètres de largeur est réservée à l'extrémité du « terre-plein pour les besoins du Gouvernement. Aucune construction « ne pourra être érigée sur cette zone de terrain par la Compagnie.

« Aucune des énonciations du présent procès-verbal ne pourra être « prise ou considérée par la Compagnie comme l'affranchissant des « réglements de port; en conséquence, tous les navires généralement « quelconques se dirigeant dans le canal maritime resteront, à l'instar « des autres navires, soumis aux règlements faits ou à faire par le « Gouvernement égyptien pour assurer la libre circulation dans les « ports de son territoire. »

En conséquence des résolutions de la Commission de délimitation, les dimensions en largeur du terre-plein de la Compagnie se sont trouvées être définitivement fixées comme suit :

La distance entre l'extrémité S. O. de la rive du terre-plein bordant l'arrière-bassin du port et la jetée Est du bassin de radoub étant de 420 mètres, les travaux d'enrochements à faire par la Compagnie ne comprenaient qu'une longueur de 210 mètres (le Gouvernement égyptien — comme on l'a vu par la citation ci-dessus, article 5 — s'était d'ailleurs engagé à fermer par un enrochement les 210 mètres qui lui étaient réservés), la largeur du terre-plein à son extrémité, mesurée normalement à la rive longeant l'arrière-bassin, se trouvait ainsi être d'environ 160 mètres ; cette largeur allait ensuite progressivement en diminuant à peu près jusqu'à mi-distance avant le bassin de l'Arsenal, point où l'intervalle entre la levée du chemin de fer du bassin de radoub et la rive du terre-plein étant seulement de

180 mètres, la largeur du terre-plein se trouvait réduite à 90 mètres; à partir du point en question, le terre-plein avait pour limite Ouest une parallèle tracée à 50 mètres de la voie du chemin de fer, et sa largeur se trouvait alors augmenter progressivement jusqu'à l'angle formé par la rencontre des deux alignements des terre-pleins Sud et Nord où elle atteignait 330 mètres; enfin, la largeur du terre-plein Nord (sur lequel était pris la darse de l'Arsenal) croissait depuis 330 mètres jusqu'à environ 380 mètres : l'adoption, pour la rive de ce terre-plein, du côté du chenal de Suez, d'un alignement droit sur toute la longueur de 1.000 mètres réservée à la Compagnie, eût obligé soit à établir cette rive en partie sur le banc, soit à empiéter sur le chenal si l'on voulait que le terre-plein pût être accosté sur toute son étendue par les petites embarcations; afin d'éviter ce double inconvénient on avait légèrement modifié la direction rectiligne de la rive de manière à faire suivre le plus possible au pied du talus de la berge la ligne des plus basses mers.

Bien que la longueur du terre-plein Nord réservé à la Compagnie fût de 1.000 mètres, le projet ne prévoyait d'abord la construction dudit terre-plein que sur une longueur de 500 mètres[1].

Quant à la darse de l'Arsenal, sa longueur, projetée primitivement à 150 mètres seulement (comme la largeur), était portée à 400 mètres. On avait adopté une pareille longueur dans le double but de trouver dans les déblais mêmes de la darse les terres nécessaires à la confection des terre-pleins du pourtour et d'éviter de remblayer dans la région Nord, sur 3 mètres de hauteur, un emplacement où l'on pourrait avoir plus tard à creuser pour l'agrandissement de la darse.

1. La Compagnie n'occupe pour ses services qu'une partie des deux terre-pleins Nord et Sud. L'autre partie fait partie du Domaine commun créé par la convention du 23 avril 1869 et dont la gestion a été définitivement réglementée par la nouvelle convention du 18 décembre 1884.

Sur sa rive Est, la darse se trouvait séparée du chenal de Suez par un terre-plein, en forme de môle, de 50 mètres de largeur; le terre-plein de la rive Ouest avait une largeur moyenne de 130 mètres; celui de la rive Nord une largeur d'environ 160 mètres.

Dès les premières études de 1859 — ainsi que la remarque en a déjà été faite précédemment — il avait été objecté contre le débouché empruntant le chenal de Suez que ce débouché était trop éloigné du port et de la ville de Suez. En produisant leur nouveau projet, les Ingénieurs, revenant sur cette objection avaient fait remarquer que le terre-plein créé par la Compagnie se trouverait en communication directe avec Suez par le chemin de fer, alors en construction, destiné à desservir le bassin de radoub et sur lequel la Compagnie pourrait au besoin, embrancher une voie pour son service; qu'à la suite du terre-plein, en remontant vers le Nord, le Gouvernement égyptien aurait toutes facilités pour construire, le long du chenal de Suez, tous ouvrages, tels que quais, bâtiments, etc., nécessaires aux transactions entre la ville de Suez et les navires faisant le commerce local; enfin, que les navires stationnant dans cette partie du chenal seraient parfaitement abrités et n'auraient aucun rapport avec ceux qui auraient simplement à traverser le Canal.

BRISE-LAMES DU SUD

Il a été expliqué, à propos des études de 1859, que moyennant la construction, en travers du banc du Sud, d'un brise-lames destiné à abriter le chenal d'accès et l'arrière-bassin contre la houle soulevée par les vents du large, d'ailleurs fort rares, les conditions nautiques du nouveau port seraient excellentes.

Le brise-lames en question se trouvait donc naturellement compris parmi les ouvrages du nouveau projet. Son point d'enracinement était tout indiqué, comme on l'avait prévu dès l'origine, à la pointe de la Pyramide. Son extrémité, sous peine d'occasionner de grandes dépenses, ne devait pas dépasser l'accore du banc. Restait à déterminer la direction de l'ouvrage. Si on le dirigeait trop vers le Nord, on rétrécissait outre mesure l'entrée du port au détriment du libre mouvement des marées et l'on diminuait l'abri contre les gros temps du Sud; si on le dirigeait trop vers le Sud, on augmentait les dépenses, tout en ouvrant le port pour ainsi dire à tous les vents. On avait donc, pour éviter le double écueil qui vient d'être signalé, adopté une direction moyenne.

Le brise-lames se trouvait ainsi courir de l'E. S. E. à l'O. N. O. Il était constitué par une digue en enrochements, dont le couronnement d'une largeur de 3 mètres était établi à la cote 20 mètres (niveau de la tablette du quai de Suez), c'est-à-dire à 0^{m},75 au-dessus du niveau des hautes mers moyennes de vives eaux; talus du côté du large à l'inclinaison de 2 pour 1, et talus intérieur à 45°. L'ouvrage avait une longueur d'environ 900 mètres. A son extrémité, sur la crête de l'accore, le terrain étant à la cote 16^{m},40 (0^{m},60 en contrebas des plus basses mers), la hauteur du brise-lames au musoir se trouvait être de 3^{m},60.

L'ouvrage, tel qu'il était constitué, semblait pouvoir résister aisément aux grosses mers du large, attendu que les lames — ainsi que la remarque en a déjà été faite, — après s'être brisées d'abord sur les accores du banc, puis sur le banc lui-même qu'elles auraient à parcourir sur une étendue de plus de 500 mètres, n'arriveraient à l'ouvrage qu'après avoir perdu toute leur force.

TERRAIN RÉSERVÉ A LA COMPAGNIE AU DÉBOUCHÉ DU CANAL SUR LA RIVE AFRIQUE

(PLANCHE VII)

La Commission de délimitation avait réservé à la Compagnie, à l'embouchure du canal, sur la rive Afrique, attenant à la digue de la courbe de sortie, un terrain s'étendant jusqu'à la rive du chenal de Suez, présentant ainsi une largeur moyenne de 315 mètres en dehors de la largeur uniforme de 200 mètres à partir de l'axe, réservée sur toute la longueur du canal, et une longueur de 400 mètres mesurée le long de la rive même du chenal.

La question s'étant posée, en 1867, de savoir s'il y avait lieu de procéder de suite à la confection d'un terre-plein sur ledit terrain, la non-opportunité d'un pareil travail fut reconnue. Les motifs d'ajournement avaient été les suivants :

L'exécution du terre-plein, en diminuant l'ouverture par laquelle la marée s'introduisait dans les lagunes, apporterait dans le régime du port de Suez des modifications dont on pouvait prévoir la portée par ce qui s'était déjà produit à la suite de circontances analogues :

Lorsque le banc de Suez n'avait encore reçu aucun ouvrage, la mer, au moment du plein, recouvrait tout le banc, l'établissement du port était le même que celui de la rade et les niveaux des hautes et basses mers étaient sensiblement les mêmes dans le port et en rade. Les travaux du bassin de radoub, en couronnant le banc d'une jetée qui s'étendait depuis Suez jusqu'au bassin, avaient détruit la communication directe à haute mer entre la rade et le port ; les mouvements du flot et du jusant s'étaient faits depuis lors par l'ouverture rétrécie laissée entre le bassin de radoub et la rive Asie du chenal ; et il était résulté de là des retards dans les heures et des abaissements de niveau des hautes et basses mers du port par rapport à ceux de la rade : l'établissement et les niveaux de la marée n'avaient pas sensiblement changé en rade ; mais, dans le port, le moment de la pleine mer et celui de la basse mer avaient retardé d'environ 30 minutes, le niveau de la haute mer y était plus bas que celui de la rade de 4 à 5 centimètres et le niveau des basses mers de 10 à 12 centimètres.

Les nouveaux ouvrages alors en cours de construction par la Compagnie (terre-plein du Nord et brise-lames du Sud) devaient évidemment agir dans le même sens. On avait pu constater déjà, par l'étude des mouvements de la marée dans le chenal, que les retards et les abaissements de niveau dans le port étaient dus à la contraction qu'éprouvait la marée à la hauteur du bassin de l'Arsenal, et il était certain que la construction, vis-à-vis, sur la rive Asie, d'un nouveau terre-plein venant diminuer encore très notablement l'entrée ouverte à la marée, aggraverait encore la situation, c'est-à-dire produirait un nouveau retard dans la propagation de la marée et un nouvel abaissement des niveaux des hautes et des basses mers dans le port.

On devait considérer, en outre, que, par suite de l'obstacle que rencontrerait le jeu des marées, l'intensité des courants dans le chenal diminuerait, en sorte que la construction du nouveau terre-plein aurait également pour conséquence de diminuer l'intensité des chasses produites dans le chenal par les courants de marée.

Sans doute, plus tard, lorsque le Canal maritime serait terminé, lorsque le commerce de Suez se trouverait concentré sur le banc et autour des ports Ibrahim, on n'aurait pas à attacher beaucoup d'importance à ces résultats : d'une part, en effet, la navigation du chenal serait considérablement réduite ; et, d'autre part, quant aux chasses produites par les courants, l'absence d'alluvions dans la rade de Suez ne les rendait nullement indispensables.

Mais, au moment où l'on se trouvait, la question se présentait différemment : en premier lieu, la navigation du chenal était très active, et il y avait grand intérêt à la fois pour le service du transit et pour les entrepreneurs de la Compagnie, au point de vue des communications entre le Canal d'eau douce et la rade, à ce qu'elle fût maintenue dans les meilleures conditions possibles et il était certain qu'il n'en serait pas ainsi avec les forts courants qui se produiraient dans l'espèce de goulet que viendrait créer le nouveau terre-plein ; en second lieu, les chasses étaient alors utiles, parce que les terres remuées par les dragues et laissées en suspension dans l'eau faisaient l'effet d'alluvions qui, entraînées par les courants, se déposaient dans les anciennes passes, lesquelles ne pouvaient dès lors conserver leur profondeur qu'à la condition que le jeu des marées n'y fût pas contrarié.

Tels étaient les motifs qui avaient fait reconnaître qu'il y aurait de sérieux inconvénients — parmi lesquels la possibilité de contestations avec les intérêts locaux — à construire immédiatement un terre-plein sur le terrain réservé à la Compagnie à l'embouchure du canal, et qui avaient, en conséquence, fait ajourner cette construction[1].

TRAVAUX EXÉCUTÉS

C'est exactement en conformité de la description qui vient d'en être donnée dans l'exposé ci-dessus du projet de 1865, avec la modification apportée à ce projet, en ce qui est de la darse de l'Arsenal, à la suite des opérations de la Commission de délimitation de février 1866, qu'ont été finalement exécutés les travaux formant le débouché du Canal maritime dans le golfe de Suez.

Ces travaux se trouvent décrits au chapitre V de la description générale des travaux exécutés par l'Entreprise Borel Lavalley et Cie sur la partie du canal comprise entre les lacs Amers et Suez, chapitre intitulé : Port de Suez. — Dragages, remblais du terre-plein, Enrochements.

---

1. Plus tard, en 1888 — ainsi qu'il sera expliqué au chapitre des *Améliorations du Canal* pendant la période d'exploitation — alors que les considérations qui avaient fait ajourner la construction du terre-plein en question n'existaient plus, ou, du moins, n'avaient plus, pour celles qui subsistaient encore, qu'une très faible importance, une digue fut construite sur le pourtour dudit terrain, de manière à enclore une nouvelle darse, creusée sur une partie du reste de la superficie et ayant son entrée sur le chenal de Suez. Les terre-pleins de la digue étaient destinés à servir de dépôts de matériaux (notamment de pierres de l'Attaka pour les travaux du canal), lesquels y seraient apportés ou d'où ils seraient remportés par des barques pénétrant dans la darse pour y faire leurs opérations de chargement ou de déchargement.
(La nouvelle darse a été construite pendant les années de 1888 à 1890.)

CANAL D'EAU DOUCE

I. — Canal provisoire de Zagazig au lac Timsah.

On a vu précédemment que l'avant-projet du canal fluviatile de jonction et d'irrigation dressé par les ingénieurs du Vice-Roi comportait, pour le canal principal du Caire au lac Timsah, un canal non séfi, ayant sa prise d'eau au Caire et devant être alimenté pendant les périodes d'étiage par des machines élévatoires. Le canal était projeté avec une largeur au plafond de 19 mètres et talus à 3 de base pour 2 de hauteur; et, comme la hauteur d'eau pendant la saison d'étiage devait y être de 2 mètres, la largeur à la ligne d'eau d'étiage se trouvait ainsi être de 25 mètres ; le canal était divisé en cinq biefs dont les différences de niveau étaient rachetées par des écluses de 54 mètres de longueur de sas et de 12 mètres de largeur ; enfin, la dépense totale des travaux du canal avec ses ouvrages annexes (rigole de Suez et conduites d'eau vers Port-Saïd) était estimée à 8.790.000 francs, non compris une participation dans la somme à valoir du projet d'ensemble du canal maritime et de ses dépendances.

Le Gouvernement égyptien s'étant chargé d'exécuter à forfait le canal d'eau douce d'après les évaluations de l'avant-projet, la Commission internationale, dans son rapport de décembre 1856, avait estimé qu'elle n'avait pas à se prononcer sur la préférence à donner à un canal séfi ou à un canal non séfi, et elle s'en était remis, pour les dispositions définitives à adopter, aux ingénieurs qui seraient chargés de l'exécution des travaux. La Commission avait d'ailleurs fixé le chiffre du forfait à 9 millions de francs.

En exécution de l'engagement qu'il avait pris, le Gouvernement égyptien, dès la fin de 1856, avait fait procéder par ses ingénieurs aux études définitives du canal, piqueter le tracé sur le terrain, dresser les plans cadastraux ; et il se disposait à entreprendre les travaux lorsque, en juillet 1857, M. de Lesseps fit connaître au Vice-Roi son désir de consulter la Commission internationale sur les projets définitifs des ingénieurs du Gouvernement, spécialement en ce qui était de la prise d'eau et du mode d'alimentation du canal. En même temps, comme approchait le moment où devait se former la Compagnie concessionnaire, M. de Lesseps signalait à Son Altesse l'intérêt qu'il y avait à ce que ce fût la Compagnie qui exécutât elle-même les travaux, faisant ressortir qu'il serait prématuré d'exécuter un travail faisant partie intégrante du percement de l'isthme avant que l'accomplissement du travail entier fût complètement assuré ; il faisait observer, enfin, qu'il importait de laisser à la future Compagnie une entière liberté d'action pour adopter les dispositions qui lui paraîtraient les meilleures au double point de vue de la prise d'eau et des irrigations.

La question du canal d'eau douce resta, en conséquence, momentanément en suspens.

Le Conseil supérieur des travaux, institué en novembre 1858 pour arrêter le programme d'exécution du projet de la Commission internationale, fut, dès sa première réunion, en ce qui était de la question spéciale du canal d'eau douce, informé par M. de Lesseps de l'accord intervenu entre lui et le Gouvernement égyptien, remettant à la Compagnie le soin d'exécuter directement le canal. La question se présentait donc entière devant le Conseil, qui avait pour mission de fixer à la fois les bases d'un projet normal devant satisfaire à toutes les éventualités et celles d'un projet plus restreint, qui serait exécuté tout d'abord en vue de pourvoir aux nécessités du présent et d'un avenir de plusieurs années.

En conformité de la mission qui lui était confiée, le Conseil avait :

D'une part, en ce qui était du canal principal du Caire au lac Timsah, arrêté les bases d'un projet qui fixait définitivement à Kasr-el-Nil l'emplacement de la prise d'eau du Caire, repoussait le mode d'alimentation par des machines élévatoires, et, par conséquent, adoptait un canal séfi, fixait une largeur de 20 mètres au plafond pour le canal définitif et une largeur de 10 mètres seulement pour le canal provisoire, enfin divisait le canal en quatre biefs seulement, avec pente du plafond de 0,045 par kilomètre et maintien pour les écluses des dimensions de l'avant-projet ;

D'autre part, en ce qui était de la rigole de Timsah à Suez, le Conseil avait adopté une largeur moyenne au plafond de 7 mètres.

Le Conseil étant passé ensuite à l'étude du programme d'exécution du projet complet de la Commission internationale, le Directeur général des travaux, M. Mougel Bey, après avoir rappelé les circonstances qui avaient empêché jusqu'alors l'exécution du canal d'eau douce, contrairement aux premières prévisions d'après lesquelles l'achèvement de ce canal devait précéder la constitution même de la Compagnie, avait fait remarquer que, si l'on ne voulait pas retarder la communication entre les deux mers, il importait de ne pas subordonner le commencement des travaux du canal maritime à l'achèvement du canal d'eau douce. Finalement le Conseil avait arrêté le programme d'exécution de l'ensemble des travaux en cinq phases d'une durée totale de six années, comme suit :

Pendant les deux premières années (première phase), construction du canal d'eau douce du Caire au lac Timsah à la largeur de 10 mètres au plafond; et, en même temps, ouverture d'une rigole maritime de 12 mètres de largeur au plafond et de 2m,50 de tirant d'eau et exécution d'une partie des travaux accessoires divers prévus au projet de la Commission internationale ;

Pendant la troisième année (deuxième phase), creusement du canal maritime à la largeur de 20 mètres au plafond et 6 mètres de tirant d'eau, et achèvement des travaux accessoires;

Pendant la quatrième et la cinquième année (troisième et quatrième phases), ouverture de la rigole d'eau douce de Timsah à Suez, à la largeur moyenne au plafond de 7 mètres et approfondissement du Canal maritime à 8 mètres avec largeur au plafond de 12 mètres;

Enfin, pendant la sixième année (cinquième et dernière phase), achèvement du canal maritime avec les largeurs au plafond de 44 et de 64 mètres du projet de la Commission internationale.

(Il importe de rappeler, au sujet de ce dernier point du programme d'exécution, que le Conseil supérieur des travaux, dans sa réunion ultérieure de 1859, a finalement adopté pour le canal maritime un profil réduit n'ayant que 22 mètres de largeur au plafond sur toute la longueur du canal.)

Les circonstances n'ont pas permis de suivre rigoureusement le programme qui vient d'être rappelé en ce qui était de l'exécution du canal d'eau douce : la Compagnie jugea devoir tout d'abord porter tous ses efforts sur la création du port de Port-Saïd, qui devait être le point principal de ravitaillement des chantiers de l'isthme, sur les premières installations dans l'isthme même, enfin sur l'exécution d'une première rigole navigable entre-Port Saïd et le lac Timsah.

L'ouverture officielle des travaux du canal maritime a eu lieu, comme on le sait, à Port-Saïd, le 25 avril 1859.

A partir de ce jour, les travaux des premières installations les plus indispensables à Port-Saïd et le creusement de la rigole maritime de Port-Saïd au seuil d'El Guisr furent poussés le plus activement possible. Dès le premier mois de 1860, on put procéder à l'organisation des chantiers de terrassements pour le creusement de la grande tranchée du Seuil; les terrassements, exécutés par les ouvriers des contingents égyptiens, se trouvaient en pleine activité dans les premiers mois de l'année 1861.

Le ravitaillement des chantiers du Seuil en vivres et approvisionnements de toute nature et en matériel devait, en raison des difficultés des transports à travers le lac Menzaleh et le désert par la voie de Port-Saïd, se faire en grande partie par la voie de Zagazig, où les objets arrivaient soit d'Alexandrie par chemin de fer en ce qui était des provenances d'Europe, soit de l'intérieur du pays. A partir de Zagazig, où tout était entreposé, les transports jusqu'aux chantiers des travaux, qui comportaient un parcours d'environ 80 kilomètres, se faisaient à dos de chameau, mode de transport d'une cherté excessive et d'une grande irrégularité. En outre, le mode d'approvisionnement en eau douce des chantiers, tel qu'il avait été possible de l'organiser en l'absence du canal d'eau douce, était très précaire et également fort coûteux.

Il était donc du plus grand intérêt pour la Compagnie d'arriver le plus promptement possible à jouir d'une voie de transport par eau venant du Nil jusqu'au lac Timsah[1]. La construction du canal d'eau douce de l'avant-projet, même avec les dimensions restreintes indiquées par le Conseil supérieur des travaux comme première phase d'exécution, eût entraîné de trop longs délais et nui, en même temps, à l'activité des travaux de la rigole maritime. La Compagnie, d'accord avec le Gouvernement égyptien, adopta alors une solution provisoire consistant à utiliser le canal de Zagazig à Tell-el-Kébir, sauf à aviser aux moyens de l'alimenter pendant l'étiage du Nil, et le canal déjà existant de Tell-el-Kébir à Ras-el-Ouady, après y avoir exécuté les améliorations les plus indispensables, telles que redressement des coudes les plus prononcés et approfondissement des hauts fonds, puis à prolonger ensuite ce canal, à partir de son extrémité, à Ras-el-Ouady, jusqu'au lac Timsah. Les travaux d'amélioration du canal de l'Ouady devaient d'ailleurs, en attendant la construction du canal en prolongement jusqu'au lac Timsah, permettre de conduire par eau jusqu'à Ras-el-Ouady (ou Gassassine) — ce qui constituait déjà un sérieux progrès — tout le matériel et les approvisionnements à destination du désert.

Nous décrirons successivement chacune de ces deux sections de la voie de transport par eau créée à titre provisoire par la Compagnie entre Zagazig et le lac Timsah.

AMÉLIORATION DU CANAL DE L'OUADY

DE ZAGAZIG A RAS-EL-OUADY OU GASSASSINE

Le Gouvernement égyptien avait consenti à prendre à sa charge tous les travaux à exécuter sur le canal de Zagazig ou de l'Ouady pour le rendre navigable.

---

1. En attendant la construction de cette voie de transport par eau, la Compagnie avait déjà réalisé une première amélioration dans ses moyens de transport en aménageant sur la berge du canal de Zagazig, entre la gare du chemin de fer de cette ville et le pont de Tell-el-Kébir, une route carrossable qui allait rejoindre ainsi l'excellent chemin du désert praticable aux voitures.

Les travaux d'amélioration, commencés dans les premiers mois de l'année 1861, ont été exécutés sous la direction des ingénieurs de la Compagnie, au moyen d'ouvriers fournis par le Gouvernement.

Indépendamment des curages, de quelques rectifications de courbes, de l'exhaussement de digues trop basses, les améliorations du canal ont comporté les ouvrages suivants:

A Zagazig même, en vue de permettre d'utiliser le canal pour le transport par eau, sans transbordement, de tout le matériel arrivant par le Bahr-Moëz à destination des chantiers de l'Isthme : construction en remplacement du pont-barrage à poutrelles existant à l'origine du canal, d'une écluse à sas de 6 mètres de largeur et de 25 mètres de longueur, avec portes en charpente et pont-levis également en charpente à une seule volée et d'une largeur de voie de 4 mètres;

Sur le parcours du canal: substitution de ponts-levis de 6 mètres de largeur libre de débouché au pont fixe d'Abou-Ahmed et au pont-barrage de Tell-el-Kebir et démolition de deux anciens ponts qui rendaient la navigation très difficile, l'un à Abasce, l'autre à El Becarche, à 8 kilomètres environ en aval de Tell-el-Kébir.

Tous ces travaux étaient terminés en septembre 1861 [1].

Le canal avait une longueur de 45 kilomètres [2].

Au départ, la cote du plafond (radier de l'écluse de Zagazig) par rapport au plan de comparaison passant à 30 mètres au-dessus du couronnement du quai de Suez, était de $25^m,970$, correspondant à la cote $24^m,030$ par rapport au plan de comparaison passant à 20 mètres au-dessous du même quai. A l'extrémité, à Gassassine, la cote du plafond du canal par rapport au dernier plan de comparaison était de $23^m,344$. La pente totale du plafond était donc de $0^m,686$, ce qui, pour une longueur de 45 kilomètres, correspondait à une pente de $0^m,015$ par kilomètre.

Indépendamment des travaux d'amélioration qu'il avait été indispensable d'exécuter sur le canal de l'Ouady pour le rendre navigable,

1. Les portes de l'écluse de Zagazig n'ayant pu être montées avant la crue du Nil, on avait dû construire provisoirement un batardeau à poutrelles à la tête d'amont.

La reconstruction des deux ponts d'Abou-Ahmed et de Tell-el-Kébir avait de son côté nécessité l'établissement de barrages en amont de leurs emplacements.

Le non-achèvement des travaux avant l'arrivée de la crue du Nil paraissait devoir entraîner de graves inconvénients, soit de retarder l'introduction des eaux de la crue dans les canaux d'irrigation de l'Ouady, ce qui n'était pas possible, sous peine de causer le plus grand dommage aux populations, soit de condamner la Compagnie à arrêter les travaux et à perdre ainsi le fruit de ses efforts pour jouir enfin d'une voie navigable pour ses transports vers le Seuil. La difficulté fut heureusement surmontée, grâce au bon vouloir du moudir de la province, qui installa des corvées de travailleurs pour établir des dérivations partout où cela était nécessaire.

2. Exactement $44^{km},995$.

il fallait encore, en vue du double rôle que devait désormais remplir le canal, à la fois comme voie de navigation pour les transports de la Compagnie et comme canal d'irrigation des terres de l'Ouady et d'alimentation en eau douce des chantiers du Canal maritime, que son alimentation fût bien assurée. Le Bahr-Moëz, où le canal avait sa prise d'eau, à Zagazig, étant à sec pendant toute la période de l'étiage du Nil, le Vice-Roi avait bien voulu décider que, pendant les étiages, il serait pourvu à l'alimentation du canal au moyen des eaux des deux canaux séfis, le Cherkaouié et le Bessoussieh[1].

CANAL DE RAS-EL-OUADY (OU GASSASSINE) AU LAC TIMSAH

Le canal de Gassassine au lac Timsah comprenait les trois sections suivantes :

1° Canal de Gassassine au plateau de Timsah, emplacement de la future ville d'Ismaïlia[2];

2° Bief devant Ismaïlia, compris entre deux écluses à sas destinées à racheter la différence des niveaux de l'eau dans le canal d'eau douce et dans la rigole maritime ;

3° Canal de jonction entre l'écluse d'aval du bief d'Ismaïlia et la rigole maritime.

1° CANAL DE GASSASSINE A ISMAÏLIA

Tracé. — Le canal avait son origine sur celui de l'Ouady, à son extrémité, au point dénommé Ras-el-Ouady (ou Gassassine), situé à 12 kilomètres environ en aval de Tell-el-Kébir, à 6^{km},5 environ en amont du lac Maxamah, et où le canal de l'Ouady s'infléchissait vers le sud par un coude très prononcé. Il se terminait à l'origine du plateau formant la rive nord du lac Timsah et destiné à l'assiette de la

1. Un des obstacles qui furent rencontrés, dès les premiers temps après sa mise en eau, à la bonne alimentation du canal d'eau douce (branche principale de Gassassine à Ismaïlia, à laquelle s'adjoignit bientôt la dérivation de Suez), résidait dans les sinuosités nombreuses, les rétrécissements de section et les hauts fonds que présentait encore le canal de l'Ouady. On ne pouvait songer à entreprendre une amélioration complète de ce canal dans tout son parcours à travers le domaine de l'Ouady, car il y aurait eu alors avantage et nécessité à donner une autre assiette au canal définitif. Toutefois il existait sur ledit canal quelques points dont l'amélioration dut être entreprise d'urgence principalement en vue de la prochaine mise en eau de la dérivation de Suez. Parmi les améliorations réalisées, on citera notamment une rectification de 800 mètres de longueur, à l'extrémité même du canal, près de Gassassine, exécutée dans le courant de novembre 1863. La mise en eau de la dérivation de Suez eut lieu à la fin du mois de décembre suivant.

2. La pose de la première pierre de la ville d'Ismaïlia a eu lieu le 27 avril 1862.

future ville d'Ismaïlia. Au delà, et le complétant, comme il sera expliqué ci-après, devait être creusé, à travers le plateau même, dans la partie voisine du lac, à peu près parallèlement à la rive, un bief de peu de longueur compris entre les deux écluses destinées à racheter la différence de niveau entre l'eau du canal d'eau douce et l'eau de la rigole maritime ou du lac Timsah.

Le tracé de la première partie du canal, depuis son origine jusqu'au lac Maxamah, avait présenté d'assez grandes difficultés, par suite de la rencontre de dunes mobiles qu'il fallait traverser ou côtoyer.

A la traversée du lac Maxamah, le tracé avait été établi d'abord dans la région nord du lac, près de la rive, et le canal était isolé du lac même par une digue basse de manière à éviter qu'aux époques d'étiage son régime ne fut influencé par les pertes considérables par évaporation qui se produisent alors dans le lac; mais plus tard, en janvier 1864, on construisit une dérivation de 1.400 mètres de longueur contournant le lac, et ce dans le double but de remplacer la navigation fort difficile à travers le lac et de permettre de conquérir pour la culture de vastes terrains formés d'alluvions du Nil.

Au-delà de Maxamah jusqu'à Makfar, en passant par Rhamsès, le tracé n'avait pas présenté de difficultés.

Enfin, de Makfar à Ismaïlia, le tracé avait eu à traverser, au moyen de digues en remblai, les bas-fonds de Sababiars et à franchir le haut plateau de Néfiche par une tranchée d'environ 400 mètres de longueur et profonde de 5m,20 à 5m,80.

Sur tout le reste du tracé, jusqu'à une petite distance avant Ismaïlia, la profondeur du déblai n'a été en moyenne que d'environ 2m,50.

La longueur totale du canal depuis Gassassine jusqu'à la tête amont de l'écluse amont d'Ismaïlia était de 36 kilomètres[1].

Profil en long. — Les cotes du plafond du canal à ses deux extrémités par rapport au plan de comparaison situé à 20 mètres au-dessous du quai de Suez étaient les suivantes:

A l'origine, à Gassassine	23m,34
A l'extrémité, à Ismaïlia	22 85
Pente totale sur 36 kilomètres	0 49

correspondant à une pente de 0,0136 par kilomètre.

La hauteur d'eau dans le canal devant être de 1m,20 en étiage et de 1m,95 en hautes eaux, les cotes du niveau de l'eau se trouvaient être, de leur côté, les suivantes:

	COTES D'EAU	
	En étiage	En hautes eaux
A l'origine, à Gassassine	24,54	25,29
A l'extrémité, à Ismaïlia	24,05	24,80

1. Exactement, d'après un plan dressé en 1870, 36km,065.

Profils en travers. — Il a été rappelé précédemment que le Conseil supérieur des travaux, en arrêtant le programme des travaux pour l'exécution du projet de la Commission internationale, avait été d'avis d'adopter pour le canal provisoire d'eau douce à exécuter pendant les premières années une largeur de 10 mètres seulement au plafond, au lieu de 20 mètres.

Mais, en même temps que la Compagnie se décidait à construire, en prolongement du canal de l'Ouady, un canal provisoire destiné à relier le plus promptement possible par une voie navigable le désert au centre du Delta (grand centre d'approvisionnéments), elle avait reconnu qu'il n'était pas indispensable, pour satisfaire aux besoins d'alors, de donner à ce canal provisoire une largeur de 10 mètres au plafond, et cette largeur fut réduite à $7^m,70$, mieux en rapport avec la largeur même du canal de l'Ouady.

Le profil en travers type comportait donc une cunette de $7^m,70$ de largeur au plafond, avec talus à 2 pour 1 jusqu'au terrain naturel. La hauteur d'eau dans le canal était, comme il a été dit déjà, de $1^m,20$ en étiage, correspondant à une largeur de $12^m,50$ à la ligne d'eau, et de $1^m,95$ dans les hautes eaux, correspondant à une largeur à la ligne d'eau de $15^m,50$.

La cunette provisoire était ouverte dans l'axe même du canal définitif et les terres étaient de suite portées à la distance convenable pour permettre l'élargissement ultérieur sur chaque rive : le pied des cavaliers de dépôt se trouvait à une distance du sommet du talus de la cunette de 7 mètres sur la rive nord et de 9 mètres sur la rive sud du canal.

Le profil type qui vient d'être décrit a dû, après la première exécution, être modifié sur un assez grand nombre de points :

Tantôt il a fallu adoucir les talus des berges, établir des banquettes au niveau des hautes eaux, créer des chemins de halage ; c'est ainsi, notamment, qu'au passage de Gassassine, où le Canal était ouvert à travers des sables très mobiles, on dut adopter finalement des talus à 4 pour 1 ; sur d'autres points, des talus à 3 pour 1 ;

Tantôt il a fallu recharger ou consolider au moyen de fascinages les digues établies à la traversée des bas-fonds ; ce qui a eu lieu notamment à la traversée des bas-fonds de Sababiars ;

Tantôt, enfin, on a eu à protéger le canal contre l'envahissement des sables du désert, chassés par le vent, au moyen de haies sèches ou d'essais de plantations, indépendamment d'essais semblables à la ligne d'eau contre le batillage.

Exécution des travaux. — Les travaux ont été exécutés par les contingents d'ouvriers égyptiens.

L'alimentation en eau douce de ces ouvriers était assurée de la manière suivante :

Antérieurement à la mise en train des travaux, une rigole ayant son origine au lac Maxamah avait été construite, portant l'eau douce jusqu'à Bir-abou-Ballah, d'où elle devait être menée ensuite, au moyen de conduites en poteries, jusqu'au pied des grands chantiers de terrassements du seuil d'El Guisr; en eaux basses, la rigole était alimentée au moyen de nombreuses chadoufs installées sur le bord du lac.

C'est à cette rigole, que suivait à peu près parallèlement, à peu de distance, le tracé du canal d'eau douce, qu'allaient s'alimenter les ouvriers employés à la construction du canal[1].

Il est à peine besoin de dire qu'à mesure qu'une section de canal était achevée, elle était mise aussitôt en eau, contribuant ainsi pour sa part à l'alimentation d'une partie du contingent employé à la section suivante.

Les terrains rencontrés sur une assez grande partie du tracé étaient très durs, la couche inférieure du sol étant une glaise mêlée de carbonate de chaux et de gravier.

Le Canal a été livré à la navigation le 23 janvier 1862[2]. Les travaux avaient commencé dans la seconde quinzaine d'avril 1861. Ils avaient donc été exécutés en neuf mois; 55.893 ouvriers y avaient été employés, ayant fourni, chacun, en moyenne, une vingtaine de jours de travail.

Le cube total des terrassements, pour une longueur de 34km,855 (mentionnée dans les documents de l'époque), a été de 1.013.200 mètres cubes, correspondant à une moyenne de 29 mètres cubes par mètre courant.

Déversoir de Néfiche. — En même temps que se faisaient les études du tracé de la branche de Suez — dont il sera parlé plus loin, — ayant son origine à Néfiche, au point 31km,875 du canal principal, et dont les travaux ont commencé dans la seconde quinzaine de novembre 1862, on a procédé à la construction, sur le canal principal même, à une certaine distance à l'aval de l'origine de la branche dérivée, d'un déversoir destiné à décharger son trop plein, en hautes eaux, dans les lagunes voisines du lac Timsah.

Ce déversoir a été placé à l'extrémité d'un petit branchement du canal, de 80 mètres de longueur, ayant son origine au point 32km,325, c'est-à-dire à une distance de 450 mètres de l'origine de la branche de Suez, et faisant avec la direction du canal un angle de 119°. A la suite

---

1. Dans le courant du mois d'août 1861, des escouades d'ouvriers étaient employées entre le lac Maxamah et Rhamsès. Comme, à ce moment, il n'y avait plus d'eau dans la rigole, le lac étant presque à sec, cinq puits avaient été creusés dans le lit même du canal : mais trois de ces puits n'ayant donné que de l'eau saumâtre, une notable partie des ouvriers durent être repliés vers Maxamah.

2. Dans les derniers jours de ce même mois de janvier, M. de Lesseps a fait le voyage par eau, avec la même barque, depuis le Caire jusqu'au lac Timsah.

de l'ouvrage se trouve un canal de fuite en prolongement de l'alignement du branchement.

Le déversoir, construit en maçonnerie, comprend trois pertuis de 3 mètres chacun de largeur fermés au moyen de poutrelles. Le radier du pertuis central est à la cote 22^{m},90, c'est-à-dire à quelques centimètres seulement au-dessus du plafond du canal. Les radiers des pertuis latéraux sont à 1^{m},20 plus haut. Les culées de rives sont accompagnées de murs en retour. Enfin l'ouvrage est couronné d'un tablier en charpente de 18^{m},70 de longueur et de 1^{m},30 de largeur de voie entre les garde-corps.

Les travaux, commencés le 1er août 1862, ont été terminés dans le courant du mois de novembre suivant.

2° BIEF D'ISMAÏLIA

On a vu précédemment que, d'après l'avant-projet des ingénieurs du Vice-Roi en date du 20 mars 1855, le Canal d'eau douce, dit *Canal de communication et d'irrigation*[1], était destiné à relier l'intérieur de l'Égypte au Canal maritime; et que, pour remplir ce but, le canal, après avoir, dans la dernière partie de son parcours, suivi la voie de l'Ouady, où il était maintenu constamment le plus haut possible, devait aller déboucher dans le lac Timsah par une double écluse rachetant une différence de niveau évaluée alors à 7 mètres.

Le Canal provisoire construit d'urgence par la Compagnie, de Gassassine à Ismaïlia, — auquel, plus tard, au commencement de l'année 1877, le Gouvernement égyptien substitua un canal à grande section pour être incorporé au canal définitif ayant son origine au Caire, — était destiné non seulement à amener le plus promptement possible l'eau du Nil jusqu'au centre de l'isthme, mais encore à fournir, concurremment avec la rigole maritime, une voie d'eau non interrompue, mettant en communication Port-Saïd et toute la moitié nord du Canal maritime avec le centre du Delta, et, un peu plus tard, après la construction de la dérivation de Suez, avec les chantiers de la moitié sud du Canal maritime et avec le port de Suez.

Il était donc indispensable de construire de suite, à l'extrémité du canal provisoire, le complétant ainsi, les deux écluses destinées à racheter la différence de niveau existante entre les niveaux respectifs de l'eau du canal et la rigole maritime. Ces ouvrages devaient d'ailleurs, naturellement, être construits à titre définitif.

---

1. On sait que l'acte de concession du 5 janvier 1856 désigna à son tour le canal d'eau douce à construire par la Compagnie comme *Canal d'irrigation approprié à la navigation fluviale du Nil et joignant le fleuve au Canal maritime.*

Les dispositions qui furent adoptées au sujet de l'emplacement des deux éclusesont été basées sur les considérations suivantes :

Devait-on, comme le prévoyait l'avant-projet, adopter une double écluse ?

Si, prolongeant jusque-là le canal, on plaçait la double écluse à l'extrémité aval du plateau, près du débouché dans le lac, on aurait devant la future ville un canal à niveau très élevé, presque à hauteur du sol même de la ville, ce qui serait funeste à la salubrité. Si, au contraire, on plaçait la double écluse à l'origine même du plateau, on aurait à creuser une tranchée très profonde pour l'établissement du canal jusqu'au lac, d'où résulteraient une notable augmentation de dépense, l'existence sur le bord du canal de cavaliers de dépôt très élevés, enfin, de sérieuses difficultés d'accès pour les relations entre les barques et la ville.

On se décida donc à placer l'une des écluses à l'amont du plateau et l'autre à l'aval, créant ainsi entre les deux écluses un bief où le niveau de l'eau se trouverait à mi-hauteur entre les deux niveaux d'amont et d'aval.

Le choix de l'emplacement de l'écluse d'amont fut déterminé d'après les conditions que présentait le relief du sol :

Il fut décidé que le canal venant de Gassassine serait prolongé jusqu'au point où le terrain cessait de se trouver assez haut pour permettre l'établissement de la cunette complètement en déblai; et ce point détermina naturellement l'emplacement de l'écluse. Au delà, le terrain allait s'abaissant en pente douce pour atteindre, à peu de distance, le niveau du plateau à peu près horizontal devant servir d'assiette à la ville; et c'était, à travers ce plateau, à sa limite du côté du lac, que devait être creusé le bief compris entre les deux écluses.

Quant à l'écluse d'aval, on s'attacha à la placer le plus près possible du lac, en choisissant d'ailleurs pour son emplacement un point qui permît de réduire autant que possible le cube des terres à enlever pour les fouilles de l'ouvrage ainsi que les déblais du Canal de jonction, — dont il sera parlé plus loin, — destiné à relier le canal d'eau douce à la rigole maritime.

Bief entre les deux écluses. — *Tracé.* — Le canal d'eau douce arrivant de Gassassine présentait, en avant de l'écluse d'amont du bief, un alignement droit de 720 mètres de longueur traversant un premier plateau d'une altitude un peu plus élevée que celui à travers lequel le bief devait être établi[1]. Le tracé du bief prolongea l'alignement précédent jusqu'à l'extrémité du second plateau, sur une longueur (y compris

---

1. La ville d'Ismaïlia s'étend vers l'ouest, le long de cet alignement, jusqu'à une distance de 400 mètres de l'écluse. Vis-à-vis les 320 mètres restants de l'alignement se trouve le village arabe.

l'écluse d'amont) d'environ 900 mètres. L'ensemble forma ainsi un grand alignement droit d'environ 1.600 mètres de longueur, tracé à peu près parallèlement à la rive du lac, et qui détermina les alignements des rues de la ville d'Ismaïlia. Le tracé, un peu avant d'arriver à l'extrémité du plateau, se courbait[1] pour aller aboutir à proximité du lac par un nouvel alignement droit, à l'extrémité duquel se trouvait l'écluse d'aval du bief[2].

La longueur totale du bief entre les deux écluses était de 1.255 mètres.

Profil en travers. — La cunette du canal, dans l'étendue du bief, avait une largeur de 8 mètres au plafond (comme la branche de Suez) et des talus à 2 pour 1. Le niveau de l'eau dans le bief devait être maintenu à la cote 21^{m},50, moyenne entre la cote 24^{m},80 du niveau des hautes eaux dans le canal même et la cote 18^{m},20 du niveau de l'eau dans la rigole maritime. Le plafond était établi à 1^{m},95 en contre-bas, c'est-à-dire à la cote 19,55.

Écluses. — *Dimensions et dispositions générales.* — La cote des hautes eaux dans le canal venant de Gassassine était............... 24^{m},80

Celle du niveau de l'eau dans la rigole maritime 18 20

La différence de niveau à racheter était donc de .... 6^{m},60

Pour racheter cette différence de niveau on a adopté deux écluses semblables ayant chacune un mur de chute de 3^{m},30 de hauteur.

Eu égard aux dimensions des barques du plus grand modèle naviguant sur le Nil, la longueur du sas fut fixée à 33 mètres[3]. On avait adopté d'abord pour ces sas une largeur de 6 mètres, jugée suffisante pour la navigation fluviale; mais, par suite de considérations qui seront développées à propos de la dérivation de Suez, cette largeur fut finalement portée à 8^{m},50.

Dans chacune des deux écluses, le busc d'amont est au niveau du plafond du canal, c'est-à-dire à 1^{m},95 en contre-bas du niveau des hautes eaux; le radier de la chambre des portes d'amont est à 0^{m},25 en

1. Eléments de la courbe : R = 227^{m},76; A = 106° : Développement 296 mètres.

2. La longueur totale du bief y compris les écluses se trouvait, en conséquence, être la suivante :

Longueur entre les écluses..	1.255^{m}
— de l'écluse d'amont	52 ,85
— de l'écluse d'aval..	52 ,05
Longueur totale.........	1.359^{m},90, en nombre rond, 1.360 mètres.

On verra plus loin, au cours de la description du canal à grande section de Gassassine à Ismaïlia, construit de 1874 à 1877 par le Gouvernement égyptien, que la longueur du bief d'Ismaïlia entre les deux écluses se trouvait indiquée alors comme étant de 1.285 mètres.

3. Par suite d'une erreur de construction, le sas de l'écluse d'aval n'a que 32^{m},18 de longueur au lieu de 33 mètres.

contre-bas (le Canal à l'abord de l'écluse est approfondi, en conséquence, en pente douce); le radier du sas et le busc d'aval sont au même niveau; le radier de la chambre des portes d'aval est à $0^m,25$ en contre-bas et le radier à la suite du busc à $0^m,45$ en contre-bas de celui-ci; enfin le couronnement des bajoyers surmonte de $0^m,60$ le niveau des hautes eaux.

Des précautions étaient à prendre pour se débarrasser du limon, que charrient en grande quantité les eaux dérivées directement du Nil. On avait à ce sujet, comme exemple, les dépôts de vase qui se produisaient derrière l'écluse de Zagazig, dans le Bahr-Moëz, et qui atteignaient des épaisseurs de plus de 1 mètre quand les portes étaient restées plus de cinq à six semaines sans être manœuvrées.

Pour atteindre le but désiré, en même temps que pour accélérer le remplissage et le vidage du sas, il a été établi dans chaque bajoyer un aqueduc latéral prenant les eaux par deux branchements placés au niveau du radier de la chambre des portes d'amont et les conduisant, soit dans le bief d'aval, soit par deux autres branchements débouchant dans la chambre des portes d'aval dans le sas même. L'aqueduc principal, à ses extrémités amont et aval, et les deux branchements débouchant dans le sas sont munis de vannes par le jeu desquelles on peut, à volonté, soit déverser l'eau du bief d'amont dans le bief d'aval, soit activer le remplissage et le vidage des sas en venant en aide aux vannes des portes, soit, enfin, produire des chasses balayant les chambres des portes et y empêchant ainsi les dépôts de vase.

Le radier des écluses, le mur de chute, les bajoyers, les murs en retour et les voûtes des aqueducs sont en maçonnerie de moellons ordinaires; les parements vus des maçonneries en moellons smillés, les uns et les autres provenant de la carrière du plateau des Hyènes; enfin, les buscs, les chardonnets, les chaînes d'angle, les voussoirs de tête des voûtes des aqueducs, la suite du radier et les couronnements des bajoyers en pierres de taille de la carrière de Gebel Geneffé.

A l'écluse amont, la maçonnerie de fondation a été faite avec un mortier composé de 300 kilogrammes de ciment Portland pour 1 mètre cube de sable et le surplus de la maçonnerie avec un mortier de chaux grasse du pays et de pouzzolane de Santorin. A l'écluse aval, la maçonnerie de fondation et celle des bajoyers jusqu'à $1^m,20$ au-dessus du niveau de la mer a été faite avec un mortier composé de 350 kilogrammes de chaux du Theil pour 1 mètre cube de sable, et le surplus des maçonneries avec un mortier de chaux du pays et de pouzzolane[1].

1. Les travaux de maçonnerie des deux écluses avaient été donnés à l'entreprise, le 2 février 1864, et ils devaient être achevés dans un délai de six mois. Mais ils ne purent être terminés que dans la première quinzaine d'août 1865, par suite des diverses circonstances suivantes : modification de la largeur du sas décidée en cours d'exécution (en mai 1864); insuffisance des pierres

Les maçonneries des deux écluses, commencées en février 1864, n'ont été terminées que dans la première quinzaine d'août 1865. En même temps qu'elles s'achevaient, le montage des portes avait lieu, en sorte que les deux écluses se trouvèrent dès lors prêtes à fonctionner. Le montage du pont-levis n'eut lieu que quelques mois plus tard.

Portes. — Les portes des deux écluses sont en fer. Elles sont munies de ventelles et surmontées de passerelles.

Elles ont les dimensions suivantes :

		PORTES d'amont	PORTES d'aval
Hauteur des portes	Jusqu'à la partie supérieure formant déversoir........................	2m,15	5m,45
	Jusqu'au plancher de la passerelle....	2 90	6 20

Largeur des vantaux : 4m,74.

Ponts-levis. — Un pont-levis en charpente est installé sur chacune des deux écluses reposant sur un prolongement des bajoyers au-delà de la chambre des portes d'aval.

Ce pont-levis, d'une portée de 8m,50, se compose de deux volées symétriques s'arc-boutant en formant un tablier à double rampe de 0,08. La largeur de voie est de 3m,40.

Gares des abords. — Des gares ont été créées aux abords des écluses

---

de bonne qualité trouvées à la carrière du plateau des Hyènes et qui obligea à recourir à la carrière de Gebel Geneffé, à plus de 60 kilomètres du chantier, avec des conditions de transport très défectueuses, par suite des fréquentes disettes d'eau dans la branche de Suez; enfin, invasion du choléra à Ismaïlia, en juin 1865, qui occasionna un certain temps d'arrêt dans les travaux de l'écluse d'aval.

On avait pensé, d'abord, que la carrière du plateau des Hyènes pourrait fournir la totalité des matériaux (moellons et pierres de taille), destinés à la construction des deux écluses. Mais, dès le mois d'août 1864, par suite de l'épuisement de la carrière en pierres de bonne qualité, on dut décider que toutes les pierres de taille seraient prises à la carrière de Gebel-Geneffé, laquelle devait fournir également les matériaux de l'écluse de Suez. Un petit chemin de fer de 3 kilomètres et demi de longueur fut alors construit entre la carrière et le canal d'eau douce (branche de Suez) pour le transport des matériaux du pied de la carrière au canal.

Le choléra avait fait son apparition en Egypte dans les premiers jours de juin, à la suite du retour des pèlerins, d'abord à Alexandrie, puis, peu après, à Zagazig, où il sévit aussitôt avec une grande intensité. Beaucoup d'habitants de cette ville s'enfuirent vers Tell-el-Kébir, Ismaïlia, jusqu'à Port-Saïd, quelques-uns mourant en route. C'est le 26 juin que quelques cas de choléra se manifestèrent à Ismaïlia, où l'épidémie prit rapidement une telle extension qu'en quelques jours la population fut décimée. La terreur se répandit alors parmi certains ouvriers dont un assez grand nombre s'enfuirent vers Port-Saïd pour s'embarquer. La période violente de l'épidémie fut heureusement de peu de durée. Vers le milieu de juillet, l'épidémie avait à peu près complètement disparu. Il n'y eut plus ensuite, jusqu'à la fin du mois, que quelques cas isolés.

par l'élargissement du canal, dont la largeur au plafond a été portée à 16m,50 sur les longueurs suivantes :

A l'écluse d'amont :

A l'amont, gare de 160 mètres de longueur qui, plus tard, en octobre 1866, fut prolongée par le Gouvernement égyptien jusqu'à l'origine du canal de ceinture (extrémité de l'alignement droit précédant l'écluse), ce qui porta sa longueur à 700 mètres [1] ; à l'aval, gare de 34 mètres de longueur.

A l'écluse d'aval :

Gares de 35 mètres de longueur à l'amont et à l'aval.

3° CANAL DE JONCTION

ENTRE LE CANAL D'EAU DOUCE ET LA RIGOLE MARITIME

Le canal d'eau douce, d'après l'avant-projet, devait déboucher directement, par l'intermédiaire de ses deux écluses, dans le lac Timsah; mais, ainsi qu'il va être expliqué, la nécessité, déjà signalée précédemment, de créer le plus promptement possible une voie de communication par eau, sans solution de continuité, entre Port-Saïd et Ismaïlia, et, de là, se prolongeant vers le centre du Delta et, à bref délai, vers Suez, rendit nécessaire l'adoption d'une solution provisoire consistant à construire sur le bord du lac un canal de service, dit Canal de jonction, entre l'écluse d'aval du canal d'eau douce et la rigole maritime.

La rigole maritime, de 15 mètres de largeur à la ligne d'eau avec une profondeur de 1m,50 à 2 mètres, était arrivée jusqu'au lac Timsah dans les premiers jours de novembre 1862, et l'eau de la Méditerranée commença alors à couler dans le lac par un pertuis provisoire de décharge. Les eaux ainsi fournies par la rigole maritime, ainsi que celles provenant du déversoir du canal d'eau douce, firent monter jusqu'à une certaine hauteur le niveau du lac. Mais, comme il y avait un très sérieux intérêt à se réserver la possibilité de faire à sec — comme cela a eu effectivement lieu jusqu'à Toussoum — une notable partie des déblais à effectuer en contre-bas du niveau de la Méditerranée, pour l'ouverture du canal maritime à travers les lagunes du lac et le seuil du Sérapéum, on ne fit provisoirement entrer dans le lac à peu

---

1. Voir plus loin, à ce sujet, le chapitre concernant la remise faite par la Compagnie au Gouvernement égyptien, en vertu de la Convention du 22 février 1866, du canal d'eau douce de l'Ouady à Ismaïlia et à Suez.

Le canal de ceinture mentionné ici, et qui a été comblé plus tard, était un petit canal qui contournait la ville d'Ismaïlia pour conduire l'eau prise au canal d'eau douce jusqu'à l'usine établie à l'extrémité est de la ville et chargée de refouler cette eau, par des conduites en fonte, tout le long des chantiers de la partie nord du canal jusqu'à Port-Saïd.

près que la quantité d'eau nécessaire pour compenser l'évaporation.

Lors du nouveau nivellement général du canal, qui fut fait en 1864, il fut constaté, à la date du 16 mars, que le niveau de l'eau du lac se trouvait à la cote $12^m,80$; et il avait atteint seulement la cote $13^m,80$ à la fin de 1866, époque à laquelle commença la véritable opération de remplissage.

La continuité de la voie de communication par eau entre Port-Saïd et Ismaïlia, qu'il y avait également un si grand intérêt à créer, ne pouvait donc, de longtemps, s'obtenir par l'intermédiaire du lac Timsah; et, dès lors, s'imposait la solution provisoire du canal de jonction.

Ce canal, on le rappelle, devait permettre aux expéditions faites de Port-Saïd sur Ismaïlia et *vice versa* d'arriver à destination sans rompre charge; il était d'ailleurs indispensable, en vue de la prochaine exploitation des carrières de Gebel Geneffé, dont on croyait alors pouvoir utiliser les produits sur une grande échelle pour la construction des jetées de Port-Saïd; enfin il était destiné à supprimer toute solution de continuité dans la première voie de navigation, que comptait ouvrir la Compagnie entre Port-Saïd et Suez, dès que serait achevée la branche de Suez du canal d'eau douce.

La longueur du canal de jonction était de 2.500 mètres, la largeur au plafond de 10 mètres, avec talus de la cunette à 3 pour 1 au-dessous du niveau de l'eau et profondeur en contre-bas de la cote $18^m,20$ (niveau moyen de la Méditerranée) de 2 mètres.

Le canal a été construit sur presque toute sa longueur dans le courant de l'année 1863. Il n'a été prolongé jusqu'à l'écluse d'aval du canal d'eau douce, alors en cours de construction, que dans le mois de juin de l'année suivante. Le cube total des déblais a été de 158.764 mètres cubes.

Le canal a été en même temps prolongé, sous forme de branche annexe, en suivant le bord du lac, jusqu'au droit de l'écluse d'amont. Ce branchement, d'une longueur de 1.097 mètres et qui a exigé un déblai de 38.587 mètres cubes, était destiné à suppléer le bief du canal d'eau douce compris entre les deux écluses pendant la construction de ces ouvrages, puis, plus tard, à éviter le passage des écluses pour les transports entre Port-Saïd et Ismaïlia [1].

---

1. Canal de service de la carrière du plateau des Hyènes. — En même temps que s'exécutait le canal de jonction, on construisait un autre canal de service, de même profil et de 2.200 mètres de longueur, partant également de l'extrémité de la rigole maritime et se dirigeant, par un seul alignement droit, vers le plateau des Hyènes, situé sur la rive est du lac Timsah, et où existait une carrière de pierres calcaires. Cette carrière paraissait pouvoir fournir environ 100.000 mètres cubes de matériaux propres aux constructions de la ville et à la construction des deux écluses d'Ismaïlia, ainsi qu'aux

Comme il est dit ci-dessus, l'eau de la Méditerranée avait commencé à couler dans le lac Timsah dans les premiers jours de novembre 1862; mais l'opération de remplissage, à l'aide d'un important ouvrage construit *ad hoc* et établi en dehors de la cunette du canal, n'a véritablement commencé que le 12 décembre 1866, le niveau du lac étant alors à la cote $13^m,80$, pour se terminer le 15 août 1867, où l'eau du lac avait atteint le niveau moyen de la Méditerranée, cote $18^m,30$ des nouveaux nivellements. La durée du remplissage avait donc été de 247 jours.

Le canal de jonction avait exigé depuis sa construction d'assez importantes dépenses d'entretien pour la réparation des berges dégradées par le batillage et pour l'enlèvement d'apports de sable provenant des dunes voisines.

Dès que le lac fut en communication directe avec la rigole maritime, les bateaux-poste faisant le service entre Port-Saïd et Ismaïlia et beaucoup d'autres embarcations prirent la route du lac pour se rendre à Ismaïlia. Le canal de jonction étant destiné à être prochainement abandonné, son entretien fut notablement réduit; les chemins de halage se détruisirent peu à peu et les profondeurs diminuèrent; aussi la navigation y devint-elle de plus en plus difficile pour les embarcations qui, devant passer du canal maritime dans le canal d'eau douce, continuaient à le fréquenter. Mais la communication directe entre l'écluse d'aval et le lac Timsah, prévue depuis l'origine, fut établie dans le courant de l'année 1868 par un bout de canal de 150 mètres de longueur, 40 mètres de largeur et $2^m,50$ de profondeur; en sorte que, désormais, lesdites embarcations purent également passer par le lac pour gagner l'écluse, et, de là, le canal d'eau douce. Le canal de jonction fut dès lors à peu près complètement abandonné. Il n'en reste plus aujourd'hui que des vestiges.

Canal de ceinture a Ismaïlia [1]. — Vers le milieu de l'année 1862, — ainsi qu'il sera expliqué plus tard, au chapitre concernant la canalisation et distribution d'eau douce d'Ismaïlia à Port-Saïd — la Compagnie décida la construction à Ismaïlia, à l'extrémité Est de la ville, d'un important établissement, dit *Usine des eaux*, dans lequel devaient être installées de puissantes pompes à vapeur appelées à desservir une

---

enrochements de protection des berges du canal maritime. Le canal de service était destiné à en faciliter l'exploitation. Il exigea un déblai de 96.819 mètres cubes.

1. On verra plus loin, au chapitre concernant le canal Ismaïlieh :

D'une part, que le canal primitif de ceinture a été très notablement élargi, au commencement de l'année 1877, par le Gouvernement égyptien, en même temps que le Gouvernement remplaçait par un canal à grande section l'ancien canal d'eau douce construit par la Compagnie d'Abasseh à Ismaïlia ;

D'autre part, que le canal de ceinture élargi a été comblé et définitivement asséché au commencement de l'année 1880.

canalisation qui devait être établie en même temps tout le long de la moitié nord du canal maritime pour l'alimentation en eau douce des chantiers de travaux jusqu'à Port-Saïd.

L'eau destinée à alimenter la canalisation fut prise dans le bief supérieur du canal d'eau douce et amenée jusqu'à l'usine au moyen d'un petit canal, dit *Canal de ceinture*, contournant par le nord la ville d'Ismaïlia. Ce canal était appelé, en même temps, à fournir l'eau d'arrosage pour les cultures établies le long d'une partie de son parcours et pour celles d'un grand jardin d'essai que l'on se proposait de créer et qui a été créé, en effet, autour de l'usine des eaux.

Afin d'avoir des eaux aussi pures que possible, la prise d'eau du canal de ceinture a été reportée jusqu'en amont du village arabe existant à l'Ouest de la ville ; elle se trouvait ainsi à 720 mètres de distance de la tête amont de l'écluse d'amont d'Ismaïlia. Le canal aboutissait à l'usine dans un réservoir d'où l'eau se rendait ensuite, à mesure des besoins, aux puisards des pompes.

La longueur totale du canal était de 2.670 mètres.

La cunette avait une largeur au plafond de $0^{m},50$ avec talus à 45° ; la section mouillée était de 1 mètre carré.

Les travaux ont été exécutés pendant les deux mois de juillet et août 1863.

Un curage général dut être fait pendant les derniers mois de l'année 1866.

II. — Branche de Suez

DISPOSITIONS DES PROJETS PRIMITIFS

Avant de décrire les dispositions qui ont été définitivement adoptées pour la branche de Suez du canal d'eau douce, nous rappellerons d'abord, succinctement, celles que comportaient les projets primitifs.

D'après l'avant-projet des ingénieurs du Vice-Roi, *la Rigole d'irrigation se dirigeant sur Suez* avait son origine en amont de la double écluse de débouché du *Canal d'alimentation et d'irrigation* dans le lac Timsah ; elle suivait la direction et même le lit de l'ancien canal jusqu'au Sérapéum, point culminant du seuil de ce nom ; elle laissait ensuite l'ancien canal à l'Est pour éviter les sables ; elle passait dans une plaine solide, allait contourner le grand bassin de l'isthme, arrivait à la partie la plus étroite et continuait dans la plaine à une hauteur suffisante pour ne pas faire passer l'eau douce dans des terrains bas et salants.

La rigole se trouvait avoir une longueur de 87 kilomètres ; elle était établie avec une pente de $0^m,04$ par kilomètre, une hauteur d'eau constante de $1^m,50$ et des largeurs successives à la ligne d'eau de 20, 15 et 10 mètres respectivement sur chaque tiers successif de la longueur à partir de l'origine. Au départ, l'eau de la rigole était à 7 mètres au-dessus du niveau moyen de la Méditerranée ; à l'arrivée à Suez, l'eau devait donc être à $(7^m,00-3^m,48) = 3^m,52$, et, par conséquent, le plafond, à $2^m,02$ au-dessus du même niveau, ce qui plaçait celui-ci à peu près à la hauteur des plus hautes marées de la mer Rouge et mettait ainsi la rigole d'eau douce à l'abri de toute crainte d'infiltration d'eau salée. L'avant-projet ne comportait d'ailleurs aucun ouvrage d'art sur le parcours de la rigole ; il n'était même fait nulle mention dans le devis estimatif, sans doute en raison du peu d'importance de l'ouvrage, du pertuis de décharge qui devait nécessairement être construit à l'extrémité de la rigole, à son débouché dans le golfe de Suez.

La Commission internationale de 1856, chargée d'arrêter les bases du projet définitif du *Canal de jonction de la mer Rouge à la Méditerranée*, avait dans son rapport, en ce qui concernait spécialement le *Canal d'alimentation et d'irrigation*, simplement exprimé l'avis de laisser aux ingénieurs qui seraient chargés de l'exécution des travaux le soin d'en arrêter les dispositions définitives.

Enfin, le Conseil supérieur des travaux, institué en novembre 1858 pour arrêter le programme d'exécution du projet de la Commission internationale, avait arrêté pour la *Rigole de Timsah à Suez* une largeur moyenne au plafond de 7 mètres, correspondant, pour une hauteur d'eau de $1^m,50$ et talus de la cunette à 1 1/2 pour 1, à une largeur de $11^m,50$ à la ligne d'eau.

DISPOSITIONS ADOPTÉES EN EXÉCUTION

Tracé et profil en long. — Au début des études, dans les premiers mois de l'année 1862, deux tracés se trouvaient en présence : l'un se détachant du canal d'eau douce, vers Makfar, et qui semblait pouvoir être constamment en déblai en suivant le relief du terrain naturel; l'autre ayant son origine à Néfiche, contournant les lagunes de la rive occidentale du lac Timsah, et qui, avant d'arriver au Sérapéum, avait à franchir en remblai, sur une assez grande longueur, le bas-fond de Bir-abou-Ballah, prolongement de la vallée de Gessen jusqu'au lac Timsah.

Comme il sera expliqué ci-après, à propos des profils en travers, la branche de Suez ne devait plus être une simple rigole d'irrigation et d'alimentation; elle devait faire partie de la communication entre les deux mers par une voie d'eau continue pour barques et chalands, que la Compagnie avait grand intérêt à créer le plus promptement possible.

Il importait, dès lors, que l'origine de la dérivation fût aussi rapprochée que possible d'Ismaïlia; et, en conséquence, le tracé ayant son origine à Néfiche fut seul étudié.

L'origine de la branche de Suez se trouve au point $31^{km},875$ du canal d'eau douce, à 4.190 mètres en amont de l'écluse d'amont d'Ismaïlia.

Le tracé part dans une direction perpendiculaire à la direction du canal d'eau douce et suit dans ses grandes lignes le tracé même de l'avant-projet des ingénieurs du Vice-Roi. A partir de Néfiche, le canal est d'abord en déblai; mais bientôt ensuite, il traverse en remblai le bas-fond de Bir-abou-Ballah, du point $2^{km},610$ au point $8^{km},700$, soit sur une longueur de 6.090 mètres. Au delà, sur tout le reste du parcours, le tracé épouse généralement le relief du terrain naturel.

La longueur totale de la branche de Suez, jusqu'à l'écluse de Suez, est de 80.730 mètres.

Le plafond, à l'origine de la dérivation, est, comme le plafond du canal principal, à la cote 22,91 [1] ; à l'extrémité, à Suez, la cote est $20^{m},13$ (cote du busc d'amont de l'écluse d'extrémité). La pente moyenne du plafond est donc de $\frac{22,91 - 20,13}{89,730} = 0,031$ par kilomètre.

Branchement se dirigeant vers le chemin de fer, à Suez. — Du point $89^{km},215$ de la branche principale, c'est-à-dire d'un point situé à 515 mètres en amont de l'écluse de Suez, un peu en deçà de l'extrémité amont du

1. Ainsi qu'il a été dit précédemment, le plafond du canal d'eau douce, à l'arrivée à Ismaïlia, est à la cote $22^{m},85$. La pente du plafond étant de $0^{m},0136$ par kilomètre, et le point de départ de la branche de Suez, étant à 4.190 mètres en amont de l'écluse d'amont d'Ismaïlia, le plafond, en ce point, se trouve plus haut qu'à l'extrémité, de $4.190 \times 0^{m},0136 = 0^{m},06$, soit à la cote $22^{m},91$.

garage précédant l'écluse, partait vers le Sud-Ouest, dans une direction presque normale au tracé de la branche principale, un petit branchement allant aboutir au chemin de fer où il se terminait en forme de ⊥. La première partie du branchement avait une longueur de 670 mètres; la partie parallèle au chemin de fer, une longueur de 130 mètres.

Le profil type de chacune de ces deux parties du branchement était le même que celui de la branche principale, qui est décrit ci-après, avec talus de la cunette à 2 pour 1 ; toutefois, la largeur au plafond de la petite branche parallèle au chemin de fer était de 15 mètres au lieu de 8 mètres[1].

Profils en travers. — Il sera expliqué plus longuement, plus tard[2],

---

1. C'est dans ce branchement, dès que les eaux furent arrivées à Suez, que les habitants de la ville vinrent s'approvisionner d'eau douce.

Mais, peu de mois après la mise en eau de la branche de Suez, il y eut, par suite de la baisse des eaux du Nil, chômage de la navigation pendant un couple de mois. L'eau qui avait été ménagée avec le plus grand soin dans le dernier bief, près de Suez, n'étant plus renouvelée, se trouvant stagnante au milieu de terrains jadis saturés de sel et qui n'étaient pas encore suffisamment délavés, était devenue saumâtre ; en sorte que la population de Suez, qui avait joui pendant quelques mois des bienfaits d'une grande abondance d'eau douce, se trouva de nouveau condamnée, pour un certain temps, à la ration restreinte des arrivages par chemin de fer. De nouvelles démarches instantes durent être renouvelées à cette occasion auprès du Vice-Roi pour l'exécution la plus prompte possible de la prise d'eau du Caire et de la portion du canal que le Gouvernement égyptien s'était engagé à construire par la Convention du 18 mars 1863.

Après la mauvaise période dont il vient d'être parlé et qui ne se renouvela plus, la population de Suez continua à s'approvisionner au branchement jusqu'à la fin de 1866, époque à laquelle l'alimentation en eau douce de la ville, au moyen d'une canalisation desservie par une usine à vapeur, fit l'objet d'une concession particulière accordée par le Gouvernement égyptien et qui fut presque aussitôt rétrocédée par les concessionnaires à une société dite Société anonyme des Eaux de Suez. Cette Société, après un certain nombre d'années d'exploitation, ayant fait faillite, la concession fut mise en adjudication devant le tribunal mixte du Caire, et la Compagnie fut déclarée adjudicataire le 23 janvier 1877, moyennant le prix de 235.000 francs. Aux termes du cahier des charges joint à l'acte de concession, le Gouvernement égyptien est tenu de fournir au concessionnaire 1.000 mètres cubes d'eau par jour pour l'alimentation de la ville.

La Compagnie exploite donc l'usine des eaux de Suez depuis l'année 1877, à la fois pour l'alimentation de la ville et pour celle de ses propres établissements de Port-Thewfik et pour les besoins des navires en transit.

En 1896, le Gouvernement égyptien, avec le concours financier de la Compagnie, a exécuté d'importants travaux d'assainissement des terrains environnant l'usine des eaux de Suez. Ces travaux comprenaient notamment la fermeture par un barrage en terre du branchement en ⊥, lequel n'a plus joué depuis lors que le rôle de drain collecteur avec des dimensions naturellement moindres que précédemment.

2. Voir, tome VI, au chapitre concernant les travaux du port de Port-Saïd, la partie dudit chapitre relative à la carrière du Mex.

qu'après que fut reconnue l'impossibilité de créer une rigole maritime s'étendant depuis Port-Saïd jusqu'à Suez, l'idée était venue de réaliser néanmoins le plus promptement possible une communication entre les deux mers par une voie d'eau continue navigable pour les barques et les chalands, en utilisant à cet effet la branche du canal d'eau douce d'Ismaïlia à Suez (dont les travaux devaient commencer dans les derniers mois de l'année 1862); et que, dans ce but, pendant les études du tracé, et bien que l'article 1er, paragraphe 3e, du cahier des charges de la concession ne parlât que d'une simple branche d'irrigation et d'alimentation, la Compagnie, en considération des très importants services rendus par le canal de Zagazig à Ismaïlia au point de vue des transports entre le Delta et le centre de l'isthme, avait décidé d'adopter pour la branche de Suez la même largeur que celle donnée provisoirement au canal principal, de porter même la largeur au plafond à 8 mètres au lieu de 7m,70[1].

La branche de Suez présentait donc, d'une manière générale, cette largeur de 8 mètres au plafond.

Un élargissement de 2 mètres a seulement eu lieu dans la première partie sur les longueurs suivantes :

De l'origine (à Néfiche), au point 2km,700 : longueur.	2.700m
Du point 8km,500 à l'écluse du kil. 16	7.500
Du point 16km,000 au point 17km,700	1.700
Longueur totale avec largeur de 10 mètres au plafond	11.900m

Comme sur le canal principal, l'eau dans la cunette devait avoir une hauteur de 1m,20 en étiage et de 1m,95 en hautes eaux.

Dans les parties en déblai, le profil en travers présentait les dispositions suivantes : talus de la cunette à 3 pour 1 jusqu'à une hauteur de 2m,95 au-dessus du plafond ; à cette hauteur, sur chaque rive, banquette de 3 mètres de largeur; au-dessus de la banquette, talus à 2 pour 1 jusqu'au terrain naturel ; enfin, dépôt des cavaliers à 4 mètres de distance du sommet de la tranchée.

A partir du kilomètre 56, où l'on entrait dans la région des terrains durs, les talus de la cunette ont été réduits à 2 pour 1, sauf, naturellement, dans les points où l'on se trouvait en remblai et où l'on a dû

1. La Convention du 18 mars 1863 « pour la construction par le Gouvernement égyptien du Canal d'eau douce du Caire au Ouady » a sanctionné cette décision de la Compagnie par le second paragraphe de son article 1er, ainsi libellé :

« En outre, la Compagnie s'engage à donner à la dérivation actuellement en construction, depuis Néfiche jusqu'à Suez, des dimensions suffisantes pour que cette dérivation ne soit pas seulement propre à l'irrigation et à l'alimentation, comme il est stipulé au cahier des charges, mais pour qu'elle soit, en même temps, propre à la navigation fluviale. »

revenir au talus à 3 pour 1, adopté d'ailleurs pour les profils en remblai.

Dans les parties en remblai, les digues formant la cunette avaient leur talus intérieur à 3 pour 1, et, à l'extérieur, le talus naturel des terres. Ces digues s'élevaient jusqu'à 1 mètre au-dessus du niveau des hautes eaux et leur largeur en couronne était de 3 mètres[1]. Sur un grand nombre de points, il a été établi des contre-banquettes destinées à consolider les digues en remblai et à réduire l'importance des pertes d'eau par infiltration.

Vis-à-vis de Chalouf, où le tracé suit l'ancien canal des Pharaons, depuis le point $72^{km},150$ jusqu'au point $74^{km},600$, l'endiguement a été fait sur la rive gauche seulement.

Exécution des travaux de terrassements.

Les travaux de terrassements de la branche de Suez, comme ceux du canal principal, ont été exécutés par les contingents d'ouvriers égyptiens.

L'alimentation en eau douce des ouvriers était assurée au moyen de rigoles latérales construites au fur et à mesure de l'avancement des travaux et qui étaient prêtes à fonctionner dès la mise en eau d'une section de canal, au moment même d'entreprendre la section suivante. Ce n'est que sur la première section entreprise, de 20 kilomètres de longueur à partir de Néfiche, où le canal avait à traverser en remblai la vallée de Gessen, que l'alimentation en eau douce des ouvriers a dû être faite au moyen de transports par chameaux[2].

Les travaux ont commencé dans la seconde quinzaine de novembre 1862 et la mise en eau jusqu'à Suez a été inaugurée le 29 décembre 1863. Les travaux avaient donc été exécutés en treize mois. Environ 100.000 ouvriers y avaient été employés par contingents successifs. Le tube total des terrassements a été d'environ 3.447.000 mètres cubes.

Sur toute la longueur de la branche de Suez, des plantations de roseaux et de tamaris ont été faites sur le talus intérieur des berges où elles ont bien réussi et se sont rapidement développées.

---

1. Indépendamment de la traversée de la vallée de Gessen, où, comme il a été mentionné précédemment, elle se trouvait en remblai sur une longueur de 6.090 mètres, la branche de Suez a eu également à traverser en remblai une grande dépression de terrain existante à l'angle Nord-Ouest des lacs Amers.

2. Il y a lieu, à propos de l'exécution des travaux de terrassements, de signaler deux avaries qui se sont produites dans la levée par laquelle le Canal traverse le bas-fond de Bir-abou-Ballah.

Lors de la mise en eau de la première section de 20 kilomètres qui avait été entreprise, une rupture de la levée eut lieu par suite de l'affaissement des terres glaiseuses dont elle était en grande partie formée : ces terres provenaient d'emprunts latéraux ; elles avaient été fort dures à piocher, et mises en œuvre sous forme de débris qui laissaient des interstices par lesquels l'eau avait pénétré dans la masse du remblai, transformant peu à peu celui-ci en pâte fluide.

Un peu plus tard, une nouvelle rupture de la levée s'est produite en un

Vingt et une petites maisons en maçonnerie ont été construites le long du canal pour les cantonniers chargés de l'entretien.

Premiers ouvrages d'art. — Les quatre ouvrages d'art décrits ci-dessous ont été construits sur la branche de Suez en même temps que s'exécutaient les terrassements.

Aqueduc sous la levée du canal, au point 3^{km},285. — Cet aqueduc était destiné à maintenir l'écoulement naturel, vers le lac Timsah, du trop plein des eaux d'irrigation de la vallée de Gessen.

Il est en maçonnerie. Sa longueur est de 52 mètres, et il présente un débouché de 2^{m},50 de largeur sur 1^{m},25 de hauteur.

Dans l'emplacement de l'aqueduc, la levée a une hauteur de 4^{m},88 au-dessus du terrain naturel.

Deux barrages à poutrelles, l'un à l'origine du canal, l'autre au kilomètre 61.

Peu avant l'achèvement des terrassements de la branche de Suez, la nécessité fut reconnue, pour y modérer la dépense d'eau pendant la saison d'étiage et pouvoir y maintenir un tirant d'eau minimum de 1^{m},20 dans les conditions précaires que présentait alors l'alimentation du canal principal, de partager sa longueur, de Néfiche à Suez, en trois biefs de 30 kilomètres de longueur chacun, limités par des barrages à poutrelles permettant de régler à volonté le débit de l'eau sans arrêter la navigation. Ces barrages devaient être établis, l'un à l'origine même du canal, à Néfiche, les deux autres aux kilomètres 30 et 60.

A la vérité, de pareils ouvrages ne répondaient que très imparfaitement aux conditions d'une bonne navigation; mais la construction d'écluses eût demandé de longs délais, et il fallait, ne fût-ce qu'à titre provisoire, aller au plus pressé. Il ne s'agissait d'ailleurs que d'une faible dépense.

Deux seulement des barrages à poutrelles projetés furent construits : l'un à l'origine du canal, l'autre au kilomètre 61.

Les culées étaient en maçonnerie et la largeur de débouché de 6 mètres.

Ces deux barrages ont été démolis au commencement de l'année 1866,

---

point où celle-ci était construite entièrement en sable. Sous l'action d'une succession de vents de Khamsin d'une grande violence, la levée s'était trouvée écrêtée jusqu'au-dessous du niveau de l'eau, présentant ainsi une brèche par laquelle les eaux se sont précipitées et ont détruit une certaine longueur de la levée.

Il est à peine besoin de dire que ces avaries ont été promptement réparées et que des précautions ont été prises pour en empêcher le retour. Il fut spécialement recommandé pour l'avenir, partout où la cunette se trouverait en remblai, d'une part, de mélanger autant que possible les terres argileuses avec du sable pur; d'autre part, après l'achèvement des remblais, de n'introduire l'eau qu'avec lenteur dans la cunette nouvellement ouverte, en élevant progressivement son niveau à mesure que les digues prenaient leur assiette, et en rechargeant celles-ci en tant que besoin, si elles s'affaissaient peu à peu pendant l'introduction de l'eau.

après l'achèvement des écluses qui leur ont été substituées et qui sont décrites ci-après.

Déversoir à vannes à l'extrémité du canal, à Suez. — En attendant la construction, à l'extrémité de la branche de Suez, de l'écluse destinée à mettre celle-ci en communication avec la mer Rouge et à y régler le régime des eaux, il avait été indispensable de construire à ladite extrémité un ouvrage permettant de déverser à la mer le trop plein des eaux du canal.

Cet ouvrage, construit en maçonnerie, consistait en un déversoir à vannes comprenant sept pertuis ayant leur seuil établi à la cote 20.06 et d'une largeur totale de débouché de 6 mètres. Il a été appelé à fonctionner dès le jour même de l'arrivée des eaux à Suez[1].

Écluses. — On a vu ci-dessus que la Compagnie avait jugé suffisant, tout au moins à titre provisoire, d'établir sur la branche de Suez, pour y régler le débit de l'eau, des barrages à poutrelles et que l'on avait adopté pour le débouché de ces ouvrages la même largeur de 6 mètres que pour l'écluse de Zagazig et pour les ponts-barrages établis sur le canal principal de Zagazig à Ismaïlia. C'était cette même largeur de 6 mètres que l'on s'était proposé d'adopter pour les deux écluses projetées à l'extrémité de ce canal, pour le mettre en communication avec la rigole maritime venant de Port-Saïd, ainsi que pour l'écluse à construire à l'extrémité de la branche de Suez, pour mettre celle-ci en communication avec la mer Rouge.

Ces vues primitives ont dû être modifiées par suite des circonstances suivantes :

MM. Borel Lavalley et Cie — qui, on le sait, furent finalement chargés du creusement du canal maritime sur toute sa longueur, à l'exception de la traversée du seuil d'El Guisr, — avaient remis à la Compagnie, au commencement de l'année 1864, leur première soumission concernant l'exécution des travaux de creusement entre le seuil d'El Guisr et Suez et comprenant l'enlèvement d'environ 23 millions de mètres cubes. Les entrepreneurs comptaient employer pour les terrassements à effectuer au-dessus du niveau de la Méditerranée un mode de travail consistant à les draguer comme des déblais sous l'eau en profitant du voisinage de la branche de Suez et de la surélévation de son niveau par rapport à celui du canal maritime. Dans ce but, ils demandaient à la Compagnie : d'une part, qu'elle se chargeât d'établir deux branchements de la branche de Suez dirigés l'un vers le Sérapéum, l'autre vers le seuil de

1. Ce déversoir existe toujours et fonctionne quand besoin est, pour décharger le trop plein des eaux et éviter ainsi que celles-ci atteignent dans le canal une hauteur de plus de 2 mètres. Il est très rare, du reste, que la hauteur d'eau de 2 mètres soit même atteinte. Bien souvent il n'y a pas plus de 1 mètre d'eau et même moins dans le canal, à l'amont de l'écluse d'extrémité.

Chalouf et destinés à permettre le transport jusqu'à pied d'œuvre du matériel et des approvisionnements de toute nature nécessaires à l'exécution des parties correspondantes du canal maritime; d'autre part, qu'un tirant d'eau d'au moins $1^m,20$ leur fût assuré dans la branche de Suez et que les ouvrages à établir sur son parcours eussent une largeur suffisante pour permettre à leurs dragues de se porter d'un point à un autre de leurs travaux.

La soumission de MM. Borel Lavalley et Cie, avec les conditions qui y étaient posées, fut acceptée par la Compagnie et donna lieu à un marché du 26 mars 1864. Cette acceptation entraînait donc les conséquences suivantes :

1° Nécessité de la construction d'écluses sur le parcours de la branche de Suez.

C'était, en effet, à Suez que paraissaient alors devoir être installés les ateliers de montage et de réparations de l'immense matériel appelé à desservir cet important lot de dragages; c'était par Suez et par Ismaïlia, — cette dernière ville à cause des arrivages par Port-Saïd, — que viendraient les approvisionnements et matières premières à destination de l'entreprise. Cette disposition des deux centres d'où devaient rayonner tous les transports, le grand mouvement que comportait le faible délai accordé pour l'exécution, développeraient inévitablement une circulation très active sur le canal. En outre, les sujétions imposées rendaient nécessaire de diminuer par tous les moyens possibles les déperditions d'eau afin de se mettre à l'abri des inconvénients d'une alimentation insuffisante, et l'on ne pouvait plus, dès lors, se contenter des simples barrages à poutrelles qui avaient pu être considérés comme suffisants à un moment où les transports semblaient devoir se borner aux seuls approvisionnements pour les fellahs et où l'on n'avait pas encore à se préoccuper des nécessités d'une navigation active.

2° Nécessité, également, de l'élargissement à $8^m,50$ des ouvrages d'art à construire sur la même branche de Suez.

Les entrepreneurs voulaient, en effet, pouvoir y faire circuler leur matériel d'un point quelconque à un autre, ainsi que dans le chenal de Suez. Or leurs dragues devaient avoir une largeur de 8 mètres entre les bordés; la largeur de $8^m,50$ pour les ouvrages était dès lors nécessaire.

3° Il importait, enfin, que l'élargissement des ouvrages d'art fût également appliqué aux écluses d'Ismaïlia.

Il n'était pas difficile, en effet, de prévoir des circonstances, — ainsi que l'événement l'a justifié, les entrepreneurs ayant été plus tard chargés également de l'exécution de la partie du canal maritime s'étendant de Port-Saïd au seuil d'El Guisr, — où il serait très désirable que le matériel employé dans la partie nord du canal maritime pût être amené dans la partie sud, et réciproquement.

Par suite de ces considérations, il fut donc finalement décidé :

D'une part, qu'indépendamment de l'écluse d'extrémité, il serait construit trois autres écluses sur la branche de Suez en remplacement des barrages à poutrelles qui seraient démolis.

D'autre part, que l'on donnerait à ces quatre écluses ainsi qu'aux deux écluses d'Ismaïlia une largeur de 8m,50.

Quant à la longueur du sas de ces écluses, elle restait fixée, comme pour l'écluse de Zagazig, à 33 mètres.

On a d'ailleurs adopté, pour les quatre écluses de la branche de Suez, les mêmes dispositions générales que celles précédemment décrites concernant les deux écluses d'Ismaïlia. Il suffit dès lors de mentionner ici les particularités qu'elles présentent.

Écluse de Suez [1] :

Hauteur du mur de chute	2m,93
— des portes d'amont	2 30
— des portes d'aval	5 03

(Les hauteurs des portes sont comptées du can inférieur au can supérieur formant déversoir. Le can inférieur est à 0m,05 au-dessus du busc. Les portes d'amont ont 0m,15 de plus de hauteur qu'aux écluses d'Ismaïlia ; les portes d'aval, 0m,42 de moins.)

Le pont de l'écluse est un pont tournant en tôle. On a adopté ce type de pont, au lieu d'un simple pont-levis en charpente comme aux autres écluses, en raison du passage fréquent des caravanes allant en Arabie et surtout à la Mecque. Largeur totale du tablier du pont hors bordages 3m,90, comportant une voie charretière de 2m,30 et des trottoirs de 0m,70 de largeur. Le pont est à une seule volée ; sa longueur totale est de 15m,90, savoir : grand rayon, 11m,10 ; petit rayon, 4m,80. Le pivot se trouve à 2m,10 du parement du bajoyer de l'écluse.

Les maçonneries de l'écluse ont été construites avec mortier de chaux du Theil ; les moellons et les pierres de taille provenaient de la carrière de Gebel Géneffé.

Les travaux de l'écluse, commencés dans les premiers jours d'août 1864, ont été terminés le 15 août 1865 [2], sauf en ce qui est du pont tournant, qui n'a été monté qu'à la fin de 1865.

---

1. Les principales cotes des diverses parties de l'écluse étaient les suivantes :

Busc d'amont	20m,13
Niveau maximum de l'eau dans le canal	22 13
Couronnement des bajoyers	23 13
Radier du sas et busc d'aval	17 20
Bas radier à la suite du busc d'aval (niveau des plus basses mers)	16 80
Niveau moyen de la mer	18 45
Plus hautes mers connues	20 00

D'où :

Dénivellation moyenne entre l'eau du canal et l'eau de la mer Rouge (22m,13 — 18.45) =	3 68
Hauteur du mur de chute : (20m,13 — 17.20) =	2 93
Hauteur du bajoyer { Au-dessus du busc d'amont	3 00
Hauteur du bajoyer { — du busc d'aval	5 93

2. On a vu précédemment que les écluses d'Ismaïlia avaient été terminées

L'écluse est précédée d'une gare de 680 mètres de longueur, où la largeur au plafond du canal a été portée à 15 mètres.

A la suite de l'écluse, un chenal de 300 mètres de longueur, creusé jusqu'au niveau de la laisse des plus basses mers (cote 16m,80), a dû être ouvert, en partie à travers des terrains rocheux, pour établir la libre communication entre le sas et la mer. Ce chenal avait une largeur de 12 mètres au plafond. Il était limité par des digues en remblai arasées à la cote 20m,50, c'est-à-dire s'élevant jusqu'à 0m,50 au-dessus du niveau des plus hautes mers, avec talus, tant à l'extérieur qu'à l'intérieur, établis d'abord avec une inclinaison de 2 pour 1, mais qui durent plus tard être notablement adoucis et protégés, en outre, sur une partie de leur hauteur par des perrés à pierres sèches.

Écluses intermédiaires, aux kilomètres 16, 42 *et* 68. — On avait projeté d'abord de construire les trois écluses intermédiaires de la branche de Suez, savoir : la première vis-à-vis de Bir-abou-Ballah, avant l'origine de la levée en remblai ; les deux autres aux points 30km,300 et 61km,050.

MM. Borel Lavalley et Cie ayant demandé que la première écluse fût reportée en aval de l'origine du branchement du Sérapéum, les emplacements des trois écluses ont été définitivement fixés aux points kilométriques 16, 42 et 68.

L'emplacement du kilomètre 16 pour la première écluse, choisi par les entrepreneurs dans l'intérêt du mode d'exécution de leurs travaux, offrait en même temps cet avantage pour la Compagnie, sauf la nécessité de renforcer en tant que de besoin les digues du canal à la traversée de la vallée de Gessen, de permettre de tendre les eaux de manière à pouvoir inonder tous les terrains du Sérapéum dans une zone d'une certaine largeur le long du canal, tant à l'ouest qu'à l'est jusqu'au canal maritime et à y développer ainsi à peu de frais les plantations [1].

Les écluses intermédiaires n'ont pas de mur de chute.

Portes en tôle d'une hauteur de 2m,70 ;

Hauteur des bajoyers, 3 mètres;

Pont-levis à double volée, en charpente.

Le massif de fondation des écluses est en béton composé de gravier et de chaux du Theil. Aux deux écluses du kilomètre 16 et du

---

dans la première quinzaine d'août 1865. L'achèvement de l'écluse de Suez ayant suivi de près, un service de navigation en transit, sans transbordement entre la Méditerranée et la mer Rouge, a été inauguré à Ismaïlia précisément le 15 août 1865. Un convoi de 12 chalands chargés de houille remorquant un radeau de bois de charpente, parti de Port-Saïd, a franchi l'écluse de Suez et est entré dans la mer Rouge.

1. La branche de Suez n'est guère soumise à de sérieux apports de sables voyageurs que sur deux points : sur le premier kilomètre à partir de Néfiche, et dans la partie qui traverse le plateau du Sérapéum, sur une longueur de 8 kilomètres; en tout sur 9 kilomètres, c'est-à-dire sur le dixième seulement de la longueur totale du canal.

kilomètre 42, les massifs des maçonneries sont en béton Coignet composé de 1 partie de chaux du Theil et 4 parties de sable ; le couronnement des bajoyers et des murs en retour, les chaînes d'angle et les seuils du radier, en béton Coignet composé de 1 partie de ciment Portland, 1 partie de chaux du Theil et 5 parties de sable [1]. A l'écluse du kilomètre 68, où il n'existait pas de bon sable à proximité, les massifs des maçonneries ont été construits avec un mortier de chaux du Theil et des moellons provenant des déblais rocheux du canal maritime dans la tranchée de Chalouf ; les couronnements, chaînes d'angle et seuils du radier, avec des moellons smillés et pierres de taille provenant de la carrière de Gebel Geneffé. Enfin, aux trois écluses, les chardonnets, les buscs et les chaînes d'angle des chambres des portes sont en pierres de taille provenant de la même carrière.

Des gares ont été créées à l'amont et à l'aval de chacune des trois écluses par l'élargissement du Canal à 15 mètres du plafond sur une longueur de 35 mètres.

Pendant la construction des écluses, la navigation sur le canal était assurée par des rigoles latérales.

Les travaux des deux premières écluses, commencés en mai 1865, étaient achevés à la fin de la même année. Ceux de la troisième, commencés en octobre 1865, ont été achevés à la fin de février 1866.

Pour rendre la navigation possible sur la première partie de la branche de Suez pendant la construction de l'écluse du kilomètre 16, un barrage provisoire à poutrelles avait été établi au kilomètre 20, remplaçant ainsi celui primitivement projeté au kilomètre 30 et non exécuté. Cet ouvrage était entièrement en charpente et présentait une largeur de débouché de 4 mètres. Les premiers pieux avaient été battus le 31 mars 1865 et la construction était terminée le 9 mai suivant. L'ouvrage a été démoli au commencement de l'année 1866, après l'achèvement de la construction de l'écluse.

Branchements du Sérapéum et de Chalouf. — Il a été expliqué précédemment que la Compagnie, par le marché du 26 mars 1864, était tenue à construire, en vue de l'exécution des travaux du canal maritime, deux branchements de la branche de Suez, l'un destiné à

---

1. Le béton Coignet a été en grande partie substitué aux pierres dans la construction de deux écluses du kilomètre 16 et du kilomètre 42, à cause des difficultés des transports. Les pierres de sujétion semblaient devoir, en effet, venir de France, et, dans la situation des choses, elles eussent été soumises à des transbordements et à des parcours partiels à dos de chameaux. Bien que l'emploi du béton Coignet fût d'une date relativement récente et que l'expérience n'eût pas encore donné la mesure de la durée des constructions édifiées d'après ce système, la Compagnie se décida pourtant à l'adopter en raison des avantages qu'il présentait : il faisait, en effet, disparaître l'éventualité de grands retards et il devait, en outre, procurer une certaine économie dans la dépense.

desservir les chantiers du seuil du Sérapéum, l'autre, les chantiers du seuil de Chalouf.

On a adopté pour ces branchements le même profil que pour la branche principale, avec talus à 2 pour 1.

Le branchement du Sérapéum, achevé au commencement de 1865, avait son origine au sud du kilomètre 14 de la branche principale, faisait avec la direction nord de celle-ci un angle d'environ 110° et aboutissait vers le point $90^{km},500$ du canal maritime. Sa longueur était d'environ 2.000 mètres. Cube des déblais, 91.157 mètres cubes.

Le branchement de Chalouf, achevé à la fin d'octobre 1865, avait son origine vers le kilomètre 72 de la branche principale et était dirigé normalement sur le canal maritime, où il aboutissait vers le kilomètre 138. Sa longueur était de 300 mètres. Cube des déblais, 12.045 mètres cubes.

Des plantations ont été faites sur les berges de ces branchements, pour les consolider, ainsi que sur les bords, dans les points où l'on avait à craindre les apports de sables voyageurs.

III. — Partie du canal d'eau douce de l'Ouady (Abasseh[1]) à Gassassine

Par la Convention du 18 mars 1863, intervenue entre le Gouvernement égyptien et la Compagnie, dans les circonstances et par suite des considérations qui se trouvent résumées dans l' « Exposé » accompagnant le texte de ladite convention[2], le Gouvernement s'était chargé d'établir lui-même la première partie du canal d'eau douce, du Caire à l'Ouady, dont rétrocession lui était faite par la Compagnie; mais en même temps, de son côté, la Compagnie continuait de rester chargée de l'achèvement, jusqu'à Ismaïlia et Suez, de la partie du canal faisant suite à la partie précédente; et, pour satisfaire à ses obligations sous ce rapport, il lui restait encore, à la date de la convention — indépendamment de la construction des écluses d'Ismaïlia sur la branche principale et des écluses de la branche de Suez — à substituer un canal

1. Ou « Abascé ».

2. Voir à la première partie de l'*Historique administratif*, tome I, page 193.

distinct à la partie du canal de l'Ouady provisoirement empruntée s'étendant depuis Abasseh, point où le canal venant du Caire devait traverser ledit canal de l'Ouady, jusqu'à Gassassine.

C'est cette partie de l'ancien canal d'eau douce de la Compagnie, d'Abasseh à Gassassine, que nous allons maintenant sommairement décrire.

Comme on le verra au chapitre concernant le canal Ismaïlieh (tome VI), les travaux de terrassements de la première partie du canal, du Caire à Abasseh, qu'avait à construire le Gouvernement égyptien, furent vigoureusement entrepris dès le commencement de l'année 1865[1].

Les terrassements de la partie de canal à la suite, d'Abasseh à Gassassine, furent entrepris à leur tour, par la Compagnie, au commencement d'octobre de la même année 1865, et ils étaient à peu près complètement terminés au mois de juillet de l'année suivante, date à laquelle, ainsi qu'il sera expliqué ci-après, le canal d'eau douce passa tout entier entre les mains du Gouvernement Égyptien et prit dès lors le nom de canal Ismaïlieh.

DISPOSITIONS ADOPTÉES EN EXÉCUTION

Tracé. — A partir de la traversée du canal de l'Ouady à Abasseh, le tracé du canal se maintenait constamment au nord du canal de l'Ouady, entre ce canal et le chemin de fer.

Sa longueur était de 22.626 mètres.

Profil en travers. — Le profil en travers type adopté était le suivant: Largeur au plafond, 10 mètres; talus de la cunette à 3 pour 1 jusqu'à une hauteur de 3^{m},50 au-dessus du plafond ; à cette hauteur, banquette de 4 mètres de largeur; enfin, au-delà de la banquette, talus en remblai ou en déblai à 2 pour 1.

Terrassements. — Le cube total des terrassements à exécuter était de 879.482 mètres cubes.

Sur ce cube, il restait encore à exécuter, au moment de la remise du canal au Gouvernement égyptien, 54.374 mètres cubes.

---

1. Mais on verra, en même temps, que ces travaux, après plusieurs interruptions momentanées, furent définitivement interrompus au commencement d'avril 1866, pour ne plus être repris que quatre ans après, en 1870, et menés alors à bonne fin.

Prise de possession, par le Gouvernement égyptien, du canal d'eau douce de l'Ouady à Ismaïlia et à Suez et de ses dépendances.

(12 JUILLET 1866)

Par une nouvelle Convention du 22 février 1866 [1], qui précéda le firman de concession enfin rendu le 19 mars suivant, et où ladite convention fut insérée *in extenso*, la Compagnie avait rétrocédé au Gouvernement égyptien « la seconde partie du canal d'eau douce (construite par elle), située entre l'Ouady, Ismaïlia et Suez », ainsi qu'elle lui avait déjà retrocédé la première partie du canal située entre le Caire et le domaine de l'Ouady, par la Convention du 18 mars 1863.

La nouvelle rétrocession était faite dans les termes et sous les conditions suivantes stipulés à l'article 5 de la convention :

1° La Compagnie est tenue de terminer les travaux restant à faire pour mettre le canal du Ouady, Ismaïlia et Suez dans les dimensions convenues et en état de réception;

2° Le Gouvernement égyptien prendra possession du canal d'eau douce, des travaux d'art et des terrains qui en dépendent aussitôt que la Compagnie se croira en mesure de livrer ledit canal dans les conditions ci-dessus indiquées. Cette livraison, qui impliquera réception de la part du Gouvernement égyptien, sera opérée contradictoirement entre les Ingénieurs du Gouvernement et ceux de la Compagnie et constatée dans un procès-verbal relatant en détail les points par lesquels l'état du canal s'écartera des conditions qu'il devait réaliser;

3° Le Gouvernement égyptien demeurera, à partir de la livraison, chargé de l'entretien dudit canal, soit :

. . . .

Il y a lieu de rappeler que la sentence arbitrale du

1. Voir, pour le texte de la convention, à la première partie de l'*Historique administratif*, tome I, page 254.

6 juillet 1864, rendue par l'empereur des Français avait, en ce qui était de la rétrocession du canal d'eau douce de l'Ouady à Suez, fixé à 10 millions de francs la somme à payer à la Compagnie par le Gouvernement égyptien en remboursement des sommes déjà dépensées et restant à dépenser par elle pour mettre ledit canal dans toutes les dimensions convenues et en état de réception.

Enfin il y a lieu également de mentionner que, d'après l'un des paragraphes de l'article 7 de la convention, « les bâtiments construits par la Compagnie pour ses services sur le parcours du canal d'eau douce de Zagazig à Suez devaient être cédés au Gouvernement au prix de revient ».

La prise de possession du canal d'eau douce et de ses dépendances par le Gouvernement égyptien a été constatée par un procès-verbal, du 12 juillet 1866, dressé à la suite d'une visite détaillée des lieux faite de concert par un délégué du Gouvernement et par le Directeur général des travaux.

Avant de faire connaître les conclusions du procès-verbal, nous rappellerons d'abord les principales constatations faites au cours de la visite des lieux.

I. — DESCRIPTION DES LIEUX. — ÉTAT DU CANAL ET DE SES DÉPENDANCES

1° *Sur la portion du canal d'Abasseh à Gassassine.* — Il restait encore à exécuter un cube de déblai de 54.374 mètres cubes, dont 8.000 mètres cubes en terrain ordinaire et 46.374 mètres cubes en terrain dur.

D'un commun accord il fut décidé que les travaux seraient immédiatement arrêtés pour être repris ultérieurement et terminés en temps opportun par le Gouvernement.

2° *Sur la portion du canal de Gassassine à Ismaïlia.* — La Compagnie aurait à profiter de la mise à sec du bief entre les deux écluses d'Ismaïlia pour y rétablir la section normale sur les points où elle ne se serait pas conservée.

Il fut constaté que la Compagnie, indépendamment des

plantations sur les talus et les berges du canal pour les consolider, avait fait construire sur chacune des rives des haies sèches régnant sur presque toute la longueur du canal et destinées à arrêter les sables voyageurs ; mais que la construction de ces haies sèches, ne remontant qu'au précédent hiver, il s'était produit antérieurement dans le canal des apports assez considérables, contre lesquels il avait été impossible de lutter par de simples dragages.

En attendant que la première partie du canal, du Caire à Abasseh, fût mise en eau, il était indispensable que le canal de Gassassine à Ismaïlia fût curé et rétabli à son profil primitif ; en outre, en prévision du régime futur de l'alimentation du canal, les berges avaient besoin d'être exhaussées. Ces travaux comprenaient les cubes de terrassements suivants :

Curages urgents entre Gassassine et Néfiche...	192.396mc
— entre Néfiche et Ismaïlia.....	22.500
Déblais d'emprunt à exécuter plus à loisir pour l'exhaussement des banquettes............	179.809
CUBE TOTAL............	394.705mc

3° *Sur la branche de Suez :*

Pour ramener la cunette du canal à son profil normal, on avait à exécuter une série de curages représentant ensemble.............	345.600mc
Sur ce cube total, la Compagnie resterait chargée d'un cube de........................	124.600
En sorte que le cube à exécuter par le Gouvernement ne serait que de.................	221.000mc

L'évaluation totale des déblais à exécuter par le Gouvernement et dont la Compagnie avait à lui tenir compte par une réduction égale sur le prix de cession du canal s'élevait au chiffre de............................ 802.240fr

La Compagnie aurait d'ailleurs à livrer au Gouvernement,

pour les travaux de curage, 40.000 couffes, 3.000 fass, 1.000 pelles et 1.000 manches de rechange.

II. — TABLEAU INDICATIF ET ESTIMATIF DES BÂTIMENTS CONSTRUITS PAR LA COMPAGNIE SUR LE PARCOURS DU CANAL.

Le tableau figurant au procès-verbal pouvait se résumer comme suit :

1° Sur le parcours du canal principal, de Zagazig à Ismaïlia :

10 bâtiments, estimés ensemble à........	190.338fr	

2° Sur le parcours de la branche de Suez :

10 bâtiments, estimés ensemble à........	195.517	
Valeur totale des bâtiments à rembourser par le Gouvernement à la Compagnie..................		385.855fr

III. — ÉTAT INDICATIF ET ESTIMATIF DU MATÉRIEL DE DRAGAGES REPRIS PAR LE GOUVERNEMENT

2 dragues à vapeur, munies chacune d'un appareil transporteur, à 85.000 francs l'une..............................	170.000fr	
6 dragues à manivelles mues à bras d'homme, à 11.000 francs l'une........	66.000	
Estimation totale du matériel repris par le Gouvernement..		236.000

IV. — PÉPINIÈRE ÉTABLIE SUR LA RIVE DROITE DE LA BRANCHE DE SUEZ, A LA TRAVERSÉE DU SÉRAPÉUM

Valeur estimative.................................	225.000
Estimation totale des cessions faites par la Compagnie au Gouvernement..........	**846.855fr**

Conclusion. — En conséquence de toutes les constatations faites, le délégué du Gouvernement égyptien déclarait prendre livraison, au nom du Gouvernement, du canal d'eau douce et de ses ouvrages d'art aux conditions résumées suivantes :

1° Le Gouvernement demeurait chargé :

D'une part, des travaux de curage à exécuter pour ramener le canal à sa section primitive, savoir : dans la branche principale, entre Gassassine et Ismaïlia, et dans la branche de Suez, de Néfiche au kilomètre 11 et du kilomètre 23 à Suez ;

D'autre part, de l'achèvement, suivant le profil, des déblais restant encore à exécuter sur la partie du canal d'Abasseh à Gassassine et de l'exhaussement des banquettes sur le canal principal entre Gassassine et Néfiche ;

Moyennant quoi il serait fait sur le prix convenu de cession du canal d'eau douce à payer par le Gouvernement à la Compagnie une réduction de ci........... 802.240fr

2° La somme à payer par le Gouvernement à la Compagnie pour la rétrocession des bâtiments construits par elle sur le parcours du canal, la cession du matériel de dragages, et la cession de la pépinière du Sérapéum était fixée au chiffre de ci............................ 846.855fr

Cette somme serait portée au débit du compte courant du Gouvernement avec la Compagnie.

Établissement hydraulique d'Ismaïlia et distribution d'eau d'Ismaïlia à Port-Saïd

Ainsi qu'on l'a vu précédemment, parmi les travaux que devait exécuter la Compagnie en conformité de l'article premier du cahier des charges annexé à l'acte de concession du 5 janvier 1856, se trouvait compris l'établissement de deux branches d'irrigation et d'alimentation dérivées du canal d'eau douce et portant les eaux dans les deux directions de Suez et de Péluse ;

Mais on a vu également que les ingénieurs du Vice-Roi, dans leur avant-projet du 20 mars 1855, avaient proposé, en ce qui était spécialement de la dérivation dans la direction de Péluse, de construire d'abord une conduite d'eau, d'une longueur totale d'environ 80 kilomètres pour l'alimentation en eau douce des chantiers du canal maritime depuis Ismaïlia jusqu'à Port-Saïd, ladite conduite destinée à être remplacée plus tard par une rigole à ciel ouvert.

C'est cette solution provisoire, comportant une importante installation hydraulique à Ismaïlia, la pose d'une conduite unique en premier lieu, puis d'une double conduite d'eau, d'Ismaïlia à Port-Saïd, enfin une distribution d'eau à Port-Saïd, qui a été adoptée en exécution pour assurer l'alimentation en eau douce des chantiers de la partie nord du canal pendant toute la période des travaux de premier établissement.

Les travaux de la pose de la première conduite ont été commencés dans les derniers mois de 1862 et terminés en avril 1864; les travaux de la seconde conduite ont été terminés à leur tour en juillet 1866.

La description de ces travaux et de toutes les installations de la distribution d'eau sur la ligne du canal et à Port-Saïd est donnée au tome VI[1].

Canal Ismaïlieh

CONSTRUIT DE 1870 A 1877 PAR LE GOUVERNEMENT ÉGYPTIEN

Le Gouvernement égyptien — ainsi qu'il a été rappelé précédemment — s'était chargé, par la convention du 18 mars 1863, de construire la partie du canal d'eau douce du Caire à l'Ouady; la Compagnie, de son côté, restait chargée de l'achèvement du canal à partir de l'Ouady jusqu'à Ismaïlia et Suez.

---

1. Les conduites d'eau de la ligne du canal ont été remplacées, en 1893, par une rigole (dite *Canal Abassieh)*, dont la construction avait été commencée en 1887.

Parmi les travaux à la charge de la Compagnie se trouvait, notamment, la substitution d'un canal distinct à la partie du canal de l'Ouady provisoirement empruntée s'étendant depuis Abasseh, point où le canal venant du Caire devait aboutir à l'Ouady, jusqu'à Gassassine. Ce travail fut exécuté par la Compagnie en 1865. En même temps, le Gouvernement Égyptien entreprenait les terrassements de la première partie du canal : suivant accord intervenu entre le Gouvernement et la Compagnie, cette partie du canal devait être établie avec une largeur de 13 mètres au plafond. Par suite de circonstances diverses, les travaux furent interrompus l'année suivante.

On a vu de même, précédemment, que, par la nouvelle convention du 22 février 1866, la seconde partie du canal d'eau douce fut rétrocédée à son tour au Gouvernement égyptien, qui en prit possession le 12 juillet suivant.

Le canal, sur tout son parcours, du Caire à Ismaïlia et Suez, fut désigné alors sous le nom de *Canal Ismaïlieh.*

Le Gouvernement ne reprit les travaux du creusement de la première partie du canal qu'en 1870, époque à laquelle il traita à forfait avec un entrepreneur pour l'achèvement complet (terrassements et ouvrages d'art) de cette partie du canal et pour l'élargissement à 13 mètres au plafond de la partie suivante, d'Abasseh à Gassassine, construite, en 1865 à la largeur de 10 mètres par la Compagnie. Plus tard, en 1874, alors que s'achevaient les travaux du forfait précédent, le Gouvernement traita de nouveau à forfait avec un autre entrepreneur pour la construction, depuis Gassassine jusqu'à Ismaïlia, en remplacement de l'ancien canal de la Compagnie, de $7^{m},70$ de largeur au plafond, d'un nouveau canal prolongeant le canal à grande section venant du Caire avec même largeur de 13 mètres au plafond.

Le canal Ismaïlieh a donc été ouvert sur toute sa longueur, du Caire à Ismaïlia, avec la largeur de 13 mètres, au plafond. Sa longueur totale est de $133^{km},675$. La hauteur d'eau, en eaux moyennes ou ordinaires, y est de 2 mètres.

L'inauguration du nouveau canal a eu lieu le 15 avril 1877.

Une description complète des travaux de ce canal se trouve au tome VI.

OUVRAGES ACCESSOIRES

Éclairage du canal maritime et des ports. Balisage. Moyens de déséchouage. Engins d'amarrage

AVIS D'UNE COMMISSION DE NAVIGATION INSTITUÉE EN OCTOBRE 1868[1]

ÉCLAIRAGE ET BALISAGE.

Ainsi qu'il a été mentionné précédemment à diverses reprises, le Président de la Compagnie, en octobre 1867, c'est-à-dire un an environ avant la date présumée de l'ouverture du canal à la navigation, confia à une Commission spéciale l'étude des diverses questions se rattachant

---

1. Composition de la Commission :

MM. Dupuy de Lôme, conseiller d'Etat, directeur du matériel au Ministère de la marine.
Jaurès, Vice-amiral.
Vicomte Excelmans, contre-amiral, administrateur de la Compagnie.
Comte de France, ancien capitaine de frégate, —

Membres de la Commission consultative des travaux :
Rumeau, inspecteur général des ponts et chaussées, Président,
Lebasteur, inspecteur général des ponts et chaussées,
De Fourcy, ingénieur en chef des ponts et chaussées,
Chevallier, —
Pascal, —
Hanet-Cléry, ingénieur des mines,
De Combarieu, officier supérieur de marine,

Sollier, ingenieur des constructions navales, membre du conseil des travaux de la marine.
Vésinier, ingénieur des constructions navales, directeur des ateliers des Messageries Impériales.
Desfaudais, officier de marine, commandant des paquebots des Messageries Impériales.
Voisin Bey, ingénieur en chef des ponts et chaussées, Directeur général des travaux du canal.

Entrepreneurs des travaux du canal :
A. Lavalley, ingénieur
Borel, —

Guichard, chef du service du transit et des transports de la Compagnie en Egypte.

Ingénieurs de la Compagnie :
Laroche, ingénieur des ponts et chaussées,
Larousse, ingénieur hydrographe,
Gioia, ingénieur,
Cadiat, ingénieur des constructions navales,
Buquet, agent technique au service du transit.

à la future exploitation du canal au double point de vue de l'intérêt de la navigation commerciale et de l'intérêt des actionnaires.

Au début de son exposé à la Commission, le Président de la Compagnie définissait ainsi le but à atteindre dans l'organisation de l'exploitation :

« Rendre la traversée du canal la plus rapide et la plus facile possible, pour tous les navires, dans la mesure de la conservation des travaux exécutés et dans les conditions les plus économiques pour la Compagnie, afin de réserver aux actionnaires les bénéfices les plus larges. »

Parmi les questions soumises à l'examen de la Commission, un certain nombre se rapportaient spécialement au mode futur d'exploitation du canal (vitesse de marche des navires, mode de remorquage, pilotage, organisation des opérations de transit), et nous ne pouvons, pour ce qui les concerne, que renvoyer à la partie du présent ouvrage traitant de l'*Exploitation du Canal.*

Une question était relative au choix du tonneau-type à adopter comme base de la perception des droits, et cette question a été traitée avec les plus grands détails à l'*Historique administratif de la Compagnie.*

Une autre question était relative aux garages qu'il pouvait être utile de créer le long du canal pour faciliter les croisements des navires, et cette question a été précédemment traitée dans le présent volume [1].

Enfin, une dernière question était celle de savoir « s'il y avait lieu d'éclairer et de baliser le canal dans toutes ses parties, et quels étaient les modes à adopter dans les parties à éclairer et à baliser. » (La Compagnie pensait alors que la navigation de nuit pourrait être permise dans le canal.)

C'est de cette question, qui, avant d'être soumise à l'examen de la Commission, avait fait l'objet d'une sérieuse étude de la part des ingénieurs et du chef du transit de la Compagnie, que nous allons maintenant nous occuper.

EXPOSÉ DU PRÉSIDENT DE LA COMPAGNIE

Dans son exposé à la Commission, destiné à rendre compte des résultats des études déjà faites, le Président de la Compagnie rappelait tout d'abord que, sur les canaux maritimes de Hollande, sur le canal Calédonien et sur le bas-Danube, la navigation de nuit était permise aux navires de toutes sortes et de toutes dimensions; que, seulement, des précautions étaient prises pour les nuits obscures et les brouillards, circonstances dont le climat d'Égypte affranchissait le canal de Suez.

Le Président analysait ensuite comme suit les diverses opinions émises sur la question.

---

1. Voir page 268.

L'éclairage et le balisage du canal pouvaient se diviser en trois parties distinctes : le canal proprement dit, la traversée des lacs, les ports.

Canal proprement dit. — En ce qui était du canal proprement dit, l'opinion unanime des marins avait été qu'un éclairage serait plutôt nuisible qu'utile ; et l'on avait fait observer à ce propos que les canaux de Hollande, le canal Calédonien et le Danube n'étaient pas éclairés.

Parmi les ingénieurs du canal, les avis avaient été partagés.

Les uns jugeaient utile d'indiquer la position et la direction de la ligne médiane du canal par un bon système de balisage pendant le jour et de feux de direction pour la navigation de nuit; et, dans cet ordre d'idées, ils proposaient l'organisation suivante d'un système d'éclairage et de balisage du canal :

Dans les parties du canal où la largeur à la ligne d'eau était de 100 mètres et où les berges se trouvaient ainsi trop éloignées de la cunette centrale pour indiquer suffisamment la route à suivre, installation sur chaque rive, à 30 mètres de l'axe, d'une ligne de balises hautes de 3 mètres au-dessus de l'eau, espacées entre elles de 500 mètres, rouges sur la rive Afrique et noires rayées de blanc sur la rive Asie, situées vis-à-vis les unes des autres et correspondant exactement au kilométrage du canal. Dans les courbes, les balises seraient plus rapprochées et distantes seulement de 250 mètres.

La position des courbes, de celles du moins comprises entre Kantara et le seuil d'El Guisr et entre Chalouf et Suez, serait, de plus, indiquée par l'installation à chaque sommet d'angle d'un fanal muni d'un feu d'une portée de 5 kilomètres, les fanaux placés sur la rive Afrique étant à feu rouge et ceux de la rive Asie à feu blanc.

Dans la traversée des seuils, où la largeur à la ligne d'eau n'est que de 58 mètres et où le canal est bordé de berges très élevées, le canal ne serait ni balisé ni éclairé. Il suffirait, à la double courbe du seuil d'El Guisr et à la courbe de Toussoum, de placer de simples lanternes aux extrémités, sans fanaux de sommets d'angle.

Enfin, dans le garage de Kantara, on placerait sur la ligne médiane de la largeur de la gare une ligne de bouées distantes de 100 mètres, et on l'éclairerait à l'aide d'un ou de deux fanaux munis de puissants réflecteurs ou au moyen d'une série de réverbères placés sur chaque rive.

Mais plusieurs des ingénieurs de la Compagnie ne pensaient pas qu'il fût nécessaire de baliser ni d'éclairer le canal d'une manière si complète.

D'une part, suivant eux, les feux pouvaient être nuisibles ;

D'autre part, ils considéraient que les pilotes qui seraient chargés de la conduite des navires connaissant parfaitement les divers profils du canal, le balisage serait inutile ; des bouées ne seraient installées qu'à la traversée du lac Timsah et des lacs Amers pour en limiter la partie navigable. A l'appui de cette manière de voir, ils faisaient remarquer que les rivières à chenaux sinueux, mobiles même, ainsi que l'entrée de certains ports, présentaient des difficultés de navigation autrement sérieuses que celles de traverser un canal régulièrement creusé et où les navires seraient dirigés par de bons pilotes.

Bref, en outre d'un feu placé sur chaque rive aux extrémités du canal pour en indiquer l'entrée, et de l'éclairage spécial des gares consistant en deux feux qui en indiqueraient les limites sur chaque rive, un certain nombre de feux de direction bien placés leur paraissaient suffisants pour guider les pilotes dans la navigation de nuit.

Traversée du lac Timsah. — Le canal, on le sait, à la date de la réunion de la Commission, devait traverser suivant une grande courbe le lac Timsah.

Par l'une des combinaisons proposées, un fanal à feu rouge serait placé au sommet d'angle, visible dans toutes les directions et d'une portée de 5 kilomètres; le contour de la courbe serait indiqué par des lanternes à feu blanc placées sur la rive Asie; une double ligne de balises déterminerait la position et la direction du chenal; dans la partie sud de cette portion du canal, qui était endiguée d'une manière à peu près continue, on placerait des poteaux d'amarrage espacés de 100 mètres, en choisissant les points où existaient des berges; dans la partie nord, où il n'existait pas de digues, les poteaux d'amarrage seraient remplacés par des bouées mouillées sur corps morts et placés à une vingtaine de mètres en arrière des balises.

Dans une autre combinaison, vu le peu de longueur de la traversée du lac et la nécessité probable d'y faire des croisements en marche de jour et de nuit, une double rangée de bouées seraient placées alternativement sur babord et tribord, espacées de 150 mètres. Dans la partie du lac où se feraient les croisements, c'est-à-dire du kilomètre 75 au kilomètre 78, les bouées de la rive Afrique seraient disposées de manière à permettre aux navires de s'y amarrer.

Des feux de port indiqueraient d'ailleurs sur chaque rive l'entrée et la sortie du lac.

Traversée des grands lacs Amers. — A la traversée des grands lacs Amers, la superficie des fonds de plus de 8 mètres aurait plusieurs kilomètres de largeur. Les navires n'auraient donc pas, dans cette partie, à se maintenir dans un chenal.

Il résultait de l'examen du plan coté des lacs qu'en prolongeant de 1 kilomètre environ, au-delà de l'extrémité des digues submergées, les deux alignements droits par lesquels le canal proprement dit débouche dans les grands lacs, et en joignant les deux points ainsi obtenus par une ligne droite, cette ligne passait tout entière dans les fonds de 8 mètres en laissant à l'Est une largeur d'au moins 1.500 mètres.

Il serait donc possible à tout navire d'aller d'une des entrées du lac sur l'autre sans risquer de toucher, quelle que pût être l'influence de la dérive.

Dès lors était proposée la combinaison suivante :

Des feux ordinaires, montés sur charpente, marqueraient les extrémités des digues submergées. A 1 kilomètre au-delà de ces feux, dans les grands fonds, et sur le prolongement de l'axe du canal, il serait établi un feu fixe de 4e ordre, d'une portée de 15 milles, placé à une hauteur de 13 mètres au moins au-dessus du plan d'eau, sur une tour en fer destinée à servir d'amer pendant le jour; ces signaux serviraient en même temps de signaux de direction pour les alignements droits qui, de chaque côté, précèdent l'entrée des lacs.

Le pourtour des profondeurs de 8 mètres serait d'ailleurs délimité par deux lignes de grosses bouées, rouges du côté Afrique, noires rayées de blanc du côté Asie, espacées de 1 kilomètre dans chaque ligne.

Traversée des petits lacs Amers. — Il était proposé d'adopter, pour la traversée des petits lacs, le même système d'éclairage et de balisage que pour toutes les autres parties à berges submergées du canal proprement dit.

Ceux des ingénieurs qui n'étaient pas d'avis d'éclairer ni de baliser le canal proprement dit, estimaient pourtant qu'il convenait d'installer l'éclairage et le balisage dans les petits lacs, continuant en quelque sorte le système des grands lacs, mais en rapprochant toutefois les bouées.

Port de Port-Saïd. — Le système proposé était le suivant :

Deux fanaux de port de quatrième ordre placés aux extrémités des jetées;

Deux petits feux de lanterne à l'entrée des bassins, installés, l'un sur la rive Asie, à l'angle ouest du saillant sud de l'avant-port, l'autre, vis-à-vis, sur la rive Afrique.

Enfin un phare de premier ordre, de 20 milles de portée, établi dans les terres à 1 kilomètre de distance environ du phare existant, de manière à former le sommet d'angle du chenal d'accès de la rade au port et du grand alignement droit de 50 kilomètres environ de longueur que présente le canal depuis Kantara jusqu'à Port-Saïd.

On estimait que l'ensemble de ces feux permettrait à tout navire de se diriger convenablement, soit pour passer de la rade dans le chenal d'avant-port et pour se bien maintenir dans ce chenal, malgré l'éloignement de la jetée, soit pour passer de l'avant-port dans le port intérieur et inversement ; d'autre part, que le grand phare éclairerait sur le canal le long alignement droit de la traversée du lac Menzaleh.

Port de Suez. — On proposait d'établir cinq petits feux : un premier, à la tête de la jetée transversale de l'est; un second sur le musoir de la digue ouest, à la pointe sud du terre-plein; un troisième à l'entrée du bassin de l'arsenal, côté nord; enfin, les deux derniers, à l'entrée du canal proprement dit, sur chaque rive.

DÉLIBÉRATION ET AVIS DE LA COMMISSION

Canal proprement dit. — Les objections mentionnées dans l'exposé du Président de la Compagnie contre le système général d'éclairage et de balisage du canal furent renouvelées dans la Commission.

Quelques membres estimaient, en effet, que le balisage de jour, l'éclairage de nuit, étaient d'une utilité contestable, pouvaient même être sujets à inconvénients. Les navires, disaient-ils, n'avaient pas besoin de suivre exactement la ligne d'axe du canal; les pilotes s'y reconnaîtraient toujours assez pour se maintenir dans l'étendue qui convenait au tirant d'eau du navire. Les balises, placées dans l'eau à une vingtaine de mètres des berges, pourraient être facilement renversées si elles n'étaient pas protégées; et, si elles l'étaient, elles constitueraient autant d'obstacles à la navigation.

On fit observer aussi que, sous le ciel d'Égypte, les nuits, généralement, étaient claires; que la multiplicité des feux pouvait être une cause de confusion, et rendrait leur entretien et leur surveillance difficiles; que leur extinction pourrait être une cause d'erreurs et de dangers pour les navigateurs.

D'où cette conclusion, qu'il conviendrait de supprimer le balisage, et, quant à l'éclairage de nuit, de n'établir qu'une dizaine de feux de direction.

En présence de la divergence des opinions, la Commission émit l'avis que des expériences fussent faites, à bref delai, pour déterminer si, sans balisage et sans éclairage, il était possible de naviguer dans le canal, soit dans les alignements droits, soit dans les parties courbes et quelle que soit la largeur de la section; dans le cas contraire, quelles seraient les conditions dans lesquelles l'éclairage et le balisage devraient être établis. Elle ajournait donc à se prononcer définitivement sur ce point, jusqu'au moment où les dites expériences auraient été portées à sa connaissance.

Traversée du lac Timsah. — La Commission estima qu'un balisage était nécessaire pour signaler les berges noyées, et que ce balisage devait être effectué au moyen d'un système de balises ou de bouées pour le jour et d'un système de feux pour la nuit, ces appareils étant disposés sur les deux rives du canal, et espacés de 500 mètres pour les balises ou bouées, et de 2 kilomètres pour les feux.

Traversée des grands lacs Amers. — Les grands lacs Amers, à l'exception des parties extrêmes, offraient une profondeur d'eau naturelle égale ou supérieure à celle du canal, et sur une largeur telle que la ligne de navigation n'aurait pas besoin d'être balisée.

Quant aux parties extrêmes, où les berges du canal étaient noyées, la Commission émit l'avis d'en marquer l'entrée par deux fanaux ordinaires placés en face l'un de l'autre et montés sur charpente fixe, et par un feu élevé de 13 mètres au moins, placé au large, dans le prolongement de la ligne d'axe du canal, et à 1 kilomètre environ de son extrémité. Les charpentes supportant ces feux ou fanaux devraient être disposées de manière à servir d'amers. A la sortie des grands lacs, les parties du canal à berges submergées devraient être balisées comme les parties semblables de la traversée du lac Timsah.

Traversée des petits lacs Amers. — Le chenal était endigué dans toute l'étendue des petits lacs et les digues étaient noyées sur la presque totalité de leur longueur.

D'un autre côté, le tracé présentait dans cette région deux courbes, dont l'une, celle du Nord, avait déjà une largeur de 44 mètres au plafond sur la plus grande partie de son développement, et dont l'autre, la courbe du Sud, d'un grand rayon et d'une faible étendue, pourrait, sans grands frais, être élargie au sommet d'angle.

La Commission fut d'avis :

Pour la partie des alignements droits où il existait des digues submergées, de les éclairer et baliser d'après le système indiqué pour les parties semblables de la traversée du lac Timsah et de celle des grands lacs, en complétant les indications par l'installation de feux à terre dans le prolongement des alignements droits. Sur le dernier alignement du côté de Chalouf, on placerait un double feu de direction sur les bords du canal, à une distance de quelques kilomètres de la naissance des digues submergées.

Pour les portions en courbe, de les élargir et de les éclairer et baliser de la manière suivante : pour la grande courbe du Nord, d'en continuer l'élargissement à 44 mètres au plafond sur toute son étendue, d'en indiquer les naissances par deux signaux distincts; de disposer sur la partie concave des signaux placés à une distance les uns des autres telle que la ligne droite joignant deux signaux successifs laissât entre elle et l'arête convexe du plafond un intervalle d'au moins 22 mètres; pour la courbe du Sud, d'enlever l'onglet extérieur, en commençant l'élargissement aux points extrêmes de tangence, d'indiquer les naissances de la même manière que dans la grande courbe et de mettre un feu au sommet d'angle.

Port de Port-Saïd. — La Commission était d'avis d'adopter le système d'éclairage proposé.

Port de Suez. — La Commission était également d'avis d'adopter le système d'éclairage proposé.

Elle prévoyait néanmoins l'utilité qu'il pourrait y avoir, dans l'avenir, de compléter l'ensemble des cinq petits feux par un grand feu de direction établi à terre; toutefois elle jugeait suffisant pour le moment, à ce point de vue, le feu flottant existant en rade, établi et entretenu par le Gouvernement égyptien.

Les expériences conseillées par la Commission de navigation en vue de déterminer si, sans éclairage et sans balisage, il était possible de naviguer dans le canal; et, dans le cas contraire, quelles seraient les conditions dans lesquelles l'éclairage et le balisage devraient être établis, furent faites et conduisirent les ingénieurs à cette conclusion que l'éclairage du canal était indispensable pour permettre la navigation de nuit et le balisage pour la navigation de jour.

Ils produisirent en conséquence un projet complet d'éclairage du canal, des lacs et des ports, dressé, en ce qui concernait ces deux derniers points, en conformité de l'avis de la Commission de navigation ; puis, peu après, un projet de balisage.

PROJET D'UN SYSTÈME GÉNÉRAL D'ÉCLAIRAGE DU CANAL MARITIME ET DES PORTS, DU 4 MARS 1869

Ce projet comportait les dispositions suivantes :

Canal proprement dit. — Dans les alignements droits : Feux conjugués blancs, élevés de 4 à 5 mètres au-dessus du niveau de l'eau, établis sur chaque rive à l'opposé l'un de l'autre, et placés longitudinalement à des intervalles de 2 à 3 kilomètres, l'espacement des feux dans chaque alignement devant être tel qu'il divise en parties égales les intervalles entre les gares et les courbes. Ces feux sont disposés transversalement au-delà du chemin de halage dans les parties du canal à berges émergentes; à 40 mètres de distance de l'axe dans les parties à berges noyées. Ils consistent en de simples lanternes à bougie ayant leurs glaces légèrement dépolies ou bien portant un globe à verre dépoli[1].

Courbes et gares : les extrémités des courbes et des gares sont signalées chacune par un double feu blanc semblable aux précédents.

Dans les courbes, les feux sont établis sur la rive concave seulement, toujours au-delà du chemin de halage, et à la même hauteur

---

1. Lors de l'examen du projet par la Compagnie, en avril 1869, il fut spécifié que les feux de berges seraient du type du « fanal de route » des navires à vapeur, en modifiant seulement le réflecteur de manière à donner la plus grande intensité de lumière au loin, parallèlement à l'axe du canal, à l'avant et à l'arrière.

L'appareil lenticulaire de ce type de fanaux étant préservé à l'extérieur par une grille dans laquelle s'encadrent deux verres mobiles épais, on obtiendrait avec ce même type des feux de telle couleur qu'on voudrait en colorant les verres mobiles de la nuance voulue.

De même, si la nécessité se faisait sentir de diminuer l'intensité de la lumière blanche dans un certain angle, il suffirait de rendre opaque la partie correspondante du verre mobile.

que dans les alignements droits. Ils sont colorés en rouge du côté Afrique, en vert du côté Asie ; leur écartement entre eux et avec les feux blancs des extrémités varie, suivant chaque courbe, entre 200 et 400 mètres ; il est réglé de telle façon que, pour un observateur placé en un point quelconque de la ligne de navigation *entre deux feux*, le premier feu à l'avant et le second feu à l'arrière sont avec lui sur un même alignement [1].

Traversée du lac Timsah [2]. — Deux feux de direction, rouges, établis à terre sur la rive Afrique et destinés, avec le milieu des deux feux ordinaires de berge placés aux débouchés du canal dans le lac, à indiquer, l'un le premier alignement à la suite de la branche d'El Guisr, l'autre, l'alignement de la branche du Sérapéum ;

Deux autres feux de direction, blancs, établis, l'un sur la rive Asie,

---

1. Dans un système un peu différent proposé en même temps à la Compagnie pour l'éclairage des courbes, les extrémités de celles-ci étaient signalées par un feu coloré unique placé sur la rive concave au lieu des deux feux blancs conjugués du projet. La description du système était d'ailleurs accompagnée de considérations sur la manière dont se ferait la navigation dans les courbes : On admettait que les navires, au lieu de suivre l'axe courbe de la cunette du canal, suivraient les côtés d'un polygone, lesdits côtés d'une longueur de 200 à 400 mètres.

Tous détails au sujet de la marche des navires dans les courbes ont été donnés précédemment (Voir page 197), à l'occasion des considérations générales sur le tracé du canal.

On mentionnera simplement ici que la Compagnie estima alors — après avoir repoussé l'idée du trajet polygonal dans les courbes — qu'en signalant les extrémités et le milieu des courbes par des feux non susceptibles d'être confondus avec ceux des alignements droits, ceux, par exemple, qu'avaient indiqués les Messageries maritimes, à savoir : deux feux rouges, un sur chaque rive, à chacune des deux extrémités de la courbe, et, au milieu, deux feux doubles — rouge et vert superposés — un également sur chaque rive; qu'en dessinant en outre le contour de la rive concave par de petits feux blancs d'un très faible éclat placés entre les feux colorés et dont le nombre varierait suivant la longueur du développement de la courbe, on obtiendrait un éclairage permettant une certaine latitude dans les manœuvres et offrant en même temps une sécurité suffisante.

Il était recommandé en même temps aux ingénieurs d'apporter le moins de variations possible dans l'écartement transversal des feux de berges. L'inégalité des distances semblait pouvoir, en effet, être une cause d'erreurs dans l'appréciation de ces distances et par suite de la position précise du navire dans le canal ; le mieux serait, s'il était possible, de réduire les écartements à deux, l'un pour les grandes sections du canal, l'autre pour les petites sections.

2. En même temps que le projet d'éclairage, un nouveau tracé était proposé par les ingénieurs pour la traversée du lac Timsah, et c'était naturellement pour ce nouveau tracé que le projet d'éclairage était établi.

C'est effectivement ce nouveau tracé qui a été adopté et finalement exécuté (Voir au chapitre du *Tracé du canal maritime*, *Traversée du lac Timsah*, page 134).

l'autre sur la rive Afrique, et destinés à indiquer le second alignement brisé de la branche d'El Guisr;

Trois feux flottants, verts, destinés à marquer les deux entrées de la gare et le sommet de la courbe qui la limite à l'Est ;

Enfin, un feu flottant rouge, placé à l'intersection des deux alignements brisés de la branche d'El Guisr, du côté opposé au sommet d'angle.

Les feux de direction seraient de 4e ordre, élevés de 9 à 10 mètres au-dessus du niveau de la mer. Le feu rouge destiné à indiquer l'alignement de la branche du Sérapéum aurait une portée de 10 kilomètres ; les trois autres feux de direction, une portée de 6 kilomètres.

Traversée des grands lacs Amers. — La Commission de navigation, conformément à la proposition des ingénieurs, avait été d'avis de placer à chacune des deux extrémités du canal, à son débouché dans les grands lacs, dans le prolongement de la ligne d'axe et à 1 kilomètre environ de distance, un feu de 4e ordre élevé de 13 mètres au-dessus du niveau de l'eau.

Les emplacements choisis pour la position des deux phares donnèrent lieu, dans les Conseils de la Compagnie, aux critiques suivantes :

Il n'était pas possible de fonder le phare Nord à 1 kilomètre de distance de l'extrémité de l'axe du canal en raison de l'existence du banc de sel en cet endroit et du peu de temps qui restait avant le remplissage des lacs. Si, pour trouver un terrain meilleur, on se rapprochait à 500 mètres, mais en restant toujours dans le prolongement de l'axe, on constituait une sorte d'obstruction pour la liberté d'entrée et de sortie. Mieux vaudrait que le phare fût fondé à l'extrémité de la berge submergée de l'Est.

Pour le phare sud, le banc de sel, plus éloigné de l'extrémité de la branche sud du canal, n'était plus un obstacle à la fondation à 1 kilomètre dans le prolongement de l'axe; mais la configuration du terrain n'indiquait pas moins clairement qu'au nord il fallait laisser les bouches du canal tout à fait libres du moment que la route de l'une à l'autre était possible avant même la dissolution du banc de sel, la partie orientale du lac devant être interdite aux grands navires, à cause de son exiguité et de ses fonds moins favorables, tandis que la partie occidentale offrait un vaste espace libre pour tout croisement en marche, stationnement ou mouillage. Dans ce vaste espace à l'ouest, les parties proches des bouches étaient surtout bonnes à conserver comme stations pour attendre que le canal devînt libre. Il conviendrait donc de fonder le phare sud dans une position analogue à celle du phare nord, c'est-à-dire à l'extrémité de la berge submergée de l'Est, en même temps que les espaces voisins à l'ouest devraient être parfaitement nettoyés des légères inégalités qu'ils contenaient.

En raison de ces critiques et vu l'urgence des résolutions à prendre sur ce point spécial, la Compagnie, sans attendre la production du projet d'ensemble de l'éclairage du canal, avait décidé que les deux phares des grands lacs Amers seraient placés à l'extrémité même des berges submergées Est de chacune des deux branches du canal et à une distance transversale de 60 mètres de l'axe, et les fondations des deux tourelles destinées à supporter les deux feux avaient été exécutées en conséquence[1].

Traversée des petits lacs Amers. — Système d'éclairage absolument le même que celui du canal proprement dit, soit dans les alignements droits, soit dans les courbes[2].

Mais, en outre des feux de berges, il serait établi à terre quatre feux de direction, de 4e ordre, blancs, d'une portée de 10 kilomètres[3].

Port de Port-Saïd.

Indépendamment du phare d'atterrage de 1er ordre — dont il sera parlé plus loin à l'occasion de l'éclairage de la côte d'Égypte sur la Méditerranée — qui devait être construit sur le rivage pour le compte du Gouvernement égyptien :

Deux feux de port aux extrémités des jetées, rouge à la jetée de l'ouest, vert à la jetée de l'est, et consistant en de simples lanternes installées au sommet de potences à coulisses, à 6 mètres au-dessus du niveau de la mer;

Deux feux blancs, situés vis-à-vis l'un de l'autre à l'entrée des bassins, semblables à ceux disposés le long du canal, mais placés à une hauteur de 6 mètres (au lieu de 3) au-dessus du niveau de la mer;

Enfin, un feu de direction installé sur la berge sud du port, au point de rencontre des deux alignements du chenal du port et du canal maritime, et consistant en un fanal de 4e ordre, à feu blanc, placé à une hauteur de 9 mètres au-dessus du niveau de la mer et d'une portée de 8 à 9 kilomètres.

---

1. La Compagnie estimait d'ailleurs que les deux phares seraient suffisants pour tracer la ligne de navigation à travers les grands lacs.

2. La Compagnie, tout en reconnaissant que la navigation pourrait, dans les parties à berges émergentes, se faire à la traversée des petits lacs d'après le même principe que dans les autres parties du canal, estima toutefois que, pour les parties à berges submergées, les courbes auraient besoin d'être encore mieux dessinées que partout ailleurs, et elle recommandait en conséquence aux ingénieurs de n'y écarter les feux que de 40 mètres de l'axe, cet écartement n'étant pas d'ailleurs absolu et pouvant être réduit à celui qui serait adopté dans les parties du canal à petite section, s'il était moindre.

3. La Compagnie, sans méconnaître l'utilité des feux de direction proposés, ne les jugeait pourtant pas indispensables. Elle estimait que, dans les petits lacs ainsi qu'on le faisait dans les grands alignements droits du lac Menzaleh, on pourrait essayer de naviguer sans grands fanaux de direction, avec les seuls feux de berges. Si, par la suite, l'expérience venait à montrer la nécessité des premiers, il serait toujours temps de les établir.

Port de Suez.

Un feu vert à l'extrémité de la jetée transversale de l'Est ;

Un feu rouge sur le musoir de la digue ouest à la pointe sud du terre-plein ;

Un feu rouge à l'entrée du bassin de l'arsenal;

Enfin deux feux blancs à l'entrée du canal.

Le feu de la pointe sud du terre-plein ouest aurait une hauteur de 9 mètres au-dessus du niveau de la mer et une portée de 8 à 9 kilomètres; les quatre autres feux, une hauteur de 6 mètres et une portée de 4 à 5 kilomètres.

Le système général d'éclairage tel qu'il vient d'être décrit devait comporter 194 feux de berges et 8 feux de direction. Au point de vue de l'installation, les 194 feux de berges se répartissaient ainsi : 161 sur simples potences, 4 sur bateaux et 29 sur balises.

PROJET D'UN SYSTÈME DE BALISAGE DU CANAL, DU 23 MARS 1869

Il n'était proposé de balisage spécial que dans les parties droites du canal où les berges sont submergées.

Les balises, dans le sens longitudinal, étaient disposées à des distances de 400 à 500 mètres de distance les unes des autres, de manière à diviser également les intervalles compris entre les feux, et, transversalement, elles étaient, comme les feux, placées à une distance de 40 mètres de l'axe du canal.

Dans les courbes, les supports des feux devaient servir d'amers. En raison de leur grand rapprochement, on estimait qu'ils constitueraient un balisage suffisant.

AVIS D'UNE NOUVELLE COMMISSION DE NAVIGATION, DU 14 AOUT 1869[1]

Le Président de la Compagnie, à la date du 14 août 1869, convoqua une nouvelle Commission de navigation pour donner un avis définitif sur toutes les questions concernant la prochaine exploitation du

---

1. Composition de la Commission :

MM. Bouet-Willaumez,
Paris,
Jaurès, } Vice-amiraux.
Saisset,
Pothuau, } Contre-amiraux.
Vicomte Exelmans, administrateur de la Compagnie,
Comte de France, — ancien capitaine de frégate,
Reynaud, inspecteur général des ponts et chaussées, directeur du service des phares,

canal, à savoir : l'éclairage du canal, le balisage, les moyens de déséchouage, les engins d'amarrage, la navigation dans les courbes.

Nous ferons connaître successivement les explications et observations auxquelles a donné lieu chacune de ces questions et l'avis de la Commission.

Éclairage du canal maritime et des ports. — Il fut rappelé à la Commission de navigation que la précédente Commission, en présence d'opinions les plus contraires sur la nécessité de l'éclairage du canal, avait été d'avis de faire des expériences avant de prendre aucune décision : que ces expériences avaient été faites et que les ingénieurs de la Compagnie en avaient conclu à l'utilité de l'éclairage.

La Commission fut informée en même temps que les officiers des Messageries maritimes consultés avaient appuyé cette opinion.

Depuis lors, des incertitudes paraissant s'être élevées de nouveau sur la question, c'était en vue d'y mettre fin que le Président de la Compagnie soumettait cette question à l'examen de la Commission et lui demandait son avis [1].

Les objections présentées dans la première Commission de navigation contre la nécessité et même l'utilité de l'éclairage du canal proprement dit (ports, bassins et gares exceptés) furent renouvelées dans la nouvelle Commission.

Plusieurs des officiers généraux de marine, membres de la Commission, estimaient que, dans la plupart des nuits, sinon dans toutes, et sur la plus grande partie du canal, il était à espérer que l'éclairage pourrait être évité; que dans tous les cas, en l'absence de documents assez nombreux et assez précis pour se rendre un compte exact de la situation, il conviendrait, s'il n'y avait pas d'inconvénient, à interdire tout d'abord au commerce la navigation de nuit; d'attendre de l'expérience des pilotes et des marins l'indication des mesures à prendre à

MM. RUMEAU, président, LEBASTEUR, CHEVALLIER, PASCAL, DE COMBARIEU, DE FOURCY, secrétaire, HANET-CLÉRY, secrétaire-adjoint,	Membres de la Commission consultative des travaux.

1. Parmi les opinions exprimées au cours de l'examen par la Compagnie, en avril 1869, du projet des ingénieurs du mois de mars précédent, nous rappellerons l'opinion suivante, qui offre un véritable intérêt au point de vue de l'historique de la question de l'éclairage du canal pour la navigation de nuit.

Après avoir fait remarquer que l'éclairage du canal, comme il était proposé, par des appareils fixes établis à demeure sur ses rives, serait d'un établissement coûteux, qu'il exigerait pour son service et son entretien un personnel nombreux, que la surveillance en serait difficile, que le rallumage des feux en cas d'extinction serait très lent, on proposait, en place, un autre système

ce sujet, c'est-à-dire des points à éclairer et, s'il y avait lieu, de la nature et du mode d'éclairage.

Le Président de la Compagnie, présent à la séance de la Commission, fit connaître, qu'au début de l'exploitation, la navigation de nuit pouvait n'être pas autorisée. Il annonça, en même temps, la possibilité de commencer à bref délai les expériences demandées, le Vice-Roi ayant consenti à mettre, à cet effet, une de ses frégates à la disposition de la Compagnie.

Dans cette situation, la Commission estima qu'il n'y avait pas lieu, pour le moment, d'entrer plus avant dans l'examen de la question qui lui était soumise, et elle émit l'avis que l'on ne pourrait se prononcer que d'après les résultats d'expériences suffisamment prolongées.

En fait, la Compagnie s'est bornée, à l'origine, à éclairer les ports, le lac Timsah et les grands lacs Amers, dans les conditions énumérées au projet des ingénieurs du 4 mars 1869, avec les quelques modifications indiquées dans les notes qui accompagnent la description des dispositions projetées.

Balisage. — Le projet de balisage comportait, comme on l'a vu plus haut, l'établissement de balises dans les parties droites du canal à berges submergées (dans les courbes, les supports des feux devaient en faire l'office). Ces balises devaient, longitudinalement, être distantes les unes des autres de 400 à 500 mètres, symétriquement disposées par rapport à l'axe du canal et écartées de 40 mètres de la ligne d'axe.

Au cours de la délibération de la Commission, quelques membres exprimèrent la crainte que les grands navires, c'est-à-dire ceux dont il importait le plus d'éviter l'échouage, ne se maintinssent difficilement dans la cunette proprement dite du canal, si les balises s'écartaient autant des limites du plafond; d'où la convenance, suivant eux, de les rapprocher de l'axe.

« très simple, paraissant ne pas présenter les inconvénients signalés, et qui aurait l'avantage de proportionner la dépense de l'éclairage à la circulation dans le canal ».

Le nouveau système proposé consistait à éclairer la route en avant de chaque navire, à une distance à déterminer par expérience, par deux faisceaux de lumière projetés du navire lui-même.

Les feux seraient disposés sur l'avant du navire, de telle manière que celui-ci, étant supposé dans la ligne d'axe, les faisceaux lumineux éclaireraient la nappe d'eau à son intersection avec la berge. De la sorte - était-il dit — les moindres écarts seraient reconnus, car si le navire embardait d'un côté et se rapprochait d'une rive, ce serait la berge et non plus la surface liquide qu'éclairerait le faisceau correspondant, et le pilote gouvernerait alors de manière à ramener le bâtiment en bonne position.

La Compagnie, sans pouvoir se prononcer alors sur un procédé « qui n'avait pas encore reçu la sanction de l'expérience », estima pourtant que ce procédé était assez ingénieux pour mériter d'être « un sujet d'étude et d'expérience à faire à bref délai ».

On fit remarquer, en réponse, qu'un grand nombre de balises étaient déjà exécutées, en train même d'être posées; que, dans les conditions de solidité massive où elles avaient été construites[1], il serait à craindre qu'elles ne gênassent la navigation, si elles étaient notablement plus rapprochées de l'axe.

Pour tenir compte de ces observations, un membre proposa de placer, en dedans de cette ligne de fortes balises, une seconde ligne composée d'éléments plus légers, de manière à délimiter exactement la zone de navigation des grands bâtiments : ces balises seraient constituées par de simples tiges en bois verticales, qui pourraient être réunies au moyen d'un anneau et d'un bout de chaîne très court à un corps mort d'un faible poids.

Mais quelques objections furent présentées contre ce système. Plusieurs membres émirent des doutes sur l'avantage de cette délimitation aussi étroite, en tant qu'elle serait étendue à tout le canal; elle pouvait, à la vérité, être utile dans quelques parties; mais, à leurs yeux, la principale garantie pour la sûreté de la navigation, c'était l'expérience des pilotes, et c'était d'après leurs indications qu'il conviendrait de disposer les balises quand ils en demanderaient. D'ailleurs, les tiges légères dont il était parlé seraient facilement déplacées et même avariées; il faudrait donc d'autres repères, et l'on devait, par conséquent, conserver les balises plus solidement disposées.

Finalement, la Commission émit en principe l'avis de conserver le système déjà adopté et en voie d'exécution, et de le compléter en établissant à l'intérieur de celui-ci un balisage supplémentaire construit en matériaux légers.

La Commission s'abstenait, d'ailleurs, d'indiquer avec détail les parties où le balisage devrait être établi, de même que les intervalles longitudinaux et transversaux des balises.

Moyens de déséchouage. — Plusieurs systèmes étaient soumis à l'examen de la Commission.

L'un consistait à tenir en réserve dans trois des treize gares échelonnées sur le parcours du canal un remorqueur avec un de ses appareils toujours en feu (appareil Belleville), des grues flottantes et des treuils à vapeur, de manière à venir rapidement au secours du navire échoué et de l'alléger en même temps qu'on le halerait.

Un autre système était d'établir tous les 300 mètres, de chaque côté du canal, en les faisant se croiser d'une rive à l'autre, des points

---

1. Ces balises consistaient en bâtis métalliques construits avec de vieux rails, ayant la forme de pyramides tronquées, posés sur le sol, et portant, à une hauteur de 4 mètres au-dessus du niveau de l'eau, des voyants de 1 mètre de diamètre.

Il a été employé, à la construction des 96 balises en fer mises en place sur le canal, 110.496 kilogrammes de vieux rails.

fixes à terre, ou des bouées d'amarrage dans les parties du canal à berges noyées, de manière à toujours permettre aux navires de s'amarrer immédiatement après un accident.

Enfin on avait proposé de substituer au tirage sur des points fixes le halage sur des ancres. Dans ce système, les navires échoués envoyaient des ancres, soit à terre, si les berges émergeaient, soit en dehors du chenal si les berges étaient noyées. Si les navires n'avaient pas des appareils d'une force suffisante, ils se feraient alors accompagner par une chaloupe portant une grosse amarre et les grelins nécessaires ; et, dans ce cas, tout le matériel serait fourni par la Compagnie.

La Commission consultative des travaux, tout en reconnaissant l'utilité, dans certaines circonstances, d'alléger le navire échoué, déclarait se rattacher de préférence au système des points d'amarrage fixe et était d'avis d'en établir immédiatement dans les points où la traversée était le plus difficile, notamment à la traversée des courbes.

Cet avis fut approuvé par plusieurs des officiers généraux de marine. L'un d'eux fit remarquer, qu'en dehors de la question d'échouage, il y avait utilité pour des navires qui s'arrêteraient accidentellement dans le canal à trouver des points d'amarrage qui leur permissent d'appareiller sans trop de difficultés.

D'autres membres de la Commission présentèrent quelques objections. Ils croyaient, notamment, que, dans les parties où les berges sont noyées, par exemple dans les petits lacs, les corps-morts n'étaient pas nécessaires et qu'un navire de quelque importance, avec l'aide de son ancre, pourrait toujours se déséchouer.

Le Directeur général des phares, sans se prononcer d'une manière absolue, préférerait des chaloupes de secours à vapeur.

La Commission, à la suite de cet échange d'observations, émit l'avis de se borner pour le moment à l'indispensable. Elle proposait, en conséquence, d'établir des points fixes à terre dans les parties du canal à berges émergentes, en commençant par les courbes et les gares et en continuant ensuite sur les points où leur présence serait jugée nécessaire, notamment entre Suez et les lacs Amers. La Commission ne croyait pas utile d'en mettre dès maintenant dans les lacs. Et, quant aux autres dispositions indiquées au cours de la séance, sans contester la valeur de quelques-unes d'entre elles, elle estimait qu'il n'y avait pas lieu pour le moment de se prononcer à leur égard.

Engins d'amarrage. — La Commission émit l'avis que, pour le moment, il convenait de se borner au strict nécessaire ; et, en conséquence, elle estimait qu'il suffisait de constituer dans les bassins de Port-Saïd et d'Ismaïlia une demi-douzaine de bouées d'amarrage et de mettre dans les ports et dans les gares des points fixes à terre, comme ceux en usage dans tous les ports de France.

Navigation dans les courbes. — A la suite de l'exposé, qui lui fut fait du système polygonal (précédemment décrit) pour la traversée des courbes et des objections auxquelles ce système avait donné lieu, la Commission émit l'avis que, moyennant un système de balises et de signaux indiquant bien leur entrée et dessinant nettement leurs contours, et, en outre, en les élargissant dans la mesure où pourrait le faire la Compagnie, les courbes pouvaient être franchies avec une suffisante sécurité par les plus grands bâtiments sans qu'il fût besoin d'autres dispositions spéciales de navigation.

DISPOSITIONS DÉFINITIVEMENT ADOPTÉES

A la suite de la délibération de la Commission de navigation, les dispositions suivantes furent définitivement adoptées par la Compagnie.

ÉCLAIRAGE

La navigation de nuit ne devant pas être autorisée dans le canal pendant les premiers temps de l'exploitation, la question de l'éclairage du canal proprement dit était provisoirement ajournée, et il ne serait établi d'éclairage que dans les deux ports de Port-Saïd et de Suez, dans le lac Timsah et dans les grands lacs Amers, le tout conformément aux propositions des ingénieurs (projet du 4 mars 1869 analysé ci-dessus), pouvant se résumer comme suit :

Port de Port-Saïd. — Indépendamment du phare d'atterrage de premier ordre, en cours de construction sur le rivage pour le compte du Gouvernement égyptien :

Deux feux de port sur les musoirs des jetées, consistant en de simples lanternes (du type des fanaux de route des bâtiments à vapeur) et installés au sommet de tourelles en fer de 6 à 7 mètres de hauteur, avec cabanes de garde ;

Deux feux de même nature, se faisant vis-à-vis, à l'entrée du bassin, et supportés par des candélabres à potence en fonte avec treuils et guides ;

Enfin, un feu de direction de quatrième ordre placé au point de rencontre des deux alignements du chenal d'entrée du port et du canal maritime. Ce feu ne serait d'ailleurs autre que le petit phare actuel, situé non loin de l'enracinement de la jetée ouest, d'une portée d'environ 10 milles, et installé, à une hauteur de $19^{m},80$ au-dessus de la haute mer, au sommet d'une tourelle en charpente de 18 mètres de hauteur, y compris un soubassement en maçonnerie, lequel serait transporté, tourelle et appareil, sur le nouvel emplacement choisi, au sud du bassin du port.

Lac Timsah. — Deux feux de direction de quatrième ordre, élevés de 9 mètres au-dessus du niveau de l'eau et établis sur la rive Afrique, respectivement dans le prolongement des deux alignements droits d'entrée dans le lac : l'un, sur la rive du nord du lac (à Ismaïlia) pour l'alignement du Sérapéum, installé au sommet d'une colonne en fonte avec échelle, et d'une portée de 10 kilomètres ; l'autre, sur la rive ouest du lac, pour l'alignement à la suite de la branche d'El Guisr, installé au sommet d'une baraque en planches, et d'une portée de 6 kilomètres ;

Et trois feux flottants à simple lanterne installés sur vieux chalands en fer et destinés à marquer les extrémités et le milieu de la courbe formant la limite Est de la gare.

(Les deux autres feux de direction et le quatrième feu flottant qui figuraient au projet des ingénieurs n'avaient été proposés qu'en vue de la navigation de nuit.)

Grands lacs Amers. — Deux phares de quatrième ordre, élevés de 13 mètres au-dessus du niveau de l'eau, d'une portée de 15 milles et installés au sommet de tourelles en fer reposant sur des massifs de fondation en béton protégés par des enrochements.

Port de Suez. — Trois feux à simple lanterne installés au sommet de potences en fonte et établis respectivement à l'extrémité de la jetée transversale de l'Est, sur le musoir de la digue ouest à l'extrémité sud du terre-plein, et à l'entrée du bassin de l'arsenal. Le feu de la pointe sud du terre-plein devait être installé à une hauteur de 9 mètres au-dessus du niveau de l'eau et avoir une portée de 9 kilomètres; les deux autres devaient être installés à une hauteur de 6 mètres, avec une portée de 4 à 5 kilomètres.

(Le projet des ingénieurs comprenait également deux feux, au débouché du canal, qui n'avaient été proposés qu'en vue de la navigation de nuit.)

Dépenses. — Les dépenses d'éclairage du canal maritime et des ports ont été les suivantes :

2 feux de port sur les musoirs des jetées de Port-Saïd.	12.000fr
2 feux de direction à l'entrée du bassin...........	4.000
Feu du sommet d'angle des tangentes à Port-Saïd..	21.510
2 feux de direction sur les rives du lac Timsah.....	7.000
3 bateaux-feux dans le lac Timsah................	34.360
2 phares dans les lacs Amers....................	202.720
2 feux de direction pour les lacs Amers (non mis en place)................................	1.320
2 feux de port pour le débouché du canal, à Suez.	2.090
Feu de la darse, à Suez.........................	1.350
Feu du musoir du terre-plein de Suez	6.430
Feu du brise-lame du Sud, à Suez...............	6.430
Feux de berges du canal maritime (non encore mis en place à la date de l'ouverture du canal à la navigation) :	
50 fanaux de berges, 1er modèle, 4 fanaux de berges, dernier modèle, 55 fanaux de mâts de signaux, ensemble................................	14.050
DÉPENSE TOTALE...........	313.260fr

BALISAGE

On a vu précédemment :

Que le projet de balisage soumis à l'examen de la Commission de navigation ne comprenait l'établissement de balises que dans les parties du canal à berges submergées, et même seulement dans leurs alignements droits, les supports des feux devant en tenir lieu dans les courbes;

Que les balises — déjà en cours de construction et même en partie mises en place — consistaient en pylones métalliques reposant sur le sol et s'élevant à 4 mètres,. au-dessus du niveau de l'eau ; qu'elles devaient, sur les rives, être distantes de 400 à 500 mètres les unes des autres et, transversalement, être placées de chaque côté de l'axe du canal à une distance de 40 mètres de cet axe ;

Enfin, que la Commission de navigation, d'une part, avait été d'avis de conserver ce système de balisage, mais en le complétant par l'établissement, à l'intérieur, d'un balisage supplémentaire construit en matériaux légers ; d'autre part, avait cru devoir laisser à la Compagnie le soin de déterminer les parties du canal où le balisage devrait être établi.

Les dispositions finalement adoptées par la Compagnie ont été les suivantes :

En ce qui était du balisage des parties du canal à berges submergées, le balisage en cours d'exécution dans les alignements droits au moyen de pylones en vieux rails s'étendrait naturellement, par suite de l'ajournement de l'éclairage du canal proprement dit, aux courbes mêmes [1]. Suivant le développement de ces courbes, les distances entre les balises se trouveraient varier de 200 à 400 mètres.

En ce qui était du balisage intérieur en matériaux légers conseillé par la Commission de navigation, ledit balisage serait établi sur toute la ligne du canal, à l'exception des grands lacs Amers. Les balises légères dont il serait formé seraient placées symétriquement par rapport à l'axe du canal, à 17 mètres de distance de cet axe, et, dans le sens longitudinal, les intervalles entre les balises seraient de 100 mètres [2].

---

1. Comme il a été dit déjà dans une note précédente, le nombre des balises construites en vieux rails et mises en place à l'origine a été de 96.

Il n'existe plus aujourd'hui que 93 de ces balises, réparties comme suit :

A la traversée du lac Timsah	partie Nord	8
	partie Sud	6
Débouché nord du canal dans les grands lacs Amers		8
Traversée des petits lacs Amers		71
Nombre total		93

2. Les petites balises devaient être formées d'un espars en bois léger de 15 à 20 centimètres d'équarrissage, réuni, au moyen d'un bout de chaîne de $0^m,50$

Les dépenses du balisage ont été les suivantes :

96 balises en fer construites en vieux rails appartenant à la Compagnie :		
Montant de 4 factures de l'entreprise Borel Lavalley et Cie.....	168.647fr,87	
110.490 kilogrammes de vieux rails à 0fr,16 le kilogramme.........	17.679 36	
		186.327fr,23
Marionnettes.		
Montant des dépenses, d'après le relevé des livres.....................................		53.542 00
Dépense totale.........		239.869fr,23

PIEUX DE DÉSÉCHOUAGE ET D'AMARRAGE

La Commission de navigation avait été d'avis, comme on l'a vu, d'établir des points fixes à terre dans les parties du canal à berges émergentes, en commençant par les courbes et les gares et en continuant ensuite sur les points où leur présence serait jugée nécessaire, notamment entre Suez et le grand lac Amer.

La Compagnie adopta ce programme en décidant de suite, d'ailleurs, que les pieux, qui étaient destinés, suivant les cas, à servir soit au déséchouage, soit simplement à l'amarrage du navire, seraient établis, — dans les parties à berges émergentes (c'est-à-dire non compris les lacs), — sur toute la longueur du canal. Elle arrêta, en même temps, les dispositions particulières suivantes :

Sur toutes les parties courantes du canal, les pieux destinés à servir à la fois au déséchouage et à l'amarrage seraient espacés de 300 en 300 mètres sur chaque rive en les faisant

---

de longueur, à une gueuse en fonte ou à tout autre objet assez lourd pour se bien tenir sur le talus de la cunette du canal ; la balise devait dépasser le niveau de l'eau de 2 mètres au moins et être peinte de manière à être bien visible ; au besoin, dans le même but, une planchette en bois serait clouée à son sommet.

se croiser d'une rive à l'autre de manière à faire correspondre les pieux d'une rive au milieu des intervalles des pieux de la rive opposée. La force de traction à laquelle les pieux devaient résister paraissait devoir être fixée à 25 tonnes au moins.

Dans les gares et dans les ports, les pieux seraient plus rapprochés; leur écartement serait de 60 mètres. Destinés simplement aux amarrages, la force à laquelle ces pieux auraient à résister serait moindre que celle des pieux de déséchouage.

Les pieux ont été distribués le long du canal ainsi que l'indique le tableau ci-dessous.

DÉSIGNATION DES PARTIES DU CANAL	PIEUX A SYSTÈME MOISÉ AVEC PIEUX DE RETENUE	PIEUX SIMPLES
Berge est du grand bassin de Port-Saïd.	4	»
Courbe d'entrée du canal...............	15	»
Gare de Ras-el-Ech.....................	6	4
— du kil. 24...........................	6	4
— du kil. 34...........................	6	4
— de Kantara...........................	14	12
Courbe du kil. 49......................	5	»
— du kil. 52...........................	7	»
Gare du kil. 54........................	6	4
Courbe du kil. 57......................	9	»
— d'El-Ferdane.........................	13	»
Gare du kil. 64........................	6	4
Double courbe du seuil d'El Guisr......	17	»
Courbe de Toussoum.....................	9	»
Gare du kil. 133.......................	6	4
— et courbe du kil. 146................	6	10
Courbe du plateau de la Quarantaine...	1	»
— de l'extrémité du canal à Suez..	6	6
NOMBRES TOTAUX DE PIEUX....	142	52

Le montant total des dépenses d'installation de ces pieux a été d'après le relevé des livres, de ci..... 113.591fr,82

BOUÉES D'AMARRAGE

La Compagnie estima que, pour rester dans l'esprit qui avait dicté la délibération de la Commission de navigation, il suffirait de commander 16 bouées d'amarrage pour les deux ports d'extrémités et le lac Timsah.

Elle décida d'ailleurs, en même temps, que le coffre de ces bouées devrait être du type à forme cylindrique à trois viroles reliées par des boulons et être entièrement galvanisé ; que chaque bouée serait affourchée sur deux ancres du poids d'environ 2.000 kilogrammes ; enfin que l'échantillon des chaînes paraissait devoir être de 40 millimètres.

Tout le matériel des bouées ayant été réuni au service du Transit s'est trouvé, dès lors, compris dans l'inventaire de l' « Actif suivant estimation » de ce service.

KILOMÉTRAGE DU CANAL

La Direction générale des travaux fit faire, en 1869, les opérations d'un kilométrage définitif du canal comprenant, d'une part, le mesurage des distances exactes entre les poteaux existants, d'autre part le nivellement général, entre Port-Saïd et le lac Timsah.

Le travail de la pose des poteaux définitifs était à peine commencé qu'il fut interrompu par suite de la décision, qui fut prise alors, de mettre des poteaux milliaires au lieu de poteaux kilométriques.

Toutefois les opérations faites devaient être entièrement utilisées dans le travail d'établissement des poteaux définitifs.

Les dépenses s'étaient élevées à ci. . . . . . 28.660^{fr},15

ÉCLAIRAGE DE LA CÔTE MÉDITERRANÉENNE D'ÉGYPTE D'ALEXANDRIE A PORT-SAID

Phares construits sur le littoral par le Gouvernement égyptien. — La Commission internationale de 1855, dans son rapport sur les conditions d'établissement du canal maritime (décembre 1856), avait, comme on l'a vu précédemment[1], signalé la nécessité « pour la sécurité de l'importante navigation qui serait appelée, après l'ouverture du canal, à fréquenter la baie de Péluse », d'éclairer la côte méditerranéenne d'Égypte, depuis la pointe du Marabout à Alexandrie jusqu'à vingt lieues au moins à l'est de Péluse, par des phares à feux bien distincts et dont les tours seraient appelées à faire l'office d'amers pendant le jour.

L'éclairage de la côte a été établi, dans le cours des deux années 1869 et 1870, par les soins de la Compagnie agissant par ordre, au nom et pour le compte du Gouvernement égyptien.

Le système d'éclairage comprenait un ensemble de cinq feux à longue portée, savoir :

La substitution au feu fixe d'Alexandrie d'un feu dioptrique de premier ordre, à éclats, d'une portée de 20 milles.

Trois phares, à tour métallique de 48 mètres de hauteur jusqu'à la plate-forme, avec feux dioptriques d'une portée également de 20 milles : l'un, à l'embouchure de Rosette, à éclats de 5 en 5 secondes alternativement blancs et rouges; un autre, à la pointe de Burlos, à feu fixe blanc ; le troisième, à l'embouchure de Damiette, à éclats par minute;

Enfin, à Port-Saïd, un phare, à tour en béton Coignet, de 48 mètres de hauteur jusqu'à la plate-forme, comme les précédents, avec feu électrique d'une portée de 25 milles, à éclat blanc toutes les trois secondes.

Tous les détails concernant la construction des tours des phares ci-dessus mentionnés et l'installation des feux sont donnés au tome VI.

1. Voir page 75.

FIN DU TOME IV

TABLE DES MATIÈRES

DESCRIPTION DES TRAVAUX DE PREMIER ÉTABLISSEMENT

Projets

Dispositions adoptées en exécution

Voir ci-après, à la suite de l'Errata :

Convention du 18 *décembre* 1884 *relative aux droits de navigation et de transit.* (Cette convention devait figurer au tome III, immédiatement à la suite de la page 133.)

ERRATA DU TOME III

PAGES	ENDROITS DES ERRATA	AU LIEU DE	LIRE
1	Article II, § 2	Discussion à la Chambre des Lords	Discussions —
8	Dernière ligne	ailli à son mandat	failli —
12	Avant-dernière ligne	un des administrateurs anglais	d'un des —
22	4e ligne	les fondateurs les possesseurs	les fondateurs, les possesseurs
27	1re ligne du 2e alinéa	Sir River Wilson	Sir Rivers Wilson
40	8e ligne	si la om-	si la Com-
	9e ligne	le canal pou	le canal pour
	11e ligne	qn'il tait	qu'il était
57	2e ligne du 6e alinéa	de M. Bonrke	de M. Bourke
60	4e ligne du 2e alinéa	ses tronpes	ses troupes
	6e ligne —	quoiqu'elle eut fait	quoiqu'elle eût fait
64	20e ligne	quelle que dut être	quelle que dût être
66	9e ligne du 2e alinéa	d être exactement	d'être exactement
73	4e ligne du 1er alinéa	classes commerciales elles-ınême	— elles-mêmes
	5e ligne —	d'entrer en relations	entrer en relations
77	6e ligne à partir du bas de la page	Newcasle	Newcastle
78	12e ligne — —	Rotschild	Rothschild
79	7e ligne	de Moitié de dividende	de moitié de ce dividende
80	5e ligne du 4e alinéa	Capital-action	Capital-actions
82	5e ligne à partir du bas de la page	r unie extraordinairement	réunie —
89	3e ligne — —	n'en fut pas	n'en fût pas
90	4e ligne du 5e alinéa	qu'il se trouverait, dans l'impossibilité	qu'il se trouverait dans l'impossibilité
91	6e ligne à partir du bas de la page	il était en outre, essentiellement	il était en outre essentiellement
123	5e ligne du 2e alinéa	le Gouvernemeur égyptien	le Gouvernement égyptien
124 à 132	En-tête de pages	Arrangement du 11-13 décembre 1883	— du 11-13 décembre 1884
130	13e ligne	construite de facon	construite de façon

PAGES	ENDROITS DES ERRATA	AU LIEU DE	LIRE
134	....	Oubli, dans le texte, d'une 1re Convention du 18 décembre 1884	Voir pour cette Convention, à la suite de l'errata.
140	En-tête de page	Convention du 18 décembre 1885	— du 18 décembre 1884
	Annexe A	Personnel classé 58.920	— 58.720
142	5e ligne de l'article 10	ant à titre	tant à titre
	6e ligne —	quoiqu'il	quoi qu'il
145	16e ligne 26e ligne	Peluse	Péluse
147	1re ligne du 4e alinéa	Serapeum	Sérapéum
148	9e ligne à partir du bas		
152	Colonne des superficies côté Asie	33,09,00	33,09,90
156	4e ligne à partir du bas de la page	Alexeieff	Alexeïeff
158	3e ligne de l'article 14	Peluse	Péluse
162	Dernière ligne du renvoi	d paix	de paix
166	13e ligne à partir du bas de la page	Mehemet-Ali	Méhémet-Ali
169	1re ligne du 2e alinéa	M. Ellio	M. Elliot
177	4e ligne de la note	alors le Kehdive	alors le Khédive
179	3e ligne de la dépêche du 24 juin 1882	J'affirme à ous	J'affirme à tous
	8e ligne à partir du bas de la page	le rafic par le canal	le trafic —
	5e ligne — —	la tranquil té du pays	la tranquillité —
180	3e ligne	à Pord-Saïd	à Port-Saïd
182	5e ligne	se sont ensuite succédés	— succédé
184	1re ligne	Dépêche d'Ismaïlia du 2 août 1822	— du 2 août 1882
186	5e ligne	relative à la neutralité	relatives —
187	14e ligne de la lettre du 17 août 1882	ne pouvaient être coupées	— coupés
	Lettre du 19 août 1882	à l'amiral Hewet	à l'amiral Hewett
190	Avant-dernière ligne du renvoi	conformément	conformément au
195	2e ligne du 5e alinéa	de MM. S okes et Wilson	de MM. Stokes et Wilson
197	2e ligne du 3e alinéa	qui se sont succédés	— succédé
200	21e ligne	golfe de Pelose	— Péluse
214	5e ligne de l'avant-dernier alinéa	combiné par l'Angletere	— par l'Angleterre
228	14e ligne à partir du bas de la page	garantisant le libre usage	garantissant —
241	12e ligne — —	autre danger	l'autre danger

PAGES	ENDROITS DES ERRATA	AU LIEU DE	LIRE
241	8e ligne à partir du bas de la page	faire face aux dan ers	— aux dangers
	7e ligne — —	qu'il en pelât	qu'il en appelât
	5e ligne — —	quelque fût	quel que fût
245	2e ligne du 2e alinea	du 6 juillet 1884	du 6 juillet 1864
	5e ligne —	12.264 hectares	10.264 hectares
	3e ligne à partir du bas de la page	12 214 hectares	10.214 hectares
248	4e ligne du 1er alinéa	Ismaïliai	Ismaïlia
249	11e, 9e et 6e ligne à partir du bas de la page	Port Tewfik	Port Thewfik
250	2e ligne du 1er alinéa de la Convention	Moustapha Pacha Fehury	— Fehmy
252	3e ligne de l'article 6	Port Tewfik	Port Thewfik
255	7e ligne	installées	installés
256 à 270	En-tête de pages	Conventions des 5 février 1891 et	— des 5 décembre 1891 et
264	5e ligne	et la compagnie a été	et la Compagnie, a été
266	6e ligne	des corespondances	des correspondances
267	8e ligne à partir du bas de la page	Tanta	Tantah
268	3e ligne du 4e alinéa	que pourront ransporter	— transporter
270	3e ligne du 3e alinéa	de l'Égypte a accepté	de l'Egypte, a accepté
271	4e ligne	dont la liste se se trouve	dont la liste se trouve
273	6e ligne	à l'Assemblée s'exprimait	à l'assemblée, s'exprimait
276	2e renvoi du bas de la page	de Froidefond des Forges	de Froidefond des Farges
	— —	Lavessière	Laveissière
	— —	Marcel, Mouchez	Marcel Manchez
	— —	Hérol	Nérot
277	2e alinéa	Sir Henry Bergne	Sir Henry Bergue
	3e alinéa	M. J. Charle-Roux	M. J. Charles-Roux
	7e alinéa	Abatte Pacha	Abbate Pacha
	6e ligne à partir du bas de la page	M. le prince Auguste d'Arenberg le voile	— d'Arenberg, le voile
279	13e ligne	lorsqu'i	lorsqu'il
	14e ligne	ressortir d'un	ressortir d'une
282	6e ligne du 2e alinéa	Lord Stafford de Rateliff	Lord Stratford de Redcliffe
287	2e ligne —	de la Compagnie de Suez, ont décidé	— de Suez ont décidé

PAGES	ENDROITS DES ERRATA	AU LIEU DE	LIRE
295	3e ligne du 2e alinéa	amené dans l'itshme	— dans l'isthme
	2e ligne du 5e alinéa	en France du haut	en France, du haut
297	1re, 2e et 7e ligne	Port Tewfik	Port Thewfik
313	13e ligne du 1er alinéa	Toutefois pour ajouter	Toutefois, pour ajouter
320	Direction	1873. de Bouvard	— de Boudard
	Secrétariat	1890. Paris	— Pâris
	—	— Aufilatre	— Aufiliâtre
321	Contentieux	1992. Wagner (Albert)	1902. Wagner (Albert)
322	Caisses	1877. L. Paris	— L. Pâris
	Agence de Port-Saïd	1889. Londou	— London
	Bureau central	1884. Thirier	— Thiriet
323	Colonne de droite	agence principale de Port Tewfik	— de Port Thewfik
324	Secrétariat	1882. Mataxas-Spiro	— Métaxa-Spiro
	Bureau technique	1895. Galby	— Galley
	Comptabilité centrale	1882. Bidon	— Bidou
325	1re colonne	1883. Kermann	— Hermann
	—	1885. Caplo (Alfred)	— Coplo (Alfred)
330	Chef du bureau technique	Le Dentu (Charlx)	Le Dentu (Charly)

ERRATA DES PLANCHES

PLANCHES	ENDROITS DES ERRATA	AU LIEU DE	LIRE
I.	Tableau des distances	Malte. — Abréviation de la distance 3778k	— 3738k
III.	Titre	Avant-projet de MM. Linant Bey et Moucel Bey	— et Mougel Bey

CONVENTION DU 18 DÉCEMBRE 1884[1]

RELATIVE AUX DROITS DE NAVIGATION ET DE TRANSIT

Le 12 novembre 1872, la compagnie, désirant encourager le transport des produits indigènes entre la Basse-Égypte et Port-Saïd, décida l'insertion dans le Règlement de navigation de l'article suivant :

« Provisoirement et jusqu'à nouvel ordre, les navires, mahones, chalands et barques, soit venant sur lest ou à vide de Port-Saïd à destination d'Ismaïlia et retournant d'Ismaïlia à Port-Saïd avec des chargements de produits indigènes, soit apportant de Port-Saïd à Ismaïlia des chargements à destination des provinces de la Basse-Égypte voisines du Canal et retournant à vide ou sur lest d'Ismaïlia à Port-Saïd, sont exemptés, soit à l'aller, soit au retour, sur lest ou à vide, du droit spécial de navigation, et ne sont soumis qu'au paiement de 5 francs par tonne représentant le droit spécial de navigation sur demi-parcours du Canal pour leur traversée en charge, aller ou retour. »

Le 1er janvier 1885, la taxe de transit pour les navires fut, en conformité du programme de Londres, réduite à 9 fr. 50. Le droit spécial susvisé pour les barques devait, dans les intentions de la Compagnie, être en même temps réduit à 4 fr. 75.

Informé, dans le courant de 1884, de la détaxe dont devaient profiter les barques naviguant sur le canal maritime, le Gouvernement égyptien, désireux à son tour de favoriser le commerce d'exportation de la Basse-Égypte par la voie de Port-Saïd, informa la Compagnie de son intention de réduire les tarifs perçus sur le canal Ismaïlieh, mais lui

1. Cette première Convention du 18 décembre 1884 aurait dû figurer au tome III, immédiatement à la suite de la page 133.

demanda en même temps d'abaisser elle-même le tarif imposé aux barques sur le canal maritime. La Compagnie accepta de réduire ce tarif à 3 fr. 25. L'accord intervenu à ce sujet fit l'objet de la convention suivante en date du 18 décembre 1884.

Texte de la Convention du 18 décembre 1884

Entre Son Excellence Nubar Pacha, président du Conseil des Ministres, représentant le Gouvernemen tégyptien, d'une part;

Et M. Charles-A. de Lesseps, vice-président de la Compagnie Universelle du Canal maritime de Suez, représentant ladite Compagnie, d'autre part;

Il est convenu ce qui suit :

ARTICLE PREMIER. — *Le Gouvernement égyptien modifiera le taux des taxes de ponts et d'écluses de manière à ce que, pour le parcours sur la branche du canal Ouady jusqu'à Zagazig, et sur le canal Ismaïlieh, de Zagazig à Ismaïlia, le total desdites taxes ne dépasse pas une piastre au tarif, par ardeb de capacité de barques ou navires, y compris le retour à vide. De même, le total desdites taxes ne devra pas dépasser une piastre au tarif et vingt paras pour le parcours sur le canal Ismaïlieh, du Caire à Ismaïlia, y compris le retour à vide.*

ART. 2. — *De son côté, la Compagnie du Canal maritime de Suez abaissera à 3 fr. 25 par tonne le droit de navigation sur les navires, soit venant sur lest ou à vide, de Port-Saïd à Ismaïlia, et retournant d'Ismaïlia à Port-Saïd avec des chargements de produits indigènes, soit apportant de Port-Saïd à Ismaïlia des chargements à destination des provinces de la Basse-Égypte voisines du canal et au delà, dans l'intérieur, et retournant, à vide ou sur lest, d'Ismaïlia à Port-Saïd.*

Les dispositions ci-dessus seront applicables aux barques.

Art. 3. — *Les tarifs ci-dessus devront être mis, au plus tard, en vigueur le 15 mai 1885, sans condition de simultanéité.*

Art. 4. — *Le Gouvernement égyptien et la Compagnie ne pourront faire cesser le présent accord qu'après s'être prévenus réciproquement un an à l'avance.*

La dénonciation de ces tarifs par l'une des parties entraînera la liberté de l'autre après ce délai.

Art. 5. — *Les parties entendent ne rien stipuler au delà de ce qui est explicitement énoncé, et notamment la Compagnie se réserve d'exercer, dans tous les autres cas, le droit qu'elle peut avoir de traiter différemment les barques et les navires.*

Art. 6. — *Les présentes ne seront définitives qu'après ratification du Conseil des ministres, d'une part, et du Conseil d'administration de la Compagnie du Canal de Suez, d'autre part.*

En 1886, le Gouvernement égyptien ayant fait procéder à un nouveau jaugeage des barques d'après un système de mesurage plus exact, il résulta de ce nouveau jaugeage une augmentation de 20 0/0 dans le tonnage des barques et dans les perceptions qui leur étaient imposées.

Pour rétablir la situation faite antérieurement aux barques indigènes, le Gouvernement et la Compagnie décidèrent, par un accord du 31 octobre 1886, de réduire, à partir du 1er juillet 1887, les tarifs à percevoir tant sur le canal Ismaïlieh que sur le canal maritime.

La taxe imposée aux barques sur le canal maritime par application de l'article rappelé ci-dessus du Règlement de navigation fut ainsi réduite à 2 fr. 60 par tonne.

Le 23 mars 1887, le Gouvernement égyptien dénonça la Convention du 18 décembre 1884, et il cessa effectivement de l'appliquer à partir du 20 janvier 1889. La Compagnie décida néanmoins de maintenir les avantages accordés par elle aux barques indigènes circulant sur le canal maritime; elle maintint donc le tarif réduit de 2 fr. 60 par tonne pour l'aller et le retour. Le tarif n'a d'ailleurs pas été modifié lorsque le droit de transit a été, plus tard, abaissé pour les navires à 9 francs, le 1er janvier 1893, et à 8 fr. 50, le 1er janvier 1903. Il est encore en vigueur.

Tours, imp. Deslis Frères. 6, rue Gambetta.

Les canaux, par DEBAUVE. Construction et alimentation, écluses, digues, réservoirs. In-8° avec un atlas de 82 planches....... 18 fr.

L'achèvement du canal de Panama, par C. SONDEREGGER, ingénieur. Grand in-8° de 200 pages avec 88 figures et 3 cartes en couleurs.. 9 fr.

Les ports maritimes, Construction, entretien, outillage, par DEBAUVE, ingénieur en chef des Ponts et Chaussées. Grand in-8° et 1 atlas de 71 planches... 26 fr.

Profils-types des travaux maritimes de la Russie, par V. PASTAKOFF, ingénieur des voies de communication. Album de 5 planches in-folio. En feuilles............................ 6 fr

Môles : *Vindau, Pétrovsk, Odessa, Novorossisk, Batoum, Poti, Touapsé.* Digues : *Marioupol, Libau, Saint Pétersbourg, Reval, Odessa, Poti.* Quais : Saint-Pétersbourg, Guénitchesk, Reval, Riga, Nicolaïev, Libau. Jetée métallique : Soukhoum.

Les ports maritimes de l'Amérique du Nord sur l'Atlantique, par le baron QUINETTE DE ROCHEMONT, inspecteur général des ponts et chaussées, et VÉTILLART, ingénieur en chef.

Tome I. — **Les ports canadiens.** In-8° avec 1 atlas de 13 grandes planches en couleurs.. 18 fr.

Ports de Montréal, de Québec, d'Halifax et de Saint-John : Situation géographique et hydrographique, importance commerciale, administration, travaux d'amélioration. Description du port, outillage, exploitation. Tarifs des droits, taxes et frais divers. Chemins de fer pour navire de Chignecto. *Renseignements généraux sur les ports et voies navigables du Canada :* Rôle du Gouvernement. Travaux des ports maritimes, lacs et rivières. Dragages. Estacades et glissières pour le flottage des bois. Canaux. Éclairage et balisage des côtes.

Tome II. — **Voies navigables et ports aux États-Unis,** Régime administratif. In-8° de 589 pages.................. 15 fr.

Notions sur les institutions politiques et administratives des États-Unis. Régime légal de la navigation et des eaux navigables d'après la *common law.* Régime de la navigation et des eaux navigables sous l'autorité des États-Unis. Régime de la navigation et des eaux navigable sous l'autorité de l'État. Annexes.

Tome III. — **Voies navigables et ports aux États-Unis.** In-8° de 607 pages, avec 1 atlas in-4° oblong de 48 planches, dont 34 en couleurs... 40 fr.

Situation géographique et hydrographique, importance commerciale. Administration, travaux d'amélioration, description, outillage, exploitation, tarifs des droits, taxes et frais divers des ports de *Portland, Sandy-Bay, Boston, New-York, Philadelphie, Baltimore, Newport news, Norfolk, Portsmouth, Charleston et Savannah.*

L'ouvrage complet, 3 volumes in-8° avec un atlas de 61 grandes planches en carton.. 65 fr.

Tours, imprimerie DESLIS FRÈRES, 6, rue Gambetta

www.ingramcontent.com/pod-product-compliance
Ingram Content Group UK Ltd.
Pitfield, Milton Keynes, MK11 3LW, UK
UKHW021842190726
13855UKWH00001B/104